U0311543

科学技术部科技基础性工作专项
"澜沧江中下游与大香格里拉地区综合科学考察"
(2008FY110300)
第六课题
(2008FY110306)

澜沧江流域与大香格里拉地区科学考察丛书

澜沧江流域与大香格里拉地区
人居环境与山地灾害研究

沈　镭　韦方强　刘立涛　编著

科学出版社

北　京

内 容 简 介

本书借助 2009～2013 年野外考察，收集了大量一手数据，建立了人居环境与生活状况对比调查数据集和湄公河流域国家社会经济发展数据集；完成了澜沧江流域中下游及大香格里拉地区山地灾害分布图和山地灾害及其危害数据集。基于上述基础数据，从流域人居环境各要素与山地灾害展开研究。

本书可供从事地理学、环境科学、山地灾害科学、自然资源学、经济学与社会学等相关学科科研工作者和政策制定部门的相关人员参考；同时可供全国高等院校地理、灾害、自然资源、旅游、经济和社会学等相关专业的师生作为教学参考书。

图书在版编目 (CIP) 数据

澜沧江流域与大香格里拉地区人居环境与山地灾害研究/沈镭，韦方强，刘立涛编著 . —北京：科学出版社，2015.5

（澜沧江流域与大香格里拉地区科学考察丛书）

ISBN 978-7-03-043678-8

Ⅰ . ①澜…　Ⅱ . ①沈…②韦…③刘…　Ⅲ . ①居住环境–研究–西南地区②山地灾害–研究–西南地区　Ⅳ . ①X21②P694

中国版本图书馆 CIP 数据核字（2015）第 048533 号

责任编辑：李　敏　王　倩／责任校对：张凤琴
责任印制：肖　兴／封面设计：李姗姗

科学出版社 出版

北京东黄城根北街 16 号
邮政编码：100717
http://www.sciencep.com

北京通州皇家印刷厂 印刷

科学出版社发行　各地新华书店经销
*
2015 年 5 月第 一 版　开本：889×1194　1/16
2015 年 5 月第一次印刷　印张：23 1/4　插页：2
字数：800 000

定价：298.00 元
（如有印装质量问题，我社负责调换）

本书编写组

主　笔　沈　镭

副主笔　韦方强　刘立涛

成　员（按姓氏拼音顺序排列）

曹　植　陈枫楠　丁明涛　高天明

孔含笑　李红强　沈　明　苏鹏程

王　欢　谢　涛　薛静静　张　超

张继飞　张少杰　张　艳　赵　洋

"澜沧江中下游与大香格里拉地区科学考察"
项 目 组

专家顾问组

组长 王克林　研究员　中国科学院亚热带农业生态所

成员 孙鸿烈　中国科学院院士　中国科学院地理科学与资源研究所

李文华　中国工程院院士　中国科学院地理科学与资源研究所

孙九林　中国工程院院士　中国科学院地理科学与资源研究所

梅旭荣　研究员　中国农科院农业环境与可持续发展研究所

黄鼎成　研究员　中国科学院地质与地球物理研究所

尹绍亭　教授　云南大学

邱华盛　研究员　中国科学院国际合作局

王仰麟　教授　北京大学

参 与 单 位

负责单位 中国科学院地理科学与资源研究所

协作单位 中国科学院西双版纳热带植物园

中国科学院成都山地灾害与环境研究所

中国科学院成都生物研究所

中国科学院动物研究所

中国科学院昆明动物研究所

中国科学院昆明植物研究所

云南大学

云南师范大学

云南省环境科学研究院

项　目　组

项目负责人　　成升魁

课题负责人

　　　　课题 1　水资源与水环境科学考察　李丽娟

　　　　课题 2　土地利用与土地覆被变化综合考察　封志明

　　　　课题 3　生物多样性与重要生物类群变化考察　陈　进

　　　　课题 4　生态系统本底与生态系统功能考察　谢高地

　　　　课题 5　自然遗产与民族生态文化多样性考察　闵庆文

　　　　课题 6　人居环境变化与山地灾害考察　沈　镭

　　　　课题 7　综合科学考察数据集成与共享　刘高焕

　　　　课题 8　综合考察研究　成升魁

野外考察队长　　沈　镭

学 术 秘 书　　徐增让　刘立涛

总　序　一

新中国成立后，鉴于我国广大地区特别是边远地区缺乏完整的自然条件与自然资源科学资料的状况，国务院于 1956 年决定由中国科学院组建"中国科学院自然资源综合考察委员会"（简称"综考会"），负责综合考察的组织协调与研究工作。之后四十多年间，综考会在全国范围内组织了 34 个考察队、13 个专题考察项目、6 个科学试验站的考察、研究工作，取得了丰硕的成果，培养了一支科学考察队伍，为国家经济社会建设、生态与环境保护以及资源科学的发展，做出了重要的贡献。

2000 年后，科学技术部为了进一步支持基础科学数据、资料与相关信息的收集、分类、整理、综合分析和数据共享等工作，特别设立了包括大规模科学考察在内的科技基础性工作专项。2008 年，科学技术部批准了由中国科学院地理科学与资源研究所等单位承担的"澜沧江中下游与大香格里拉地区综合科学考察"项目。项目重点考察研究了水资源与水环境、土地利用与土地覆被变化、生物多样性与生态系统功能、自然遗产与民族文化多样性、人居环境与山地灾害、资源环境信息系统开发与共享等方面。经过 5 年的不懈努力，初步揭示了该地区的资源环境状况及其变化规律，评估了人类活动对区域生态环境的影响。这些考察成果将为保障澜沧江流域与大香格里拉地区资源环境安全提供基础图件和科学数据支撑。同时，通过这次考察推进了多学科综合科学考察队伍的建设，培养和锻炼了一批中青年野外科学工作者。

该丛书是上述考察成果的总结和提炼。希望通过丛书的出版与发行，将进一步推动澜沧江流域和大香格里拉地区的深入研究，以求取得更多高水平的成果。

2013 年 10 月

总　序　二

科学技术部于 2008 年批准了科技基础性工作专项"澜沧江中下游与大香格里拉地区综合科学考察"项目，中国科学院地理科学与资源研究所作为项目承担单位，联合了中国科学院下属的西双版纳植物园、昆明植物研究所、成都山地灾害与环境研究所、成都生物研究所、动物研究所，以及云南大学、云南师范大学、云南环境科学研究院等 8 家科研院所，对该地区进行了历时 5 年的大规模综合科学考察。

从地理空间看，澜沧江-湄公河流域和大香格里拉地区连接在一起，形成了一个世界上生物多样性最为丰富、水资源水环境功能极为重要、地形地貌极为复杂的独特地域。该地区从世界屋脊的河源到太平洋西岸的河口，涵盖了寒带、寒温带、温带、暖温带、亚热带、热带的干冷、干热和湿热等多种气候；跨越高山峡谷、中低山宽谷、冲积平原等各种地貌类型；包括草甸、草原、灌丛、森林、湿地、农田等多种生态系统，也是世界上能矿资源、旅游资源和生物多样性最丰富的地区之一。毋庸置疑，开展这一地区的多学科综合考察，对研究流域生态系统、资源环境梯度变化规律和促进学科交叉发展具有重大的科学价值。

本项目负责人为成升魁研究员，野外考察队长为沈镭研究员。项目下设 7 个课题组，分别围绕水资源与水环境、土地利用与土地覆被变化、生物多样性、生态系统功能、自然遗产与民族文化多样性、人居环境与山地灾害、资源环境信息系统开发与共享等，对澜沧江中下游与大香格里拉地区展开综合科学考察和研究。各课题负责人分别是李丽娟研究员、封志明研究员、陈进研究员、谢高地研究员、闵庆文研究员、沈镭研究员和刘高焕研究员。该项目的目的是摸清该地区的本底数据、基础资料及其变化规律，为评估区域关键资源开发、人居环境变化与人类活动对生态环境的影响，保障国家与地区资源环境安全提供基础图件和科学数据，为我国科学基础数据共享平台建设提供支持，以期进一步提高跨领域科学家的协同考察能力，推进多学科综合科学考察队伍建设，造就一批优秀的野外科学工作者。

5 年来，项目共组织了 4 次大规模的野外考察与调研，累计行程为 17 600km，历时共 90 天，其中：第一次野外考察于 2009 年 8 月 16 日至 9 月 8 日完成，重点考察了大香格里拉地区，行程涵盖四川、云南 2 省 9 县近 3600km，历时 23 天；第二次野外科学考察于 2010 年 11 月 3 日至 11 月 28 日完成，行程覆盖澜沧江中下游地区的云南省从西双版纳到保山市 4 市 13 县，行程 4000 余千米，历时 26 天；第三次考察于 2011 年 9 月 10 日至 9 月 27 日完成，考察重点是澜沧江上游及其源头地区，行程近 5000km，历时 18 天；第四次野外考察于 2013 年 2 月 24 日至 3 月 17 日在境外湄公河段进行，从云南省西双版纳州的景洪市磨憨口岸出发，沿老挝、柬埔寨至越南，3 月 4 日至 6 日在胡志明市参加"湄公河环境国际研讨会"之际考察了湄公河三角洲地区的胡志明市和茶荣省，3 月 8 日自胡志明市、柬埔寨、泰国，再回到磨憨口岸，行程近 5000km，历时 23 天。

　　5 年来，整个项目组累计投入 4200 多人次，完成了 4 国、40 多个县（市、区）的座谈与调研，走访了 10 多个民族、40 多家农户，完成了 2800 多份资料和 15 000 多张照片的采集，完成了 8000 条数据、3000 多张照片的编录与整理，完成了近 1000 多个定点观测、70 篇考察日志和流域内 45 个县（市、区）的县情撰写。在完成野外考察和调研的基础上，已经撰写和发表学术论文 30 多篇，培养了博士和硕士研究生共 30 多名。

　　在完成了上述 4 次大规模的野外考察和资料收集的基础上，项目组又完成了大量的室内分析、数据整理和报告的撰写，先后召开了 20 多次座谈会。以此为基础，各课题先后汇编成系列考察报告并陆续出版。我们希望并深信，该考察报告的出版，无论是在为今后开展本地区的深入科学研究还是在为区域社会经济发展提供基础性科技支持方面，都将是十分难得的宝贵资料和具有重要参考价值的文献。

2013 年 10 月

序

"澜沧江中下游与大香格里拉地区人居环境变化与山地灾害科学考察"是科学技术部于2008年批准实施的该地区综合科学考察项目中的一个重要课题。过去几十年来特别是近10年间,该地区人居环境发生了较大的变化,也导致其山地灾害日趋频繁,生态环境更加复杂和脆弱。本次科学考察的目的是系统调查澜沧江中下游与大香格里拉地区的人居环境变化与山地灾害,建立人居环境与生活状况比较、山地灾害调查等数据集,初步摸清湄公河流域国家社会经济发展状况。

5年来,课题组先后开展了4次大规模的野外考察活动,累计投入602人次,共完成90天野外考察任务,行程约17 600km;完成了境外4国(老挝、柬埔寨、越南、泰国)和境内40多个县区的座谈与调查、10多个民族20多家农户访谈,收集了400多份资料和2000多张照片,完成了1100条数据和420多张照片的编录与整理;查明了滑坡点605处、泥石流沟986条,完成了近70篇考察日志,分析整理了流域45个县(市、区)的县情,完成了澜沧江中下游与大香格里拉地区的人居环境与山地灾害数据集的汇总和考察报告的撰写,发表了学术论文10多篇,培养了博士研究生6人。

我作为本课题负责人和整个项目野外科考队的队长,身感大规模综合科学考察任务的艰辛和繁杂。由于考察区域地形复杂、交通不便,在野外常有迷路、长途跋涉和摸黑夜归的经历,如在乱石中骑行10多个小时考察乡城县七星地质公园,数十人迷失在景谷县芒玉大峡谷,穿行东坝乡高山峡谷和部分队员中暑昏迷,澜沧江源头通信中断,现在回想起来还胆战心惊!欣喜的是,我们考察队伍里总有像刘高焕老师、封志明老师等这样经验丰富的老队友,为顺利完成每次考察任务保驾护航;也有像李红强、高天明、刘立涛、薛静静等一批年富力强、吃苦耐劳的年轻学生,为项目组与地方政府联络沟通以及所有队员的后勤需要提供各种服务。

与地方领导干部取得联系和沟通,是确保每次考察任务圆满完成的关键。在我们考察走访的50多个县(市)中,有一大批地方领导干部为科考队提供了大量的无私帮助。我们要特别感谢云南省科技厅王建华副厅长及基础处的毕红处长和杨峰处长,迪庆藏族自治州的原州委书记齐扎拉、副州长刘家训以及科技局李毅龙局长和和志才先生,为我们的首次在滇考察提供了诸多便利和大力支持;感谢四川省甘孜州的东风主任对我们在乡城、稻城和得荣三县考察的帮助,同时感谢乡城县委宣传部拉姆部长、丹巴主任和县纪委刘志辉书记,稻城县宣传部浩松书记、张雪峰主任,得荣县宣传部王慧部长,他们为我们在川的大香格里拉地区考察提供了大力支持。与此同时,我们每次考察还与不辞辛劳的司机朋友结下了深厚友谊,在此特别要感谢云南康辉旅行社的王斌师傅及其车友,迪庆藏族自治州高原探险旅行社的杨中文副总及其车队师傅,他们为我们顺利完成野外考察保驾护航付出了巨大的艰辛。

本书是在收集整理大量的野外考察资料基础上完成的。它力图从宏观区域分析、中观县域比较和微观农户访谈等三个不同视角，穿插大量的考察日记影像资料，全面反映澜沧江流域上游、中游、下游以及大香格里拉地区、境外相关国家的人居环境条件、自然灾害和社会经济状况。与一般的研究报告不同的是，我们尽量把各种原始的考察资料展现出来，增加了大量的考察照片和日记，对区域的县市人居环境条件进行了定量的分析比较，力图为今后的深入研究和地方经济社会发展提供真正具有一定参考价值的基础支持。参与野外考察的课题组成员主要是我的博士研究生刘立涛、李红强、高天明、薛静静，以及成都山地灾害与环境研究所的邓伟研究员、韦方强研究员及其博士研究生苏鹏程、丁明涛、张继飞、谢涛、张少杰等。此外，赵洋、张艳、陈枫楠、沈明、张超等博士研究生也参与了室内文献检索、数据整理、资料分析和报告的撰写。

在本书即将出版之际，我们心情无比激动。特仿苏轼的《念奴娇·赤壁怀古》之韵，作词一首，聊表心得。

念奴娇·澜沧江考察感怀

长途奔赴，夜难停，飞过峰岩千物。细汇高原，山夹急，河曲并肩泥挟。乱石穿丛，泥沙漫卷，仰看梅山雪。澜沧如马，一驰多国不歇。

回想科考当年，计划开动了，精神风发。几届师生，田野间，描点量图抓摄。上下中游，征程总忘我，又添银发。经年如梦，总怀艰难时月。

是为序！

2013 年 10 月

目　　录

第1章 绪 言

1.1 科学考察的目的与意义

科学技术部 2008 年年底批准并于 2009 年开始实施的科技基础性工作专项"澜沧江中下游与大香格里拉地区科学考察（项目编号：2008FY110300）"项目，下设 7 个课题和 1 个综合课题，其中的第六课题是"人居环境变化与山地灾害科学考察"（课题编号：2008FY110306）。

从地理空间看，澜沧江中下游（包括境外湄公河流域）与大香格里拉地区，涉及境内的云南、四川、青海及西藏 4 省（自治区）共 59 个县（市、区），面积约 90 万 km²，以及境外的缅甸、老挝、柬埔寨、泰国和越南，流域面积 63 万 km²。从 20 世纪 90 年代以来，澜沧江-湄公河区域的合作开发已成为国际社会广泛关注的热点。作为该区域的核心大国，中国要把握合作开发和环境外交的主动权，迫切需要丰富、系统的资源环境基础资料和本底数据。

澜沧江-湄公河从世界屋脊的河源到湄公河三角洲的河口，涵盖了寒带、寒温带、温带、暖温带、亚热带、热带的干冷、干热和湿热多种气候；跨越高山峡谷、中低山宽谷、冲积平原等各种地貌类型；包括草甸、草原、灌丛、森林、湿地、农田等多种生态系统，也是世界上能矿资源、旅游资源和生物多样性最丰富的地区之一。

澜沧江-湄公河流域也是山地灾害频繁和生态环境复杂脆弱的地区。考察地区地质构造复杂，新构造活动频繁，横断山脉纵贯整个流域，形成山川骈列、高山峡谷相间、山高坡陡的复杂地貌；受季风气候影响，降水丰富而集中，使得流域内山洪、滑坡和泥石流等山地灾害频繁，土壤侵蚀严重，并且往往形成跨地区跨国家的灾害。特殊的地质条件与气候条件的组合为生物的繁衍和分化造就了良好条件，形成了我国第二大林区，对涵养水源、保护水土起到了重要的生态屏障作用。然而，该区域以山区、高原为主，生态环境脆弱。流域内又大都是不发达的国家和地区，还停留在以大量消耗资源为特征的发展阶段，有的甚至还处于刀耕火种、乱砍滥伐的原始阶段，人为活动对生态环境的破坏日趋严重，导致山地灾害加重，对这一极其重要的生态屏障构成了严重威胁。为此，开展这一地区的人居环境与自然灾害的科学考察，摸清考察地区的本底数据、基础资料及其变化规律，对评估区域关键资源开发、人居环境变化与人类活动对生态环境的影响，保障国家与地区资源环境安全提供基础图件和科学数据，研究流域人居环境梯度变化规律，合理开发利用自然资源，促进当地的社会经济可持续发展，具有重大的科学价值。

1.2 科学考察任务与目标

1.2.1 考察任务

本课题的重点是开展整个澜沧江流域与大香格里拉地区的人居环境变化与山地灾害影响考察，开展边境地区人居环境变化调查与国别社会经济状况考察，建立人居环境状况数据集和湄公河国家社会经济数据集；对山地灾害类型及其分布进行普查，对重点地区的山地灾害类型及其分布进行详查，编制山地灾害分布图，建立山地灾害类型及其危害数据集。

在边境地区人居环境变化与生活状况对比调查方面，重点开展中国边境地区人口、家庭与社会生活方式调查；开展中、缅、老交界地区生活质量、生产方式与生态环境对比调查；建立中、缅、老边境地区人居环境与生活状况对比调查数据集。

在不同国家社会经济发展状况与资源互补性考察方面，开展缅、老、泰、柬、越5国社会经济发展综合考察，建立各国近年来的社会经济背景数据集；开展澜沧江–湄公河流域互补性资源（水电、生物质能源、矿产、木材、农产品等）潜力与合作开发考察，评估资源合作开发的可行性。

山地灾害分布与危害的考察，采用野外考察和遥感影像解译相结合的方法，对山地灾害的类型与分布进行普查，对重点地区和线路进行详查；对受到危害和潜在危害的重要城镇、铁路和公路干线、水利水电工程进行编目，编制山地灾害分布图，建立山地灾害类型及其危害数据集。

山地灾害对环境变化和人类活动影响的考察，重点对不同山地灾害链类型、发育环境与活动规律及对下游地区的影响进行调查，建立重大山地灾害链特别是跨境灾害链的分布和影响范围数据集；考察山地灾害对地质地貌环境和气候环境变化的响应，调查人类活动对山地灾害活动的影响，最后汇交到地球系统科学数据共享服务网。

1.2.2　考察目标

本次考察的最终成果是形成澜沧江中下游与大香格里拉地区人居环境变化与山地灾害考察报告，建立人居环境与生活状况对比调查数据集和湄公河流域国家社会经济发展数据集；完成澜沧江流域中下游与大香格里拉地区山地灾害分布图和山地灾害及其危害数据集。

1.3　科学考察方法与过程

1.3.1　考察方法

根据澜沧江中下游与大香格里拉地区的地理特征与考察目标，整个项目遵循"点、线、面"相结合的原则，采用遥感调查、实地考察、室内分析、野外采样等科学考察方法，从宏观、中观和微观3个不同尺度，重点围绕水土资源、生物多样性与生态系统功能、自然遗产与民族文化多样性、人居环境变化与山地灾害等领域开展综合科学考察工作。

项目通过卫星遥感调查与野外实地考察，开展全区土地利用/土地覆被变化、生态系统类型与山地灾害分布等方面的综合考察与地理制图；通过野外采样、定位观测和室内分析，开展水环境、生物多样性与生态系统生产力等方面的调查与评价；通过实地考察和问卷调查，完成民族文化多样性与人居环境变化等人文因素考察；通过基础数据整理和专题数据的加工，完成科学数据的集成与共享，为各类科技创新活动和全社会提供共享数据。最终数据成果（基础数据和本底资料、基础图件和科学数据、考察报告）汇交到地球系统科学数据共享服务网。

"点上考察"主要围绕国内实验站、点及其所在乡镇，主要包括贡嘎山高山生态站、哀牢山森林生态系统站、西双版纳森林生态站、林芝高山森林生态系统站和茂县森林生态站等，结合典型地区进行实地考察和入户调查，完成1∶1万大比例尺填图和样方调查。

"线上考察"主要以澜沧江–湄公河干流为轴线，选择南北贯穿、东西横切的考察路线开展综合考察和1∶10万中比例尺填图，调查河流沿岸地区资源、环境、生态本底变化和人类活动情况；干流考察路线包括：玉树—昌都—迪庆—丽江—保山—临沧—西双版纳（国内部分）和缅甸—老挝—泰国—柬埔寨—越南（国外部分）。

具体考察过程分阶段、共 4 次展开，分别是大香格里拉地区（2009 年）、澜沧江中下游地区（2010 年）、澜沧江上游地区（2011 年）和湄公河流域（2013 年）。

"面上考察"主要包括两个尺度：一是澜沧江中下游及大香格里拉地区遥感调查与全区 1 : 10 万中比例尺制图；二是项目典型地区科学考察和 1 : 5 万中比例尺制图，主要包括香格里拉核心地区（川滇藏交界地区）、中国边境地区（中缅老交界地区）和湄公河干流地区 3 个典型地区的综合考察与区域制图。

1.3.2　考察过程

自 2008 年 12 月正式立项以来，按照科学技术部和中国科学院的安排，在充分做好大量野外作业准备工作之后，我们签订了课题及专题任务书，分别在北京和云南香格里拉召开了项目启动会（照片 1-1）。2009 年 8 月 17 日于云南省迪庆藏族自治州正式启动野外考察，2013 年 3 月结束。

照片 1-1　澜沧江项目野外考察启动会合影
摄影：沈镭（照片号：IMG_ 4833）时间：2009 年 8 月 17 日

5 年来，共组织完成了 4 次大规模的野外考察与调研。

第一次野外考察于 2009 年 8 月 16 日至 9 月 8 日完成，重点是大香格里拉地区，行程涵盖四川、云南 2 省 9 县近 3600km（图 1-1），历时 23 天。

第二次野外考察于 2010 年 11 月 3 日至 11 月 28 日完成，行程覆盖澜沧江中下游地区的云南省从西双版纳到保山市 4 市 13 县，行程 4000 余千米（图 1-2），历时 26 天。

第三次野外考察于 2011 年 9 月 10 日至 9 月 27 日完成，重点是澜沧江上游地区及其源头地区，路线是沿国道 214 线，逆澜沧江而上，行程近 5000km，历时 18 天。考察路线：香格里拉→德钦→芒康→左贡→察雅→昌都→类乌齐→囊谦→杂多→玉树→玛多→西宁（图 1-3）。

第四次野外考察于 2013 年 2 月 24 日至 3 月 17 日完成，在境外湄公河段进行，行程路线是从云南省西双版纳州的景洪市磨憨口岸出发，沿老挝、柬埔寨至越南。3 月 4 日至 3 月 6 日在胡志明市参加"湄公河环境国际研讨会"；3 月 7 日自越南的胡志明市至茶荣省，考察了湄公河三角洲地区；3 月 8 日自胡志明市、柬埔寨、泰国，回到磨憨口岸，行程近 5000km（图 1-4），历时 23 天。

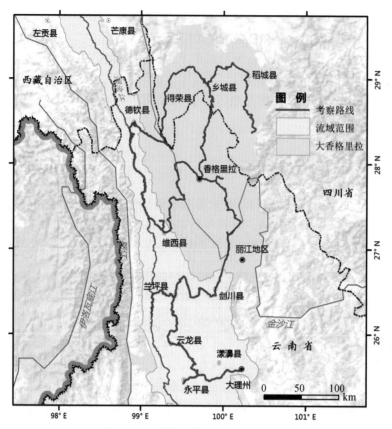

图 1-1 大香格里拉地区考察路线图

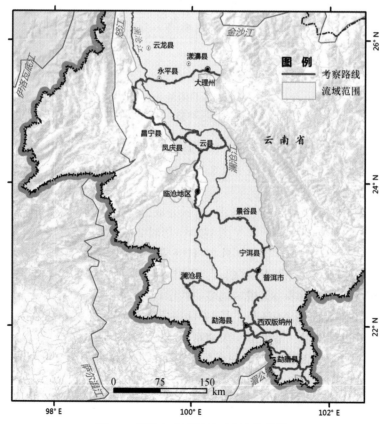

图 1-2 澜沧江中下游地区考察路线图

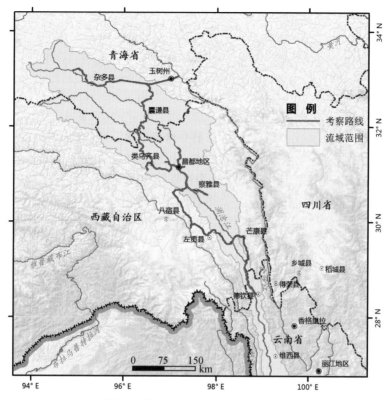

图 1-3　澜沧江上游地区考察路线图

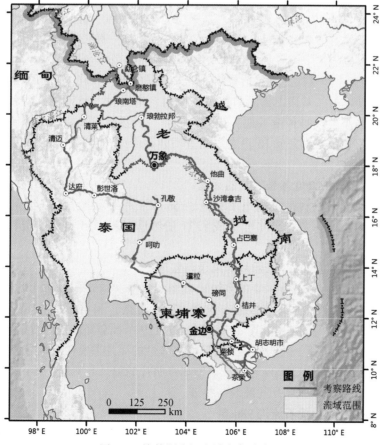

图 1-4　境外湄公河流域考察路线图

1.4 主要贡献

1.4.1 主要工作量

（1）5 年来，累计投入 602 人次，共完成 90 天野外考察任务，行程约 17 600km

"澜沧江中下游与大香格里拉地区人居环境变化与山地灾害科学考察（课题编号：2008FY110306）"课题组累计投入 602 人次参与"澜沧江中下游与大香格里拉地区科学考察"。其中，2009 年，投入 207 人次（沈镭、邓伟、韦方强、张继飞、徐爱淞、苏鹏程、丁明涛、李红强、刘立涛参与）；2010 年，投入 182 人次（沈镭、邓伟、韦方强、苏鹏程、丁明涛、李红强、高天明参与）；2011 年投入 144 人次（沈镭、丁明涛、张继飞、谢涛、张少杰、高天明、薛静静、刘立涛参与）；2013 年投入 69 人次（沈镭、苏鹏程、刘立涛参与）。

（2）共完成 4 国、40 多个县（市、区）座谈与考察

2009 年完成香格里拉→德钦→维西→乡城→稻城→得荣→兰坪→云龙→永平→保山→腾冲等 6 个地级市（州）、13 个县区座谈与考察；2010 年完成景洪→勐海→勐腊→思茅→澜沧→双江→临翔→云县→凤庆→昌宁→隆阳等县区座谈与考察；2011 年完成香格里拉→德钦→芒康→左贡→察雅→昌都→类乌齐→囊谦→杂多→玉树→玛多→西宁等县区座谈与考察；2013 年完成勐腊→孟塞→琅勃拉邦→万荣→万象→他曲→沙湾拿吉→巴色→上丁→桔井→胡志明市→柴桢→金边→暹粒→波贝→呵力→孔敬→彭世洛→南邦→清迈→清莱→清孔→会晒→南塔→磨憨等老挝、柬埔寨、越南和泰国 4 国考察。

（3）完成了 10 多个民族 20 多家农户调查

2009 年，分别走访了稻城县赤土乡德沙村、香格里拉镇热光村、得荣县子庚乡瓦卡村、德钦县奔子栏乡、德钦县明永村、德钦县云岭乡布村、德钦县云岭乡果念村、德钦县燕门乡尼通村、维西白济汛乡、维西县攀天阁乡、维西县塔城乡、兰坪县金顶镇大龙村、兰坪县兔峨乡果力村、永平县杉阳镇松坡村等，共完成 14 家农户入户调查，涉及的民族包括藏族、普米族、白族、彝族等。2010 年，分别走访了景洪市曼炸村、曼景坎村及其曼掌村、基诺山，勐腊县黄连山村、南欠村、曼秀村，勐海县曼芽村、澜沧县惠民镇古茶园、思茅南岛乡小粒咖啡种植基地、普洱云仙乡、云县忙怀乡六村、临沧完海村、碗窑村，凤庆县小湾镇、隆阳区瓦窑镇等，共完成 16 户农户调查，涉及傣族、苗族、基诺族、布朗族、拉祜族等少数民族。

（4）完成了 403 份资料和 2000 多张照片的采集

2009 年完成了 134 册纸质材料、42 册电子资料、766 张照片的采集；2010 年完成了 149 册纸质材料、12 册电子资料和 516 张照片的采集；2011 年完成了 31 册纸质材料、35 册电子资料和 719 张照片的采集工作。

（5）完成了 1100 条数据以及 423 张照片的编录与整理

编录的数据包括 2009 年、2010 年采集的乡级社会经济数据（175 条 2100 个数据）、县级社会经济数据（251 条 9287 个数据）、县级人居环境数据（19 条 323 个数据）和 40 张重要图件数据。此外，编录数据还包括 2000~2010 年澜沧江流域 59 个县（市、区）20 119 个社会经济统计数据。考察照片的编录与整理主要指先从 2000 多张海量照片中挑选具有人居环境代表性的照片并重命名标号，再通过 Google Earth 定点，最后在 Excel 文件中录入完成。2009 年完成了 162 张照片的编录与整理；2010 年完成了 109 张照片的编录与整理；2011 年完成了 152 张照片的编录与整理。

（6）查明了滑坡点 605 处，泥石流沟 986 条

根据中国科学院成都山地灾害与环境研究所滑坡泥石流分布数据库，结合项目执行期间国土部门提供的基础资料，并结合野外的调查补充及遥感影像解译结果，现已查明研究区内分布有滑坡点处 605 处，泥石流沟 986 条。

（7）完成了近 70 篇考察日志及流域 45 个县（市、区）的县志撰写

考察日志对每日考察目的、考察线路以及重要考察区域工作成果进行了详细记载。2009 年共完成考察日志 23 篇；2010 年完成考察日志 26 篇；2011 年完成考察日志 18 篇。在此基础上，对重要考察的杂多、囊谦、左贡、昌都、类乌齐、察雅、芒康、稻城、乡城、得荣、兰坪等 45 个县（市、区）的县域概况、社会经济以及人居环境进行了系统梳理，完成了澜沧江流域 45 个县（市、区）的县志撰写。

1.4.2　主要成果

根据"澜沧江中下游与大香格里拉地区人居环境变化与山地灾害科学考察"（课题编号：2008FY110306）课题考察目标的要求，主要成果包括以下三个方面：第一，形成澜沧江中下游与大香格里拉地区人居环境变化与山地灾害考察报告；第二，建立人居环境与生活状况对比调查数据集和湄公河流域国家社会经济发展数据集；第三，完成澜沧江流域中下游及大香格里拉地区山地灾害分布图和山地灾害及其危害数据集。鉴于此，结合本课题近 5 年开展的相关工作，紧密围绕上述三大目标，详细阐述所取得的主要研究成果。

（1）形成了澜沧江中下游与大香格里拉地区人居环境变化与山地灾害考察报告

本报告由 10 个章节及附件构成，约 80 万字。主要内容包括绪言、澜沧江流域社会经济概况、自然景观、少数民族、自然资源、重大自然灾害、综合基础设施支撑条件以及澜沧江流域境外国家社会经济差异和澜沧江流域人居环境基本统计数据。围绕考察过程中的新发现及报告撰写，本课题组主要发表论文：

- Ding M T, Wei F Q. 2011. Distribution characteristics of debris flows and landslides in Three Parallel Rivers Area. Disaster Advances, 4（3）：7-14.（SCI）
- Ding M T, Wei F Q, Hu K H. 2011. Property insurance against debris-flow disasters based on risk assessment and the principal-agent theory. Natural Harzards, 60（3）：801-817.（SCI）
- Shen L, Huang C, Liu G H, et al. 2012. Design and Implementation of LANCANG River Basin Management Information System. 2012 2nd International Conference on Circuits, System and Simulation（ICCSS 2012）. Singapore：IPCSIT vol. XX（2012）© （2012）IACSIT Press.
- 刘立涛，沈镭，高天明，等. 2012. 基于人地关系的澜沧江流域人居环境评价. 资源科学，34（7）：1192-1199.（CSCD）
- 高天明，沈镭，刘立涛，等. 2012. 橡胶种植对景洪市经济社会生态环境的影响. 资源科学，34（7）：1200-1206.（CSCD）
- 苏鹏程，韦方强，谢涛. 2012. 云南贡山 8.18 特大泥石流成因及其对矿产资源开发的危害. 资源科学，34（7）：1248-1256.
- 丁明涛，韦方强，王欢，等. 2012. 基于聚类分析的三江并流区泥石流危险性评价. 资源科学，34（7）：1257-1265.
- 王欢，陈廷方，丁明涛. 2012. 泥石流对岩性的敏感性分析及其在危险评价中的应用. 长江流域资源与环境，21（3）：385-390.

（2）建立了人居环境与生活状况对比调查数据集和湄公河流域国家社会经济发展数据集

人居环境与生活状况对比调查数据集由数据、图件、照片和县志构成；湄公河流域国家社会经济发展数据集则包括缅甸、老挝、泰国、柬埔寨和越南 5 国 1960～2011 年社会经济数据。详细数据集组成如下。

人居环境与生活状况对比调查数据包括：

- 《澜沧江科学考察县级社会经济数据集》
- 《澜沧江科学考察乡级社会经济数据集》
- 《澜沧江科学考察县级人居环境数据集》
- 《澜沧江科学考察重要图件资料》
- 《澜沧江科学考察照片及定点数据集》
- 《澜沧江流域45个县（市、区）县志数据集》
- 《2000～2011年澜沧江流域59个县（市、区）社会经济统计数据集》

湄公河流域国家社会经济发展数据集包括：

- 《1960～2011年缅甸社会经济发展数据集》
- 《1960～2011年老挝社会经济发展数据集》
- 《1960～2011年泰国社会经济发展数据集》
- 《1960～2011年柬埔寨社会经济发展数据集》
- 《1960～2011年越南社会经济发展数据集》

（3）完成了澜沧江流域中下游与大香格里拉地区山地灾害分布图和山地灾害及其危害数据集

澜沧江流域中下游与大香格里拉地区灾害分布图刻画了区内605处滑坡点和986条泥石流沟。山地灾害及其危害数据集由以下三部分组成：

- 《泥石流灾害及其危害数据集》
- 《滑坡灾害及其危害数据集》
- 《崩塌灾害及其危害数据集》

1.4.3 主要结论

第2章在系统回顾人居环境发展历程、人居环境概念的基础上，梳理了当前国际上较具影响力的人居环境评价体系，如联合国人居署出版的《世界城市状况报告》（*State of the World's Cities*）提出的城市繁荣指数（the city prosperity index, CPI）、经济学人信息部（the Economist Intelligence Unit, EIU）宜居指数、美世生活质量指数（Merce quality of living index）以及Monocle最宜居城市指数（Monocle's most livable cities index）。中国较具影响力的人居环境评价体系是由中华人民共和国住房和城乡建设部重新组织制定的《中国人居环境奖评价指标体系》。基于此，构建了基于人地关系的澜沧江流域人居环境分析框架，为后续工作的开展奠定了理论基础。

第3章以澜沧江流域与大香格里拉地区为研究区域，以流域范围内59个县（市、区）作为基本研究单元，从人类社会要素——社会经济发展切入，采取实地考察与室内分析相结合的手法，从整体和局部（大香格里拉地区，澜沧江上游、中游和下游地区）两个尺度对流域人口发展、经济增长、产业结构以及特色产业进行了系统梳理，刻画了流域范围内社会经济发展地域分异，借此从宏观上全面把握近10年澜沧江流域社会经济发展及其变化趋势。

澜沧江流域聚居着30多个少数民族，呈现大分散、小聚居的空间分布特征。大部分民族拥有自己的语言文化，各具特色的习俗风情、生产方式及宗教信仰等与当地自然环境紧密融合。近年来，澜沧江全流域人口总数和密度持续增加，农村农业人口逐步向城镇和非农行业转移。2010年，澜沧江流域总人口1230万，同比增长0.82%；人口密度为32.22人/km²，同比增长0.79%。综合而言，澜沧江流域人口分布上游稀疏，中游相对密集，下游最密集。

大香格里拉地区以藏族为主，占总人口90%左右。此外还有汉族、彝族、白族、傣族、壮族、苗族、回族等33个兄弟民族，呈现小聚居大杂居和交错居住的分布特点。2010年大香格里拉地区总人口127万，同比增长3.25%；人口密度为5.26人/km²，同比增长3.23%。农村人口比率仍高达83%，农林牧渔业从业人员比率也高达85%。

澜沧江上游地区以藏族为主，是藏族的聚居区，此外，还居住有汉族、回族、苗族、蒙古族、洛巴族、门巴族等21个民族。2010年，澜沧江上游地区总人口72万，同比增长5.88%；人口密度为5.46人/km²，同比增长5.85%。该区农村农业人口比重较大，但呈下降趋势，截至2010年，农村人口降至80.56%，农林牧渔业从业人员比率降至82.64%。

澜沧江中游地区共分布有藏族、彝族、白族、傣族、壮族、苗族、回族、傈僳族等28个少数民族，其中以藏族、白族和傈僳族占主导。2010年，澜沧江中游地区总人口208万，同比下降0.95%；人口密度为16.63人/km²，同比下降0.95%。该区农村人口所占比率最大高达90%，农林牧渔业人口比率为81.19%。

澜沧江下游地区以汉族为主，同时有彝族、白族、傣族、壮族、苗族、回族、傈僳族、拉祜族、佤族、纳西族、瑶族等27个少数民族。2010年，澜沧江下游地区941万，同比增长0.85%；人口密度为85.96人/km²，同比增长0.80%。

澜沧江流域大部分地区经济发展仍然以农牧业为主导，近年来在科技创新、产业集聚、要素集约发展方针指导下，经济发展的质量和效益有了大幅度提高，三次产业结构得到进一步优化，调整为27∶35∶38。2010年，澜沧江中下游与大香格里拉地区生产总值约为1434亿元，其中，第一产业增加值389亿元，同比增长11.71%；第二产业增加值507亿元，同比增长21.64%；第三产业增加值538亿元。

大香格里拉地区经济以农牧业为主，主要农作物有青稞、冬小麦、春小麦、玉米等，饲养牦牛、偏牛、黄牛、马、牦牛、猪等。工业以采矿、电力、机械、建筑、原材料生产、药材加工等基础工业为主，其余为金银铁器加工、民族服装制作、民族宗教用品等民族手工业。近年来结合大香格里拉地区多民族、多宗教、多文化的特点，以特色旅游业为重点的第三产业发展迅速。2010年，该区生产总值约为158亿元，第一产业增加值34亿元，同比增长-8.84%；第二产业增加值58亿元，同比增长45.34%；第三产业增加值66亿元。2010年大香格里拉地区三次产业结构调整为22∶36∶42。在大香格里拉地区特选取极具代表性的香格里拉县作为案例，对其产业发展进行了说明。

澜沧江上游地区经济以农牧业为主。长期以来，由于频繁的自然灾害、农牧业科技含量不高、生产经营方式落后等原因，其经济优势不够明显；受环境、资金、技术、人才限制，第二产业发展缓慢，工业企业数量少且规模小；此外，出于三江源生态保护的需要，一些资源性开发建设项目受到制约。未来，该地区将全面发展农村牧区经济，提升农牧业产业效益，增加农牧民收入为重点，大力推进现代农牧业发展，争取将资源优势转化为经济优势。2010年，该区实现生产总值64亿元，第一产业增加值21亿元，同比增长-10.9%；第二产业增加值21亿元，同比增长141.1%；第三产业增加值22亿元。截至2010年，澜沧江上游地区三次产业结构调整为33∶33∶34。澜沧江上游地区特选取昌都县为例，对昌都县产业发展情况进行详细说明。

澜沧江中游地区除鹤庆县和兰坪县以工业为主导外，其余各县大多以农牧业为主。近年来，澜沧江中游地区在粮食作物、经济作物、畜牧业、民族手工业、农畜产品加工、能源、采矿业、冶金、建材、水电开发、旅游业、边贸等产业发展较快。随着旅游资源及生物资源的开发，特色旅游业和生物资源产业将逐步成为该地区经济发展的支柱产业。2010年，澜沧江中游地区生产总值约为253亿元，第一产业增加值44亿元，同比增长4.71%；第二产业增加值96亿元，同比增长18.12%；第三产业增加值113亿元。澜沧江中游地区三次产业结构不断优化，截至2010年调整为19∶41∶40。澜沧江中游地区以钦县作为典型案例，对德钦县的产业发展情况进行详细说明。

近年来，澜沧江下游地区乳畜、林果、蔬菜、花卉、蚕桑、烟草、核桃等农作物种植面积进一步扩大，在优化种植结构思想指导下，农牧业龙头企业实力不断增强，产业基地规模不断壮大，经济结构日趋合理，大部分县市第三产业占经济总量的40%左右，现代服务业和文化旅游产业的加速发展，强化了该地区的吸引力和辐射力。2010 年，澜沧江下游地区生产总值约为 1124 亿元，第一产业增加值 320 亿元，同比增长 14.58%；第二产业增加值 387 亿元，同比增长 19.23%；第三产业增加值 417 亿元。截至 2010 年，澜沧江下游地区三次产业结构不断优化，逐步调整为 29：34：37。澜沧江下游地区选取大理市为典型案例，对大理市的产业发展情况进行说明。

此外，第 3 章还对澜沧江流域特色产业进行了系统梳理。具体包括杂多县冬虫夏草的采挖与保护、香格里拉县松茸生产及产业培育、乡城县万亩农业园（蓝莓、核桃）、中国核桃之乡——凤庆、景谷造纸林种植与造纸加工以及云南省咖啡种植及产业发展、茶叶和橡胶种植及其加工。

第 4 章立足于人居环境中的地域空间要素，选取澜沧江流域极具代表的 6 类自然景观——高山草甸、灌丛、森林、农田、湿地和冰川，采用科学素材与纪实相结合的手法，在系统阐述自然景观地质地貌、分布格局、自然资源、生态环境的同时，再现了科考队考察 6 类自然景观时的现实场景。

高山草甸分布在海拔 4000m 以上，在青海省囊谦县以上分布较广。课题组选取地处昌都地区左贡县境内的邦达草原进行考察。邦达草原是"茶马古道"必经之地，也是西藏境内较为优良的天然牧场。独特优裕的草场环境孕育了许多珍贵的药用资源，是贝母、人参果、大黄、大叶秦艽、红景天、冬虫夏草等的主产区。邦达草原现已开辟了贯通西藏与川、滇、青等邻省的川藏、川滇等公路，1995 年又在此建立了邦达机场，开辟了昌都至成都的空中航线。交通线路的日趋增加以及空间距离的逐渐缩短，使得邦达草原社会经济焕发出勃勃生机。

立足于灌丛，课题组选取昌都类乌齐县作为典型代表进行考察。类乌齐县地处念青唐古拉山余脉伯舒拉岭西北，他念他翁山东南，素有"藏东明珠"、"西藏小瑞士"之称。类乌齐东部属典型的藏东高山峡谷型地貌，西部则属藏北高原地貌类型。地形沿澜沧江支流吉曲、柴曲和格曲由西北向东南走向，呈现西高东低趋势，平均海拔 4500m，县驻地海拔 3810m。类乌齐县境内水利、渔业、矿产和野生药材资源极为丰富，开发利用前景广阔。

"普达措"是"碧塔海"的藏语原名，为梵文音译，意为"舟湖"，在藏语中代表着神助乘舟到达湖的彼岸。普达措国家公园位于云南省迪庆藏族自治州香格里拉县境内，最高海拔 4159.1m，年平均气温 5.4℃，是至今仍保持完整的原始森林生态系统。该公园占地总面积 1313 km²，其中开发旅游的面积仅为总面积的 3‰，公园内主要景点有属都湖、碧塔海和高原牧场等。公园的植被以长苞冷杉为主，也分布有大量的杜鹃、忍冬、云杉、红桦等植被。在碧塔海四周以及湖中的岛上也生长有云杉、高山栎、白桦等植物。从草甸和水生植物上看，主要为蒿草草甸，水生植被主要为香满群落、光叶眼子和菜群落。

在澜沧江流域自北向南绵延的群山褶皱里，镶嵌着一个个面积不等的"坝子"（山间盆地），一个坝子就是一个"粮仓"，也是澜沧江高山峡谷中难得一见的优质农田，而面积达 173 km² 的保山坝子便是其中之一。从地质构造看，保山坝子属断陷沉积盆地。保山坝子平均海拔 1670m，东靠澜沧江、西接怒江，两条大江在保山段的海拔仅为 700 余米。近 1000m 的相对高差导致澜沧江峡谷与保山坝子的物候差异明显，保山坝子形成了温暖湿润的气候，年均气温只有 15.6℃。保山市有万亩以上的坝子达 64 个。独特的土壤结构，优越的立体气候，造就了丰富多样的生物资源，给这里带来了立体农业之利，为"滇西粮仓"的打造，创造了优越的条件，盛产稻米、包谷、小麦、蚕豆，历来是云南粮食生产区和重要粮食基地，是国家和云南省先后投资建设的商品粮生产基地。

藏语中纳帕海的意思是"森林旁的湖泊"。纳帕海地处云南迪庆藏族自治州，距香格里拉县城 8km，是横断山系的核心部位，长江上游、植物多样性三大中心之一的生物地理区域核心部位，与青藏高原相连，是大香格里拉地区低纬度、高海拔的季节性沼泽湿地，为中国独特的低纬度、高海拔内陆型湿地类型，由草甸、沼泽、水面和湖周森林构成的喀斯特型季节性沼泽湿地。纳帕海湿地孤立而分散，湿地之间没有水道相通，从而也决定了其生态系统的脆弱性和不稳定性。纳帕海湿地动物资源和植被类型十分丰富，具有了特殊的生态意义和科研价值。

梅里雪山又称"雪山太子"，处于世界闻名的金沙江、澜沧江、怒江"三江并流"地区，北连西藏阿冬格尼山，南与碧罗雪山相接。位于云南省迪庆藏族自治州德钦县东北约 10km 的横断山脉中段怒江与澜沧江之间。梅里雪山共有四条大冰川,分别为明永、斯农、纽巴和浓松,属世界稀有的低纬、低温(零下 5℃)、低海拔(2700m)的现代冰川,其中最长、最大的冰川是明永冰川。平均海拔在 6000m 以上的有 13 座山峰,称为"太子十三峰",主峰卡瓦格博峰海拔高达 6740m,是云南的第一高峰。随着全球气候的变暖,梅里雪山旅游的开发,梅里雪山的自然冰川、雪线每年都在退化、萎缩。以云南省气象专家为主的专业团队将借此对三江并流区进行立体化监测,并作为具有全球意义的气象监测地区,迪庆州获得的气象数据将直接发到世界气象组织。

第 5 章根据澜沧江上、中、下游少数民族地理分布特征,依次选取藏族、傈僳族、纳西族、傣族、彝族、白族、普米族、佤族、布朗族和基诺族 10 个少数民族作为代表,从少数民族分布特点、典型农户调查以及独特的民风民俗等方面入手,对澜沧江流域的少数民族人居环境进行了系统梳理。

第 6 章主要围绕澜沧江流域的 6 类自然资源展开,揭示了近水却难于利用的水资源;狭窄的河滩地——土地资源;水量充沛落差大丰富的水能资源;点多矿大闻名的矿产资源;生物多样性宝库——森林资源以及多元而又有特色的旅游资源。通过对上述 6 类自然资源资源总量,分布特点以及开发中存在问题的阐释,对澜沧江流域的自然资源形成科学认识。

第 7 章在对澜沧江流域主要自然灾害分布格局及特征形成总体认识的基础上,分别针对流域内泥石流、滑坡以及崩塌三类地质灾害进行了系统梳理,此外,选取三江并流区作为典型案例开展山地灾害聚发区案例研究。

主要自然灾害分布格局及特征。根据中国科学院成都山地灾害与环境研究所滑坡泥石流分布数据库,结合项目执行期间国土部门提供的基础资料,并结合野外的调查补充及遥感影像解译结果,现已查明研究区内分布有滑坡点 605 处,泥石流沟 986 条,且山地灾害发育和分布具有以下特征:①山地灾害集中分布于大地貌单元过渡带;②山地灾害集中分布于断裂带和地震带上;③山地灾害集中分布于河流切割强烈、相对高差大的地区;④山地灾害集中分布于降水丰沛和暴雨多发的地区;⑤山地灾害集中分布于植被破坏严重的地区。

在泥石流调查方面,分别对得荣大桥、门扎沟、吉亚村、类乌齐镇扎果村、卡玛多乡帮嘎村、洞松乡牛龙村、定波乡万绒、香格里拉县虎跳峡镇干沟箐、维西县叶枝镇岩瓦河、香格里拉三坝乡哈巴村、维西县塔城镇柯公河泥石流的概况、危险性评价与预测方面进行了科学分析。

在滑坡考察方面,分别对得荣县格绒村滑坡、达西丁滑坡、俄洛镇加林村滑坡、类乌齐县城滑坡、芒康县纳西乡纳西村山体滑坡、香格里拉县金江镇开文后山滑坡、德钦县奔子栏乡扎冲顶村民小组滑坡、德钦县奔子栏乡追达村滑坡、维西县叶枝镇梓里村白马洛社滑坡、维西县保和镇瓦窑村滑坡的基本特征、活动现状与诱发因素、危险性评价与预测、防治建议四个方面进行了详细介绍。

在崩塌调查方面,分别对得荣县自沙村崩塌、G214 国道 K9+200 崩塌、吉亚村崩塌、乡德公路 K96+750 ~ K96+860 崩塌的概况、地质环境条件、基本特征、形成原因机理及稳定性、危害评估及预测以及防治措施建议进行了全面介绍。

开展了山地灾害聚发区的考察重点三江并流案例研究。三江并流区泥石流分布具有如下特征:①大地貌单元过渡带上集中分布;②断裂带和地震带上集中分布;③河流切割强烈、相对高差大的地区内集中分布;④在降水丰沛和暴雨多发的地区集中分布;⑤在植被破坏严重的地区集中分布。三江并流区泥石流危险性评价结果显示:第 1 子类为高危险区,第 2 子类为中等危险区,第 3 子类为低危险区,第 4 子类极低危险区。

第 8 章沿着澜沧江所流经的上游、中游和下游地区,立足于立体交通基础设施,分别从机场(玉树机场→邦达机场→香格里拉机场→保山机场→临沧机场→普洱机场→西双版纳机场)、公路(国道G214)、茶马古道、水路(澜沧江–湄公河)、道桥、索道、边境口岸(磨憨口岸→景洪口岸→思茅口岸→打洛口岸→勐连口岸→勐定口岸→南伞口岸→沧源口岸→中老泰赶摆场)、泛亚铁路、昆曼公路综合阐述澜沧江流域人居环境基础设施支撑条件。

上述 8 章依次从澜沧江流域人居环境分析框架、社会经济、自然景观、少数民族、自然资源、重大自然灾害以及综合基础设施支撑条件六大要素对中国境内澜沧江流域人居环境进行系统剖析。第9章将实地考察与室内分析相结合，基于人地关系的人居环境分析框架，系统地构建了人居环境评价指标体系，选取澜沧江流域56个县（市、区），借助因子分析法和ArcGIS空间分析，对2000～2009年澜沧江流域人居环境时空演进展开实证分析。研究结果显示：①从空间格局上看，澜沧江流域人居环境适宜性由南至北等级递减；从时序演进上看，2000～2009年澜沧江流域人居环境总体呈恶化趋势。②近10年来，基础设施在人居环境中的重要性逐步被经济发展因素所超越，大力发展经济，提升第三产业比重，进一步完善基础设施，成为改善人居环境的关键所在。

为了增进对湄公河全流域人居环境的整体认识，第10章在现有工作的基础上，将视角转移到澜沧江境外部分即湄公河流域，从自然资源、社会经济两方面入手，分别对湄公河流域缅甸、老挝、泰国、柬埔寨和越南5国基本国情进行了阐述。此外，借助2013年2月至3月的实地考察，加深了对于湄公河流域缅甸、老挝、泰国、柬埔寨和越南5国人居环境的认识，为未来进一步开展湄公河流域人居环境尤其是中国与湄公河流域国家之间资源互补性研究奠定了基础。

|第 2 章| 人居环境概念及分析框架

在系统回顾人居环境发展历程、人居环境概念的基础上，梳理了当前国际上较具影响力的人居环境评价体系，如联合国人居署出版的《世界城市状况报告》（State of the World's Cities）提出的城市繁荣指数、经济学人信息部宜居指数、美世生活质量指数以及 Monocle 最宜居城市指数。中国较具影响力的人居环境评价体系是由中华人民共和国住房和城乡建设部重新组织制定的《中国人居环境奖评价指标体系》。基于此，构建了基于人地关系的澜沧江流域人居环境分析框架，为后续工作的开展奠定了理论基础。

2.1 人居环境发展历程

对人居环境问题的关注起源于 20 世纪 70 年代中期，特别是联合国在推动人居环境研究发挥了重要作用。1976 年在加拿大温哥华召开的第一次人类居住大会（简称"人居一"），通过了《温哥华宣言》，随着经济的快速发展，城市日益扩张，人类居住与环境问题开始受到国际社会广泛关注，从而也推动了联合国人居机构的设立。1977 年 10 月第 32 届联合国大会通过了第 162 号决议，决定成立联合国人类住区委员会（United Nations Commission On Human Settlements），次年人居中心（United Nations Centre for Human Settlements（habitat），UNCHS）办事机构正式成立。1985 年 12 月 17 日，第 40 届联合国大会通过决议，确立每年 10 月的第一个星期一为"世界人居日"，也称为"世界住房日"，历届世界人居日主题见表 2-1。从 1989 年开始创立"联合国人居奖"。

1996 年 6 月在土耳其伊斯坦布尔召开的第二届人类居宅大会（简称"人居二"）通过了《伊斯坦布尔人居宣言》和《人居环境议程：目标和原则、承诺和全球行动计划》，确定联合国人居中心为实行该议程的主要机构。人居议程的两大主题是：人人享有适当的住房和城市化进程中人类居住区的可持续发展。"人居二"树立了联合国人居署的奋斗目标即实现"所有人都有合适的居所"以及"在城市化过程中的可持续性人居发展"；明确了主要任务是实施《人居环境议程》，为联合国系统实现消除贫困和促进可持续发展目标作贡献。2001 年 6 月在纽约召开的"伊斯坦布尔+5"人居特别联合国大会上，通过了人居工作的《新千年宣言》。

2001 年 12 月第 56 届联合国大会通过了 206 号决议，决定从 2002 年 1 月 1 日起，联合国人居中心正式升格为联合国人类住区规划署（The United Nations Human Settlements Programme，UN-HABITAT）。

目前，联合国人居署的主要工作包括安全的土地保有权全球运动（Global Campaign for Secure Tenure）和城市管理全球运动（Global Campaign On Urban Governance）。上述工作的目标是为密切与各国各级政府和民间社会的合作，提高公众意识，用以改善和消除城市贫困，加强社会融合和公正，提升管理的透明化和可靠性。

联合国人居署的出版物主要有《世界人居年度报告》（Global Report on Human Settlements）和《世界城市状况报告》（State of the World's Cities）。

表 2-1　历届世界人居日主题

年份	地点	主题
1986	肯尼亚内罗毕	住房是我的权利（Shelter is My Right）
1987	纽约联合国总部	为无家可归者提供住房（Shelter for the Homeless）

年份	地点	主题
1988	英国伦敦	住房和社区（Shelter and Community）
1989	印度尼西亚雅加达	住房、健康和家庭（Shelter, Health and the Family）
1990	英国伦敦	住房与城市化（Shelter and Urbanization）
1991	日本广岛	住房与居住环境（Shelter and the Living Environment）
1992	纽约联合国总部	住房与可持续发展（Shelter and Sustainable Development）
1993	纽约联合国总部	妇女与住房发展（Women and Shelter Development）
1994	塞内加尔达喀尔	住房与家庭（Home and the Family）
1995	巴西库里蒂巴	我们的住区（Our Neighborhood）
1996	匈牙利布达佩斯	城市化、公民资格和人类团结（Urbanization, Citizenship and Human Solidarity）
1997	德国波恩	未来的城市（Future Cities）
1998	阿联酋迪拜	更安全的城市（Safer Cities）
1999	中国大连	人人共有的城市（Cities for All）
2000	牙买加	妇女参与城市管理（Women in Urban Governance）
2001	日本福冈	没有贫民窟的城市（Cities without Slums）
2002	比利时布鲁塞尔	城市与城市的合作（City to City Cooperation）
2003	巴西里约热内卢	城市供水与卫生（Water and Sanitation for Cities）
2004	肯尼亚内罗毕	城市—农村发展的动力（Cities – Engines of Rural Development）
2005	印度尼西亚雅加达	千年发展目标与城市（The Millennium Development Goals and the City）
2006	意大利那不勒斯，俄罗斯喀山	城市——希望之乡（Cities, magnets of hope）
2007	荷兰海牙，墨西哥蒙特雷	安全的城市，公正的城市（A safe city is a just city）
2008	安哥拉罗安达	和谐城市（Harmonious Cities）
2009	美国华盛顿特区	规划我们的城市未来（Planning our urban future）
2010	中国上海	城市，让生活更美好（Better City, Better Life）
2011	墨西哥阿瓜斯卡连特斯	城市与气候变化（Cities and Climate Change）
2012	伊斯兰堡，巴基斯坦	改变城市，创造机会（Changing Cities, Building Opportunities）
2013	哥伦比亚麦德林	城市交通（Urban Mobility）

资料来源：根据 UN-HABITAT（http：//www.unhabitat.org/categories.asp？catid＝9）整理

2.2　人居环境概念提出

人居环境概念的提出经历了从古代的农耕文明向现代文明不断的演变历程。早在 16 世纪欧洲的"乌托邦"已勾画出了理想的人居环境蓝图。从狩猎采集走向农耕文明，生产力发展的同时，生产生活资料日渐丰富，人口规模不断增长，在一些自然资源优良的地区出现人口的聚集，人们由散居向村、镇甚至城市集中。19 世纪工业革命带来了生产力的迅猛发展，人口开始出现大规模聚集，世界各国先后进入城镇化时期，城镇规模急剧扩大，人口从乡村、小城镇、中等城市向大城市转移；随后，以生产生活服务为核心的第三产业兴起进一步促进了人口向城市的顺利转移，城市带和城市群开始出现。

随着人口向城市的聚集，人口高度密集带来用地、用水、用电等的紧张，城市卫生状况恶化，城市环境质量下降，引起了人们对居住环境的深度关切，由此促进了以城市人居环境为主导的现代城市规划思想的萌生。19 世纪末 20 世纪初，以霍华德（E. Howard, 1946）、盖迪斯（P. Geddes, 1915）、芒福德（L. Mumford, 1961）等为代表的城市规划先驱者开创了人居环境研究的先河（陈友华和赵民，2000），也对"光明城"、"卫星城"、"有机疏散"、"邻里单位"等理论研究产生了深远影响（P. Hall, 1992）。人居环境思想一直蕴含在城市规划学的内容中，早期的城市规划、设计理论等多偏重于从建筑师的角度理解城市和城市设计（吴良镛，2001）。

西方的人居环境思想发展大体可划分为 3 个阶段：19 世纪末至 20 世纪第二次世界大战前以自然生态观、功能与结构形体研究及解释性的探讨为主；第二次世界大战后至 20 世纪 70 年代集中于人居环境科学与内容、社区发展、定量与实证研究；自 20 世纪 80 年代以来，人居环境的改善上升为全球性的奋斗纲领，社区运动、邻里指标的发展以及人居环境资源评价普查技术逐步成熟。中国人居环境理论与实践主要经历了 3 个发展阶段：第一阶段，1949 年以前天人合一的传统思想与实践；第二阶段，1949～1978 年自给社区理论与实践；1978 年以来的现代开放时期人类住区可持续发展思想与实践（李王鸣等，2000）。

中国老一辈科学家吴良镛自 20 世纪 50 年代开始从事城市规划建设相关工作，20 世纪 90 年代初积极致力于人居环境建设的基础理论研究，1995 年筹建清华大学人居环境研究中心。2006 年 12 月北京大学人居环境中心成立，《北大人居环境》期刊的定期出版等均推动了人居环境科学在中国的快速发展。

希腊建筑师道萨迪亚斯（C. A. Doxiadis）最早提出人居环境科学（science of human settlements）概念，强调把包括乡村、城镇、城市等在内的所有人类住区作为一个整体，从人类住区的自然、人、社会、房屋、网络"元素"进行广义的系统研究（吴良镛，2001）。人居环境由自然系统（气候、地理、地形、环境、资源等）、人类系统（对物质的需求与人的生理、心理、行为等）、社会系统（公共管理和法律、人口趋势、文化特征、经济发展、健康和福利等）、建筑物系统（住宅、社区设施、城市中心等）和支撑系统（基础设施如公共服务设施、交通和通信系统等）五大部分构成（Doxiadis et al.，1968）。其中，人类系统与自然系统是两个基本系统，建筑物系统与支撑系统则是人工创造与建设的结果。

人居环境和人居住区都是对 human settlements 的不同中译，人居环境以"人"为核心，以满足人类生存和发展需求为目的，是人类利用自然、改造自然的主要场所。人居环境介于人类与自然之间，是联系人类与自然之间的纽带，也是人与自然相互作用与影响的一种表现形式，理想的人居环境是人与自然环境的和谐统一与可持续发展。人居环境科学以人居环境为研究对象，围绕地区开发、社会经济发展及其诸多问题所展开研究的学科群，涉及一切与人居环境形成与发展相关的科学问题，其涉及领域广泛，是多学科综合作用的结果，如地理学、地质学、气象学、经济学、社会学等（吴良镛，2001）。人居环境以包括乡村、城镇、城市等在内的所有人类聚居形式为研究对象，着重研究人与环境之间的相互关系，强调把人类聚居作为一个整体，从政治、社会、文化、技术等各个方面，全面地、系统地、综合地加以研究，其目的是掌握人类聚居发生、发展的客观规律，从而更好地建设符合人类理想的聚居环境。

2.3　人居环境评价体系

目前，国际上较具影响力的人居环境评价体系是由联合国人居署出版的《世界城市状况报告》（*State of the World's Cities*）提出的城市繁荣指数（the city prosperity index，CPI）、经济学人信息部（The Economist Intelligence Unit，EIU）宜居指数、美世生活质量指数（Merce quality of living index）以及 Monocle 最宜居城市指数（Monocle's most livable cities index）。

中国较具影响力的人居环境评价体系是由中华人民共和国住房和城乡建设部重新组织制定的《中国人居环境奖评价指标体系》。

2.3.1　国外评价体系

2.3.1.1　CPI

最新发布的 *State of the World's Cities* 2012/2013 指出，以前的城市状况评价仅狭隘地关注经济增长，最新报告在强调经济之外，还关注了城市生活质量、完善的基础设施、公平以及环境的可持续性。该报告构建了新的 CPI，同时提出了概念——"城市繁荣轮"，为政策制定者设计清晰的干预政策提供支撑（UN-HABITAT，2013）。"城市繁荣轮"由生产力、基础设施、生活质量、公平以及环境可持续性构成。

上述 5 方面的均衡发展是城市繁荣的关键特性,通过城市繁荣指数测量。

CPI 涵括绿色城市指数(green city index)、生态城市指数(ecological city index)及宜居城市指数(livable city index)。CPI 还依托人类发展指数(human development index,HDI),开展了城市人类发展指数(city human development index,CHDI)计算。CPI 是一个开放性评价体系,可以把更多信息整合到评价当中。CPI 的独特之处在于研究对象为单个城市,且从 5 个维度开展评价(表 2-2)。

表 2-2 联合国人居署城市繁荣指数(the UN-Habitat city prosperity index)

维度	定义/变量
生产力	生产力指数通过全市产品测度,它是由资本投入、正式/非正式就业、通货膨胀、贸易、储蓄、出口/进口和家庭收入消费变量所组成。全市产品指一个城市的人口在某一年所生产的全部商品和服务的总和
生活质量	生活质量指数由教育、健康、安全、社会资本和公共空间构成。教育分项指数包括扫盲、小学、中学和高等教育入学率;健康包括寿命、五岁以下儿童死亡率、艾滋病毒/艾滋病、发病率及营养变量
基础设施发展	基础设施发展指数包括基础设施和住房。基础设施分项指数包括:自来水、污水、电力和信息通信技术,废物管理,知识基础设施,卫生基础设施,交通运输和道路基础设施。住房分类指数包括建筑材料和生活空间
环境可持续性	环境可持续性指数是由 4 个分项指数构成:空气质量(PM10)、二氧化碳排放、能源和室内污染
公平和社会包容性	公平和社会包容指数通过对收入/消费不平等(基尼系数)、获取服务和基础设施的社会及性别不平等相结合的统计测度获取

根据 CPI 最后得分值,将世界城市划分为 6 个等级,即高度繁荣(CPI>0.900)、繁荣(0.800<CPI<0.899)、较繁荣(0.700<CPI<0.799)、中等繁荣(0.600<CPI<0.699)、不繁荣(0.500<CPI<0.599)、最不繁荣(CPI<0.500)(表 2-3)。

表 2-3 2012/2013 年世界城市状况等级分布

CPI 等级	特征	城市
高度繁荣 (CPI>0.900)	高度整合的 5 个维度的繁荣 商品和服务高产,雄厚的经济基础,生产效率高 城市治理、规划、法律、法规和体质框架等运行良好,创造了安全可靠的环境	维也纳、华沙、米兰、巴塞罗那、哥本哈根、苏黎世、阿姆斯特丹、奥克兰、墨尔本、东京、巴黎、奥斯陆、都柏林、斯德哥尔摩、赫尔辛基、伦敦、多伦多、纽约
繁荣 (0.800<CPI<0.899)	繁荣 5 要素相互衔接,呈现自我加强累积向上的势头 较强的机构,灵活的法律和监管框架 提供大量公共物品	安卡拉、墨西哥城、瓜达拉哈拉、布加勒斯特、上海、阿拉木图、圣保罗、首尔、莫斯科、布拉格、雅典、布达佩斯、里斯本
较繁荣 (0.700<CPI<0.799)	繁荣 5 要素之间呈现较弱的协调和均衡性 机构、法律和监管框架、城市管理均在整合之中	卡萨布兰卡、马尼拉、开罗、雅加达、约翰内斯堡、开普敦、北京、埃里温、基辅、曼谷、安曼
中等繁荣 (0.600<CPI<0.699)	繁荣 5 要素之间存在更大差异性 存在体制性和结构性缺陷 不均衡发展 贫富差异显著	新德里、雅温得、危地马拉城、乌兰巴托、内罗毕、金边、孟买、基希讷乌、特古西加尔巴
不繁荣 (0.500<CPI<0.599)	生产的商品和服务太少 历史的结构性问题、机会不平等及普遍贫困 在公共产品的资本投资不足 缺乏有利于穷人的社会项目	卢萨卡、达累斯萨拉姆、哈拉雷、达喀尔、拉各斯、阿克拉、亚的斯亚贝巴、拉巴斯、坎帕拉、达卡、加德满都、阿比让
最不繁荣 (CPI<0.500)	社会制度功能失调,存在体制缺陷 经济增长缓慢,普遍贫困和物质匮乏 存在持续不断冲突的国家	蒙罗维亚、科纳克里、塔那那利佛、巴马科、尼亚美

2.3.1.2　世界宜居城市评价

（1）EIU 宜居指数

经济学人信息部（The Economist Intelligence Unit，EIU）是经济学人集团旗下的一个独立研究团队，设立于 1946 年，总部位于伦敦。EIU 基于 5 大类 30 多个定性和定量指标对全球 140 个城市的宜居状况开展调查和评价（表 2-4 和表 2-5），100 指一个城市的宜居性为理想，0 指无法忍受。EIU 宜居指数由 5 大类构成，分别为稳定性、医疗保健、文化与环境、教育和基础设施。

表 2-4　EIU 宜居指数评价体系

一级指标	二级指标
稳定性（25%）	轻微犯罪率、暴力犯罪率、恐怖威胁、军事冲突、内乱/冲突的威胁
医疗保健（20%）	私立医疗服务的可获得性、私立医疗质量、公共医疗可获得性、公共医疗质量、过度非处方药的可获得性、一般医疗保健指数
文化与环境（25%）	湿度/温度评价、对游客的气候不适性、腐败程度、社会或宗教限制、审查水平、体育可获得性、文化可获得性、餐饮、消费品和服务
教育（10%）	私立教育的可获得性、私立教育的质量、公共教育指标
基础设施（20%）	路网质量、公共交通质量、国际链接质量、质量好的住房的可获得性、能源供应质量、供水质量、通信质量

表 2-5　2013 年 EIU 宜居指数前 10 位城市

国家	城市	排名	宜居指数（100＝理想）	稳定性	医疗保健	文化与环境	教育	基础设施
澳大利亚	墨尔本	1	97.5	95	100	95.1	100	100
奥地利	维也纳	2	97.4	95	100	94.4	100	100
加拿大	温哥华	3	97.3	95	100	100	100	92.9
加拿大	多伦多	4	97.2	100	100	97.2	100	89.3
加拿大	卡尔加里	5	96.6	100	100	89.1	100	96.4
澳大利亚	阿德莱德	6	96.6	95	100	94.2	100	96.4
澳大利亚	悉尼	7	96.1	90	100	94.4	100	100
芬兰	赫尔辛基	8	96	100	100	90	91.7	96.4
澳大利亚	珀斯	9	95.9	95	100	88.7	100	100
新西兰	奥克兰	10	95.7	95	95.8	97	100	92.9

（2）美世生活质量指数

美世公司认为在一个全球性的环境中，雇主在何处建立新的业务，部署移动员工面临着许多选择，一个城市的生活质量是衡量城市综合实力的标杆，是雇主考虑的重要因素。为了吸引跨国公司和全球流动人才，城市政策制定者也想明确居民生活质量的影响因素，有针对性地解决问题，改善城市生活质量，进而提升城市生活质量国际排名。有鉴于此，美世公司通过每年对全球 460 个城市 10 大类 39 个具体指标开展调查（表 2-6），对全球城市生活质量进行排名（表 2-7）。

表 2-6　美世生活质量评价指标

一级指标	二级指标
政治和社会环境	政治稳定性、犯罪、执法
经济环境	货币兑换规则、银行服务
社会文化环境	审查制度、对个人自由的限制
医疗和健康	医疗用品和服务、传染病、污水、垃圾处理、空气污染等

一级指标	二级指标
学校和教育	国际学校的标准和可获得性
公共服务和运输	电力、供水、公共交通、交通拥堵等
娱乐	餐厅、剧院、电影院、体育和休闲等
消费品	食品/日常消费项目的可获得性、汽车等
房屋	出租房屋、家电、加剧、维修服务
自然环境	气候、自然灾害记录

表2-7 2012年美世生活质量全球排名前50位城市

排名	城市	国家	排名	城市	国家
1	维也纳	奥地利	27	斯图加特	德国
2	苏黎世	瑞士	28	檀香山	美国
3	奥克兰	新西兰	29	阿德莱德	澳大利亚
4	慕尼黑	德国	29	巴黎	法国
5	温哥华	加拿大	29	圣佛朗西斯科	美国
6	杜塞尔多夫	德国	32	卡尔加里	加拿大
7	法兰克福	德国	32	赫尔辛基	芬兰
8	日内瓦	瑞士	32	奥斯陆	挪威
9	哥本哈根	丹麦	35	波士顿	美国
10	伯尔尼	瑞士	35	都柏林	爱尔兰
10	悉尼	澳大利亚	37	布里斯班	澳大利亚
12	阿姆斯特丹	荷兰	38	伦敦	联合王国
13	惠灵顿	新西兰	39	里昂	法国
14	渥太华	加拿大	40	巴塞罗那	西班牙
15	多伦多	加拿大	41	米兰	意大利
16	柏林	德国	42	芝加哥	美国
17	汉堡	德国	43	华盛顿特区	美国
17	墨尔本	澳大利亚	44	里斯本	葡萄牙
19	卢森堡	卢森堡	44	纽约	美国
19	斯德哥尔摩	瑞典	44	西雅图	美国
21	珀斯	澳大利亚	44	东京	日本
22	布鲁塞尔	比利时	48	科比	日本
23	蒙特利尔	加拿大	49	马德里	西班牙
24	纽伦堡	德国	49	匹兹堡	美国
25	新加坡	新加坡	49	横滨	日本
26	堪培拉	澳大利亚			

资料来源：根据MERCER：http://www.mercer.com/qualityoflivingpr整理

（3）Monocle最宜居城市指数

英国时尚杂志 *Monocle* 自2006年来，每年定期推出"全球最宜居城市"榜单，该榜单被认为是最权威以及最值得信任的"全球最宜居城市"排名之一。Monocle最宜居城市指数借助每年的生活质量调查，评价指标主要包括安全/犯罪指数、国际联系度、气候/阳光指数、建筑质量、公共交通、舒适度、自然环境、基础设施、文化设施、城市设计、医疗保健以及环保关注等（表 2-8）。

表 2-8 2013 年 Monocle 生活质量调查前 25 位城市

排名	城市	国家	排名	城市	国家
1	哥本哈根	丹麦	14	巴黎	法国
2	墨尔本	澳大利亚	15	新加坡	新加坡
3	赫尔辛基	芬兰	16	汉堡	德国
4	东京	日本	17	檀香山	美国
5	维也纳	奥地利	18	马德里	西班牙
6	苏黎世	瑞士	19	温哥华	加拿大
7	斯德哥尔摩	瑞典	20	柏林	德国
8	慕尼黑	德国	21	巴塞罗那	西班牙
9	悉尼	澳大利亚	22	阿姆斯特丹	荷兰
10	奥克兰	新西兰	23	波特兰	美国
11	香港	中国	24	旧金山	美国
12	福冈	日本	25	杜塞尔多夫	德国
13	京都	日本			

资料来源：根据 Monocle：http：//monocle.com/film/affairs/quality-of-life-survey-2013/整理

2.3.2 中国评价体系

2.3.2.1 中国人居环境奖评价指标体系

为深入贯彻落实科学发展观，科学评价我国城市人居环境建设水平，指导城市健康发展，中华人民共和国住房和城乡建设部重新组织制定了《中国人居环境奖评价指标体系》，并于 2010 年 8 月 4 日颁布。《中国人居环境奖评价指标体系》包括 6 个一级指标，24 个二级指标，60 个三级指标（表 2-9）。

表 2-9 中国人居环境奖评价指标体系

一级指标	二级指标	三级指标
居住环境	住房与社区	住房保障率、保障性住房建设计划完成率、社区配套设施建设、老旧小区环境改善
	市政基础设施	城市公共供水覆盖率、城市供水水质、城市燃气普及率、城市生活污水处理、城市生活垃圾处理、互联网用户普及率
	交通出行	平均通勤时间，公共交通出行分担率，步行、自行车交通系统规划建设
	公共服务	小学布局合理、人均拥有公共体育设施用地面积、万人拥有卫生服务中心（站）数量、万人拥有医院床位数、万人拥有公共图书馆数量、人均拥有公益性文化设施用地面积等
生态环境	城市生态	生态环境保护、城市生物多样性
	城市绿化	城市绿化覆盖率、城市绿地率、城市人均公园绿地面积、公园绿地服务半径覆盖率、林荫路推广率
	环境质量	城市空气质量、城市地表水环境质量、城市区域噪声平均值

一级指标	二级指标	三级指标
社会和谐	社会保障	社保基金征缴率、城市最低生活保障
	老龄事业	老年人优待政策、百名老人拥有社会福利床位数
	残疾人事业	残疾人服务和保障体系、无障碍设施建设
	外来务工人员保障	外来务工人员保障政策
	公众参与	公众参与规划建设与管理
	历史文化与城市特色	历史文化遗产保存完好、城市风貌特色
公共安全	城市管理与市政基础设施安全	城市安全管理、城市市政设施安全运行
	社会安全	道路事故死亡率、刑事案件发生率
	预防灾害	城市人均避难场所面积、城市公共消防基础设施
	城市应急	城市应急系统建设
经济发展	收入与消费	人均可支配收入、恩格尔系数
	就业水平	失业率
	资金投入	城市基础建设资金投入
	经济结构	第三产业增加值占 GDP 比重
资源节约	节约能源	单位 GDP 能耗、节能建筑比例、北方采暖地区供热计量收费率、可再生能源使用比例
	节约水资源	单位 GDP 取水量、城市再生水利用率、工业用水重复利用率、城市节水规划
	节约土地	城市人口密度

2.3.2.2　城市人居环境评价体系

在国内外人居环境理论研究及实践的基础上，张智和魏忠庆（2006）提出了由系统层、子系统层和指标层构成的城市人居环境评价指标体系，其中系统层由社会经济环境、自然生态环境、公共设施建设、环境资源保护和环境管理能力 5 部分组成，子系统层由 16 个指标组成，指标层由 43 个具体指标组成（表 2-10）。

表 2-10　城市人居环境评价指标体系及权值

系统层	子系统层	指标层
社会经济环境（0.203）	社会状况（0.491）	失业率（0.266）
		人口自然增长率（0.226）
		人均住宅建筑面积（0.271）
		每千人中卫生技术人员数（0.237）
	经济发展（0.509）	人均 GDP（0.266）
		恩格尔系数（0.247）
		科教投入指数（0.260）
		第三产业占 GDP 比重（0.227）
自然生态环境（0.214）	空气环境（0.217）	空气质量优良率（1.000）
	水环境（0.223）	水功能区水质达标率（0.424）
		饮用水水源地水质达标率（0.576）
	声环境（0.198）	区域环境噪声平均值（0.532）
		交通干线噪声平均值（0.468）
	光环境（0.157）	居住区住宅日照达标率（1.000）
	土壤环境（0.205）	土壤污染指数（1.000）

系统层	子系统层	指标层
公共设施建设（0.192）	绿化设施（0.371）	人均公共绿地面积（0.361）
		建成区绿化覆盖率（0.328）
		本地植物利用率（0.311）
	市政设施（0.382）	供水水质合格率（0.193）
		供水普及率（0.169）
		供气普及率（0.156）
		固定电话普及率（0.145）
		人均道路面积（0.163）
		每万人拥有公交车辆数（0.174）
	安全设施（0.247）	消防设施配置合格率（1.000）
环境资源保护（0.201）	水资源保护与利用（0.378）	用水效益（0.223）
		生活污水集中处理率（0.199）
		工业废水排放达标率（0.215）
		污水处理再生利用率（0.178）
		节水器具使用率（0.185）
	固体废弃物处置与资源化（0.325）	生活垃圾无害化处理率（0.271）
		工业固体废弃物处置利用率（0.245）
		生活垃圾分类收集率（0.232）
		垃圾资源化利用率（0.252）
	土地利用与保护（0.297）	自然保护区覆盖率（0.325）
		闲置废弃地的恢复率（0.320）
		水土流失面积比例（0.355）
环境管理能力（0.910）	环境保护行动（0.337）	企业通过ISO14000认证率（0.527）
		环境保护投资指数（0.473）
	公共设施管理（0.305）	公共设施完好率（1.000）
	公众参与（0.358）	公众对城市环境的满意率（0.343）
		环境保护宣传教育普及率（0.340）
		环保投诉处理率（0.317）

资料来源：张智和魏忠庆，2006

综观国内外人居环境发展历程及评价体系研究，当前人居环境研究仍然以城市人居环境为主。对于特殊地区的人居环境如流域人居环境研究则较为有限。澜沧江-湄公河是一条著名的国际河流，发源于中国青藏高原唐古拉山北麓海拔5167m的小冰川，属太平洋水系，自北向南先后流经中国的青海、西藏和云南省及缅甸、泰国、柬埔寨和越南，在越南胡志明市附近注入南中国海，干流全长4880km，流域面积81万km²，多年平均径流量4750亿m³，年平均流量15 060m³/s，总落差5167m（何大明和汤奇成，2000）。流域总面积16.45万km²，流域地势北高南低，西高东低，形成气势雄伟的山川并列，高山峡谷与坝子盆地相间的主体地貌。流域落差大，河道狭窄，气候差异极其显著，涵盖了多种地貌和土壤类型。澜沧江流域，尤其中上游地段人地关系十分紧张。从人地关系理论视角切入，架构流域人居环境分析框架，建立流域人居环境评估体系，有助于丰富人居环境理论及实证研究，也有助于科学把握澜沧江流域人居环境演进状况，为政策制定者设计清晰合理的干预政策提供科技支撑。

2.4 澜沧江流域人居环境分析框架构建

2.4.1 研究区域介绍

澜沧江流域（包括澜沧江与大香格里拉地区）位于中国西南部，介于 21°09′N ~ 34°15′N，93°38′E ~ 101°50′E，自北向南海拔逐级递减（从6213m下降至478m），贯穿青海、西藏、四川和云南四省，涉及12个地（州）57个县，总面积达37.84万 km^2[①]。中国境内澜沧江全长2179km，流域地貌、气候差异显著。澜沧江上游位于青藏高原向云南高原和四川盆地过渡地带属高山峡谷景观，海拔高、气温低、西南季风带来的大量水分，使该区高山地区寒冷，多降雪，且积雪终年不化（杨桂华，1995）。中游多为高山深谷，水流湍急，流域面积狭小，该区域以中亚热带、北亚热带、暖温带气候为主。下游河道变宽，流速减缓，且流经地区多为盆地和低山丘陵地区（包括西双版纳热带宽谷盆地区与思茅亚热带低山丘陵盆地区），该区域以北热带雨林、季风雨林、南亚热带季风雨林及干热河谷气候为主（图2-1）。

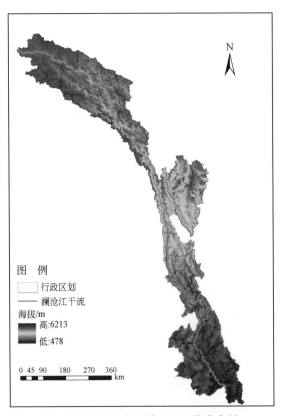

图 2-1　澜沧江中上游地区区位分布图

多样的地貌特征和气候特征，使其拥有北半球除沙漠和海洋之外的各类生态系统，是全球生物物种的高富集区和世界级基因库，是地学和生物学等研究地表复杂环境系统与生命系统演变规律的关键地区，在全球具有不可替代性（王娟等，2007；何大明等，2005）。

---

① 由于保山市、临沧县数据缺失，总面积中没有包括上述两县（市）。

2.4.2 流域分析框架

在明晰人居环境概念的基础上，课题组从人类社会与地域空间相互作用视角出发构建了人居环境分析框架（图2-2）。基于人地关系的人居环境分析框架由地域空间、支撑体系和人类社会三部分构成。地域空间是人类生产生活的主要场所，也是人居环境的物质基础；支撑体系是连接人类社会与地域空间的桥梁；人类社会是人类个体在改造自然，适应自然过程中形成的具有独特文化和风俗习惯，占据一定空间的群体。优越的地域空间能够以更低的成本为人类生产生活提供更好的自然要素（如空气、水、土、能、矿等）；良好的支撑体系能够使人类获取资源空间得到优化，降低成本；而良好的社会文化环境、高效的社会组织体制机制等则有助于促进人地关系的良性循环。三者之间相互联系，互相促进，共同影响着人居环境的演变与发展。其中地域空间要素包括海拔、气候、资源和环境等；支撑体系主要由交通、通信和医疗等构成；人类社会要素则包括经济、社会等方面。

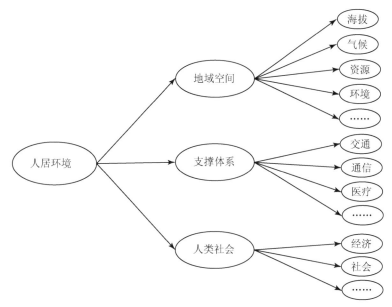

图 2-2　基于人地关系的人居环境分析框架

2.4.3 评价模型构建

2.4.3.1 指标体系构建

在充分考虑地域空间、支撑体系和人类社会相互作用的基础上，依据科学、系统、客观、可比和可操作的指导思想，遵循适宜性与经济性基本原则，结合澜沧江流域人居环境实际情况，构建基于澜沧江中上游地区人居环境评价指标体系，基于此，对澜沧江流域人居环境差异性进行评价与分析。具体而言，澜沧江中上游地区人居环境评价体系，由 3 个目标及 8 个具体指标构成。其中，地域空间适宜性从海拔、温湿指数和土地承载力 3 个方面进行度量；支撑体系完善性则从公路密度、电话普及率以及医疗卫生院床位 3 个维度进行度量（表2-11）；人类社会经济性通过人均 GDP 和城镇化率进行测度，人均 GDP 可以反映出当地经济发展水平，而城镇化率反映了当地人口向城市的聚集程度。

表 2-11　澜沧江中上游地区人居环境评价指标体系

目标层		指标层	作用方向判断
人居环境指标体系	地域空间	县域平均海拔	—
		温湿指数	—
		地形起伏度	—
		土地承载力指数	—
	支撑体系	公路密度	+
		电话普及率	+
		医疗卫生指数	+
	人类社会	人均 GDP	+
		第三产业比重	+
		城镇化率	+
		人口密度	+

2.4.3.2　评价指标说明

上述 8 个指标的内涵与详细计算过程如下所示:

1) 县域平均海拔。由于人类对氧气的需求,3000m 以上的地区不适于居住,3000～1000m 的地区不适于高密度居住。鉴于此,基于澜沧江中上游地区数字高程模型(digital elevation model,DEM),借助 ArcGIS 空间分析,获得县域平均海拔,并进行分级区划。

2) 温湿指数(temperature humidity index,THI)。温湿指数由有效温度演变而来(范业正等,1998),综合考虑了温度和湿度对人体舒适度的影响(唐艳等,2008),是用于估计炎热程度的一个综合指标,也是当前评价气候适宜性最有效的指数之一。其计算式如下:

$$\text{THI} = T - 0.55 \, (1-f) \, (T-58), \quad T = 1.8t + 32 \tag{2-1}$$

式中,t 为月均摄氏温度(℃);T 为华氏温度;f 为月均空气相对湿度(%)。基于温湿指数的气候适宜性等级划分标准(刘清春等,2007),具体见表 2-12。

表 2-12　温湿指数生理气候分级标准

范围	感觉程度	范围	感觉程度
<40	极冷,极不舒适	60～65	凉,非常舒适
40～45	寒冷,不舒适	65～70	暖,舒适
45～55	偏冷,较不舒适	70～75	偏热,较舒适
55～60	清,舒适	75～80	闷热,不舒适

3) 地形起伏度(relief degree of land surface,RDLS)。指单位面积(21km^2)内的地形高差。本书采用窗口分析法,利用 ArcGIS 空间分析 ZONAL 模块实现。窗口大小采用 21km^2,以 90m×90m 栅格为基本单元,在 21km^2 的范围内分别提取窗口内高程的最大值和最小值,分别生成最大值与最小值图层,并通过两个图层栅格差值运算得到 90m×90m 精度栅格的地形高差图层。

$$\Delta H = h_{ij,\max} - h_{ij,\min} \quad (i=1,2,\cdots,n; \, j=1,2,\cdots,n) \tag{2-2}$$

式中,$h_{ij,\max}$ 为邻域内每一个像元高程值的最大值;$h_{ij,\min}$ 为邻域内每一个像元高程值的最小值;ΔH 为邻域范围内的高差。

4) 土地承载力(land-carrying capacity,LCC)。反映的是区域人口与粮食的关系,通常用该区域粮食总产量与当地人均粮食消费标准之比来度量,公式如下:

$$\text{LCC} = \frac{G}{G_{pc}}, \quad \text{LCCI} = \frac{P_{op}}{\text{LCC}} \tag{2-3}$$

式中, G 为研究区粮食生产总量; G_{pc} 为人均粮食消费标准; P_{op} 为研究区实际人口数; LCCI 为土地资源承载力指数。参考联合国粮农组织公布的人均营养热值标准, 结合中国国情, 本书把人均粮食消费 400kg 作为土地承载力的评价标准, 基于 LCCI 的土地资源承载力分级标准 (刘睿文, 2011) 见表 2-13。

表 2-13　基于 LCCI 的土地资源承载力分级评价标准

范围	LCC 级别	范围	感觉程度
LCCI<0.5	粮食盈余, 富富有余	1<LCCI<1.125	人粮平衡, 临界超载
0.5<LCCI<0.75	粮食盈余, 富裕	1.125<LCCI<1.25	人口超载, 超载
0.75<LCCI<0.875	粮食盈余, 盈余	1.25<LCCI<1.5	人口超载, 过载
0.875<LCCI<1	人粮平衡, 平衡有余	LCCI>1.5	人口超载, 严重超载

5) 公路密度 (road density, RD)。基于 1 : 25 万澜沧江中上游地区公路图层, 借助 ArcGIS 空间分析获取公路密度栅格图层, 从而得到各县公路密度指数。公路密度越大, 代表空间可达性越高, 越有助于节省获取资源的成本。

6) 电话普及率 (telephone penetration rate, TPR)。考虑到数据的可得性, 本书采用各县本地电话年末用户与年末总户数之比测度电话普及率。

7) 医疗卫生指数 (healthcare index, HI)。本书采用医院、卫生院床位数与当地人口总数指标表征该地区医疗卫生条件。

8) 人均 GDP (GDP per capita, GDPPC)。代表某地某一年度所生产的所有商品和服务的人均值。一般而言, 人均 GDP 越高代表当地经济发展程度越高。

9) 第三产业比重 (the proportion of the tertiary industry, TPTI)。根据产业结构演变的一般趋势和规律, 产业结构的演进沿着以第一产业为主导到第二产业为主导, 再到第三产业为主导的方向发展。一般地, 第三产业在地区生产总值中的比重越高代表该地产业结构演进程度越高。

10) 城镇化率 (urbanization rate, UR)。用于测度人口向城市聚集程度的指标, 本书采用城市人口数 (总人口–乡村人口) 与年末总人口数之比进行衡量。

11) 人口密度 (population density, PD)。构建理性人假设, 认为人类偏好于选择适宜于居住的环境, 并有向其集聚的趋势, 本书采用年末地区人口总数与该县 (区、市) 土地面积之比衡量。

第3章 | 流域社会经济发展条件

人居环境以"人"为核心，以满足人类生存和发展需求为目的，是人类利用自然、改造自然的主要场所。人居环境介于人类与自然之间，是联系人类与自然之间的纽带，也是人与自然相互作用与影响的一种表现形式，理想的人居环境是人与自然环境的和谐统一与可持续发展。人居环境科学以人居环境为研究对象，围绕地区开发、社会经济发展及其诸多问题所展开研究的学科群，涉及一切与人居环境形成与发展相关的科学问题，其涉及领域广泛，是多学科综合作用的结果，如地理学、地质学、气象学、经济学、社会学等（吴良镛，2001）。

人居环境由自然系统（气候、地理、地形、环境、资源等）、人类系统（对物质的需求与人的生理、心理、行为等）、社会系统（公共管理和法律、人口趋势、文化特征、经济发展、健康和福利等）、建筑物系统（住宅、社区设施、城市中心等）和支撑系统（基础设施如公共服务设施、交通和通信系统等）五大部分构成（Doxiadis，1970）。其中，人类系统与自然系统是两个基本系统，建筑物系统与支撑系统则是人工创造与建设的结果。

在明晰人居环境概念的基础上，本书从人类社会与地域空间相互作用视角出发构建人居环境分析框架。基于人地关系的人居环境分析框架由地域空间、支撑体系和人类社会三部分构成。其中地域空间要素包括海拔、气候、资源和环境等；支撑体系主要由交通、通信和医疗等构成；人类社会要素则包括社会、经济等方面。

有鉴于此，本章以澜沧江流域与大香格里拉地区为研究区域，以流域范围内 59 个县作为基本研究单元，从人类社会要素——社会经济发展切入，采取实地考察与室内分析相结合的手法，从整体和局部（大香格里拉地区，澜沧江上游、中游和下游地区）两个尺度对流域人口发展、经济增长、产业结构以及特色产业进行系统梳理，刻画流域范围内社会经济发展地域分异，借此从宏观上把握近 10 年澜沧江流域社会经济发展及其变化趋势。

3.1 人 口 发 展

2010 年澜沧江流域总人口为 1230 万人（图 3-1），同比增长 0.82%，比 2005 年增长 4.96%，比 2000 年增长 7.80%；全流域人口密度为 32.22 人/km²，同比增长 0.79%，比 2005 年增长 0.16%，比 2000 年下降 2.77%；其中人口密度最低的察隅县仅为 0.96 人/km²，而最高的大理市有 336.09 人/km²。流域下游地区人口密度是大香格里拉地区的 16 倍、是上游地区的 15 倍、是中游地区的 5 倍多。澜沧江流域为少数民族聚居地区，有 30 多个少数民族，包括彝族、白族、傣族、壮族、苗族、回族、傈僳族、拉祜族、佤族、纳西族、瑶族、景颇族、布朗族、布依族、阿昌族、哈尼族、锡伯族、普米族、蒙古族、怒族、基诺族、德昂族、水族、满族、独龙族、羌族、土家族、侗族、门巴族、珞巴族等。大部分民族都有自己的语言和文化，其习俗风情、生产方式和宗教信仰等极具特色，并且和当地自然环境密切融合，各民族在流域内呈大分散、小聚居分布特点，且经济、文化水平差异较大。

澜沧江流域是一个传统农业区，农业吸引了当地绝大多数人口。随着澜沧江流域二三产业的快速发展以及城乡一体化的迅速推进，2000~2010 年，澜沧江流域内农村人口和劳动力逐年减少（图 3-2）。一是农村人口逐步向城镇转移。2010 年澜沧江流域农村人口为 973 万人，与 2005 年的 1000 万人相比下降 2.67%，与 2000 年 975 万人相比下降 0.21%；农村人口占总人口的比例由 2000 年的 85.45% 降低到 2010 年的 79.11%，10 年间下降 6.35%。二是农林牧渔业从业人员比例不断下降。农村劳动力总数有所

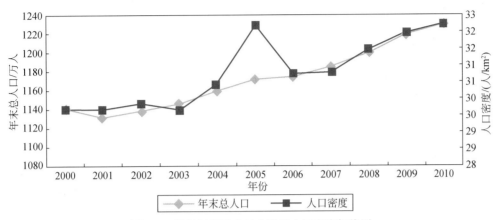

图3-1 澜沧江流域人口总数及人口密度折线图

增长，2010年为564万人，与2005年520万人相比增长8.41%，与2000年的490万人相比增长14.99%；农林牧渔业从业人数增长相对较弱，2010年为452万人，与2005年443万人相比增长2.04%，与2000年的431万人相比增长4.87%；有鉴于此，农村劳动力中农林牧渔业从业人数比例逐年下降，由2000年的87.82%减少到2010年的80.09%，10年间下降7.73%。

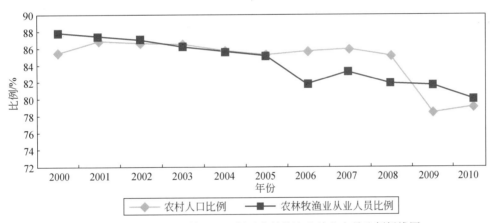

图3-2 澜沧江流域农村人口比例及农林牧渔业从业人员比例折线图

从分布情况来看，澜沧江流域内人口分布总体呈分散化、均衡化趋势，但是局部地区人口聚居特征仍较明显，澜沧江上游人口稀疏，中游人口相对密集，下游人口最密集的格局比较稳定。人口密度呈现聚集现象，表现为人口密度大的县域趋向于与人口密度大的县域相邻，人口密度低的县域趋向于与人口密度低的县域相邻（图3-3）。

3.1.1 大香格里拉地区

2010年大香格里拉地区总人口为127万人（图3-4），同比增长3.25%，比2005年增长11.40%，比2000年增长16.51%；该区域人口密度非常小，仅为5.26人/km²，同比增长3.23%，与2005年相比增长3.32%，与2000年相比下降1.25%。本区人口以藏族为主，占总人口的近90%，此外还有汉族、彝族、白族、傣族、壮族、苗族、回族、傈僳族、拉祜族、佤族、纳西族、瑶族、景颇族、布朗族、布依族、阿昌族、哈尼族、锡伯族、普米族、蒙古族、怒族、基诺族、德昂族、水族、满族、独龙族、羌族、土家族、侗族、门巴族、珞巴族等30多个兄弟民族，呈现小聚居大杂居和交错居住的分布特点。

大香格里拉地区农村人口和农业劳动力占总人口比例始终保持在较高的水平，2000~2010年，农村

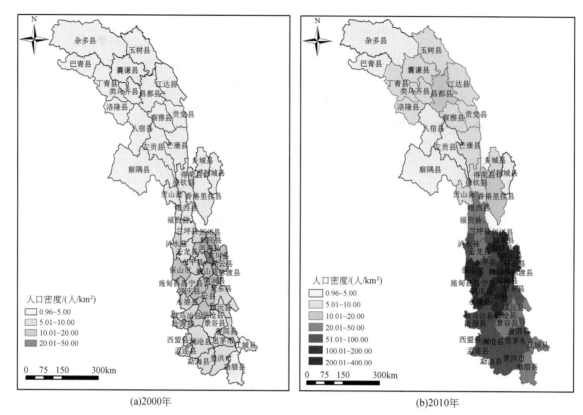

(a)2000年   (b)2010年

图 3-3 澜沧江流域 2000 年和 2010 年人口密度分布图

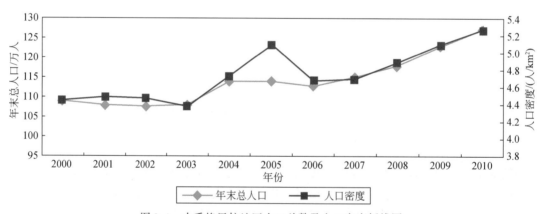

图 3-4 大香格里拉地区人口总数及人口密度折线图

人口比例略有下降，农林牧渔业劳动力比例下降相对较大（图 3-5）。农村人口占总人口的比例由 2000 年的 84.40% 减少到 2010 年的 83.46%，10 年间仅下降 0.49%。农村劳动力中农林牧渔业从业人数的比例由 2000 年的 92.63% 减少到 2010 年的 85.06%，10 年间下降 7.57%。

大香格里拉地区人口密度较小，不及全流域人口密度的三分之一。人口密度最低的察隅县仅为 0.96 人/km²，而最高的香格里拉县也只有 12.06 人/km²。其中香格里拉县、昌都县和得荣县的人口密度相对较大，超过了 10 人/km²；其次是德钦县、类乌齐县在 8 人/km² 左右；其余大部分县域人口密度在 6 人/km² 上下波动；人口密度较小的八宿县低于 4 人/km²，杂多县低于 2 人/km²，察隅县低于 1 人/km²（图 3-6）。

大香格里拉地区农村人口主要分布在香格里拉县、玉树县、囊谦县、芒康县、江达县、丁青县、昌都县，其中香格里拉县农村人口有 12 万人，其他 6 县农村人口在 7 万～8 万人；其次是杂多县、察雅县、左贡县、德钦县、巴青县、类乌齐县、贡觉县、洛隆县、八宿县，农村人口在 4 万～5 万人；农村人口较

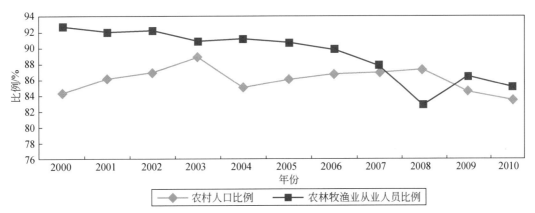

图 3-5　大香格里拉地区农村人口比例及农林牧渔业从业人员比例折线图

图 3-6　2010 年大香格里拉地区人口密度分布图

小的稻城县仅为 3 万人，而察隅县、乡城县和得荣县更少，农村人口只有 2 万人左右（图 3-7，表 3-1）。

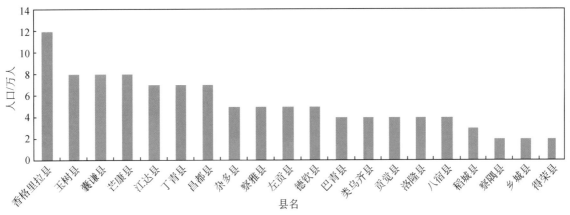

图 3-7　2010 年大香格里拉地区各县农村人口分布直方图

大香格里拉地区城镇人口较少，昌都县达到 5 万人，是区内城镇人口最多的县；其次是玉树县、囊谦县和香格里拉县，城镇人口在 2 万人左右；杂多县、巴青县、江达县、类乌齐县、洛隆县、察雅县、察隅县、德钦县、乡城县、德荣县城镇人口分别约为 1 万人；区域内丁青县、贡觉县、八宿县、左贡县、芒康县、稻城县绝大部分都是农村人口，城镇人口数量几乎为零（图 3-8）。

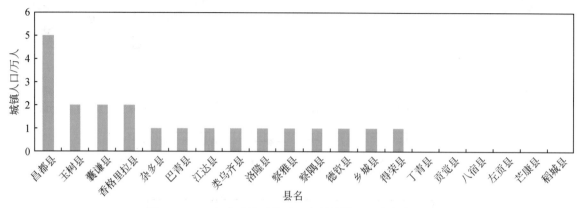

图 3-8　2010 年大香格里拉地区各县城镇人口分布直方图

大香格里拉地区农林牧渔业从业人员较多，其中香格里拉县最多，约有 5.8 万人；其次是芒康县、玉树县、囊谦县、江达县，农业劳动力分别为 4.4 万人、3.6 万人、3.3 万人、3.2 万人；德钦县、杂多县、丁青县、昌都县、察雅县、左贡县在 2 万~2.3 万人；八宿县、贡觉县、洛隆县、稻城县、类乌齐县、乡城县、德荣县、察隅县的农业劳动力较小，在 1 万~1.5 万人；巴青县农林牧渔业从业人员最少还不到 0.5 万人（图 3-9，表 3-1）。

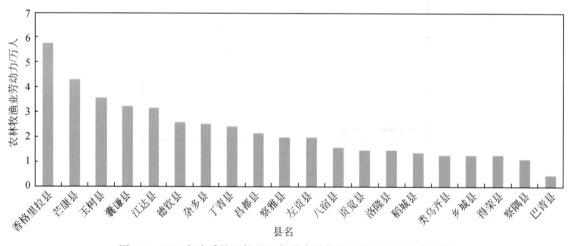

图 3-9　2010 年大香格里拉地区各县农林牧渔业劳动力分布直方图

表 3-1　2010 年大香格里拉地区各县人口情况

县名	年末总人口/万人	农村人口/万人	单位从业人员数/人	农林牧渔从业人员数/人
杂多县	6	5	1 612	25 322
玉树县	10	8	6 682	35 805
囊谦县	10	8	2 631	32 532
巴青县	5	4	2 571	4 808
江达县	8	7	2 834	31 814
丁青县	7	7	1 761	24 388
昌都县	12	7	3 045	21 796

续表

县名	年末总人口/万人	农村人口/万人	单位从业人员数/人	农林牧渔从业人员数/人
类乌齐县	5	4	1 495	12 980
贡觉县	4	4	1 044	15 088
洛隆县	5	4	1 161	15 087
察雅县	6	5	1 610	20 121
八宿县	4	4	1 183	15 845
左贡县	5	5	7 351	20 120
芒康县	8	8	3 307	43 509
察隅县	3	2	1 819	11 154
香格里拉县	14	12	11 346	57 854
德钦县	6	5	4 442	26 033
稻城县	3	3	2 591	13 820
乡城县	3	2	2 497	12 924
得荣县	3	2	2 113	12 869

3.1.2　澜沧江上游地区

2010 年澜沧江上游地区总人口约 72 万人（图 3-10），同比增长 5.88%，比 2005 年增长 20%，比 2000 年增长 28.57%；区域人口密度很小，仅为 5.46 人/km²，同比增长 5.85%，与 2005 年相比增长 23.39%，与 2000 年相比增长 12.96%。该区人口以藏族为主，是藏族聚居区，同时居住有汉族、回族、苗族、蒙古族、洛巴族、门巴族等 21 个民族。

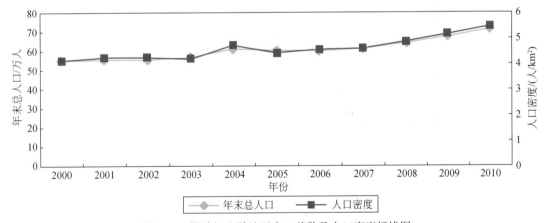

图 3-10　澜沧江上游地区人口总数及人口密度折线图

该区域农村人口和农业劳动力比重较大，但呈下降趋势。其中，农林牧渔业劳动力比重下降明显（图 3-11）。该区农村人口占总人口比例从 2000 年的 83.93% 下降至 2010 年的 80.56%，10 年间下降了 3.37%。农村劳动力中农林牧渔业从业人数比例则由 2000 年的 91.57% 降低到 2010 年的 82.64%，10 年间下降了 8.93%。

澜沧江上游地区人口密度在所有分区中最低，昌都县最高为 11 人/km²；其次是类乌齐县和囊谦县，均在 8 人/km² 左右；贡觉县、洛隆县、江达县、玉树县、丁青县为 6 人/km² 左右；巴青县人口密度略小于 5 人/km²；人口密度最低的为杂多县，仅有 1.8 人/km²（图 3-12）。

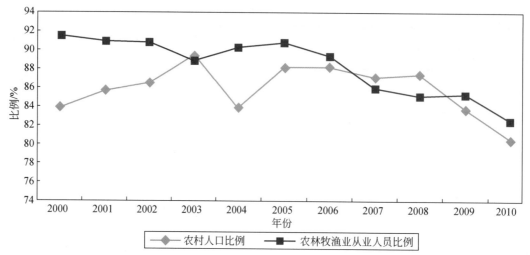

图 3-11 澜沧江上游地区农村人口比例及农林牧渔业从业人员比例折线图

图 3-12 2010 年澜沧江上游地区人口密度分布图

表 3-2 2010 年澜沧江上游地区各县人口情况

县名	年末总人口/万人	农村人口/万人	单位从业人员数/人	农林牧渔业从业人员/人
杂多县	6	5	1 612	25 322
玉树县	10	8	6 682	35 805
囊谦县	10	8	2 631	32 532
巴青县	5	4	2 571	4 808
江达县	8	7	2 834	31 814
丁青县	7	7	1 761	24 388
昌都县	12	7	3 045	21 796
类乌齐县	5	4	1 495	12 980
贡觉县	4	4	1 044	15 088
洛隆县	5	4	1 161	15 087

澜沧江上游地区农村人口分布相对均衡，玉树县和囊谦县农村人口最多，均为 8 万人左右，巴青县、类乌齐县、贡觉县、洛隆县农村人口最少，约 4 万人，江达县、丁青县、昌都县、杂多县农村人口分别有 5 万~7 万人（图 3-13，表 3-2）。

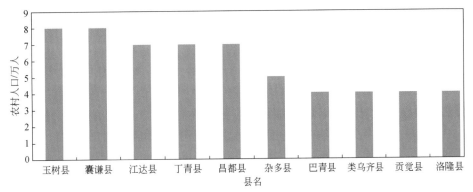

图 3-13　2010 年澜沧江上游地区各县农村人口分布直方图

澜沧江上游地区城镇人口比较少，主要分布在昌都县、玉树县和囊谦县，其中昌都县城镇人口最多达 5 万人；玉树县和囊谦县分别仅有 2 万人；杂多县、巴青县、江达县、类乌齐县、洛隆县城镇人口都仅达 1 万人；丁青县和贡觉县没有城镇人口分布（图 3-14）。

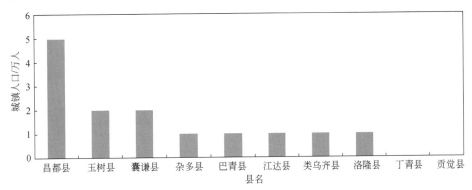

图 3-14　2010 年澜沧江上游地区各县城镇人口分布直方图

澜沧江上游地区农林牧渔业从业人员分布与农村人口分布情况较为相似，但也存在一定差异。玉树县农林牧渔业从业人员最多达 3.6 万人，巴青县最少仅有 0.5 万人左右。玉树县、囊谦县、江达县拥有较多农业劳动力，杂多县农村人口虽然小于昌都县，但是其农林牧渔业从业人数却超过了昌都县；巴青县农村人口并不少于贡觉县、洛隆县和类乌齐县，但是其农业劳动力明显少于另外 3 个县，只有不到 0.5 万人（图 3-15，表 3-2）。

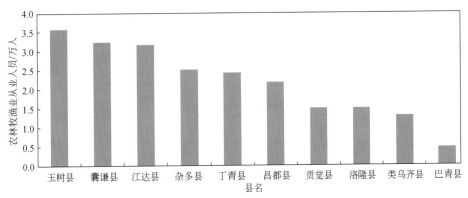

图 3-15　2010 年澜沧江上游地区各县城镇农林牧渔业劳动力分布直方图

3.1.3 澜沧江中游地区

2010 年澜沧江中游地区总人口为 208 万人（图 3-16），同比下降 0.95%，比 2005 年增长 3.48%，比 2000 年增长 4%；全流域人口密度为 16.63 人/km，同比下降 0.95%，与 2005 年相比下降 14.08%，与 2000 年相比下降 12.82%。澜沧江中游地区为少数民族聚居区，有 28 个少数民族，具体包括彝族、白族、傣族、壮族、苗族、回族、傈僳族、拉祜族、佤族、纳西族、瑶族、景颇族、布朗族、布依族、阿昌族、哈尼族、锡伯族、普米族、蒙古族、怒族、基诺族、德昂族、水族、满族、独龙族、门巴族、珞巴族等。其中藏族、白族和傈僳族分布较多，以藏族为主体的县包括左贡县、香格里拉县、芒康县、德钦县、察雅县、察隅县、八宿县，以白族为主体的县包括云龙县、剑川县、洱源县、鹤庆县，以傈僳族为主体的县包括维西县、贡山县、福贡县，另外兰坪县同时拥有较多的白族和傈僳族分布。独龙族、怒族仅分布在贡山县，是贡山的特有民族。各民族在流域内呈大分散、小聚居的分布特征。

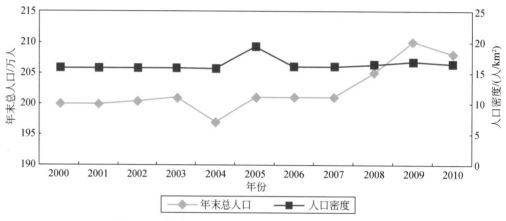

图 3-16　澜沧江中游地区人口总数及人口密度折线图

澜沧江中游地区农村人口比重最大，且始终保持在 90% 上下波动（图 3-17）。该区农村人口占总人口比例由 2000 年的 89.50% 增加到 2010 年的 90.38%，不降反而上升了 0.88%。区域内农业劳动力比例下降相对较大，农村劳动力中农林牧渔业从业人数比例由 2000 年的 87.68% 减少到 2010 年的 81.19%，10 年间下降了 6.49%。

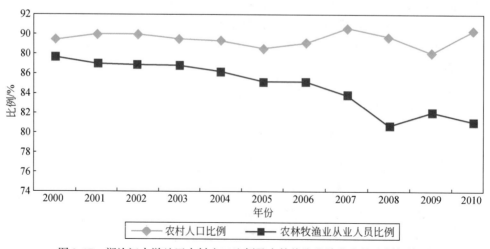

图 3-17　澜沧江中游地区农村人口比例及农林牧渔业从业人员比例折线图

澜沧江中游地区人口密度在所有分区中差距最大。具体而言，鹤庆县人口密度最高为 113 人/km²，察隅县最低仅为 0.96 人/km²，差距高达 110 多倍。洱源县仅次于鹤庆县，人口密度高达 111 人/km²；剑川县、泸水县、兰坪县、云龙县、福贡县、维西县紧随其后，人口密度分别为 79 人/km²、58 人/km²、48 人/km²、48 人/km²、36 人/km² 和 32 人/km²；人口密度较小的县域有香格里拉县、贡山县、德钦县、察雅县、芒康县、左贡县、八宿县和察隅县，分别仅为 12 人/km²、9 人/km²、8 人/km²、7 人/km²、7 人/km²、4 人/km²、3 人/km² 和不到 1 人/km²（图 3-18）。

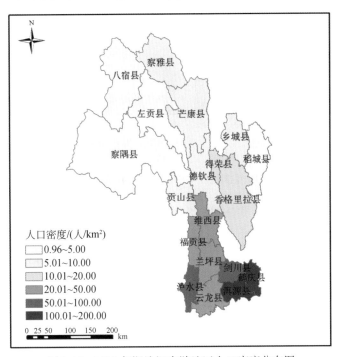

图 3-18   2010 年澜沧江中游地区人口密度分布图

澜沧江中游地区农村人口主要分布在洱源县、鹤庆县、云龙县、兰坪县、剑川县、维西县、泸水县、香格里拉县，其农村人口均在 10 万人以上，分别为 27 万人、25 万人、20 万人、18 万人、17 万人、14 万人、14 万人、12 万人，福贡县（9 万人）和芒康县（8 万人）也有近 10 万农村人口，左贡县、德钦县、八宿县、贡山县、察隅县农村人口分布较少，在 2 万~5 万人（图 3-19，表 3-3）。

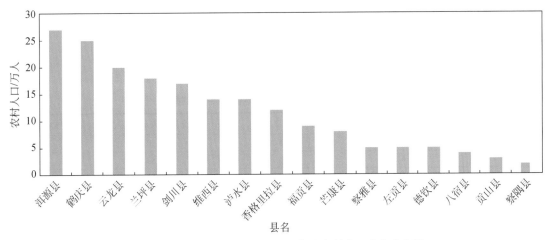

图 3-19   2010 年澜沧江中游地区各县农村人口分布直方图

澜沧江中游地区城镇人口远远少于农村人口。兰坪县和泸水县城镇人口最多也仅有 3 万余人，鹤庆县、洱源县、香格里拉县紧随其后分别有 2 万左右的城镇人口，察雅、察隅、贡山、维西、福贡、剑川、云龙、德钦 8 县分别只有 1 万左右城镇人口，该区范围内的八宿县、左贡县和芒康县没有城镇人口分布（图 3-20）。

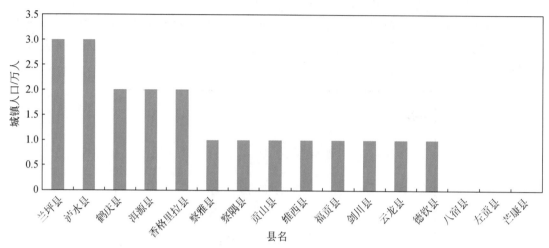

图 3-20　2010 年澜沧江中游地区各县城镇人口分布直方图

澜沧江中游地区农林牧渔业从业人员分布与农村人口分布具有一定的相似性，仍然是洱源县与鹤庆县分布最多，兰坪县农村人口虽然少于云龙县，但是其农业劳动力却略高于云龙县，泸水县农村人口少于剑川县，但是其农业劳动力高于剑川县。芒康、福贡、德钦、察雅、左贡、八宿、贡山、察隅。8 县农业劳动力相对较少，分别仅有 1 万～4 万人（图 3-21，表 3-3）。

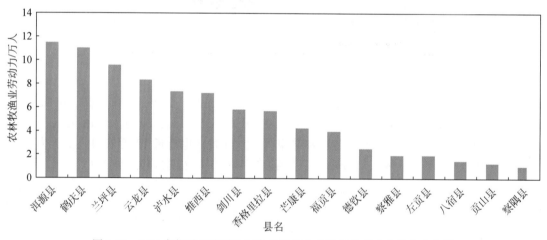

图 3-21　2010 年澜沧江中游地区各县城镇农林牧渔业劳动力分布直方图

表 3-3　2010 年澜沧江中游地区各县人口情况

县名	年末总人口/万人	农村人口/万人	单位从业人员数/人	农林牧渔业从业人员/人
察雅县	6	5	1 610	20 121
八宿县	4	4	1 183	15 845
左贡县	5	5	7 351	20 120
芒康县	8	8	3 307	43 509
察隅县	3	2	1 819	11 154
贡山县	4	3	2 815	13 880
维西县	15	14	6 237	72 724
福贡县	10	9	4 286	40 678
兰坪县	21	18	12 936	96 480

县名	年末总人口/万人	农村人口/万人	单位从业人员数/人	农林牧渔业从业人员/人
鹤庆县	27	25	11 550	110 846
剑川县	18	17	7 734	59 215
泸水县	17	14	14 260	73 789
洱源县	29	27	10 478	115 452
云龙县	21	20	7 282	83 695
香格里拉县	14	12	11 346	57 854
德钦县	6	5	4 442	26 033

3.1.4 澜沧江下游地区

2010 年澜沧江下游地区总人口为 941 万人（图 3-22），同比增长 0.85%，与 2005 年相比增长 4.34%，与 2000 年相比增长 7.30%；全流域人口密度为 85.96 人/km²，同比增长 0.80%，比 2005 年增长 4.36%，比 2000 年下降 6.15%。澜沧江下游地区大部分县域以汉族为主，同时分布有彝族、白族、傣族、壮族、苗族、回族、傈僳族、拉祜族、佤族、纳西族、瑶族、藏族、景颇族、布朗族、布依族、阿昌族、哈尼族、锡伯族、普米族、蒙古族、怒族、基诺族、水族、满族、独龙族、德昂族等 27 个少数民族。以汉族分布为主的县包括隆阳区、宾川县、昌宁县、临翔区、施甸县、双江县、思茅区、巍山县、祥云县、云县、镇沅县等；佤族分布较多的地区包括沧源县、西盟县和孟连县；以彝族分布为主的县域包括南涧县、漾濞县和永平县，此外，永德县、景东县的彝族特色浓厚；拉祜族在澜沧县、孟连县和孟连县分布较多；勐腊县和孟连县傣族较多；大理市以白族为主；勐海县布朗族较多；哈尼族在勐腊县也有较多分布。整体来看，主要分布在北部的少数民族为彝族和白族，其中白族是传统的平坝民族，彝族是半山区民族；主要分布在南部的民族有拉祜族、傣族和哈尼族，为半山区民族。

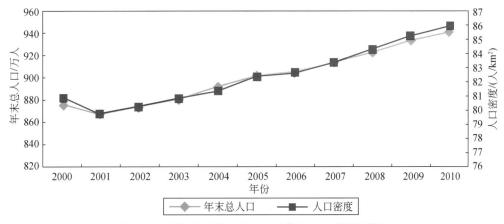

图 3-22　澜沧江下游地区人口总数及人口密度折线图

澜沧江下游地区农村人口和农业劳动力比重在所有分区中最低，且在 2000～2010 年均有较大下降趋势（图 3-23）。该区农村人口占总人口比例由 2000 年的 84.61% 下降到 2010 年的 76.51%，10 年间下降了 8.1%。农村劳动力中农林牧渔业从业人数比例由 2000 年的 87.56% 下降到 2010 年的 79.52%，10 年间下降了 8.04%。

澜沧江下游地区人口密度远高于其他分区，大理市人口密度最高为 336 人/km²，勐腊县最低也高达 31 人/km²。整体上，大理市、弥渡县、宾川县、凤庆县、巍山县、南涧县等保持着人口密度“高-高”

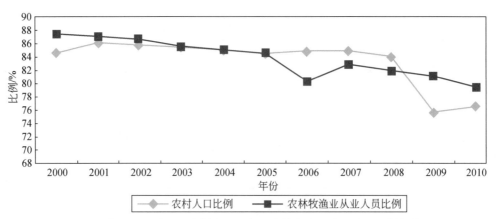

图 3-23 澜沧江下游地区农村人口比例及农林牧渔业从业人员比例折线图

空间关联聚集，主要由于存在大理市这样的人口高密度区域，其经济发达，服务设施及交通便利，具有较大的向心效应，这种向心性通过同周边邻近的巍山县、宾川县等产生较强的人口辐射作用，带动其人口密度提升，引致人口由外围向中心流动，造成外围县市人口密度降低。与此相对，南部以西双版纳为主体的地区，历史上同外界的交往受高山阻隔而受到抑制，且长期存在的农村公社形态使其闭塞而独立，人口发展主要依赖于自身人口生产，因此人口密度表现出明显的"低-低"聚集空间特征（图 3-24）。

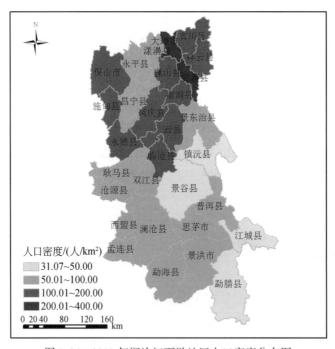

图 3-24 2010 年澜沧江下游地区人口密度分布图

澜沧江下游地区农村人口数量众多且分布相对均衡，祥云县、凤庆县、大理市、澜沧县、云县农村人口分布较多分别达到了 45 万人、42 万人、41 万人、40 万人、39 万人，其余大部分县农村人口在 15 万 ~ 30 万人，江城县、漾濞县和西盟县的农村人口相对较少，在 8 万 ~ 10 万人。隆阳区属于保山市市辖区，因此其农村人口为零（图 3-25，表 3-4）。

澜沧江下游地区除隆阳区 90 万人全部为城镇人口之外，大理市和景洪市分列第二和第三位分别拥有 20 万和 16 万城镇人口，其余大部分县域城镇人口都在 10 万人以下，其中澜沧县、思茅区、临翔区、勐腊县、勐海县、云县、耿马县、永德县等城镇人口分布依次为 9 万人、9 万人、8 万人、8 万人、6 万人、

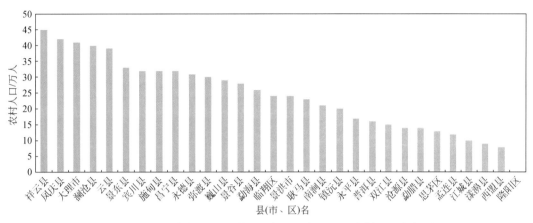

图 3-25　2010 年澜沧江下游地区各县（市、区）农村人口直方图

5 万人、5 万人、4 万人，宾川县、巍山县、弥渡县、昌宁县、景东县、景谷县、普洱县、沧源县、漾濞县、祥云县、施甸县、南涧县、凤庆县、双江县、永平县、镇沅县、西盟县、江城县和孟连县 19 个县域城镇人口均在 1 万 ~ 3 万人（图 3-26）。

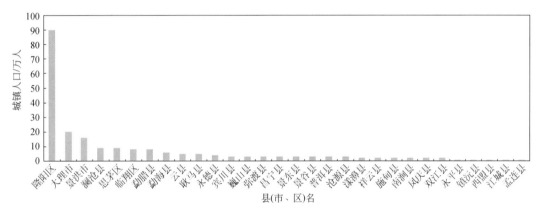

图 3-26　2010 年澜沧江下游地区各县（市、区）城镇人口直方图

澜沧江下游地区农林牧渔业从业人员分布与农村人口分布差别较大，澜沧县拥有农业劳动力超过 23 万人，远远高于其他县域；其余大部分县农村人口在 10 万 ~ 18 万人，勐腊县、永平县、普洱县、孟连县、思茅区、双江县、江城县、漾濞县和西盟县等农业劳动力相对较少，在 4 万 ~ 8 万人，最少的隆阳区只有 0.24 万人从事农林牧渔业（图 3-27，表 3-4）。

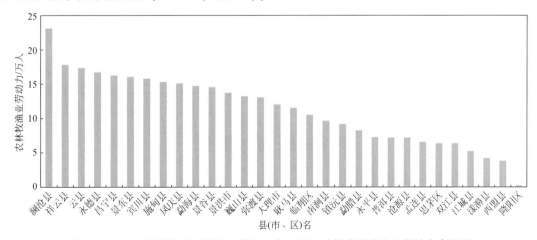

图 3-27　2010 年澜沧江下游地区各县（市、区）城镇农林牧渔业劳动力直方图

表3-4　2010年澜沧江下游地区各县（市、区）人口情况

县（市、名）名	年末总人口/万人	农村人口/万人	单位从业人员数/人	农林牧渔业从业人员/人
宾川县	35	32	13 275	157 760
大理市	61	41	112 366	120 372
漾濞县	11	9	4 412	42 066
祥云县	47	45	28 020	179 178
永平县	18	17	6 648	73 757
隆阳区	90		72 300	2 400
施甸县	34	32	10 507	153 259
巍山县	32	29	16 224	132 324
弥渡县	33	30	11 301	131 183
昌宁县	35	32	15 414	162 833
南涧县	23	21	6 372	97 322
凤庆县	44	42	11 017	152 035
景东县	36	33	12 395	161 311
云县	44	39	15 505	174 553
永德县	35	31	13 131	167 643
镇沅县	21	20	8 543	91 878
临翔区	32	24	23 582	105 699
耿马县	28	23	13 589	115 645
景谷县	31	28	14 969	145 528
双江县	17	15	6 069	64 009
普洱区	19	16	10 314	72 704
沧源县	17	14	9 674	72 144
澜沧县	49	40	13 428	231 358
思茅区	22	13	46 844	64 077
西盟县	9	8	7 942	38 382
江城县	11	10	6 132	52 903
景洪市	40	24	57 717	136 999
孟连县	13	12	9 028	65 697
勐海县	32	26	17 789	148 133
勐腊县	22	14	28 954	83 097

3.2　经济增长

　　2010年，澜沧江流域生产总值约为1434亿元，第一产业增加值388.56亿元，同比增长11.71%，5年内平均增速为16.03%；第二产业增加值506.73亿元，同比增长21.64%，5年内平均增速为32.81%；地方财政一般预算收入87.91亿元，同比增长30.82%，5年内平均增速为36.91%；地方财政一般预算支出448.61亿元，同比增长29.83%，5年内平均增速为55.92%；城乡居民储蓄存款余额967.99亿元，同

比增长 29.77%，5 年内平均增速为 28.37%；年末金融机构各项贷款余额 1239.19 亿元，同比增长 25%，5 年内平均增速为 33.55%（表 3-5）。

表 3-5 澜沧江流域主要经济发展指标

指标	2010 年	2009 年	同比增长/%	2005 年	5 年内平均增速/%
第一产业增加值/万元	3 885 588	3 478 305	11.71	2 156 865	80.15
第二产业增加值/万元	5 067 289	4 165 918	21.64	1 918 944	164.07
地方财政一般预算收入/万元	879 080	671 977	30.82	308 958	184.53
地方财政一般预算支出/万元	4 486 089	3 455 252	29.83	1 181 802	279.60
城乡居民储蓄存款余额/万元	9 679 927	7 459 091	29.77	4 002 710	141.83
年末金融机构各项贷款余额/万元	12 391 872	9 913 521	25.00	4 627 930	167.76

澜沧江流域大部分地区的经济发展仍然以农牧业为主导，近年来在科技创新、产业集聚、要素集约的发展方针下，经济发展的质量和效益有了大幅度提高，三次产业结构得到进一步优化，调整为 27：35：38。

该地区以推进农业产业化为突破口，整合资金 10 亿元，扶持优质烟叶、蔬菜、花卉、畜禽等规模化、标准化生产的现代农牧业发展，粮食生产保持稳定，农牧业综合生产能力进一步提高。5 年内工业投资突破 3000 亿元，冶金、化工、烟草等产业的技术和装备保持全国领先水平，建工、建材逐渐做大做强，形成了烟草、电力、有色等几个销售收入较大的产业，同时启动实施了节能环保、生物、先进装备制造等战略性新兴产业的发展规划纲要，深入推进旅游二次创业，2010 年全区旅游总收入较 2005 年增长近 3 倍。在市场体系不断完善的推动下，住房、汽车消费势头强劲，旅游、通信、餐饮、休闲等消费热点进一步巩固，商贸流通、交通运输、邮政通信等服务业取得长足发展，金融服务经济的作用得到有效发挥。

未来，该区要以发展特色农业、设施农业、节水农业和外向型农业为基础，促进信息化与工业化深度融合，提高综合生产能力、抗风险能力和市场竞争能力。加快发展服务业是该地区产业优化升级的战略重点，以金融、旅游、流通、信息等现代服务业为引领，提升经济发展的层次。

3.2.1 大香格里拉地区

2010 年，大香格里拉地区生产总值约为 157 亿元，第一产业增加值 34.18 亿元，同比增长−8.84%，5 年内平均增速为 6.66%；第二产业增加值 57.55 亿元，同比增长 45.34%，5 年内平均增速为 56.64%；地方财政一般预算收入 6.02 亿元，同比增长 24.45%，5 年内平均增速为 52.63%；地方财政一般预算支出 72.23 亿元，同比增长 46.7%，5 年内平均增速为 64.18%；城乡居民储蓄存款余额 42.23 亿元，同比增长 56.47%，5 年内平均增速为 28.86%；年末金融机构各项贷款余额 100.25 亿元，同比增长 74.25%，5 年内平均增速为 32.59%（表 3-6）。

表 3-6 大香格里拉地区主要经济发展指标

指标	2010 年	2009 年	同比增长/%	2005 年	5 年内平均增速/%
第一产业增加值/万元	341 784	374 940	−8.84	256 372	6.66
第二产业增加值/万元	575 542	395 984	45.34	150 192	56.64
地方财政一般预算收入/万元	60 246	48 411	24.45	16 590	52.63
地方财政一般预算支出/万元	722 888	492 779	46.70	171 748	64.18
城乡居民储蓄存款余额/万元	422 903	270 285	56.47	173 094	28.86
年末金融机构各项贷款余额/万元	1 002 539	575 337	74.25	381 294	32.59

大香格里拉地区经济以农牧业为主，主要农作物有青稞、冬小麦、春小麦、玉米、高粱、大麦、荞子、洋芋、豌豆、胡豆、黄豆、油菜、元根、海椒、大蒜等，主要家畜有牦牛、犏牛、黄牛、马、牦牛、绵羊、山羊、黄牛、马、骡、猪等。工业以采矿、电力、机械、建筑、原材料生产、药材加工等基础工业为主，其余为金银铁器加工、民族服装制作、民族宗教用品等民族手工业。近年来结合大香格里拉地区多民族、多宗教、多文化的特点，以特色旅游业为重点的第三产业发展迅速。

其中香格里拉县占该区生产总值的31%，其次是昌都县和德钦县，其生产总值在大香格里拉地区的比例分别为13.4%和7.5%；江达县、芒康县的生产总值比例为5%左右；杂多县、玉树县、丁青县、察雅县、囊谦县、乡城县、左贡县、洛隆县、巴青县、类乌齐县、八宿县、稻城县、贡觉县和察隅县的经济总量比重较小，为2%～3.5%（图3-28）。

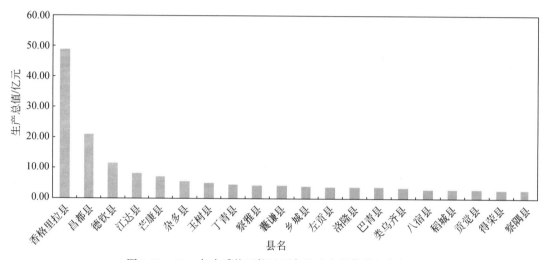

图3-28　2010年大香格里拉地区各县生产总值分布直方图

大香格里拉地区第一产业经济增长较慢。其中杂多县增长最大，第一产业增加值占区域总量的12.66%，玉树县其次占10.75%，香格里拉县为9.06%，囊谦县为8.85%；昌都县、丁青县、芒康县、江达县等所占比例略小，依次为6.12%、5.65%、5.30%、5.21%；贡觉县、察隅县、八宿县、得荣县、德钦县、巴青县、稻城县、察雅县、乡城县、类乌齐县、左贡县等所占比重在2.08%～3.66%。总体来看，该区农业经济发展相对均衡，大部分县域第一产业经济增长差距较小（图3-29）。

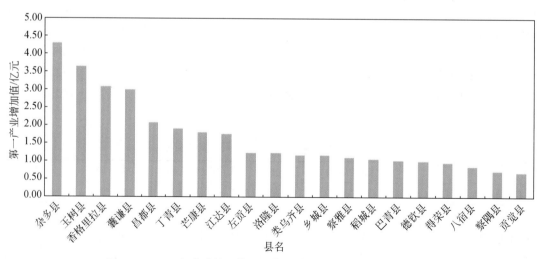

图3-29　2010年大香格里拉地区各县第一产业增加值分布直方图

大香格里拉地区第二产业经济增幅较大。其中香格里拉县增幅最大，第二产业增加值占该区总量的

33.73%，其次为昌都县16.29%；德钦县和江达县分列第三和第四位，比例分别为10.81%和8.02%；芒康县、察雅县、洛隆县、乡城县等四县第二产业增加值较小，依次为5.48%、3.76%、2.76%和2.50%；类乌齐县、丁青县、左贡县、巴青县、八宿县、察隅县、贡觉县、得荣县、玉树县、囊谦县、杂多县、稻城县等第二产业增加值所占比例均小于2%。总体来看，大香格里拉地区内各县第二产业发展两极分化严重，香格里拉县比例高达33.73%，而稻城县比例却仅为0.92%，香格里拉县和昌都县是大香格里拉地区第二产业经济增长的核心区，占该区第二产业增量的一半，其余大部分县第二产业经济增长较小（图3-30）。

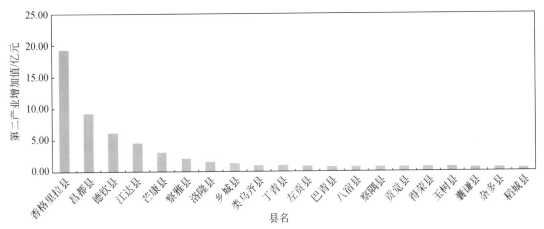

图3-30　2010年大香格里拉地区各县第二产业增加值分布直方图

大香格里拉地区财政一般预算收入近5年增幅较大。其中香格里拉县财力居首位，占地方财政一般预算收入总量的34.84%，德钦县其次为11.75%；乡城县、昌都县、玉树县、丁青县、稻城县和得荣县等次之，依次为7.48%、6.53%、5.21%、4.35%、3.69%和3.33%；察隅县、江达县、芒康县、左贡县、类乌齐县、八宿县、察雅县、贡觉县、洛隆县、囊谦县、杂多县和巴青县等比例均在3%以下，其中杂多县和巴青县地方财政一般预算收入仅为区域总量的0.85%和0.76%，与香格里拉县相距甚大（图3-31）。

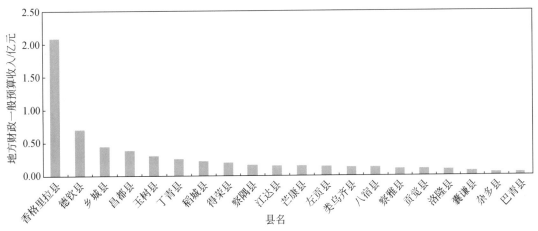

图3-31　2010年大香格里拉地区各县地方财政一般预算收入分布直方图

大香格里拉地区财政一般预算支出增幅大于财政一般预算收入的增长幅度。其中，香格里拉县、玉树县和德钦县财政一般预算支出位居前三位，所占区域总量比例分别为15.56%、13.41%和10.55%；囊谦县、乡城县、稻城县、得荣县和杂多县等紧随其后，比例依次为8.24%、6.64%、5.91%、5.06%和4.67%；昌都县、芒康县、丁青县、江达县、察雅县、察隅县、洛隆县、八宿县、左贡县、类乌齐县、巴青县和贡觉县等财政一般预算支出占区域总量比例分布在2%～3.5%。总体来看，与地方一般财政预算收入相比大香格里拉地区各县财政一般预算支出差别相对较小（图3-32）。

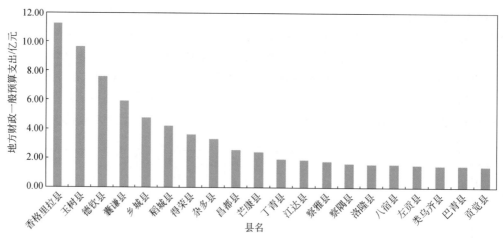

图 3-32　2010 年大香格里拉地区各县地方财政一般预算支出分布直方图

　　大香格里拉地区居民收入水平近年开始显著提高。其中香格里拉县城乡居民储蓄存款余额占区域储蓄存款余额总数的 56.75%，与位居第二位的德钦县（9.46%）相差较大，除乡城县、稻城县、得荣县、巴青县、察隅县、类乌齐县、囊谦县等比例在 2.5% ~ 4% 外，巴青县、察隅县、类乌齐县、囊谦县、芒康县、昌都县、丁青县、察雅县、江达县、八宿县、洛隆县、左贡县、贡觉县、玉树县、杂多县等城乡居民储蓄存款余额占比均在 2% 以下（图 3-33）。

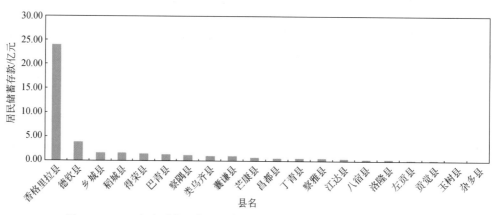

图 3-33　2010 年大香格里拉地区各县城乡居民储蓄存款余额分布直方图

　　从 2009 年开始该区金融信贷水平显著提高，在所有经济指标中同比增长幅度最大。其中香格里拉县金融机构各项贷款余额占到区域总量的 75.81%，乡城县和德钦县各占 5% 左右，半数以上的县金融信贷比例占区域总量的 1% 以下。这一事实说明大香格里拉地区金融信贷水平两极分化现象较为严重（图 3-34）。

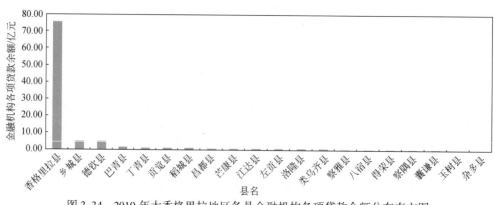

图 3-34　2010 年大香格里拉地区各县金融机构各项贷款余额分布直方图

3.2.2 澜沧江上游地区

2010 年，澜沧江上游地区生产总值约为 64 亿元，第一产业增加值为 21.03 亿元，同比增长 -10.9%，5 年内平均增速为 5.6%；第二产业增加值为 21.35 亿元，同比增长 141.1%，5 年内平均增速为 89.54%；地方财政一般预算收入为 1.64 亿元，同比增长 16.45%，5 年内平均增速为 35.54%；地方财政一般预算支出 31.59 亿元，同比增长 102.87%，5 年内平均增速为 85.43%；城乡居民储蓄存款余额 5.89 亿元，同比增长 21.38%，5 年内平均增速为 8.93%；年末金融机构各项贷款余额 8.46 亿元，同比增长 6.76%，5 年内平均增速为 1%（表 3-7）。

表 3-7 澜沧江上游地区主要经济发展指标

指标	2010 年	2009 年	同比增长/%	2005 年	5 年内平均增速/%
第一产业增加值/万元	210 252	235 986	-10.90	164 229	5.60
第二产业增加值/万元	213 463	88 536	141.10	38 974	89.54
地方财政一般预算收入/万元	16 359	14 048	16.45	5 891	35.54
地方财政一般预算支出/万元	315 938	155 734	102.87	59 933	85.43
城乡居民储蓄存款余额/万元	58 900	48 527	21.38	40 712	8.93
年末金融机构各项贷款余额/万元	84 634	79 277	6.76	80 585	1.00

农牧业是澜沧江上游地区居民赖以生存和发展的支柱产业，但由于农牧业科技含量不高，最终制约了当地的经济发展。长期以来，由于自然环境和频繁的自然灾害等原因，加之生产经营方式落后，其农牧业科技含量不高，经济优势不够明显；受环境、资金、技术、人才的影响，第二产业发展缓慢，工业企业数量少且规模小；目前第三产业以商业和饮食业为主，出于三江源生态保护的需要，一些资源性开发建设项目受到制约。未来，该地区将以全面发展农村牧区经济，提升农牧业产业效益，增加农牧民收入为重点，大力推进现代农牧业发展，将资源优势转化为经济优势。

昌都县生产总值占区域总量的 33%，遥遥领先于区域内的其他地区；其次是江达县、杂多县和玉树县，其生产总值比例分别为 13%、9% 和 8% 左右，这 4 个县生产总值的总和超过区域总值的 60%，其余丁青县、囊谦县、洛隆县、巴青县、类乌齐县、贡觉县等的经济总量比重较小，在 5%~7%（图 3-35）。

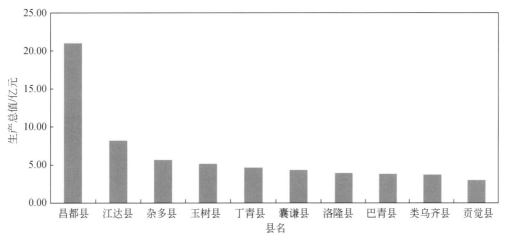

图 3-35 2010 年澜沧江上游地区各县生产总值分布直方图

澜沧江上游地区第一产业经济增长较慢。增长较快的 3 个县为杂多县、玉树县和囊谦县，其第一产业增加值分别占区域总量的 20.57%、17.48% 和 14.39%，其次是昌都县 9.96%，丁青县 9.18%，江达县

8.48%；洛隆县、类乌齐县、巴青县和贡觉县比例较小，依次为5.93%、5.69%、4.94%和3.38%。总体来看，该地区大部分县都以第一产业为经济基础，增长差距较小，第一产业经济发展相对均衡（图3-36）。

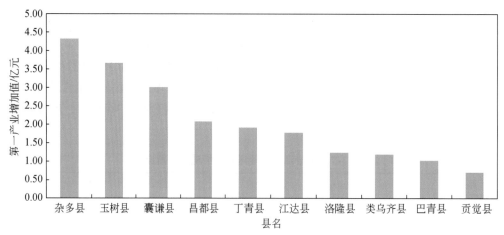

图3-36　2010年澜沧江上游地区各县第一产业增加值分布直方图

澜沧江上游地区第二产业增长幅度较大。其中昌都县增长幅度最大，第二产业增加值占经济总量的43.91%，遥遥领先于该地区其他县；江达县其次，第二产业增加值比例为21.62%；洛隆县排在第三位，比例仅为7.43%；其余类乌齐县、丁青县、巴青县、贡觉县、玉树县、囊谦县、杂多县等第二产业增加值占比均在3%~5%。总体来看，昌都县和江达县是该地区第二产业增长的核心区域，超过区域第二产业经济增量的65%，其余大部分县域增长幅度较小（图3-37）。

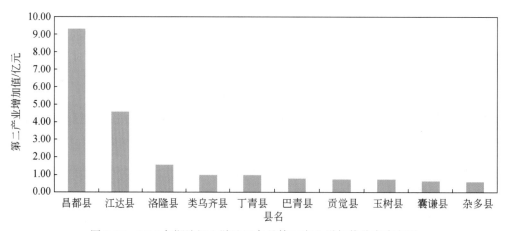

图3-37　2010年澜沧江上游地区各县第二产业增加值分布直方图

澜沧江上游地区财政一般预算收入近5年稳步增长。其中昌都县、玉树县和丁青县位居前三位，分别占地方财政一般预算收入总量的24.05%、19.18%和16.03%，三者总和接近区域总量的60%；江达县、类乌齐县、贡觉县、洛隆县、囊谦县、杂多县和巴青县等的比例相对较小，依次为9.63%、8.30%、6.57%、6.13%、4.20%、3.12%和2.79%。总体来看，除昌都县、玉树县、丁青县外，其余大部分县的财政一般预算收入差距较小（图3-38）。

澜沧江上游地区财政一般预算支出增长远大于财政一般预算收入的增长。其中，玉树县财政一般预算支出位居首位，占地方财政一般预算支出总量的30.68%；囊谦县和杂多县其次，所占比例分别为18.86%和10.68%；昌都县、丁青县、江达县、洛隆县、类乌齐县、巴青县和贡觉县占比例分别为8.19%、6.20%、6.01%、5.16%、4.78%、4.77%和4.67%。由于受到地震灾情影响，该地区财政一般预算支出以重建玉树为核心，其余县域的财政一般预算支出相对较少（图3-39）。

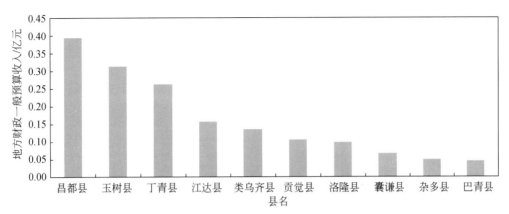

图 3-38　2010 年澜沧江上游地区各县地方财政一般预算收入分布直方图

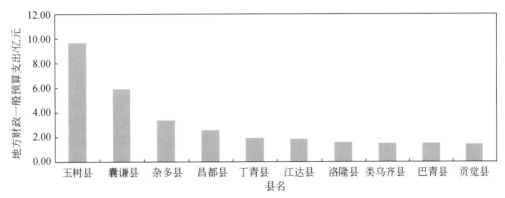

图 3-39　2010 年澜沧江上游地区各县地方财政一般预算支出分布直方图

澜沧江上游地区居民收入水平从 2009 年起得到显著提高。其中，巴青县城乡居民储蓄存款余额最多，占区域储蓄存款余额总数的 23.34%，类乌齐县、囊谦县、昌都县、丁青县等其次，所占比例分别为 18.03%、17.91%、12.20% 和 12.07%，江达县和洛隆县占比在 8% 和 7% 左右，贡觉县少于 2%。总体来看，该地区居民收入水平没有出现显著的两极分化现象（图 3-40）。

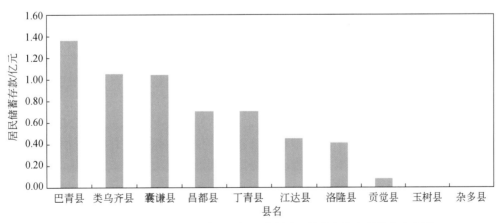

图 3-40　2010 年澜沧江上游地区各县城乡居民储蓄存款余额分布直方图

澜沧江上游地区金融信贷水平增长十分缓慢，在所有经济指标中 5 年增幅最小。其中，巴青县、丁青县、贡觉县等金融机构各项贷款余额较大，分别占区域总量的 19.20%、17.61% 和 17.05%，昌都县、江达县、洛隆县和类乌齐县等其次，比例依次为 13.53%、11.38%、10% 和 9.22%，最少的囊谦县仅有 2%

左右。整体而言，该区域除个别县之外，其他大部分地区金融信贷水平发展差距较小（图3-41）。

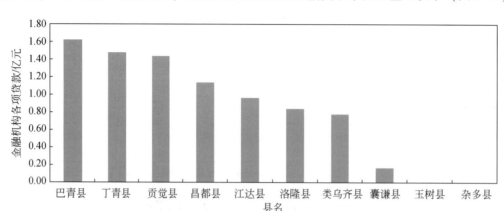

图 3-41　2010 年澜沧江上游地区各县金融机构各项贷款余额分布直方图

3.2.3　澜沧江中游地区

2010 年，澜沧江中游地区生产总值约为 235 亿元，第一产业增加值为 44.39 亿元，同比增长 4.71%，5 年内平均增速为 10.69%；第二产业增加值为 96.07 亿元，同比增长 18.12%，5 年内平均增速为 38.84%；地方财政一般预算收入 14.28 亿元，同比增长 25.81%，5 年内平均增速为 42.01%；地方财政一般预算支出 99.46 亿元，同比增长 30.96%，5 年内平均增速为 52.17%；城乡居民储蓄存款余额 133.13 亿元，同比增长 34.17%，5 年内平均增速为 30.54%；年末金融机构各项贷款余额为 206.5 亿元，同比增长 43.76%，5 年内平均增速为 32.28%（表3-8）。

表 3-8　澜沧江中游地区主要经济发展指标

指标	2010 年	2009 年	同比增长/%	2005 年	5 年内平均增速/%
第一产业增加值/万元	443 914	423 945	4.71	289 307	10.69
第二产业增加值/万元	960 692	813 345	18.12	326 542	38.84
地方财政一般预算收入/万元	142 806	113 507	25.81	46 056	42.01
地方财政一般预算支出/万元	994 576	759 452	30.96	275 618	52.17
城乡居民储蓄存款余额/万元	1 331 303	992 267	34.17	526 807	30.54
年末金融机构各项贷款余额/万元	2 064 962	1 436 434	43.76	790 016	32.28

澜沧江中游地区除鹤庆县和兰坪县以工业经济为主导外，其余各县经济仍以农牧业为主，或着力于稻、小麦、玉米、高粱、豌豆、油菜、香料、烟、甘蔗、蔬菜、咖啡、桑蚕、马铃薯、中药材、草果、林果的种植，或以饲养牦牛、犏牛、黄牛、马、绵羊、山羊等畜牧业为主，大部分地区兼有农业与畜牧业，同时矿冶、能源、建材、民族手工业等多种经济并重。位于该地区的香格里拉县，虽然其产业以畜牧业为主，但近年来特色旅游业的发展成为推动其经济发展的主要力量。未来，旅游业和生物资源产业会逐步成为该地区经济发展的支柱产业。

其中，香格里拉县的生产总值较大，占区域内生产总值的 21%；其次是洱源县、鹤庆县和兰坪县，其生产总值比例都在 10% 左右；云龙、泸水县、维西县、剑川县、德钦县等的生产总值略小一些，比例在 5%~8%；其余芒康县、福贡县、察雅县、左贡县、贡山县、八宿县、察隅县的经济总量比例较小，基本在 1%~3%（图3-42）。

澜沧江中游地区第一产业经济增长较为平缓。增长较大的 3 个县为洱源县、鹤庆县和云龙县，其第一产业增加值分别占区域总量的 20.98%、14.32% 和 13.18%；剑川县其次为 7.45%，维西县为 7.09%，

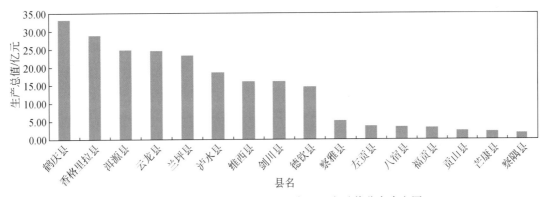

图 3-42　2010 年澜沧江中游地区各县生产总值分布直方图

香格里拉县为 6.97%，泸水县为 5.25%，兰坪县为 5.24%，芒康县为 4.08%；左贡县、察雅县、福贡县、德钦县、八宿县、贡山县和察隅县等比例较小，在 1.5%～3%。总体来看，该地区洱源县、鹤庆县和云龙县第一产业经济增长突出，其余大部分县域增长较小（图 3-43）。

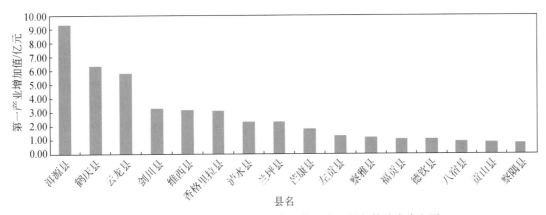

图 3-43　2010 年澜沧江中游地区各县第一产业增加值分布直方图

澜沧江中游地区第二产业增幅大于第一产业。其中香格里拉县增幅最大，第二产业增加值占该区域总量的 20.21%；兰坪县、鹤庆县其次，第二产业增加值所占比例分别为 14.04% 和 12.07%；云龙县、洱源县、德钦县、泸水县、剑川县、维西县等比例均在 10% 以下，分别为 8.25%、8.11%、6.48%、6.45%、6.43% 和 5.98%；芒康县、察雅县、福贡县、贡山县、左贡县、八宿县和察隅县等第二产业增加值占区域总量的比例基本在 3% 以下。总体来看，香格里拉县、兰坪县和鹤庆县是该区域第二产业增长的核心区域，左贡县、八宿县和察隅县的第二产业较为薄弱（图 3-44）。

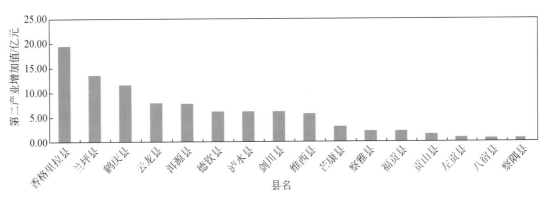

图 3-44　2010 年澜沧江中游地区各县第二产业增加值分布直方图

澜沧江中游地区财政一般预算收入近 5 年增长较大。其中兰坪县、香格里拉县和鹤庆县位居前三位，分别占地方财政一般预算收入总量的 19.62%、14.70% 和 13.13%，三者总和接近区域总量的 50%；泸水县、洱源县、云龙县、维西县、剑川县、德钦县等比例相对较小，分别为 8.92%、8.42%、7.65%、7.11%、6.84% 和 4.96%，而福贡县、贡山县、察隅县、芒康县、左贡县、八宿县、察雅县等比例均小于 2%。总体来看，兰坪县、香格里拉县和鹤庆县的财政一般预算收入较多，与第二产业的增长存在相似性（图 3-45）。

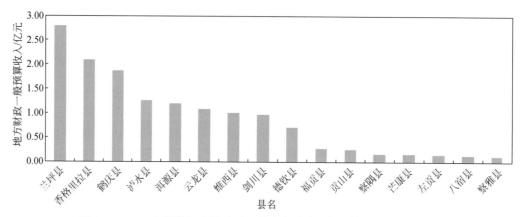

图 3-45　2010 年澜沧江中游地区各县地方财政一般预算收入分布直方图

澜沧江中游地区财政一般预算支出增长略大于财政一般预算收入的增长。其中，香格里拉县所占比例最大，占地方财政一般预算支出总量的 11.31%；左贡县最小为 1.56%，其余维西县、兰坪县、鹤庆县、洱源县、泸水县、云龙县、德钦县、剑川县、福贡县、贡山县、芒康县、察雅县、察隅县、八宿县等的比例分别为 10.72%、9.38%、9.05%、8.55%、8.51%、8.02%、7.67%、6.54%、5.83%、5.28%、2.48%、1.81%、1.67% 和 1.61%。整体而言，该地区财政一般预算支出在不同县域的差距最小，相对较为均衡（图 3-46）。

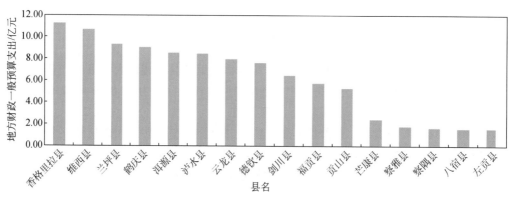

图 3-46　2010 年澜沧江中游地区各县地方财政一般预算支出分布直方图

澜沧江中游地区居民收入水平稳步提高。其中，香格里拉县和鹤庆县城乡居民储蓄存款余额最多，占区域总数的 18.03% 和 17.01%；洱源县、兰坪县、泸水县略少一些，比例分别为 11.64%、10.92%、10.82%，其次剑川县为 8.51%、云龙县为 7.81%、维西县为 6.01%；其余福贡县、贡山县、察隅县、芒康县、察雅县、八宿县等均少于 3%，尤其是八宿县和左贡县的比例在 0.5% 以下。总体来看，该区域察隅县、芒康县、察雅县和八宿县等的居民收入水平非常低（图 3-47）。

澜沧江中游地区金融信贷水平同比增长最快。其中，香格里拉县占年末金融机构各项贷款余额总数的 36.8%，远远超过其他地区；位居第二位和第三位的是泸水县和鹤庆县，比例分别为 13.86% 和 12.42%；其次兰坪县为 8.24%、云龙县为 7.43%、洱源县为 7.24%、剑川县为 4.05%、维西县为

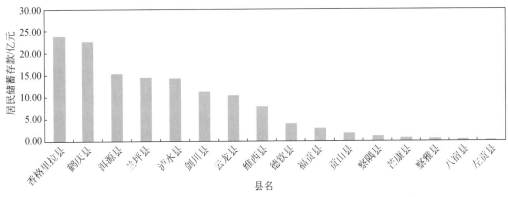

图 3-47　2010 年澜沧江中游地区各县城乡居民储蓄存款余额分布直方图

2.91%、德钦县为 2.42%、福贡县为 1.88%；其余的贡山县、芒康县、左贡县、察雅县、八宿县、察隅县等所占比例均少于 1%。整体而言，最大的香格里拉县占到 36.8%，而最小的察隅县仅为 0.25%，说明该区域金融信贷水平发展的两极分化现象较严重（图 3-48）。

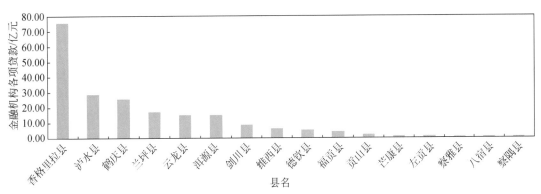

图 3-48　2010 年澜沧江中游地区各县年末金融机构各项贷款余额分布直方图

3.2.4　澜沧江下游地区

2010 年，澜沧江下游地区生产总值约为 1124 亿元，第一产业增加值为 319.9 亿元，同比增长 14.58%，5 年内平均增速为 17.86%；第二产业增加值为 386.57 亿元，同比增长 19.23%，5 年内平均增速为 30%；地方财政一般预算收入为 71.12 亿元，同比增长 32.2%，5 年内平均增速为 35.59%；地方财政一般预算支出 304.82 亿元，同比增长 25.52%，5 年内平均增速为 55.05%；城乡居民储蓄存款余额为 823.97 亿元，同比增长 29.1%，5 年内平均增速为 28.18%；年末金融机构各项贷款余额为 1017.18 亿元，同比增长 21.67%，5 年内平均增速为 34.4%（表 3-9）。

表 3-9　澜沧江下游地区主要经济发展指标

指标	2010 年	2009 年	同比增长/%	2005 年	5 年内平均增速/%
第一产业增加值/万元	3 198 953	2 791 940	14.58	1 689 976	17.86
第二产业增加值/万元	3 865 650	3 242 144	19.23	1 546 142	30.00
地方财政一般预算收入/万元	711 176	537 937	32.20	255 849	35.59
地方财政一般预算支出/万元	3 048 246	2 428 586	25.52	812 304	55.05
城乡居民储蓄存款余额/万元	8 239 707	6 382 406	29.10	3 420 420	28.18
年末金融机构各项贷款余额/万元	10 171 780	8 359 884	21.67	3 739 549	34.40

澜沧江下游地区坚持以农牧产业主导，乳畜、林果、蔬菜、花卉、蚕桑、烟草、核桃等农作物种植面积进一步扩大，在优化种植结构的指导下，农牧业龙头企业实力不断增强，产业基地规模不断壮大。同时，该地区部分县市全力推进新型工业化，提升工业经济实力，如大理市、祥云县和漾濞工业经济强劲增长，水电、冶金、煤炭、化工、建材、农副产品加工、机械制造、轻工纺织的产业体系已初步形成，同时加快培育新材料、风能、太阳能、节能环保、生物资源加工等新兴产业。该地区经济结构趋于合理，大部分县市第三产业占经济总量的40%左右，现代服务业和文化旅游产业的加速发展，强化了该地区的吸引力和辐射力。

其中，大理市、隆阳县和景洪市分别占该地区生产总值的约16%、10%和8%，经济总量遥遥领先于区域内其他地区，其余27个县、市生产总值均不超过6%；其次是祥云县、思茅区、宾川县和云县，其生产总值占比在4%～6%；景谷县、勐腊县、勐海县、昌宁县、临沧县、耿马县、凤庆县、景东县、澜沧县等占比在2.5%～3.5%；永德县、弥渡县、施甸县、巍山县、普洱区等生产总值占比在2%左右；南涧县、永平县、镇沅县、双江县、沧源县、江城县、漾濞县、孟连县和西盟县经济总量比例较小，基本在1.5%以下（图3-49）。

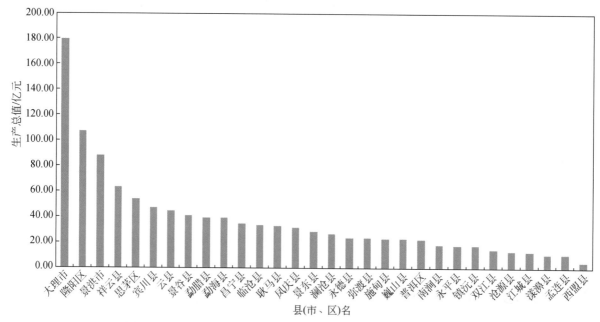

图3-49　2010年澜沧江下游地区各县（市、区）生产总值分布直方图

澜沧江下游地区第一产业经济增长稳定而均衡。其中保山县第一产业增加值占区域总量的9.3%，景洪市其次为6.89%、宾川县为6.67%、祥云县为5.38%、景谷县为5.22%、昌宁县为4.96%、勐腊县为4.96%、云县为4.89%、耿马县为4.36%、大理市为4.17%、凤庆县为4.09%、景东县为4%；勐海县、巍山县、澜沧县、施甸县、永德县、临翔区、弥渡县、永平县、镇沅县、南涧县、宁洱县、思茅区、双江县、孟连县、沧源县、江城县、漾濞县等占比均在1%～3%；第一产业增加值最小的是西盟县，其占区域总量的比例仅为0.42%。总体来看，澜沧江下游地区大部分县域第一产业经济增长差距较小（图3-50）。

澜沧江下游地区第二产业经济近5年增幅较大。其中，大理市第二产业增加值占区域总量的23.04%，其他县域比例均在10%以下；祥云县、隆阳区、景洪市、思茅区、云县、勐海县、景谷县和宾川县占比依次为8.63%、8.58%、7.35%、5.71%、4.31%、3.87%、3.74%和2.92%；其余大部分县域第二产业增加值占区域总量的比例均在1%～2%。总体上，该区域工业经济发展两极分化严重，大理市比例最高达23.04%，而西盟县比例仅为0.23%，其余大部分县域第二产业经济增长差距不大（图3-51）。

澜沧江下游地区财政一般预算收入同比增幅较高。其中大理市居首位，占地方财政一般预算收入总量的19.99%，隆阳区、景洪市、思茅区、昌宁县、祥云县、景谷县、凤庆县、景东县、勐腊县、澜沧

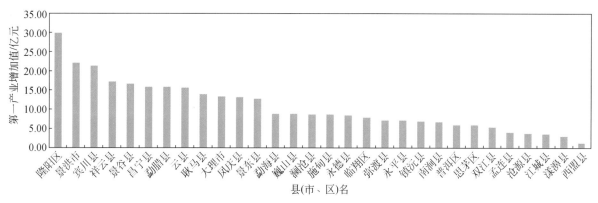

图 3-50　2010 年澜沧江下游地区各县（市、区）第一产业增加值分布直方图

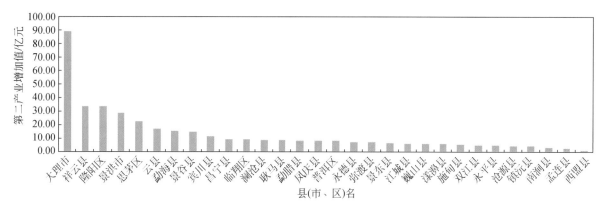

图 3-51　2010 年澜沧江下游地区各县（市、区）第二产业增加值分布直方图

县、云县、临翔区、宾川县、南涧县和普洱区等次之，依次为 8.53%、6.70%、5.70%、4.72%、4.70%、4.17%、3.69%、3.22%、3.19%、3.12%、3.05%、2.74%、2.67%、2.30% 和 2.26%；其余各县域比例基本分布在 1% ~2%。与第二产业经济增长类似，该地区财政一般预算收入出现了明显的两极分化现象，大理市占比高达 20%，而西盟县占比仅为 0.38%，其余大部分县域差距较小（图 3-52）。

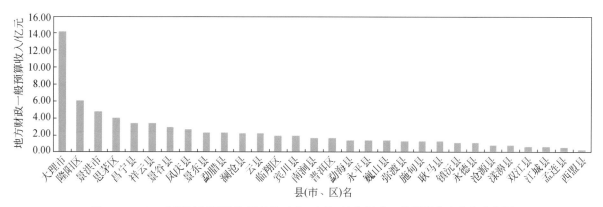

图 3-52　2010 年澜沧江下游地区各县（市、区）地方财政一般预算收入分布直方图

澜沧江下游地区建设支出 5 年增幅十分显著。其中，大理市、隆阳区和澜沧县财政支出位居前三位，所占区域总量的比例分别为 6.91%、6.81% 和 5.75%；景洪市、凤庆县、昌宁县、耿马县、景东县、祥云县、永德县等紧随其后，比例依次为 4.68%、4.08%、3.85%、3.84%、3.77%、3.73% 和 3.66%；其余各县域财政支出占区域总量比例均分布在 1.5% ~3.5%。总体来看，该地区财政一般预算支出的差距很小，在所有经济指标中发展最为均衡（图 3-53）。

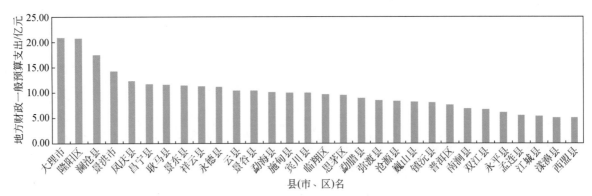

图 3-53　2010 年澜沧江下游地区各县（市、区）地方财政一般预算支出分布直方图

澜沧江下游地区居民收入水平稳步增长。其中大理市、隆阳区和景洪市位居前三位，城乡居民储蓄存款余额分别占到区域储蓄存款余额总数的比例依次为 17.83%、12.77% 和 10.96%，超过了该区域总量的 50%；思茅区其次为 7.20%、勐海县为 4.23%、祥云县为 4.06%、临翔区为 3.82%、勐腊县为 2.97%、宾川县为 2.87%；其余各县域比例基本分布在 1%~2%。居民收入水平最低的是西盟县，其占区域总量的比例仅为 0.38%（图 3-54）。

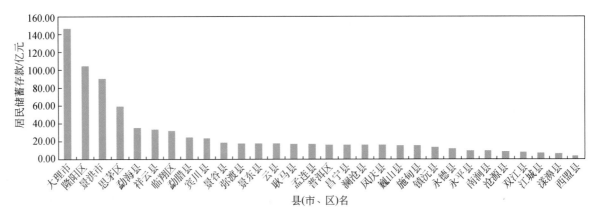

图 3-54　2010 年澜沧江下游地区各县（市、区）城乡居民储蓄存款余额分布直方图

澜沧江下游地区金融信贷水平差距很大。其中大理市金融机构各项贷款余额占区域总量的 21.32%，隆阳区、思茅区、景洪市和临翔区其次，比例依次为 13.97%、11.68%、10.72% 和 7.95%；超过 2/3 的县域金融信贷占区域总量的比例低于 2%。金融信贷水平最低的是西盟县，其占区域总量的比例仅为 0.2%。说明该区域金融信贷水平有明显的两极分化趋势（图 3-55）。

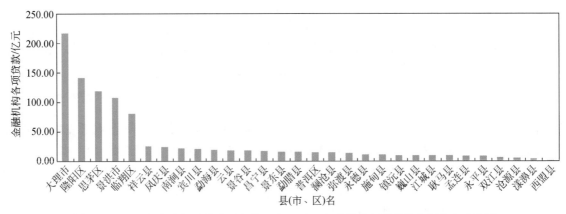

图 3-55　2010 年澜沧江下游地区各县（市、区）金融机构各项贷款余额分布直方图

3.3 产 业 结 构

2010 年澜沧江中下游与大香格里拉地区完成生产总值 1434 亿元，其中第一产业增加值 389 亿元，第二产业增加值 507 亿元，第三产业增加值 538 亿元，农业产值所占比例较高，工业和服务业发展水平低，远落后于全国 10：47：43 的产业结构水平。2010 年全区粮食总产量为 413 万 t，规模以上工业企业个数 589 个，规模以上工业总产值 645 亿元，接待国内外旅游者 3287 万人次，旅游业总收入 236 亿元（图 3-56）。

近年来，澜沧江中下游与大香格里拉地区通过加快传统农业产业结构调整，夯实农业农村发展基础，农业产业化水平不断提高，以粮食作物、经济作物、畜牧业为主的三元农业产业结构逐渐形成。在传统农牧业方面该区存在明显两大分区，昌都地区、巴青县、杂多县、玉树县和囊谦县的传统农牧业以畜牧业为主导产业；其他地区的传统农牧业三元结构（粮食作物、经济作物、畜牧业）特征突出，尤其是特色经济作物发展较快，多元化特征日益明显。稳定粮油基础产业，因地制宜加快发展

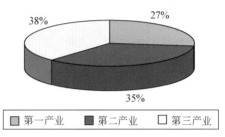

图 3-56　2010 年澜沧江中下游与大香格里拉地区产业结构

"两烟"、乳畜、果林、蔬菜、茶叶、甘蔗、核桃、橡胶、咖啡、药材等优势产业和特色产业。按照"扶优、扶强、扶大"的原则，积极培育一批竞争力大、带动力强的龙头企业和企业集群示范基地，推广龙头企业、合作组织与农户有机结合的组织形式，推行"公司+基地+合作社+农户"模式，增加农业产业化组织。增加扶持农业产业化发展资金，支持龙头企业发展，通过龙头企业资助农户产业化经营，同时强化科技支撑，提高农业科技运用水平。

澜沧江中下游与大香格里拉地区工业化进程持续推进，结合当地的特色资源发展工业，农畜产品加工、纺织、能源、采矿、机械、建材、冶金、化工、水电、建筑业等产业得到不同程度发展，尤其是农畜产品加工、采矿和水电开发产业，发展较为快速和广泛。坚定不移地推进新型工业化，着力保持工业经济平稳较快发展，加快工业技术创新和技术进步，不断巩固提升农畜产品、电力、矿业等传统工业，充分发挥重点企业和工业园区的示范带动和产业聚集作用，加快工业园区建设，推动招商引资、基础设施建设、企业入园，部分县区工业园区建设已见成效。但总体来看该区工业发展依然相对落后，发展潜力较大。

澜沧江中下游与大香格里拉地区旅游资源极其丰富，独特的地形地貌和气候造就了独具吸引力的自然景观，多姿多彩的民族文化丰富了该地区的人文旅游景观，如国家生态公园、田园风光、温泉峡谷、雪山景区、峡谷、高原草甸、口岸、特色小镇乡村庄园旅游、民俗休闲、民族文化节、茶马古道、康巴文化、红色旅游、古城世界文化遗产、三江并流世界自然遗产、盐井景区等。近年来，该区不断开发新的景观和加大景区建设力度，旅游接待能力大大提升，吸引了国内外大量游客。另外，该区在劳务经济和民族手工业方面也有较大发展和潜力。

3.3.1　大香格里拉地区

大香格里拉地区地跨澜沧江上游大部分县市、澜沧江中游部分县市和四川的稻城县、乡城县、得荣

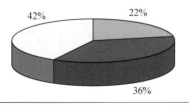

图 3-57　2010 年大香格里拉地区产业结构

县，因此该区产业结构兼具藏区和西南地区的特点。主要产业有青稞、小麦、玉米、豆类等粮食作物，大麦、荞麦、燕麦、白芸豆、豌豆等优质小杂粮，葡萄、核桃、橘、桃、梨、苹果、柿、石榴、花椒等经济林果，无公害蔬菜和反季节蔬菜，以及蚕桑、花卉、林下资源采集（照片 3-1）、畜牧业、药材及医药产业、农畜产品加工、水电开发、采矿业、劳务经济、民族手工业、旅游业等。2010 年全区完成生产总值 157.55 亿元，其中第一产业增加

值 34.16 亿元，第二产业增加值 57.56 亿元，第三产业增加值 65.66 亿元（图 3-57）。粮食总产量 31 万 t，规模以上工业企业个数 34 个，规模以上工业总产值 31 亿元。按照"面"与"点"相结合的原则，在大香格里拉地区特选取极具代表性的香格里拉县作为代表，对该地区的产业发展情况进行说明（表 3-10）。

照片 3-1 乡城县松茸市场

摄影：沈镭（照片号：SC-XC-XBL-08）时间：2009 年 8 月 20 日

表 3-10 大香格里拉地区各县产业发展情况统计

县名	经济总量				人均 GDP/元	粮食 总产量/t	肉类 总产量/t
	地区生产 总值/亿元	第一产业 增加值/亿元	第二产业 增加值/亿元	第三产业 增加值/亿元			
杂多县	5.77	4.33	0.65	0.45	18 662	—	4 548
玉树县	5.25	3.68	0.77	0.81	24 647	4 291	8 117
囊谦县	4.38	3.03	0.66	0.70	33 589	9 782	7 437
巴青县	3.88	1.04	0.84	2.00	8 016	205	5 248
江达县	8.31	1.78	4.62	1.92	11 038	11 806	13 509
丁青县	4.68	1.93	1.04	1.72	6 845	24 183	5 650
昌都县	21.11	2.09	9.37	9.62	18 363	16 486	10 165
类乌齐县	3.79	1.20	1.04	1.55	8 126	7 247	6 426
贡觉县	3.09	0.71	0.78	1.60	7 692	10 365	3 887
洛隆县	3.98	1.25	1.59	1.15	8 476	20 976	5 271
察雅县	4.53	1.12	2.16	1.24	8 248	12 638	8 006
八宿县	3.15	0.87	0.80	1.48	8 054	10 202	5 189
左贡县	4.08	1.25	0.92	1.91	9 068	16 439	6 339
芒康县	7.46	1.81	3.15	2.63	9 113	25 102	9 657
察隅县	2.93	0.74	0.79	1.46	10 800	18 403	1 313
香格里拉县	48.93	3.10	19.41	26.43	29 145	64 233	12 213
德钦县	11.89	1.01	6.22	4.65	18 373	22 482	2 484
稻城县	3.12	1.08	0.53	1.51	9 869	9 836	2 514
乡城县	4.24	1.19	1.44	1.61	13 122	9 112	2 420
得荣县	2.98	0.98	0.78	1.22	11 110	8 761	2 304

　　旅游、生物、水电、矿产是香格里拉县的优势资源和支柱产业。近年来，香格里拉县切实加大产业结构调整力度，产业结构功能布局日趋合理。农业农村经济持续增长，工业经济迅速发展壮大，旅游业提质增效。

　　2011 年，香格里拉县农业总产值达 5.05 亿元，比 2010 年增长 9.5%；农村经济总收入达 22 908 万元，同比增长 33%；农民人均纯收入为 4078 元，同比增长 20%；粮食总产量达 6.33 万 t，比 2010 年减产 966t，同比降低 1.5%。农业产业化结构调整稳步推进。该县充分利用资源和区位优势，重点发展青稞、无公害蔬菜、马铃薯、高原油菜、蚕桑、烤烟等产业。畜牧业持续稳定发展，截至 2011 年底，该县大小牲畜存出栏分别达 43.99 万头（只）和 17.12 万头（只），分别比 2010 年增长 1.14% 和 2.9%，实现畜牧业产值 1.64 亿元，比 2010 年增长 10.5%。

　　近年来，香格里拉县着眼于建设现代农业，采取多种措施大力调整农业产业结构，引进和推广优良品种、先进实用技术，不断提高农业科技含量，依托自身优势，进一步发展壮大特色产业。香格里拉县依托资源优势，培育五大基地。培育以开发特色农产品为主的种植业基地，重点培育青稞（照片 3-2）、马铃薯、高原油菜、无公害蔬菜、反季节蔬菜等特色农产品和荞麦、燕麦、白芸豆、豌豆等优质小杂粮；培育以特种养殖为重点的畜禽养殖基地，重点培育牦牛、黑山羊、黄牛、野猪、尼西鸡等特色畜禽；培育以菌类、蕨类为主的野生蔬菜人工种植基地，重点培育羊肚菌、人工食用菌、木耳和竹叶菜等；培育以最具地方优势的药材基地，重点培育白术、桔梗、重楼、木香、贝母、红豆杉、当归、天麻等，新建药材基地 2 万亩[①]；培育以核桃、葡萄、蚕桑、花卉为主的特色经济林产业基地。

照片 3-2　香格里拉县青稞田
摄影：沈镭（照片号：IMG_ 1342）时间：2011 年 9 月 12 日

　　发展三大区域交叉互补的特色种植业产业带。在江边河谷地区金江、上江及五境、三坝、虎跳峡、洛吉等乡镇的部分村组发展葡萄、核桃、蚕桑、蔬菜、红豆杉等种植；在高原坝区建塘、小中甸、格咱、尼西等乡镇的部分村组发展马铃薯、高原油菜、反季节蔬菜、青稞和球根花卉等种植；在山区半山区洛吉、五境、三坝、虎跳峡、金江、上江等乡镇的部分村组发展药材、白芸豆等。发展特色畜禽养殖产业带。在建塘、小中甸、格咱、东旺、洛吉等乡镇，建设以犏牦牛、藏猪、藏鸡等为特色的高原特优畜禽养殖业带；在金江、上江、三坝、洛吉等乡镇，建设以改良黄牛、野猪、生猪和黑山羊为主的肉类产业带；在尼西、格咱、五境等乡建设尼西鸡养殖业带。发展特色农产品加工产业带，主要是以尼西土陶、木碗加工、核桃、菜籽油、葡萄酒和青稞酒、奶渣、建塘镇银器加工等为主的民族手工艺制品、旅游产品、农产品加工等。发展特色旅游文化经济带，形成以虎跳峡、小中甸、建塘、三坝、洛吉等乡镇为主

---

　　① 1 亩 ≈ 666.7 m²。

的、融民风、民俗、服饰、饮食、休闲、生态旅游等为一体的精品旅游环线。建设以虎跳峡、金江、上江、五境、尼西等乡镇为主线的金沙江综合文化生态旅游区，发展生态乡村旅游、观光农业、农家乐等特色农村旅游文化经济带，推进特色乡村发展战略。

在农业产业化建设和产业结构调整中，香格里拉县始终坚持"扶持产业化就是扶持农业、扶持龙头企业就是扶持农民"的开发工作思路，充分利用开发资金，增强龙头企业的带动作用，推进农业走产业化经营之路。同时，不断创新扶持方式，采取补助、贴息、奖励等方式，加大对农业龙头企业的扶持力度，引导和吸引金融资本、民间资本、外资参与农业产业化建设。针对农业生产的科技瓶颈，香格里拉县鼓励龙头企业开展技术研发和技术创新，改进加工生产工艺，不断提高产品的科技含量。改造一批传统加工型的龙头企业，引进、开发和推广新品种、新技术、新工艺，走出一条"农科教、产学研"相结合的路子。积极开发特色农产品，鼓励开发高端产品，开拓高端市场；鼓励农业企业申请使用国家有关农业科技的研发、引进和推广等资金；鼓励龙头企业建立农业科技研发中心，开展农业科技创新风险投资；鼓励农业龙头企业开展资源的收集、利用，新品种选育和农产品深加工等业务。

基地建设是农业产业化经营的基础和条件，今后几年，香格里拉县将着力打造十大特色优势产业基地。围绕巩固蚕桑产业、扩大核桃种植面积、大力发展青稞烟草产业、因地制宜发展葡萄产业和发展以高原牦牛、藏香猪、尼西鸡等为主的养殖业的思路，加快调整和优化产业结构。具体布局为：高原坝区重点发展青稞、马铃薯、春油菜、反季蔬菜等特色种植业和牦牛、犏牛、藏香猪、尼西鸡等特色畜禽养殖业；山区半山区重点发展核桃、红豆杉等林产业和干鲜果品、药材、豆类、蔬菜；沿江一线重点发展青稞、蚕桑、核桃、烤烟、葡萄等产业，打造优势产业，以促进农民增收为核心，调整优化种植结构，推进农业产业化基地建设进程目标。走一村一品、一乡一特或几乡一品的路子，促进优势农产品和特色农产品向优势产业区集中，尽快形成区域特色和规模优势。打造青稞、无公害蔬菜、特色畜禽产业、马铃薯、药材、蚕桑、油菜、烤烟、葡萄、核桃等十大专业化、规模化、标准化的优质农产品生产基地。同时香格里拉县将深层次开发生物产业。重点发展"四品工程"，即以"香格里拉藏秘"青稞干酒、葡萄干酒系列为主的饮品工程；以核桃油、核桃粉、紫杉醇、畜牧产品、果脯制品等系列食品为主的食品工程；以中草药加工为主的药品工程；以百合、郁金香等花卉为主的观赏品工程；以牦牛奶渣为原料发展干酪素系列产品。

2011 年香格里拉县工业企业发展到 150 户，其中规模在年产值 2000 万元以上的企业有 5 户。2011年，该县工业总产值达 11.16 亿元，比 2010 年的 8.13 亿元，增长 3.02 亿元，增长 37.1%；工业增加值达 4.06 亿元，比 2010 年的 3.66 亿元，增长 0.4 亿元，增长 11%。工业园区片区建设有序推进，组建了香格里拉工业园区格咱有色金属片区管委会，并按照加快工业园区建设的相关要求，完成格咱有色金属片区《发展规划》等建设前期工作和《香格里拉县工业强县规划纲要》、《香格里拉县"十二五"新型工业化发展规划》的编制工作。今后，香格里拉县将注重发展壮大水电产业。加快梨园电站、小中甸水利枢纽坝后电站、尼汝河流域、浪都河流域、格基河流域等电站的建设进度，重点提升电力输出和保障能力。同时加大矿产资源勘探开发力度，理顺勘查投资体制，加强对具有较大开采价值的格咱矿区的资源勘查。继续推进以铜为主的格咱金属工业片区建设。

2011 年全县共接待国内外游客 613.2 万人次，比 2010 年增长 35.6%，实现旅游总收入 58.12 亿元，比 2010 年增长 25.8%，其中旅游门票收入达 9780 万元。商贸流通、交通运输、餐饮住宿、休闲娱乐等行业快速发展。香格里拉县将深度挖掘香格里拉品牌内涵，依托丰富的旅游资源，在世界范围内打造高端旅游市场。以提升香格里拉品牌为核心，按照统筹人与自然和谐发展的要求，开发科考、探险等特色旅游，开发登山、探险、休闲和漂流、冬季旅游等项目，发展高原特色生态旅游、红色旅游、民族文化旅游、特色峡谷旅游等。启动香格里拉生态旅游核心区旅游发展规划编制，推进独克宗古城、松赞林寺、纳帕海、蓝月山谷等景区景点开发，推动旅游业提质增效和转型升级。同时，香格里拉县将继续大力推进现代物流业，依托香格里拉县地处滇、川、藏结合部的区位，构建藏东南区域物流中心，促进跨区域贸易和投资的健康发展。

3.3.2 澜沧江上游地区

澜沧江上游地区以杂粮、蔬菜、水果、林下资源采集、牧业、藏医药产业、农畜产品加工、藏药材加工、采矿业、劳务经济、民族手工业、旅游业等特色产业为支柱产业。2010 年实现生产总值 64 亿元,其中第一产业增加值 21 亿元,第二产业增加值 21 亿元,第三产业增加值 22 亿元(图 3-58)。粮食总产量达 11 万 t,规模以上工业企业个数 9 个,规模以上工业总产值(2010 年)3 亿元。澜沧江上游地区特选取昌都县为例,对昌都县产业发展情况进行详细说明(表 3-11)。

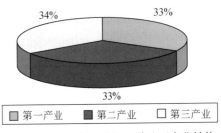

图 3-58 2010 年澜沧江上游地区产业结构

表 3-11 澜沧江上游地区各县产业发展情况统计

县名	经济总量				人均 GDP/元	粮食总产量/t	肉类总产量/t
	地区生产总值/亿元	第一产业增加值/亿元	第二产业增加值/亿元	第三产业增加值/亿元			
杂多县	5.77	4.33	0.65	0.45	18 662	—	4 548
玉树县	5.25	3.68	0.77	0.81	24 647	4 291	8 117
囊谦县	4.38	3.03	0.66	0.70	33 589	9 782	7 437
巴青县	3.88	1.04	0.84	2.00	8 016	205	5 248
江达县	8.31	1.78	4.62	1.92	11 038	11 806	13 509
丁青县	4.68	1.93	1.04	1.72	6 845	24 183	5 650
昌都县	21.11	2.09	9.37	9.62	18 363	16 486	10 165
类乌齐县	3.79	1.20	1.04	1.55	8 126	7 247	6 426
贡觉县	3.09	0.71	0.78	1.60	7 692	10 365	3 887
洛隆县	3.98	1.25	1.59	1.15	8 476	20 976	5 271

昌都县在资源优势、资源特色上下工夫,建立农牧业增效、农牧民增收长效机制。通过积极探索和有益实践,在增收工作中初步形成了"农业、牧业、特色产业、藏医药产业(照片 3-3)、农畜产品加工业、矿产业、劳务经济、林下资源采集业、民族手工业、旅游业等"多元增收的格局。为促进农牧业增产,昌都县加大对农牧业的支持力度,努力实现农牧业稳定增产。一是继续认真抓好农牧业生产,进一步巩固和加强农牧业的基础地位,切实加大支农力度;二是积极推进农牧业和农牧区经济结构调整,使农牧区经济结构向多元化发展,促进粮、经、饲三元结构更加合理;三是丰富"安居"内涵,从房、电、水、路、医、通信及文化教育等各方面综合考虑,进一步提高组织化程度。

近年来,昌都县狠抓产业项目建设助推农牧民收入增长。建设一、二级种子田,加大良种推广力度,促进良种统繁统供。以发展奶业、肉牛业等特色养殖为突破口,继续抓好"城郊奶源基地"、"牦牛保种选育基地"、"牦牛育肥示范基地"项目建设,其中奶源基地也将扩大养殖规模,扩大饲料种植面积,通过政府扶持、群众贷款等形式对现有的昌都县城关镇乳制品加工厂进行改扩建,为奶源基地发展保驾护航;继续巩固和完善现行的"公司+基地+农户"的运行模式。昌都县先后投资 1895 万元,实施了 7 个农牧业特色产业项目,成立了"奶牛养殖协会"等 5 个新型农村经济合作组织。通过几年来扎实有效的探索和实践,昌都县在抓好传统农牧业生产的基础上,努力克服各种困难和风险,加强农牧业特色产业项目的建设、管理和运行工作,使农牧业特色产业项目发挥了明显的经济效益和社会效益。通过农牧业特

照片 3-3　昌都县藏药种植田

摄影：沈镭（照片号：IMG_ 2072）时间：2011 年 9 月 18 日

色产业的实施，使农牧业生产结构得到了进一步调整，拓展了农牧业发展空间和群众增收渠道，也促使一大批富余农牧区劳动力得到了转移。在抓好以产业促增收的同时，昌都县大力发展劳务经济，加强对农牧民劳务输出的管理和引导，扶持重点农牧施工队，为群众提高技能、增加收入创造条件。林下资源采集也是昌都县群众增收的一个主要渠道，每逢虫草采集季节，县委、县政府成立专门工作组深入各采集点，组织和规范群众的采集行为。

　　引人入胜的"三江风光"，星罗棋布的文物古迹，悠久厚重的康巴文化，璀璨夺目的红色历史。如今西藏昌都地区以其独特的旅游资源正吸引着越来越多的游客前来观光旅游。近年来，昌都地区已加大对旅游业的重视力度，把其作为服务业的龙头和实现经济跨越式发展、转型发展、和谐发展的突破口。昌都地区确定了打造"三江"流域精品生态旅游区的旅游发展定位。按照大香格里拉生态旅游区的定位，积极围绕培育"三江"流域、茶马古道、康巴文化、红色旅游四大旅游品牌，加大昌都地区旅游形象宣传和景区营销力度，着力打造然乌湖景区和盐井景区，打造中国最美景观大道旅游线路，完善旅游服务设施，强化旅游市场管理。仅 2012 年就吸引海内外游客 71.8 万人次，实现旅游收入 4.76 亿元，同比增长分别达 49.5% 和 48.7%。

3.3.3　澜沧江中游地区

　　近年来，澜沧江中游地区在粮食作物、经济作物、畜牧业、民族手工业、农畜产品加工、能源、采矿业、冶金、建材、水电开发、旅游业、边贸等产业方面发展较快。2010 年实现地区生产总值 235 亿元，其中第一产业增加值 44 亿元，第二产业增加值 96 亿元，第三产业增加值 113 亿元（图 3-59）。粮食总产量 86 万 t，规模以上工业企业 85 个，规模以上工业总产值 114 亿元。澜沧江中游地区选取以德钦县作为典型案例，对德钦县的产业发展情况进行详细说明（表 3-12）。

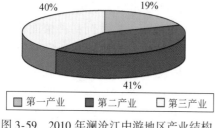

图 3-59　2010 年澜沧江中游地区产业结构

表 3-12　澜沧江中游地区各县产业发展情况统计

县名	经济总量				人均 GDP/元	粮食 总产量/t	肉类 总产量/t
	地区生产 总值/亿元	第一产业 增加值/亿元	第二产业 增加值/亿元	第三产业 增加值/亿元			
察雅县	4.53	1.12	2.16	1.24	8 248	12 638	8 006
八宿县	3.15	0.87	0.80	1.48	8 054	10 202	5 189
左贡县	4.08	1.25	0.92	1.91	9 068	16 439	6 339
芒康县	7.46	1.81	3.15	2.63	9 113	25 102	9 657
察隅县	2.93	0.74	0.79	1.46	10 800	18 403	1 313
贡山县	3.92	0.84	1.57	1.52	10 489	10 069	1 862
维西县	18.27	3.15	5.75	9.37	11 615	59 986	8 631
福贡县	5.40	1.02	2.12	2.26	5 475	31 431	5 071
兰坪县	23.34	2.33	13.48	7.52	11 044	77 824	11 307
鹤庆县	24.49	6.36	11.59	6.53	9 367	120 406	44 510
剑川县	13.30	3.31	6.18	3.82	7 824	72 750	22 911
泸水县	18.71	2.33	6.20	10.18	11 006	58 100	14 905
洱源县	25.41	9.31	7.79	8.30	9 476	152 788	32 586
云龙县	19.54	5.85	7.92	5.77	9 772	98 000	37 584
香格里拉县	48.93	3.10	19.41	26.43	29 145	64 233	12 213
德钦县	11.89	1.01	6.22	4.65	18 373	22 482	2 484

2002 年德钦县开始提出培育生物、电矿、旅游文化三大支柱产业,特别是"十一五"以来,德钦县在发展壮大三大支柱产业中凸显富民优先、生态优先理念,经济增长成功迈出了止跌、回升、巩固、加快发展四大步伐,全县生产总值从"十五"末的 34 887 万元增加到"十一五"末的 118 872 万元,年均增长 27.8%;三次产业比例由 20∶34.4∶45.6 调整为 8.5∶52.3∶39.2。

德钦县立足草畜、林果、药材三大产业和优质粮食生产,积极推进农业产业化经营和加快发展特色农业。在保证粮食稳定增产的基础上,提高养殖业比重,发展高产、优质、高效、生态、安全的特色农产品。巩固提升农、林、牧、副等传统优势产业,大力发展中药材、蔬菜、马铃薯、水果、干果、葡萄、食用菌等新兴产业。加快畜牧产业发展。重点发展草食型、节粮型畜禽,培育猪禽业、肉牛业、肉羊业、奶业四大主导产业,突出良种繁育、动物防疫、基地建设、产品加工四个重点,发展规模养殖,实现优质产品生产基地。加快林业产业发展。积极发展特色经济林、森林资源非木材产品、野生动物驯养繁殖产业、森林生态旅游业四大林产业,培育一批速生丰产林、珍贵用材、优质高产林化原料林、特色经济林基地、林下产品种植基地及野生动物驯养繁殖基地。建设定向的原料供应基地,加快发展林产品深加工,优化农业区域布局。以优质化、专用化、品牌化为主攻方向。打破行政区划、所有制和行业束缚,推进优势农产品向优势产区集中,重点建设规模化、集约化的特色农产品商品基地,形成一批优质特色农产品产业群、产业带。积极发展旱作节水农业和草地畜牧业。

葡萄产业的发展尤为瞩目。2002 年,德钦县成立了葡萄产业开发项目领导小组,专门设立了生物资源开发创新办公室,具体负责葡萄产业的开发工作。采取以政府投入和公司扶持结合的产业扶持方式,整合相关涉农部门资金,大力发展葡萄产业,形成了公司统筹规划,统一技术方案,农户经营管理,鲜果统一销售,酒厂集中加工的"公司+基地+农户"的产业发展模式。以德钦县葡萄为主原料的冰葡萄酒通过了云南省科学技术厅技术质量认定,获得第二届亚洲葡萄质量大赛银奖。2008 年开始正式向市场推出的高原系列葡萄酒在国内外葡萄酒各项大赛中屡获殊荣,为德钦县打造葡萄产业树立了良好的品牌形象。从 2000 年试种的 120 亩，到目前全县规范种植葡萄面积已达 9714 亩，万亩葡萄基地已经初具规模（照片 3-4）。2010 年，全县葡萄总产值达到 753 万元，亩均收入达 3600 元，最高亩产收入达到 6000 元，小葡萄、大产业对种植区农民增收的贡献率达到了 50%。

照片 3-4　德钦县明永村葡萄种植园
摄影：沈镭（照片号：YN-DQ-MY-04）时间：2009 年 8 月 28 日

　　德钦县水电资源、矿产资源得天独厚，但由于社会发展滞后，资源优势难以转化为经济优势，"资源富饶中的贫困现象"十分突出。近年来，德钦县着眼于转变经济发展方式，正确处理保护与开发的关系，坚持走在保护中开发、开发中保护的可持续发展模式，聘请有关专家和技术人员在反复研究论证的基础上，对全县电矿业结构布局作了重大调整，确立了"上大关小、规模开发、有偿使用、按需设权、综合整治、全面升级"的原则，严格实行采矿和水电开发"三同时"制度（建设项目中环境保护必须与主体工程同时设计、同时施工、同时投产使用），严格制定环境保护与生态恢复整治方案，积极稳妥地推进电矿产业，建设绿色矿山、和谐矿山，电矿产业开发的环评执行率达到 96% 以上，"三同时"执行率达到 95% 以上。同时按照富民优先，利益共享的原则，建立矿山企业、乡镇、矿区农民经济利益共享机制，让资源开发惠及广大群众，在群众务工、交通运输、利益分配、生态补偿等方面充分兼顾群众利益，拓宽了农民增收和就业渠道。矿业产值从 2005 年的 2599 万元增加到 2010 年的 200 425 万元，年均递增138.5%。水电装机容量从 1.44 万 kW 增加到 2.44 万 kW。全县工业总产值从 2005 年 1.2 亿元增加到2010 年的 6.2 亿元，矿业在财政增收、带动运输、创造就业等方面发挥的重要作用日益明显。

　　旅游业是经济社会发展的绿色产业和朝阳产业。德钦县依托丰富的旅游资源，以"梅里雪山"品牌为龙头，实施旅游开发带动战略，加大投入改善旅游基础设施，开辟了群众增收致富的新渠道。在旅游文化产业发展中，德钦县坚持高起点、大手笔，把打造梅里雪山品牌与旅游资源开发相结合，以文化理念策划景区建设，提高景区质量和品位；坚持产业开发与生态环境保护相结合，实现旅游业发展和生态环境保护两全其美；坚持产业开发与保护民族传统文化相结合，旅游产品既传承了民族传统文化又丰富了旅游文化内涵；坚持产业开发与带动群众脱贫致富和社会主义新农村建设相结合；坚持产业体系建设与拓展高端客源相结合，把县内旅游资源与县外旅游资源相结合，实现景区优势互补和资源共享，旅游业实现了"接待事业型"向"支柱产业型"的跨越式发展。"十一五"期间，累计投入旅游基础建设资金 2.5 亿元，接待国内外游客 255.65 万人次，旅游社会总收入实现 159 679 万元。全县涌现出了一批旅游文化致富的小康村、生态村。

今后德钦县将努力实现旅游业的新跨越，按照大产业、大文化、大服务、大市场的思路，着力推进德钦旅游业的资源整合、机制创新、品牌培育和市场拓展，实现旅游产业结构调整、转型升级和提质增效。推进文化与旅游结合，全面提升产业素质和文化内涵。以创建世界旅游胜地为目标，加大旅游业投入，着力抓好精品开发。优化旅游产品结构，大力发展休闲度假旅游，积极开发民族风情、生态旅游等专题旅游，推出一批特色旅游项目。加强特色旅游小镇建设，完善自助旅游服务体系，提高服务质量，规范旅游市场秩序。加强国际国内区域旅游合作，加快旅游业整合重组。同时积极发展文化产业，加快培育一批拥有自主知识产权和文化创新能力、主业突出、核心竞争力强的文化产业企业。稳妥有序地推进国有文化事业单位改革，建立文化国有资产新型监管体制，加快建立和完善现代文化企业制度，实现国有文化资产保值增值。深入挖掘民族文化底蕴，开发、推广文化品牌，以品牌带动文化产业快速发展。

3.3.4　澜沧江下游地区

澜沧江下游地区产业发展比较多元化，主要有水稻（照片 3-5）、玉米、小麦、蚕豆等粮食作物，林果、无公害蔬菜、花卉苗木、蚕桑、核桃、茶叶、橡胶、烟草、咖啡、蔗糖、咖啡、药材等经济作物，以及畜牧业、农畜产品加工、纺织、能源、采矿、机械、建材、冶金、化工、水电、建筑业、旅游业、民族手工艺术品、劳务输出等。2010 年实现生产总值 1106.63 亿元，其中第一产业增加值 319.88 亿元，第二产业增加值 386.58 亿元，第三产业增加值 417.42 亿元（图 3-60）。粮食总产量 305 万 t，规模以上工业企业个数 500 个，规模以上工业总产值 538 亿元。澜沧江下游地区选取大理市为典型案例，对该大理市的产业发展情况进行说明（表 3-13）。

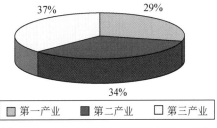

图 3-60　2010 年澜沧江下游地区产业结构

表 3-13　澜沧江下游地区各县产业发展情况统计

县（市、区）名	经济总量				人均 GDP/元	粮食 总产量/t	肉类 总产量/t
	地区生产 总值/亿元	第一产业 增加值/亿元	第二产业 增加值/亿元	第三产业 增加值/亿元			
宾川县	46.85	21.34	11.31	14.20	13 328	127 384	40 991
大理市	179.68	13.35	89.05	77.28	27 772	154 551	71 255
漾濞县	10.70	2.96	5.43	2.30	10 450	46 037	14 549
祥云县	63.33	17.20	33.35	12.78	13 596	146 128	38 930
永平县	17.32	7.03	4.60	5.69	9 504	72 735	21 392
隆阳区	107.33	29.74	33.19	44.34	10 469	—	—
施甸县	22.86	8.63	4.88	9.35	7 316	135 178	38 426
巍山县	22.79	8.89	5.51	8.39	7 422	112 690	37 489
弥渡县	23.32	7.13	6.55	9.64	7 375	100 940	44 642
昌宁县	34.73	15.87	8.98	9.87	10 095	160 049	68 946
南涧县	17.67	6.70	3.03	7.94	8 360	64 576	32 503
凤庆县	31.51	13.07	7.90	10.54	6 887	143 238	47 174
景东县	28.82	12.81	6.46	9.55	8 014	136 782	25 555
云县	44.63	15.66	16.67	12.30	10 143	164 789	49 534
永德县	23.38	8.53	6.69	8.15	6 324	133 284	28 138
镇沅县	17.12	6.88	4.00	6.23	8 194	83 475	15 170

续表

县（市、区）名	经济总量				人均GDP/元	粮食总产量/t	肉类总产量/t
	地区生产总值/亿元	第一产业增加值/亿元	第二产业增加值/亿元	第三产业增加值/亿元			
临翔区	33.34	7.84	8.80	16.70	10 569	79 547	13 963
耿马县	32.66	13.96	8.23	10.47	11 022	91 131	14 450
景谷县	40.78	16.70	14.46	9.62	13 971	135 311	15 464
双江县	14.28	5.37	4.67	4.24	8 002	57 545	11 380
普洱区	22.42	6.04	7.74	8.65	11 618	70 456	13 592
沧源县	13.33	3.77	4.14	5.42	7 448	57 639	8 490
澜沧县	26.90	8.71	8.28	9.91	5 483	186 556	21 385
思茅区	54.11	5.90	22.08	26.13	19 484	51 045	13 518
西盟县	4.56	1.35	0.89	2.32	5 025	34 308	2 729
江城县	12.70	3.62	5.83	3.26	10 505	37 228	5 259
景洪市	88.12	22.05	28.43	37.65	17 579	126 699	11 902
孟连县	10.62	4.00	2.36	4.26	7 844	48 744	5 349
勐海县	38.88	8.91	14.98	14.99	11 667	165 230	10 504
勐腊县	39.21	15.87	8.09	15.25	14 474	79 209	9 000

照片 3-5　永平县杉阳镇水稻种植田

摄影：沈镭（照片号：YL-YP-SY-06）时间：2009 年 9 月 7 日

　　大理市大力发展现代产业体系，提高产业核心竞争力，努力培育壮大特色支柱产业。巩固农业基础地位，完善农业基础设施，优化农业产业结构，大力扶持发展经济林果、无公害蔬菜、花卉苗木、蚕桑、烟草、乳畜等特色生态农业产业。推进现代农业持续发展，投资 3.71 亿元，完成苍山十八溪一期、波罗江二期等水利工程建设；完成 2.5 万亩中低产田地、5.5 万亩中低产林改造和近 11 万亩土地整理。优质大米、有机蔬菜、现代烟草、花卉苗木、经济林果、乳畜、生猪等特色产业基地规模不断扩大。2012 年，全市农业总产值完成 33.7 亿元，比 2007 年增长 87.5%，年均递增 13.4%；粮食总产量 17.6 万 t，连续 10 年稳定增长。

调优结构重效益，新兴工业发展加快，工业发展势头强劲。大理市出台促进工业发展 16 条措施，全力推进创新工业园区建设，重点扶持机械制造、生物制药、食品饮料、建筑材料、轻工纺织、电力能源等特色产业，力帆骏马汽车生产线技术改造和大理啤酒 "10+10"、"20+5" 等项目建成投产。深入推进工业强市战略，全力实施 "工业倍增计划"，突出园区规划、基础设施、项目建设、政府投入、队伍打造等五个重点，积极争取政策资金扶持，狠抓三大工业园区基础设施建设，实现者么山风电场二期项目并网发电，启动创新工业园区 5.5 万 m² 标准厂房及配套设施建设，快速推进大理卷烟厂 50 万标箱改扩建、云南白药大理制造中心、力帆骏马载货汽车等 30 个重点项目建设。高度重视节能降耗及淘汰落后产能工作，鼓励支持企业自主创新，全市工业经济结构不断优化，发展后劲进一步夯实。2012 年，大理市工业总产值预计完成 300 亿元，比 2007 年增长 1.45 倍，年均递增 19.6%；工业增加值预计完成 105 亿元，比 2007 年增长 1.13 倍，年均递增 16.3%，占 GDP 的比例达 41.4%。

文化旅游业提质增效。大理市投入 26.86 亿元，完成苍山大索道、三塔公园前导区公路隧道、大理游客服务中心等项目建设，大理王宫、喜洲旅游文化创意园、大理世博城等项目进展顺利。崇圣寺三塔文化旅游区、大理古城分别创建为国家 5A 级和 4A 级景区，大理古城、喜洲古镇、双廊古渔村和龙尾关古街区等基础设施得到提升改善，大理被中国古都学会、东南亚古都文化发展研究院分别命名为 "中华六朝名都、千年国际陆港" 和 "8-12 世纪东南亚第一大古都"。加强文物保护监管和投入，组建文化遗产局，启动龙尾古街申报中国历史文化名街工作。"下关沱茶制作技艺" 被列为第三批国家级非物质文化遗产保护扩展项目。强化旅游行业管理和市场整顿，大理旅游品牌和知名度不断提升。2012 年，全市接待国内外游客 720 万人次，比 2007 年增长 30.7%，年均递增 5.5%，其中海外游客 41 万人次，比 2007 年增长 1.07 倍，年均递增 15.6%；旅游社会总收入预计完成 78 亿元，比 2007 年增长 1.43 倍，年均递增 19.5%。同时，努力突破土地储备、行政审批、项目落地等因素制约，新签大理世博城、泰安大厦、嘉逸大理民族文化旅游度假综合开发等招商引资项目。滇西卷烟物流配送中心建成，大理木材交易市场等项目稳步推进，消费品市场交易活跃，物流配送、餐饮服务发展迅猛。

3.4　特色产业

3.4.1　杂多县冬虫夏草的采挖与保护

冬虫夏草又名虫草，是麦角菌科真菌寄生在蝙蝠蛾科昆虫幼虫上的子座及幼虫尸体的复合体，是一种传统的名贵滋补中药材，它富含虫草酸、虫草素、虫草多糖、粗蛋白和谷氨酸、苯丙氨酸等多种对人体有益的物质，有调节免疫系统功能、抗肿瘤、抗疲劳等多种功效。冬虫夏草主要产于青海海拔 3500～5000m 的高寒地区，与人参、鹿茸并称为中药三大补品。这种昂贵的菌类在中国被广泛认为是一种具有对抗肿瘤、提高免疫力等神奇功效的珍贵药材，并且只生长在海拔 4000m 左右的高山草甸和灌木丛中。野生的虫草又以青海玉树和西藏那曲地区的最好。平均海拔 4290m、地处三江源国家级自然保护区核心区的杂多县是澜沧江的发源地。这里昼夜温差大，日照充足，加之扎曲河谷适宜的空气湿度，为虫草的生长提供了得天独厚的条件，是中国冬虫夏草的黄金产区，其所产虫草以体大、质优享誉国内外，因此又得名 "中国虫草第一县"。

杂多县自古是一个以畜牧业为主的地方，现在有很多人却因为能卖出高价的虫草放弃了传统。近年来，随着虫草价格的居高不下，越来越多的杂多人放弃了原来 "逐水草而居" 的放牧生活。在经济利益的驱动下，采挖虫草成为杂多人一年中的头等大事。每年的 5 月 20 号到 6 月 30 号是虫草采挖季节，全县 8～45 岁的人几乎全部出动，上山挖草。学校也因此会放上 50 天的 "虫草假"。2010 年玉树州虫草总产量约为 18t，其中一大半来自于杂多县。采挖虫草为这个人口 5 万的县创造了人均约 4000 元的收入，这已大大超过传统畜牧业为当地人创造的经济价值。

眼看着挖虫草能致富，越来越多陌生的面孔涌进杂多县。很多人挖完后不回填草皮，草山变得满目疮痍，对生态破坏非常严重。由于"僧多粥少"，虫草产区居民与外来者矛盾频发。2005 年，青海省和玉树州分别出台政策限制虫草采挖。随着虫草采挖人数的增加，虫草产量也逐渐减少。20 世纪 90 年代，杂多一年的虫草产量高达 30t，现在只有那时的 1/3。

挖掘虫草在给人们带来利益的同时，也带来了诸多经济、社会和环境问题。由于种植时间和虫草采挖季节重合，当地乡村的青壮年劳动力基本都上了山，这已经成为当地特色农牧项目发展的最大阻碍之一，这也正是不少农业专家和地方政府最为担心的问题。不少地区每年都因为争夺虫草而发生各类刑事案件，一些地区甚至出现了恶性的杀人、伤人案件。虫草深埋在地下，需要将它连根挖起，再将挖出的土回填。对于雪域高原脆弱的生态环境而言，这种生产方式始终是一个威胁。

冬虫夏草作为一种能自我更新的珍稀药用资源，由于无计划的人为采挖及其环境破坏，加之相关保护及采集和贸易管理政策不健全，该资源的可持续利用面临严峻的考验。由于生态环境的退化和人为的过度采挖，虫草的产量大幅下降，而且个体变小，质量也有所下降。行业里有人预估，如果不对整个青藏高原的环境进行很好的保护，冬虫夏草或许只能再挖 10～15 年。超载过牧致使冬虫夏草的生境遭到人为破坏，加之采集强度过大，使冬虫夏草资源日益枯竭，个别产地已面临灭绝的危险。

杂多县的虫草资源仍处于卖原草阶段，大多科技含量低，工艺落后，缺少对虫草的深加工、新产品的研发。冬虫夏草产品附加值太低，冬草原材料流失严重。从青海省来看，从事冬虫夏草产业的企业尽管多达 100 家，但多数为小规模企业，以原料冬虫夏草为主，低水平重复现象严重。产品粗糙，包装差，宣传力度小，绝大多数没有形成品牌。

冬虫夏草药效显著，但资源日益减少。当务之急是保护好冬虫夏草的生态环境，避免无序和过度采挖，对草原上的放牧和开发要严格管理。如果冬虫夏草菌和蝙蝠昆虫的世代生长交替不遭人为破坏，冬虫夏草的资源将不会很快枯竭，也许还能恢复到以前丰富的状态，产量也可得到恢复。实现冬虫夏草资源的可持续利用需要完善法规制度形成管理法制体系、统筹规划冬虫夏草永续利用、探讨采集制度的可行性、规模化生产及深加工等。严格实行采集证制度，并确保有序采集，缩小采挖范围，及时复原草原植被。建立相应的禁采和轮采制度，合理安排采挖时间，保证冬虫夏草的保护和永续利用。引导和鼓励对冬虫夏草的深加工，加强对冬虫夏草利用的研究，提高其加工产品的科技含量，提升我国冬虫夏草的质量，树立品牌。

冬虫夏草的采挖与粗加工

采挖：每年的农历 4～5 月，积雪溶化的时候，便是冬虫夏草采收的季节。寻找虫草一定要把腰弯下来，或者趴在地上仔细观察。采挖虫草是一项细致而又耐心的工作，最好使用小铁棍或小木棒等工具刨挖虫草。距离在菌苗周围 1 寸①左右。太近或太远都容易挖断虫体。也不可用手直接拔苗采挖。

粗加工：把挖出的虫草及时剥去外面附着的一层黑褐色囊皮，干后除净。传统的包装方法是把 6～8 条虫草用小红绳扎成一小捆。冬虫夏草的贮藏要求不高，一般来说，在产区正常的干燥方法处理后，放在通风的环境下即可。如果太潮湿，可以考虑用密封袋包装后保存在冰箱内。

总结起来，传统的加工方法大致分为四步。

第一步：去泥，把虫草身上带的泥沙刷净；

第二步：晒干，将采挖的新草晾晒干，使之干度达到 90% 以上；

第三步：筛选，将品相、规格不统一的虫草进行挑选分类；

第四步：去水分，很多筛选好虫草的干度与干净度还需要进一步提高。

---

① 1 寸≈3.33cm。

3.4.2 香格里拉县松茸生产及产业培育

松茸，学名松口蘑，别名松蕈、合菌、台菌，是世界上珍稀名贵的天然药用菌、我国二级濒危保护物种。干松茸子实体中至少含有 15 种氨基酸，含有丰富的维生素 B1、B2、C 及 PP 等物质，以及激素、松茸聚糖、甘露醇、松茸醇、异松茸醇等活性成分，其多糖成分可提高非特异性免疫和特异性免疫功能。松茸除具有营养价值、药用价值外，还有显著的经济价值和生态价值。松茸在国外主要分布于朝鲜、日本、美国、加拿大和北欧国家。墨西哥、捷克斯洛伐克及地中海沿岸、坦桑尼亚也有分布。在中国主要形成藏东南—横断山区—陇南山区—大兴安岭—长白山的带状分布。中国主要有香格里拉、楚雄和延边产茸区等地区，其中香格里拉产茸区是松茸产量最高的地区，年产量约占中国松茸总产量的 70%，以及全球总产量的 33%，是连续 30 年的松茸出口冠军。

松茸属于营养共生的外生菌根真菌，栖生于林地土壤之中，对生态环境条件的要求比一般菌根菌更为严格。松茸类在长期演化过程中与松属或栎属植物协同进化。松茸生长需要依赖柏树、栎树等阔叶林提供营养支持，才能形成健康的子实体。松茸在出土前，必须得到充足的雨水，出土后必须立即得到充足的光照。松茸性喜凉爽、湿润。要求通风、排水良好，能保持一定的土壤和空气湿度；光照充足并有一定荫蔽，郁闭度一般在 0.5 ~ 0.7；松茸菌丝生长的温度为 5 ~ 28°C，最适生长温度为 22 ~ 23°C。松茸随不同的立地条件，其共生植物有所不同，土壤及地形也有一定的差异。另外，虫伤、人为暴力采集对菌丝的伤害等因素对松茸的生长也会产生直接的影响。

松茸的生长分为 4 个阶段：孢子形成菌丝—菌丝形成菌根—菌根孕育出子实体—子实体散播孢子，整个过程需要 5 ~ 6 年时间。松茸从出土到老熟历时 19 ~ 20 天。其中，出土到破膜历时 8 ~ 9 天，破膜到菌盖平展期 3 ~ 4 天，平展到老熟 8 ~ 9 天，出土前历时 7 ~ 10 天。总之，从现蕾到老熟历时 26 ~ 30 天。

香格里拉县对松茸的采集向来有"三天一采"的乡规民约。但这些年，由于松茸价格一路看涨，这一乡规民约早已被丢弃，代之以"挖根刨底"的掠夺式采集，哪怕是刚刚长出的童茸也被采光。甚至一些地方群众还用锄头、钉耙等铁器挖掘松茸，破坏地下菌丝团，种种野蛮的采集方式和对林地缺乏有效管理，严重影响了松茸的资源储备，破坏了松茸生长环境，导致松茸数量和质量连年下降。据香格里拉县林业局调查，香格里拉县松茸产量正以每年 5% 的速度下降（宋发荣，2007）。

香格里拉松茸产业没有形成真正意义上的产、供、销、贸、工、农一体化经营。公司与农户的关系实质上只是松茸买卖关系。松茸采集、加工、贸易实体基本上属于农户、手工作坊和小型企业，没有一家松茸企业拥有自己的科研部门和松茸基地，也没有从事松茸综合利用、实现系列化加工增值的大型龙头企业，导致松茸精深加工产品少，科技含量低，以初级产品销售为主，产值利用率还未达到一半。出口的松茸产品以保鲜松茸为主。由于松茸产品精深加工技术落后，产品单一，附加值低，资源优势并未真正转变为经济优势。

香格里拉松茸产业起步晚，产业发展中存在诸多问题，主要表现在：掠夺性采集现象仍存在，市场上童茸和过熟茸销售普遍，整体品质差，价值低；松茸产品单一，产业总体处于以出售初级产品为主的低级阶段；市场发育程度低，主要由个体商贩贩运和部分加工出口企业收购，松茸专业市场体系尚未真正形成；松茸目标交易市场单一，品牌意识薄弱；产业链较短，规模化和基地化程度低。

科学发展松茸生产要在松茸产区采用人工促繁技术。保护松茸生长林地的生态环境，禁止林地过量砍伐，尽量减少人及牲畜在林地的活动，严禁采用掠夺式的采挖方式；用专用的采收工具（小铲）挖采；杜绝采挖 6cm 以下的童茸，保留若干成熟松茸，以达到不断繁殖的目的，采挖后注意将土回填；保持森林郁闭度在 0.7 左右，保持地面覆被物厚为 2 ~ 3cm，每年深秋在林地适当除草的同时挖断地下 5cm 左右的老根；应用松茸子实体移栽法，增加适宜松茸产区产量。

随着人类经济活动的不断加剧，以及人们对松茸类食用菌的需求量不断增加，松茸类生物多样性受到了严重威胁。为减轻对松茸野生资源的压力，对松茸的采、收、销实行"三证"制度，遏制那些掠夺性采集行为，建立保护、采集、收购、销售松茸统一管理的产业化运营体制。对松茸的采集地点应有所限制，采集方法应有所规定。采后必须覆土掩平、踏实，以保护地下松茸菌丝体正常有序地生长发育。也可实施人工、半人工栽培，建立生产和实验基地，改变无序、无组织的采收状况。山区农户可在自己承包的荒山荒坡自栽、自管、自受益，这样才能调动两个积极性，达到有效保护与合理利用松茸资源的目的，实现可持续发展。

为了改变目前松茸企业规模小，技术水平低下、产业链短的局面，就必须组织起来建立龙头企业，使松茸产业规模化、集团化。为了做大做强松茸产业，必须走精深加工高附加值产品的道路。以食用产品为主，加大药用及保健品开发力度。通过扩大宣传和市场调查，结合市场需求，开发食用、药用、保健等系列松茸产品，提高松茸产品的科技含量、附加值和市场占有率。

3.4.3 乡城县万亩农业园

乡城县位于四川省甘孜藏族自治州（简称甘孜州）西南部，横断山脉中北段，金沙江东岸河谷地区，地处大香格里拉旅游圈腹心地带，东与稻城县接壤，南与云南省香格里拉县毗邻，西靠巴塘县、得荣县，北连理塘县。地跨 99°22′E ~ 100°04′E，28°34′N ~ 29°39′N，县城海拔 2865m。从交通区位上来讲，距州府康定县 488km，距省会成都 860km，距云南香格里拉县 222km。全县面积 5007km²，辖 3 个片区工委、1 镇 11 乡、89 个村民委员会，182 个村民小组，全县总人口 2.8 万余人，其中藏族占 94%。

全县地形地貌起伏，重峦叠嶂，立体气候十分明显，属于大陆性季风高原型气候。境内气候温和，四季如春，雨量少而集中，年均气温 10.7℃，降水量 459.8mm。乡城县得天独厚的自然条件，适宜核桃、苹果、梨等经济林木生长。目前，已开发蓝莓、甜樱桃等农产品项目，全县已种植苹果、梨、甜樱桃、油桃等达 3.8 万余亩。

截至 2008 年底，乡城县果树栽培面积达 4500 亩，占总土地面积的 0.06%，以蓝莓、核桃为主的果树生产已成为乡城县重要的高科技农业支柱产业和最具优势的农业特色产业，在乡城县农村经济发展中占有重要的产业地位。

种植基础比较坚实。近年来，核桃、苹果、松茸生产进入良好的发展期，生产规模逐年扩大。到 2006 年底，乡城县核桃种植面积 17 500 亩，产量近 200t，产值 240 万元；松茸年均产量 500t 左右。

熟期结构逐步优化。目前全县已成功试种蓝莓品种达 6 个，将在 2009 年对现有品种进行规模栽培；大力发展早、晚熟品种，优化品种熟期结构，延长鲜果供应市场。规模栽培后蓝莓产量将大大提高。早、中、晚熟期品种结构合理，蓝莓品种呈多样化发展。

品牌培育趋向成熟。优势果品生产逐步向规模化发展，从地方核桃资源中选育的"乡核 1 号、乡核 5 号、乡核 8 号"三个品种作为康南核桃发展的主要品种，逐步被市场认可，在省内、国内享有一定的知名度。2008 年 1 月，乡城县被列为省级特色农产品出口加工基地，这是四川省民族地区首次列入省级特色农产品出口加工基地。

康南乡城县青德乡特色农产品加工集中发展园区果树产业发展规划面积 2500 亩，以蓝莓、核桃等树种为主。其中，蓝莓 1000 亩（北带顶通）、核桃 800 亩、其他 700 亩。

（1）核桃

乡城县是"十一五"时期全省干果发展基地县、甘孜州南部重点发展干果基地县。依托水利工程建设，充分利用荒山荒坡资源，大力发展核桃产业，乡城县核桃种植及产业化发展潜力巨大。先后从新疆等地引进了新早丰、新翠丰、温 179、扎 343 等新品种，经本地选育形成乡核 1 号、乡核 3 号、乡核 5 号等优良品种，并在全县进行推广种植，其中，"乡核 1 号"在 2005 年举办的中国西部国际农业博览会上获得了"优质产品奖"。根据甘孜州核桃产业规划，乡城县积极开展核桃育苗基地建设，力争 3 年时间再集中开发 19 000 亩种植基地，全县核桃种植面积达到 4.8 万亩，逐步将核桃产业收益培育为农牧群众主要收入来源之一。

截至 2009 年，乡城县核桃种植面积达 2 万亩，有 3～4 处成片种植，其余为农户零星种植。乡城县核桃规划种植面积为 5 万亩，均种植在荒山荒坡上。待核桃全部成熟后，平均每颗核桃树能结果 20kg，按 2009 年核桃现价 12 元/kg 计算，盛果期，政府部门可获得 4800 万元收入。

本次考察的核桃基地占地 750 亩，总共栽有 2 万株核桃（照片 3-6）。目前乡城县尚未建立核桃加工厂。

照片 3-6 乡城县核桃产业示范园
摄影：沈镭（定点号：SC-XC-XBL-09）时间：2009 年 8 月 20 日

（2）蓝莓

乡城县与西南农业大学开展校地合作，开发蓝莓时尚前沿水果产品，瞄准国内高端市场及国际市场，规划建设 5000 亩蓝莓种植基地。目前已建设育苗基地 70 亩、试种 100 亩。按照 2006 年市场现价计算，5000 亩基地建成后，年产总值将达 8000 万元。蓝莓及其加工产品具有广阔的市场前景，是未来乡城县农村经济又一极具潜力的增长点。

乡城县蓝莓栽培与加工项目正在实施之中，蓝莓栽培按照引种、示范、推广技术线路有条不紊地向前推进（照片 3-6）。蓝莓基地建设主要按以下三个阶段实施：第一阶段，2007～2008 年引种示范；第二阶段，2008 年初步推广阶段；第三阶段，2009～2010 年扩大发展阶段，即在乡城县及甘孜州根据确定的适宜品种结构，选定乡城县青德乡北带顶通扩大发展。2009 年发展基地 2000 亩，2010 年发展基地 3000 亩，2013 年发展基地 5000 亩（照片 3-7）。

2008 年，乡城县蓝莓试种已成功品种有 6 个，并以此 6 个品种作为未来的主导品种。乡城县蓝莓主攻方向为早熟品种、丰产优质，推广标准化栽培技术，推进产业化规模经营，加强采后商品化处理，提高优质果品率和商品果率。在蓝莓加工方面，2010 年为建设第一期，能满足年加工处理鲜果 1000t，系列产品 500t 生产规模；2012 年为达产期，达到设计生产规模。能满足年加工处理鲜果 6 万 t，系列产品 3.6 万 t 生产规模。最终目标是在乡城县建成国内重要的鲜食蓝莓生产和出口基地。

乡城县已建有各类果园 115 个，其中：国有 13 个，集体 42 个，个体 60 个。种植各类果树达 80 万株，种植林果面积为 2.68 万亩，品果产量超过 400 万 kg，其中核桃种植面积达 1.75 万亩，产量达 200t。野生实用菌乡城县年均产量 2500～3000t。然而乡城县只有 4 家初成规模的食用菌加工企业，果、禽加工基地严重缺乏，全县只有 1 条苹果醋流水加工作业生产线，不能保证乡城县特色果品深加工的需求（图 3-61）。

规划加工基地建设占地面积 110 亩，其中核桃 40 亩，苹果、梨 40 亩，欧洲甜樱桃 30 亩，建筑面积 15 000m²，建成后年处理核桃、苹果、梨、欧洲甜樱桃等特色农产品 6 万 t，年产核桃、苹果、梨等系列食品 5 万 t。

照片 3-7　乡城县蓝莓种植基地

摄影：沈镭（定点号：SC-XC-NS-01）时间：2009 年 8 月 20 日

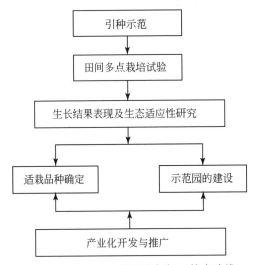

图 3-61　乡城县蓝莓栽培与加工技术路线

3.4.4　中国核桃之乡——凤庆县

　　凤庆县因长年种植核桃，至今已然形成了悠远的历史及文化，核桃以果大、皮薄、肉厚、仁白、味香著称。新中国成立前凤庆县有铁核桃、泡核桃两种，同时还有少量的夹绵核桃。1953 年，凤庆县人民政府把种植嫁接核桃作为发展经济林木的重点，制定了发展核桃的计划和措施。1976 年，出口创汇的泡核桃，以果大、壳薄、肉厚、味美的良好品质赢得外商的好评，当年被云南省列为发展泡核桃基地县。并同时决定将落星、诗礼、紫薇、和顺、新源、新民等大队规划为发展泡核桃的基地。2004 年，该县被国家标准化管理委员会列为高优泡核桃统一种植标准，同年 12 月被国家林业局授予"中国核桃之乡"称号。

　　截至 2010 年，核桃覆盖全县 13 个乡镇 174 个村 7 万多户农户，占全县总农户数的 71%，核桃面积已达 133.7 万亩。2008 年核桃产量达 1.51 万 t，产值突破 3 亿元，农民人均核桃收入达 720 元。核桃收入万元以上的农户 1000 多户，核桃收入最高的农户 8 万多元，核桃作为实现农民增收的骨干产业已初见成效，成为山区群众增收致富的增长点。

近几年来，凤庆县始终把核桃产业作为经济社会发展的支柱产业来统筹，按照"精益求精做强产业、见缝插针做大产业"的工作思路，积极为全县发展 140 万亩泡核桃目标而努力奋斗。

3.4.5 景谷县造纸林种植与造纸加工

澜沧江流域和大香格里拉地区各县（市、区）的森林资源分布存在明显分异，上游的察雅县、杂多县等地植被稀疏且以高原高山草甸和灌丛为主，中游的香格里拉县、永平县等地森林覆盖率明显上升，而下游的景谷县、景洪县等地森林茂密、林木蓄积量巨大。考察区域的中下游部分县（市、区）曾设立森工企业，从事木材采伐与加工。

随着当地林木蓄积量的迅速下降以及 1998 年天然林保护工程的实施，我国启动了天然林资源保护工程，考察区域的天保工程区全面停止了天然林的商品性采伐，国有森工企业实现了由砍树人向种树人、管树人的根本性转变。木材采伐也从以往的采伐为主向采伐种植培育同步推进，限额采伐的模式转变。目前，仅剩有景谷县等少数县（市、区）仍进行规模化采伐加工，故此处选择景谷县木材采伐与加工为例进行介绍。

景谷县林木产业主要包括原料木材林的种植、采伐及以林木为原料的林纸浆加工、林板加工和林化产品生产等五个方面（照片 3-8）。2009 年全县实现林业产值 18.5 亿元，实现林产工业产值 11.4 亿元，占全县工业产值的 47%，占全县财政收入的 50% 以上，农民收入中来自林业的占 30% 以上。林产工业的快速发展，使景谷县成为云南省重要的林浆纸、林板和林化产业基地。

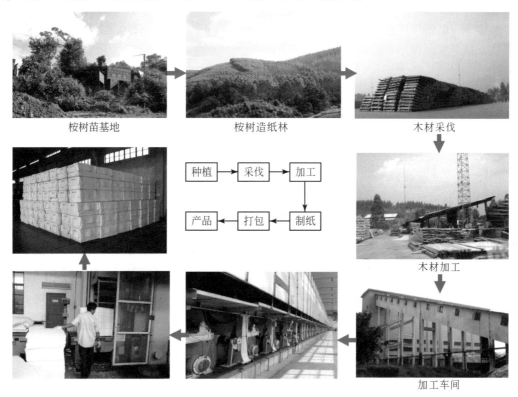

照片 3-8　云南省云景林木浆生产的全部流程
摄影：沈镭制作（定点号：YN-JG-YJ-05-012）时间：2010 年 11 月 16 日

2010 年 11 月 16 日，我们参观访问了景谷县云景林造纸厂，了解了漂白硫酸盐木浆的全部生产过程，对思茅松和桉树种植、木材林采伐、林纸浆加工等有了较为全面的认识。

3.4.5.1 木材林种植

截至 2009 年底，景谷县共种植工业原料林 130 万亩，其中在 1998～2007 年思茅松人工造林 65 万亩。原料林种植以思茅松和桉树为主，也有部分西南桦和竹材林。根据景谷县林业规划，"十二五"期间通过更替改造、补植补造和抚育改造三种方式实施中低产林改造 90 万亩，并规划营林造林面积 80 万亩，其中以桉树为主的纸浆原料林 60 万亩，以思茅松为主的松脂原料林 5 万亩，西南桦等珍贵树种用材林 2.5 万亩，特色经济林和生物产业原料林 12.5 万亩（竹材林 9 万亩）。

景谷县原料林种植采取两种模式：一是依托云景林纸股份有限公司等公司在其承包的核心原料林基地内种植；二是采取"公司+农户+基地"模式在集体林、自留山和承包地上种植。目前，云景林纸股份有限公司等种植的思茅松、桉树长势良好，经省林业厅造林检查验收组对造林质量检查验收，种植满 6 年的思茅松平均每公顷蓄积 55.09m³，种植满 4 年的桉树平均每公顷蓄积 163.05m³。

景谷县原料林种植技术得到了显著提高。以云景林纸股份有限公司为例，该公司已掌握思茅松嫁接及枝条扦插技术、桉树组织培育及嫩枝扦插技术、竹子埋节培育技术，已建成 1000 多亩的思茅松无性系籽种园，年生产 100 万株的桉树组培育苗工厂 1 座和 1.05 万 m² 连体温室大棚、10 万余平方米中心苗圃，每年可培育供应优质丰产的桉树苗 3000 多万株。

3.4.5.2 木材林采伐

木材林采伐需严格参照景谷县的年森林采伐限额规定进行。在具体采伐时，可结合林分质量、立地条件等因素，灵活采用皆伐、择伐、抚育间伐等方式对林地和森林资源进行采伐利用（照片 3-9）。以云景林纸股份有限公司为例，该公司根据地形条件和林分结构等特点，适当保留箐沟边物种丰富、涵养水源好的阔叶林带，并根据思茅松自然岩体形成适生区域这一自然规律，对适生区域进行采针留阔式的块状皆伐。随后，在采取区域培育短轮伐期的原料林基地。

照片 3-9 采伐后的林木
摄影：李红强（照片号：IMG_1809）时间：2011 年 9 月 15 日

3.4.5.3 林纸浆加工

云景林纸股份有限公司是景谷县林纸浆加工的龙头企业。该公司现有年产 10 万 t 纸浆产能，主要生产"三针"牌漂白硫酸盐思茅松木浆，主要原料为思茅松。思茅松木浆可抄造各类高档纸，适宜制作妇幼及其他卫生系列用品。除思茅松木浆外，云景林纸股份有限公司还生产桉木浆、混合阔叶木浆，以及松节油、塔尔油、盐酸、液氯等副产品。从 2009 年开始，该公司实施新增 9 万 t 技术改造，改造后产能可达 20 万 t/a，产值达 12.5 亿元，并启动了生活用纸原纸委托加工业务，正式跨入了纸制品生产领域（照片 3-10）。

照片 3-10　纸浆自动打包

摄影：沈镭（照片号：YN-JG-WY-02）时间：2010 年 11 月 8 日

云景林纸股份有限公司采用硫酸盐木浆制法生产纸浆，即采用氢氧化钠和硫化钠混合液为蒸煮剂。在蒸煮过程中，因为药液作用比较和缓，纤维未受强烈侵蚀，故强韧有力，所制成的纸，其耐折、耐破和撕裂强度极好。漂白硫酸盐木浆可供制造高级印刷纸、画报纸、胶版纸和书写纸等。

以漂白桉木浆为例，其生产流程如下：

（1）备料

1）桉木验收贮存。严格执行桉木的验收程序和标准，树皮含量高的桉木按不合格品处置，要求进行二次剥皮，检验合格后方可进入贮木场。桉木贮存方式为陆地贮存，地表为水泥地面，南北向堆垛，新材需露天贮存 30 天以上方可投用，定期清扫贮木场地面树皮、泥沙等杂物，保持贮木场整洁、干净。

2）剥皮、清洗、削片、筛选。桉木从贮木场由输送皮带送至圆筒剥皮机滚动碰撞剥皮，可剥去手工剥皮残留的少量内皮，桉木树皮剥除率得到进一步提高，桉木沾带的部分泥沙和铁屑也随之脱落。剥皮后的桉木进入削片机前，用喷淋水洗涤，将桉木带入的泥沙、树皮等杂质大量除去，有效防止产品中树皮点尘埃和杂物性尘埃的产生，延长削片机刀片的使用寿命并延长检修周期。

自削桉木片合格率达 90% 以上，通过木片筛选除混杂在其中的粗大片和碎小片及木屑等，合格木片送木片仓投入生产。在此过程中，还可去除混杂的沙石、树皮屑、铁屑等杂物，防止在产品中产生尘埃。粗大片则进入再碎机系统再碎回用，若粗大片过多，蒸煮粗浆中易出现生木片、粗纤维束等未蒸解物，加重后序筛选系统的负担，降低筛选系统的过浆能力，使产品易出现大量的纤维束尘埃。

3）去除铁器。购回的原木等原料，进厂验收时应将带有铁钉、铁线、铁牌等铁器的原料用人工拣出。装锅前的木片输送带上装有电磁铁，吸除大部分小件铁器以保护后续设备，电磁铁上吸附的铁器杂质必须定期清除，保证其正常工作。

（2）粗浆除节、洗涤

蒸煮后的粗浆在喷放锅底部被稀释至一定浓度后，经沙石捕集箱利用重力作用沉淀大铁块、沙石等重杂物，定期人工清除。然后，将粗浆注入圆盘压力除节机，除节后，良浆进入三段逆流洗涤流程进行洗涤。除节机的尾浆通过除沙器，将沙石、金属等重杂质在离心力的作用下旋沉分离（定时排渣），然后以1%的浓度进入粗筛，筛出粗节并回收纤维回流至喷放锅底部。粗筛的筛渣再经跳筛进一步回收纤维，粗节被排弃。

除沙器用于除去除节机排出的浆渣中的沙粒、石头、铁器等重杂质，从而使得设备的机械磨损减到最小，保护系统设备。粗筛（国外进口）将除节机排出的浆渣进行洗涤，减少好纤维损失。圆盘压力除节机的作用是去除浆料中未蒸解的木材和其他重杂质。

（3）纸浆的筛选、净化

生产工艺粗浆经氧脱木素后喷放至喷放槽，再泵入一段压力筛，筛选系统为五段筛选，第一段为缝形压力筛，第二段为孔筛，第三段为普通孔筛，第四段为斜筛，第五段为振框式跳筛。

（4）抄浆车间精选工序

本色浆经短流程三段漂白后，送至漂后浆塔贮存，待送抄浆车间精选工序，损纸浆混合在漂白浆内一并经缝形压力筛精选后供抄浆板使用。

3.4.5.4 林板加工

景谷县林板加工以生产集装箱板、胶合板（照片3-11）、中纤板为主，产品广泛用于建筑装修、室内装潢、家具生产等领域。景谷林业股份有限公司为当地林板生产的龙头企业，该公司于2000年8月25日在上海证券交易所上市，注册资金1.298亿元。公司主要从事林化产品加工和人造板制造、集装箱地板生产、森林资源培育、木材采运、加工及林业技术研发，2012年计划生产各类人造板12.34万 m^3。其中：中密度纤维板8.00万 m^3；胶合板2.20万 m^3，细木工板1.40万 m^3；集成材0.50万 m^3（照片3-12），竹胶板0.24万 m^3。

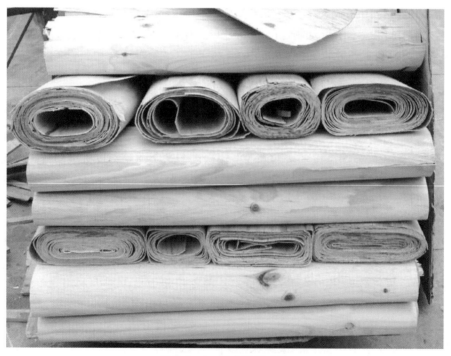

照片3-11 胶合板半成品

摄影：网络照片 下载时间：2012年6月5日

照片 3-12　优质集成材
摄影：网络照片　下载时间：2012 年 6 月 5 日

景谷县生产的林板在西南地区享有很高的信誉，是众多建材业主的首选产品，并辐射全国及国外的日本、欧美、韩国、东南亚等地。"十二五"期间，景谷县林板生产能力达到 60 万 m³/a，其中集装箱板 20 万 m³/a，胶合板 20 万 m³/a，中纤板 20 万 m³/a 以及其他人造板 10 万 m³/a。

3.4.5.5　林化产品加工

景谷县林化产业依托当地丰富的思茅松等林木资源（照片 3-13），以生产松脂为主。目前景谷县年可采脂量在 5 万 t 以上，年实际采脂量 4.5 万 t。景谷林化有限公司和景谷林业股份有限公司是当地生产林化产品的重点企业，具体产品包括松香（照片 3-14）、松节油、α 蒎烯、β 蒎烯等林产化工系列产品。以景谷林化有限公司为例，该公司 2008 年在景谷县投资建设了日产 150t 松香、32t 松节油生产线（已投产）和年产 10 000t 松香改性树脂生产线（已投产）。以松香甘油酯为例，此产品是由松香与甘油酯化而成，通过真空处理后制成的不规则浅黄色粒状或块状透明固体。具有黏度高、耐热性好、与多种聚合物相溶性好等优点，是一种优异的增黏树脂。其理化性质见表 3-14。

表 3-14　松香甘油酯的理化技术指标

名称/型号	JGT—85A	JGT—85B	JGT—90A	JGT—90B
色度（铁钴色），50% 甲苯	1～2	2～4	1～2	2～4
软化点（环球法）/℃	85±3	85±3	90±3	90±3
酸值，mgKOH/g，≤	10	10	10	10
苯中溶解性（1∶1）	全溶，清澈			
产品特性	易溶于醚、丙酮、煤焦油、酯类、苯类溶剂，部分溶于石油类溶剂；具有颜色浅、不易泛黄、热稳定性好、抗氧化性好、附着力强等优点。可与多种高聚物任意比例相混溶			
应用范围	广泛应用于热熔压敏胶、溶剂压敏粘合剂、热熔粘合剂行业。能提高压敏胶初粘力和持粘力，与高聚物 NR、CR、SIR、SZS、SBS、EVA 等相混溶			
包装规格	25kg 纸塑复合袋包装、防水、防火			

照片 3-13　原料林

摄影：网络照片下载时间：2012 年 6 月 5 日

照片 3-14　松香甘油酯

摄影：网络照片下载时间：2012 年 6 月 5 日

　　景谷县正推进林化产品向多渠道和深加工方向发展。随着松脂高效采脂技术的推广应用，以及高产脂林基地建设、造纸基地林工程的实施，预计 10 年后，可望达到 10 万 t。

3.4.6　云南省咖啡种植及产业发展

云南省咖啡的种植历史，可追溯到 1892 年，在云南省宾川县的一个山谷中种植成功。20 世纪 50 年代中期进行了大规模的种植，截至 2009 年底，全省咖啡种植面积达 45 万亩，投产面积 30 万亩左右，生产咖啡生豆约 4 万 t，分别占全国咖啡种植面积、产量的 99.3%、98.8%，成为全国最大的咖啡豆生产基地。惠及农户 20 余万户，咖啡已成为云南省促进农民增收致富和农村经济发展的一个优势产业。形成了普洱市、保山市、德宏州三大主产区，并推动向临沧市等热区的产业布局（图 3-62）。

（1）小粒咖啡种植环境

小粒咖啡是对自然条件要求较高的园艺性经济作物，其品质与种植条件直接相关，最适宜生长在年均温 19~23℃，年降雨量在 700~1800mm，土壤 pH5.5－6.5 的地区。澜沧江、怒江、金沙江等干热河谷具有这些得天独厚的自然条件优势，特别适合小粒咖啡的生长。云南省小粒咖啡种植主要分布在临沧市、保山市、思茅区、西双版纳州等地（照片3-15）。这里地处云南省的西部和南部，15°N~23°N，大部分地区海拔 1000~2000m，地形以山地、坡地为主。

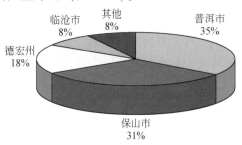

图 3-62　2009 年云南省咖啡豆生产地区构成

日照充足、雨量丰富、昼夜温差大，独特的自然条件形成了云南省小粒种咖啡品味的特殊性。小粒咖啡以浓而不苦、香而不烈，颗粒小面匀称，醇香浓郁且有果味而驰名中外。

照片 3-15　南岛河小粒咖啡基地

摄影：李红强（照片号：IMG_ 9986）时间：2010 年 11 月 13 日

（2）咖啡种植

云南省农业科学院热带亚热带经济作物研究所、德宏州热带作物研究所、云南省热带作物科学研究所、云南省热带作物职业学院及雀巢（中国）公司农艺部长期从事小粒咖啡的引种选育、初加工技术研究推广和人才培养。引进、试种并完成多个品种的评价，许多连片咖啡园亩产咖啡生豆在 150kg 以上，少部分地区亩产咖啡生豆达 350kg；咖啡丰产栽培、病虫害防治和初加工技术体系基本形成。

（3）咖啡加工

咖啡加工经过去壳—清洗—烘焙—研磨—制浆—浸提—浓缩—包装等工序，而云南省咖啡多数以原材料出口为主。近些年来一些企业引进巴西、哥伦比亚等国家的初加工设备和技术，对提升产品质量起到了示范和推动的作用。到 2009 年底，全省拥有年生产能力 11 000t；年加工能力 200～500t/座的脱皮初加工厂 250 多座，年加工能力 500t/座以上的脱壳分级初加工厂 43 座；焙炒和速溶粉分装加工企业 6 家。

（4）云南省咖啡未来发展趋势

从云南省咖啡产业的发展情况来看，目前仍停留在起步阶段，存在着产业规模小、产业链短、附加值低、市场培育不足、竞争力不强等问题。因此，云南省应充分利用现有的稀缺咖啡种植资源优势和区位优势，改变以低附加值原料出口为主的产业现状，做大、做强、做精咖啡产业，把云南省建设成为世界优质咖啡豆原料出口基地、全国最大的精加工生产基地和贸易中心，扶持重点咖啡生产企业，提升我国咖啡在国际市场的竞争力。

云南省热区土地面积 8.11 万 km²，其中咖啡宜植耕地面积 500 多万亩，加上 25° 以下山坡地，预计宜种植面积达 600 万亩以上，主要分布在保山市、普洱市、德宏州、西双版纳州、临沧市、红河市、文山市等地区。云南省热区尚有大量的咖啡宜植土地资源可开发利用，临沧市、普洱市等地州政府加大了对咖啡种植的推广。临沧市在"十二五"规划中将咖啡林扩大 10 倍，至 20 万亩；普洱市也计划将在 22 万亩的咖啡林扩展至 60 万亩。其他如保山市、西双版纳州等咖啡适宜种植地区也都在酝酿扩大种植规模。根据《云南咖啡产业规划（2010-2020）》到 2020 年云南省咖啡产出将达到 20 万 t。

加快以种植主导产业发展向以市场和加工主导产业发展、以原料生产为主向初加工、精深加工产品并重的根本性转变。引进国际咖啡知名企业和培育省内咖啡深加工龙头企业为突破口，以咖啡生豆、焙炒咖啡、速溶咖啡为重点产品，拉长产业链，拓宽产业发展领域，提高产业集中度，逐步形成以高附加值产品和品牌贸易为主的产业发展格局。雀巢、麦斯威尔、星巴克等知名咖啡巨头也竞相来云南开辟原料基地。扶持云南后谷咖啡有限公司等国家重点龙头企业，走深加工路线，建设速溶咖啡生产线，扩大生产规模，培植民族品牌。

云南后谷咖啡有限公司发展简介

云南后谷咖啡有限公司是我国咖啡行业中唯一的国家级重点龙头企业。2009 年公司投资投资 4.63 亿元建设一条万吨级咖啡生产线，是后谷咖啡有限公司继 2008 年建成中国最大的速溶咖啡生产线（3000t）后，又一个重大的自我超越。2011 年生产线落成后，后谷公司咖啡速溶粉深加工能力已飞跃增长至 13 000t/a，遥遥领先于国内的其他咖啡企业，也远远领先于雀巢和麦斯威尔两大国际咖啡巨头在中国的生产能力。同时公司也计划在临沧市、保山市、普洱市各建 2000t 的速溶咖啡生产线。届时德宏后谷咖啡有限公司将实现拥有约 2 万 t 的速溶咖啡生产线，形成了从咖啡种育苗、农业种植，到工业粗加工、精加工，到包装设计、品牌建设，再到多渠道销售的各个点都串联成了一条完整的产业链。与此同时，该公司也通过与星巴克等国际知名大公司的战略伙伴等合作，打造自己的知名品牌。拥有"后谷"、"乐寿"、等主要品牌。同时，拟在昆明市建世界最大咖啡深加工基地及中国咖啡产业园，延伸产业链、提高产品附加值，发展深加工出口，用 3 年左右创造千亿元产值，在昆明市打造世界最大咖啡深加工基地及中国咖啡产业园。

由于缺乏深加工和市场推广，导致云南省咖啡知名度低，锁在深山人未识。充分利用云南省现有的稀缺咖啡种植资源优势和区位优势，改变以低附加值原料出口为主的产业现状，做大、做强、做精咖啡产业。相信随着云南省咖啡产业的深入发展、国内咖啡市场需求上升以及政府、企业各方面的努力，云南省咖啡产业的发展将迎来新的发展春天。

3.4.7　云南省茶叶种植及其加工

云南省作为当今世界最重要的茶叶原产地，也是茶叶最为古老的故乡。"茶科"共约23属380余种，其中有260余种分布在云南省。普洱市镇沅县千家寨约2700年的野生型古茶树、澜沧县邦威村过渡型千年古茶树、勐海县贺开山上数百年的栽培型古茶树，向我们展示了云南省茶树的演变历史。早在商周时期，生活在云南省元江流域和澜沧江沿岸一带的濮人已经开始种植茶叶。《逸周书·商书·伊尹朝献》和《逸周书·王会解》记载，仆人曾向商朝献"短狗"，向周王朝献"丹砂"。"仆人"就是"濮人"，为云南省最早的土著民族之一，居住在元江以西，元江古称"仆水"，因"仆族"而得名。《华阳国志·巴志》提到，周武王率南方的濮、共、夷等八个小国讨伐纣王，濮人把茶叶当作贡品，奉献给周武王。濮人是云南省种茶的祖先，云南省大叶种茶树确系布朗族和崩龙族的先民濮人所种植。

澜沧江流域在云南省境内的茶叶种植主要分布在普洱市、西双版纳州和临沧市（图3-63），临沧茶区有勐库、冰岛、昔归、忙肺、坝糯、勐库大雪山、懂过、白莺山、凤庆香竹箐、永德大雪山等10个主要茶场；普洱茶区有景迈、景谷、困鹿山、镇沅千家寨、景东、邦崴、江城、佛殿山、营盘山、板山、秧塔、景谷苦竹山、马邓茶山等13个主要茶场；西双版纳拥有革登山、莽枝山、倚邦山、蛮砖山、曼撒山、悠乐山六大茶区，但是目前上述六大茶山的产茶量已渐少，产茶重心已移至新六大茶区，包括南糯山、布朗山、巴达山、南峤茶山、勐宋茶山、惠民景迈山等。澜沧江流经的云南地区是中国普洱茶和英国立

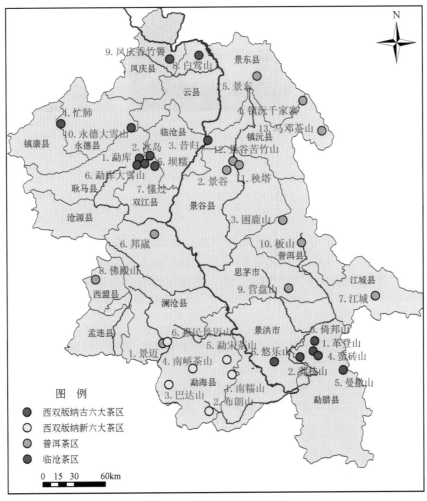

图 3-63　澜沧江茶场分布图

顿红茶生产基地。课题组分别于 2010 年 11 月 8 日参观了景洪市大渡岗镇的大渡岗茶厂，11 月 11 日参观了普洱市临沧县惠民哈尼族乡景迈"千年古茶王"，11 月 20 日考察了临沧市凤庆县的"中国滇红第一村"——董扁村，全面了解了茶叶种植与加工直到茶文化、茶庄园等消费的基本过程（照片 3-16）。

普洱市思茅区茶树基地　　　　万亩茶场　　　　凤庆县董扁村采茶女

茶叶加工

加工车间

照片 3-16　茶叶生产与消费的全部流程

澜沧江流域种植的茶树以大叶种茶树为主，代表性品种可以分为群体种、无性系品种两个大类。其中，群体种主要包括凤庆种、勐库种、勐海种，均通过自然杂交、以种子进行繁殖的云南大叶种茶树的后代。

凤庆种：以临沧市凤庆县为中心，经引种主要分布在云县、永德县、镇康县、临沧市、昌宁县、保山市、腾冲县、龙陵县、德宏州等地。20 世纪 80 年代中后期被大量引种至云南省各地。

勐库种：以临沧市双江县为中心，经引种主要分布在双江县、临沧市、沧源县、耿马县、澜沧县、墨江县、孟连县、西蒙县、景谷县、景东县、镇源县等地。20 世纪 80 年代中后期被大量引种至云南各地。

勐海种：以西双版纳勐海县为中心，经引种主要分布在西双版纳州、思茅市。20 世纪 80 年代中后期被大量引种至滇东南、滇中等地。

目前，茶叶广泛种植于云南省。普洱已经发展成为云南省茶叶种植面积最大的地区。2010 年，普洱全市茶园面积达 325 万亩，其中现代茶园面积 136 万亩、野生古茶树群落面积 118 万亩、茶树林 53 万亩、栽培型古茶园面积 18 万亩，实现茶产业总产值 21.7 亿元。茶产业已经发展成为覆盖全市 10 县（市、区）所有乡镇，涉及茶农 22.9 万户，从业人员达 113 万人的特色支柱产业。

由于茶叶品种和种植地域的不同，采茶时间有所差异。以普洱茶为例，采茶一般可以在春季、夏季和秋季三个季节进行，也可以有旱季雨季之分，其中旱季春茶在 2 月底至 5 月中、秋季茶则在 9 月底至 11 月底，5 月底至 9 月底为雨季茶。其中，旱季春茶因为还没有受到雨水的影响，茶气比较充足而是制作普洱茶的最佳时机。从具体时间来看，普洱茶叶的鲜叶采摘最佳时间在日出半小时后，这样就可以避免由于鲜叶水分含量过高，不利萎凋与杀青的问题。

茶叶采摘季节的不同，它的品质也有高低之分。茶叶专家认为云南省的茶在一年当中要以"春尖"及"谷花"两个时期所产的品质最好。春茶清香爽口为上品，夏茶味道浓烈但不带苦味，而秋茶则是香中带苦，苦后回甜，值得细品。春天的茶青水汽强，但耐泡、强韧性好，秋天的茶青香气好，口感绵滑。目前云南省真正高级的普洱茶都是以"春尖"为主体制成的。

3.4.7.1　古茶树种植：澜沧县景迈千年万亩古茶园

景迈山茶属乔木大叶种，十二大茶山中乔木树最大的一片集中在这里，号称"万亩乔木古茶园"。景迈芒景"千年万亩古茶园"分布在澜沧县境内的惠民乡景迈、芒景2个村民委员会辖区范围内，位于99°59′14″E ~ 100°03′55″E，22°08′14″N ~ 22°13′32″N，距县城70余公里，坐落在景迈芒景万亩古茶园内的村寨有糯岗、景迈、勐本、芒埂、上芒景、下芒洪、翁洼、翁基、老酒房等10个自然村。茶园面积16 173亩，整个地形西北高、东南低，最高海拔1662m，最低海拔1100m，属亚热带山地季风气候，干湿季节分明，年平均气温18℃，年降雨量1800mm，古茶园土壤属于赤红壤，古茶园内的植物群落属于亚热带季风常绿阔叶植物，其中思茅木姜子和红椿为国家二级保护的珍稀树种。动物有哺乳类、鸟类、两栖类和爬行类等。据芒景缅寺木塔石碑傣文记载，景迈芒景古茶园的茶树种植于傣历57年。古茶园的茶树在天然林下种植，是最为古老的种植方式。古茶园的茶叶很早就用马帮驮到普洱进行交易，作为普洱茶原料之一，自元代起销往缅甸、泰国等东南亚国家。据有关专家调查，景迈芒景古茶园的茶树，大部分树冠挺拔，枝叶茂密，许多古茶树上寄生着具有神奇药用价值的"螃蟹脚"，是世界罕见的大面积栽培古茶林（照片3-17）。曾经到古茶园考察的专家学者称这片古茶是珍贵的"茶文化历史博物馆"。

照片3-17　景迈村古茶园螃蟹脚

摄影：沈镭（照片号：IMG_ 9779）时间：2010年11月11日

景迈茶山的茶品质特点是苦涩重、回甘生津强，汤色橘黄剔透，香气花蜜香。澜沧景迈芒景千年万亩古茶园系当地布朗族、傣族先民所驯化、栽培。据《布朗族言志》和有关傣文史料记载，古茶林的驯化与栽培最早可追溯到佛历713年（公元180年），迄今已有1800多年历史。景迈芒景万亩古茶林是具有两方面的价值。

其一，它证明了最先种植云南大叶茶树的确系布朗族和德昂族的祖先——濮人。濮人是云南省最早的土著民族之一，居住在元江以西，元江古称"仆水"，因"仆族"而得名。元谋猿人和云南省各地旧石器遗址的发现表明，在人类童年时期，云南省境内就有原始人群活动，遍及全省的新石器文化，就是自古以来云南省居住民族众多的反映。毛主席曾指出，我国"汉族人口多，也是长时期内许多民族混血形成的"。云南省周围羌、濮、越三大族群，经过几千年的分化，发展成许多族系，濮人已分化成"朴子"和"望"两族，前者形成现在的布朗族和德昂族，后者形成现在的佤族。《云南各族古代史略》一书说，"布朗族和崩龙族（现称德昂族）统称朴子族，善种木棉和茶树。今德宏州、西双版纳州山区还有1000多年的古老茶树，大概就是崩龙族和布朗族的先民种植的"。据调查，云南省有不少古老茶林，历代传说确系濮人所栽植，如德宏莲山大寨背后有野生茶30万株，竹山寨有90万株，瓦幕发现2万株野茶，系前人崩龙族所栽，属栽培型茶树。勐海南糯山爱尼族茶园，是前人蒲满族（即布朗族）所栽（爱尼族从墨江搬到勐海南糯山，迄今已有57代，在爱尼族搬来南糯山以前蒲满族已在南糯山种植了茶树）。各种史料分析，云南省的濮人确实是云南省最早利用茶栽培茶的民族。目前在云南省发现栽培型大茶树的地方，历史上大多都是濮人居住过的地方，濮人最初种茶的年代已无从考证了。

其二，它为茶树起源于云南省提供物证。张顺高（1994）提出山茶科植物最初产生的具体地点是大理—洱源—剑川—石鼓—兰坪—云龙—水平这个澜沧江与金沙江相夹的滇西盆地北段山坝接交的边缘。它的北部是巴颜客拉古陆高地，西部是古太提斯海，东南部是干旱热带亚热带，当时喜马拉雅运动尚未开始，两江之间均为平地，相距几百公里，金沙江向南流入洱海，这里具备山茶科植物起源的三个条件，即裸子植物繁茂、稳定的陆地和湿热的气候。山茶科植物早期的属种形成后，原始茶种始由起源中心向四方——首先是向南自然传播，南缘可能到达生态条件稳定，具有保存原始种环境条件的临沧市、思茅区、西双版纳一带，这些地区至今仍生长着各种类型的大茶树，如镇沅千家寨2700年的野生大茶树（属老黑茶种）；勐海巴达1700年的野生大茶（属大理茶种）；澜沧邦崴过渡型的1000年的大茶树；勐海南糯山800年的茶树王（普洱茶种）和景迈、芒景几百年的大茶树（属普洱茶种）。

3.4.7.2 滇红茶种植：滇红之乡凤庆县

云南省临沧市凤庆县被誉为"滇红之乡"，是滇红茶的诞生地（照片3-18，照片3-19）。滇红功夫茶于1939年在云南省凤庆县首先试制成功，从20世纪40年代起当地生产的"滇红"就出口英国、美国等国，产品包括滇红功夫茶、滇红碎茶等。滇红功夫茶采摘1芽2、3叶的芽叶作为原料，经萎凋、揉捻、发酵、干燥而制成；滇红碎茶是经萎凋、揉切、发酵、干燥而制成。功夫茶是条形茶，红碎茶是颗粒型碎茶。前者味道醇厚，后者味道强烈富有刺激性。

"滇红茶"被誉为养颜养生茶，能提神消疲，生津清热，利尿解毒。此外，还具有防龋、健胃整肠助消化、延缓老化、降血糖、降血压、降血脂、抗癌、抗辐射等功效。"滇红茶"的暖胃功效显著，是冬季最佳茶类饮品。滇红茶曾先后荣获国家质量银质奖、中国名茶、国家外事礼茶等荣誉称号。1986年英国伊丽莎白女皇访问云南省时，滇红茶被当作国礼赠予女王，女王将"滇红"视为珍品。

凤庆县现有茶园面积30万亩，种茶农户8.7万户，茶农38万人，占总人口的60%以上，茶叶收入占全县农民人均纯收入的30%以上，是农民增收的支柱产业。

3.4.7.3 茶叶生产加工流程：景洪市大渡岗茶叶加工厂

云南大渡岗茶叶实业有限公司是国家二级企业（照片3-20），成立于1981年。该公司茶场拥有速生生态绿色食品茶园15 200亩，在岗职工4000多人，11个茶叶生产队和1座年加工能力3000多吨的茶叶加工厂，拥有13条茶叶生产线和从英国进口的、国内先进的CTC红碎茶机工艺成套流水生产线以及最新高科技红外线微波全自动绿茶生产线，是中国少有的万亩连片茶叶生产基地。

该茶厂在传承普洱茶传统工艺的基础上，研制绿茶、红碎茶、功夫红茶、CTC红碎茶、花茶、微机茶、手工名茶、饼茶、普洱茶等九大系列共80多个花色品种。大渡岗茶品质上乘，造型美观，香高馥郁，滋味鲜爽等特点。有10多个品种被评为省以上优质产品，其中"龙山云毫"获国家农业部优质产品"金杯奖"和中国首届食品博览会银质奖；"龙山毫针"、"龙山旋峰"、"龙山毫尖"、"龙山龙暇"被评为云南

照片 3-18　滇红之乡凤庆县各种茶产品

照片 3-19　滇红之乡凤庆县的广告宣传

摄影：沈镭（照片号：IMG_ 0917）时间：2010 年 11 月 20 日

省名茶。

在大渡岗茶叶加工厂，课题组认真考察了茶叶的制作工艺，包括杀青、揉捻等环节，具体如下：

茶叶采摘 ⟶ 晒青 ⟶ 静置 ⟶ 摇青 ⟶ 杀青 ⟶ 揉捻 ⟶ 焙火 ⟶ 包装 ⟶ 茶叶成品

1）晒青。茶青采摘回来后，要将其薄薄的摊凉晒青。晒青的目的是先使青叶蒸发部分水分，促进鲜

照片 3-20　大渡岗茶厂

摄影：沈镭（照片号：IMG_ 9444）时间：2010 年 11 月 8 日

叶内含物质的物理化学变化，为摇青作准备。

2）静置。青叶经过晒青后，将青叶归筛，放入做青室静置，青叶经过晒青时，会蒸发部分水分，青叶成遏软样，在青间静置时，叶梗、叶脉的水分这时会往叶面补充，这时，叶面又会挺直起来。

3）摇青。当青叶静置后，根据青叶的水分变化情况，就可以决定是否摇青了。将水筛中的青叶倒入竹制"摇青机"中准备摇青。鲜叶在摇青筒中进行碰撞、散落、摩擦运动，大部分叶缘细胞破碎和损裂，水分发生扩散和渗透，细胞间隙充水，叶硬挺，青草味挥发。摇青与静置是反复多次交替进行的。其是形成茶叶品质最关键的环节。

4）杀青。其目的是利用高温，迅速破坏酶的活性，巩固已形成的品质。

5）揉捻。将杀青后的茶叶放在"揉捻机"中进行揉捻做形。茶叶在揉捻机中滚动，里面的叶子受到挤压会慢慢形成"颗粒状"。

6）焙火。将茶揉捻好后就要将其焙火，把茶团解块后摊铺在竹筛上放在铁架上，置于炉中焙烤。包揉、揉捻与焙火是多次重复进行的，直到外形满意为止，最后才焙火烤干。

7）包装。将焙火好的茶叶装入包装箱盒中，完成茶叶成品的最后制作过程。

3.4.8　云南省橡胶种植及其加工

3.4.8.1　天然橡胶特点与用途

天然橡胶与钢铁、石油、煤炭并称四大工业原料，是关系国计民生的基础产业，也是重要的战略物资。天然橡胶是由人工栽培的三叶橡胶树分泌的乳汁，经凝固、加工而制得，其主要成分为聚异戊二烯，含量在90%以上，此外还含有少量的蛋白质、脂、酸、糖分及水分。

天然橡胶按制造工艺和外形的不同，分为烟片胶、颗粒胶、绉片胶和乳胶等。市场上以烟片胶和颗粒胶为主。烟片胶是经凝固、干燥、烟熏等工艺而制得，我国进口的天然橡胶多为烟片胶；颗粒胶则是经凝固、造粒、干燥等工艺而制得，我国国产的天然橡胶基本上为颗粒胶，也称标准胶。烟片胶一般按外形来分级，分为特级、一级、二级、三级、四级、五级共六级，达不到五级的则列为等外胶。标准胶一般按杂质的多少来分级，分为5 号、10 号、20 号标准胶等。

天然橡胶因其具有很强的弹性和良好的绝缘性、可塑性、隔水隔气、抗拉和耐磨等特点，广泛地运用于工业、农业、国防、交通、运输、机械制造、医药卫生领域和日常生活等方面，如交通运输上用的轮胎；工业上用的运输带、传动带、各种密封圈；医用的手套、输血管；日常生活中所用的胶鞋、雨衣、暖水袋等都是以橡胶为主要原料制造的；国防上使用的飞机、大炮、坦克，甚至尖端科技领域里的火箭、人造卫星、宇宙飞船、航天飞机等都需要大量的橡胶零部件。

3.4.8.2 橡胶树生长环境要求

橡胶树在热带生态环境中生长发育，形成了对外界环境的独特要求。

气温：橡胶树生长发育的最适温度为25~27℃；最低温度为16℃；最高温度为39℃。

水分：据橡胶树生长和产胶状况，年降水量1500~2000mm的地方适宜生长。

土壤：橡胶树要求1m以上的土层深度，最薄不能少于60cm。地下水位在1m以内和雨季积水地不能植胶，适宜于橡胶树生长的土壤pH为4.5~6.5。土壤中氮、磷、钾等大量营养元素和硼、铜、钼、锌、锰等微量元素对橡胶树的生长和产胶有明显的作用。

光照：橡胶树在幼苗期可以耐受一定的荫蔽，即使在50%~80%的荫蔽度下也能正常生长，在全光照下生长良好，随树龄的增大，要求的光照更多。

风速：橡胶树性喜微风，惧怕强风。微风促使空气流动交换，增加橡胶树树冠层附近的二氧化碳浓度，有利于光合作用效率的提高。当风速超过一定的限度时，加剧蒸腾作用，造成植物水分失调，致使橡胶树不能正常生长和产胶，强风还会吹断树枝干，造成严重损害。

适宜种植胶树的林地为：坡度<35°，土层厚度在1m以上，土壤肥沃，地下水位在1m以下，排水良好。而风害地、寒害地、低洼地、陡坡地和瘠薄地不适宜种植橡胶树。

橡胶树林地选择：橡胶树林地要山、水、园、林、路统一规划设计，充分、合理地利用热带土地资源，既要有利于生产，又要保护和建立良好的生态环境，保持高效的土地生产力，使之成为持续高产高效的橡胶园。橡胶林段应根据地形、气候、土壤、水利等条件来确定林段划分，尽可能使同一林段中的自然小环境一致，才可避免橡胶树生长和产胶因环境影响而产生而异。而对土壤形状有明显差别的土地，一般要分开来管理，否则对改良土壤，促进橡胶树的生长，提高橡胶树的产胶量以及施用肥料均会造成不良影响。

3.4.8.3 橡胶树种植

(1) 合理配置品系

由于植胶区的地理位置不同，地形、地势各异，对光、热、水、风等气候因素起着极为复杂的再分配作用，因而形成多种多样的植胶环境类型区域。合理配置品系，就是在气候类型区基础上，以林段或地块为单位，根据地形、坡向、坡位等划分出不同的环境类型小区，然后因地制宜，对口配置品系。合理配置品系能充分发挥地力和品系的潜力，获得高产和稳产。

(2) 种植形式

种植形式不同，对光照、土壤养分和水分的利用，以及抗御自然灾害的能力有异，因而体现出橡胶树生长、产胶的差异；种植形式还与开垦、割胶、抚育管理的工效相关；也与胶行间土地利用时间的长短有关。多采用宽行密株的种植形式，能充分利用光照和土地，形成有利于胶树生长的小气候环境，减少病虫害发生和减轻风害，较少管理用工和提高割胶、收胶的工效。

定植时间以2~3月或8~9月最为适宜。橡胶树种植密度为每公顷500~800株（每亩33~53株），每项处理的单位面积株数彼此间相差30株。随着种植密度的增加，单位面积产胶量也递增，单株产胶量则递减。由于单株产量的递减幅度逐渐增大，单位面积产胶量增加的幅度逐渐减小；种植密度达到一定限度时，单位面积产胶量也就达到最高限度。在地势平缓的胶园，采用定植密度为每公顷555株，株距为3m×6m形式橡胶产量和经济效益均较佳。所以在种植橡胶时，应控制好植胶密度，以促进橡胶的生长，利于产胶量的提高。

> **橡胶种植密度与橡胶树生产的关系**
>
> 橡胶树一般在定植 3 年后树冠彼此接触，树围生长开始受到抑制，所以密植的胶园，橡胶树树围生长受到抑制的时间早。密植后树干高，根系发达的植株往往处于优势；反之，受到抑制而生长缓慢的，成为无效株。试验表明，每公顷种植 840 株时，无效株达 10%～20%。种得密的橡胶树，树干长得高，树冠比较小，在强台风的袭击下，断干部位较高，倒伏率也较低，有利于树冠的恢复，对割胶生产有利，但密植度大的胶园，郁闭度大，湿度较大，病害发生严重。

3.4.8.4 橡胶采割

严格按低浓度、低剂量、短周期、低频率、减刀、浅割、增肥和产胶动态分析指导割胶。实行科学割胶，保护和提高橡胶树的产胶能力，保持排胶强度与产胶潜力的平衡，使整个生产周期保持持续高产、稳产。

与胶农的调研中，我们了解到橡胶树龄达到 8～10 年，树围 45cm 以上的胶树占胶林株数 50% 时正式开割。第 1 剖面的新割线下端离地面高度为 1.3～1.5m，第 2 割面为 1.5m。一般三年内全部胶树都应开割，后来开割的高度必须与已开割的胶树割线高度一致，使整片胶树的割线高度相同，便于割面管理和割胶操作。开割线均是从左上方向向右下方向倾斜，阳线割线角度为 25°～30°，阴线 25°～30°，同一林段内割胶方向应一致（照片 3-21）。

照片 3-21　景洪市橡胶林地及割胶
摄影：沈镭（定点号：YN-JH-ML-01）时间：2011 年 11 月 9 日

常规割胶采用 1/2 树围、隔日割制，月割 15 刀，年割胶刀数 120～135 刀；加药剂刺激的新割制，采用 1/2 树围、3～4 日割 1 刀，月割 7～10 刀，年割 50～80 刀。

不同季节橡胶产胶量随气候变化而不同，在 7 月橡胶树开花抽叶期间产胶能力低，到叶蓬处于稳定期，产胶能力高。一般每年的 4 月 10 日左右，胶林抽叶完全稳定时才能开割，到 12 月 20 日前后停割。

在 10 月前气温较高，宜在凌晨 2：00 ~ 3：00 割胶；气温降低后，宜在天亮割胶。

3.4.8.5 橡胶初加工

橡胶制品加工过程基本包括塑炼、混炼、压延或压出、成型和硫化等基本工序（图 3-64）。为了能将各种所需的配合剂加入橡胶中，生胶首先需经过塑炼提高其塑性；然后，通过混炼将炭黑及各种橡胶助剂与橡胶均匀混合成胶料；胶料经过压出制成一定现状的坯料；再使用其余经过压延挂胶或涂胶的纺织材料（或金属材料）组合在一起成型为半产品；最后经过硫化又将具有塑性的半产品制成高弹性的最终产品。近年来，浇铸成型在橡胶工业中开始推广，已应用于采用液态橡胶的模型制品。

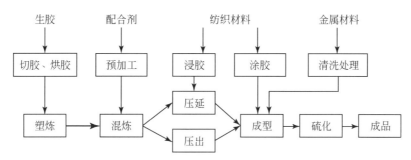

图 3-64 橡胶加工基本工艺过程示意图

2010 年 11 月 10 日课题组参观了勐海县勐混镇的一个民营橡胶加工企业。以胶水为原料生产标准胶，需要经过以下六个基本步骤（照片 3-22）。

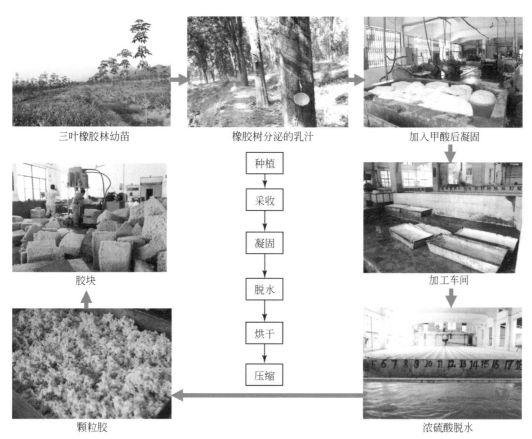

照片 3-22 天然橡胶生产的全部流程

摄影：沈镭制作（定点号：YN-JL-XJC-02-08）时间：2010 年 11 月 09 日

1）混胶：将不同地方运来的胶水混合，再搅拌均匀，使含杂质量不同的胶水统一成一种规格的胶水，便于以后的操作。

2）凝固：加入甲酸或乙酸，经过一系列化学变化，可使混合胶凝固。

3）脱水：加入浓硫酸，通过浓硫酸的吸水作用达到脱水的目的。此时，原来的胶水变成米粒大小的颗粒。

4）烘干：在烘干炉中，用高温气流穿过颗粒，带走颗粒中的水分。此时，颗粒会大量聚在一起，变成块状。

5）压缩：将不规则的几块胶块放入压缩机内，压制成立方体状的半成品，每块约33.3kg。

6）加工：混胶—（加甲酸或乙酸）—凝固—（加浓硫酸）—脱水成颗粒状—（高温加热）—烘干成块状—压缩成形。

2009年，景洪市橡胶制品企业18家，从业人员597人，营业收入9.03亿元，主要产品为标准胶，少量烟胶片。除云南天然橡胶产业股份公司景洪制胶厂外，其他均为私营小胶厂，专业化水平不高，产品质量不稳定，且环保设施不健全，环境污染严重。近些年来，景洪极力推进橡胶工业的发展，适度规模扩张和橡胶制品深加工，建立了云南天然橡胶产业股份公司景洪制胶厂。景洪制胶厂项目建设工程自2007年2月开工建设至2008年4月完工，总投资7500多万元，占地面积155.1亩，总建筑面积21 857.84m²，年生产能力3.5万t标准胶，并建立了废水处理站等设施，环保标准达到国家要求。

目前，天然橡胶产业已被国家列入西部大开发计划和全国农垦行动计划的五个具体行动计划之一。云南省天然橡胶被省政府正式列入全省10个优势产业和重点行业整合重组范围，明确将天然橡胶产业列入生物创新工程和作为建设绿色经济强省的项目来抓。因此，景洪市要依托丰富的橡胶原材料资源，着力推进行业整合重组，关闭淘汰小胶厂，提高产业集约化水平，延伸橡胶制品深加工，加快开发子午线轮胎等产品，推动橡胶工业的发展。

3.4.8.6　天然橡胶发展的劣势与优势

我国加入世界贸易组织（WTO）后，天然橡胶关税2004年前降为5%，2006年前降为零，在2005年取消进口费额。我国生产成本高，特别是种植技术、生产方式相对落后，机械化程度低，与世界天然橡胶生产、出口大国如巴西的竞争将日趋激烈，具有一定的劣势。

但是，随着汽车行业迅猛发展，对轮胎的需求日趋增长。各类卫生用品，如手套、安全套等需求增多。我国橡胶生产也将具有一定的优势。此外，银行信贷制度势头良好，对天然橡胶期货市场的发展持积极态度。政府鼓励胶农增加种植橡胶面积，引进优良品种，增加产量，国际竞争力也将明显增强。大规模种植橡胶树还可以绿化环境，保持水土，实现绿色和可持续发展，可谓一举多得。

3.4.9　特色禽畜品养殖

（1）藏猪

藏猪是分布于我国青藏高原特有的地方品种，是用于改进其他品种猪肉品质的最佳遗传资源。由于广泛开展杂交改良原藏猪产区的公路沿线及河谷地区的猪种严重混杂，导致纯种藏猪的数量越来越少。目前藏区约有藏猪3万头，且数量呈逐年递减趋势，已面临种群灭绝的危险（西南大学，2008）。2006年，农业部已将藏猪列入我国禽畜遗传资源重点保护名录。

由于藏猪生活在无污染、纯天然的高原山区，具有皮薄、瘦肉率高、肌肉纤维特细、肉质细嫩、适口性高等特点。经调查研究发现，由于藏猪肉质细嫩、鲜、肥而不腻，在市场上受到广大消费者的青睐。以成都市为例，毛藏猪的市场价格为40元/kg；2005年在上海市加工的藏猪腊肉达到90元/kg，就成都市而言，每年大约需求150万kg藏腊肉，而目前最大能生产70万kg。如果把藏猪肉辐射到北京、上海等地方，藏猪的市场需求潜力更大。

据联合调查显示，在群体放牧条件下，藏猪年产仔多为 1 窝，少为 2 窝。据统计显示，每窝平均产仔 4.9 头，成活率 69.2%。据 1982 年乡城县调查统计，6488 头适龄母猪共产仔 19 158 头猪仔，存活 6560 头，存活率仅 34.2%。猪肉一般饲养 2 年体重达 40kg。据乡城县农牧局调查，放牧条件下，藏猪 12 月龄体重平均 24.63kg。在这种低水平生产状况下，产区农民仅够自给自足，谈不上市场经济。

建设优质禽畜品种保育选育场，引进优质禽畜配套养殖技术，推广绿色食品生产技术，禽畜产品标准化生产技术等，构架切实有效的产业培育发展方案，推进藏猪规模化、产业化进程，是保护纯种藏猪遗传资源，满足市场需求，带动当地经济发展的必然选择。

乡城县虽然有禽畜养殖的天然资源优势，但在资源合理开发、综合利用方面缺乏统筹规划、养殖产业链处于残缺状态，需要在科学规划的基础上完善产业结构，使资源利用做到最优化，促进乡城县禽畜养殖业朝着科学、健康的方向发展，有力推动乡城县的农业经济增长。

从乡城县当前禽畜养殖规模来看，自给自足的个体经营为主，禽畜存栏数的多少作为家庭富裕程度的象征，因而出栏率低。由于饲养方式落后，缺乏有效的保种选育措施，科技含量低、管理粗犷、生长速度缓慢。例如，藏猪年增重仅 15~20kg/头；藏鸡年增重仅 0.5~1kg/只，生产效率十分低下，加之开发不力，加工滞后，至今很难形成产业，难以将资源优势转化为经济优势。

（2）藏鸡

2006 年，藏鸡被纳入到 138 个国家级畜禽遗传资源保护名录之中。藏鸡是世界上独一无二的宝贵遗传资源。绿色无污染、纯天然的高原山区环境赋予了藏鸡鲜美、紧实的肉感优势，使其具备了得天独厚的品牌效应，蕴藏有巨大的国内外市场潜力。在国内外市场需求的拉力、西部大开发以及本地畜牧业发展的推动作用下，藏鸡作为藏区特色产业的首选项目，成为未来新的增长点。

2006 年乡城县全年出栏藏鸡仅 3500 只，尚不能满足本县人口的需求，上市销量已很少，部分藏鸡还要供给云南省迪庆州和临近地县的客商。

（3）兰坪县乌骨绵羊

乌骨绵羊产于云南省兰坪县，是世界绝无仅有的地方珍稀物种资源。

兰坪县乌骨绵羊原产于云南省怒江州兰坪县境内，是在特殊的自然生态环境和特定条件下，经过长期自然繁育而形成，是我国独有的珍稀名特优地方畜种。乌骨绵羊生长在海拔 2600~3500m 的玉屏山脉，饲养范围目前为 2 个乡镇、5 个行政村，60km 范围内，中心产区为兰坪县通甸镇，集中分布在该镇的龙潭村、弩弓村、金竹村、水俸村和福登村。

乌骨绵羊其肉、骨、内脏都呈黑褐色，肉质鲜美、黑色素含量丰富，而黑色素已被证实具有消除体内自由基、抗氧化、降血脂、抗肿瘤、益气补肾和美容的作用，因而具有极好的推广价值和显著的经济效益，具有重要的研究与开发价值，被誉为养殖业中的瑰宝。2009 年，国家畜禽遗传资源委员会专家组到原产地兰坪县进行现场鉴定，是农业部确定的 138 个国家级畜禽遗传资源保护品种之一。

乌骨绵羊的发现可追溯到 20 世纪 40 年代，20 世纪 70 年代在兰坪县的通甸镇山区一带就发现了乌骨绵羊，但当时并未引起重视。进入 80 年代，实行农村家庭联产承包责任制后，乌骨绵羊饲养量提高很快，并发现多次食用的群众对胃病和风湿病有一定的治疗作用，因此逐渐受到重视。2001 年开始，在省内有关专家的指导下，对乌骨绵羊进行了研究和扩繁，昔日不为当地人所喜欢的乌骨绵羊已经变成了保护物种，存栏量从 2002 年的 200 余只增加到了 2009 年的 3000 余只，市场价值也有很大提高。

兰坪县加大了对乌骨绵羊的保种和开发工作，走基地加农户的规模扩张发展模式，着力将资源优势转化为经济优势，把特色产业打造成富民产业。兰坪县相关部门先后投入发展资金 257 万余元，由兰坪群兴牧业开发有限责任公司牵头，建成了兰坪乌骨绵羊原种保护场，组织成立了兰坪乌骨绵羊养殖专业合作社。目前，合作社成员 57 户，占全县乌骨绵羊养殖户的 36% 以上，初步形成"基地+农户+市场"的发展模式。划定了通甸镇弩弓村、水俸村、龙潭村、金竹村、福登村等 5 个原种保护区，大力扶持发展纯繁户，已发展建成 1 个乌骨绵羊原种保护场、4 个乌骨绵羊纯繁点、乌骨绵羊养殖户 63 户，全县乌骨绵羊饲养总量从列入《国家畜禽遗传资源名录》时的 4223 只发展到 5512 只。

（4）牦牛

牦牛被称作高原之舟，是西藏高山草原特有的牛种，是世界上生活在海拔最高处的哺乳动物。能适应高寒气候而延续至今的珍稀畜种资源，是世界动物中地理分布很有限的少数家畜之一。全世界现有牦牛1400多万头，大多分布在中国青藏高原及其周围海拔3000m以上的高寒地区。我国是世界牦牛的发源地，全世界90%的牦牛生活在我国青藏高原及毗邻的6个省区。其中青海省490万头，占全国牦牛总数的38%，居全国第一；西藏390万头，占30%，居全国第二。

牦牛全身一般呈黑褐色，身体两侧和胸、腹、尾毛长而密，四肢短而粗健。牦牛全身都是宝，藏族人民衣食住行烧耕都离不开它。人们喝牦牛奶，吃牦牛肉，烧牦牛粪。它的毛可做衣服或帐篷，皮是制革的好材料。牦牛素有"高原之舟"的美称，既可用于农耕，又可在高原作运输工具。

牦牛这一年轻而又古老的动物是藏族先民最早驯化的牲畜之一。它伴随着这个具有悠久历史和灿烂文化的民族生存至今已有几千年的历史。在藏族几千年的历史长河中，对牦牛的图腾崇拜不断发展和演化形成了一种既古老而又现代的文化形式——枣牦牛文化。藏族历史上铸造硕大的牦牛青铜器自然与其牦牛图腾崇拜有着必然的联系。无论是藏区保留完整的有关牦牛题材的原始岩画，还是殷商时期雕刻在青铜器皿上的牛头纹饰，包括周朝时期绘制于彩陶上的牛形图案，以及迄今犹存的悬挂于藏族门宅屋顶上的牦牛头骨，甚至包括目前出土的举世无双、极为珍贵的牦牛青铜器，它们都可以追溯到远古时期人类的牛图腾崇拜的文化当中。

牦牛作为一种稀缺的绿色资源，极具开发价值。它不仅营养价值较高，且是半野味。牦牛全身都是宝，专家测算，如对牦牛皮、毛、肉、乳、骨进行综合开发，可获得5倍的高增值经济效益。牦牛产业可以包含几个大的部分——乳制品、肉制品、生化制品、皮、毛、内脏等，而每项又可以派生出很多的产品，每一个单项都可以做得很好、很大。例如，牦牛骨髓壮骨粉是牦牛产业链中很小的一个单项，但是一年就能做到20多亿元的销售额。

在西藏、青海等并具备牦牛资源开发潜力的地区，国务院扶贫开发领导小组办公室实施了中国牦牛产业化扶贫示范工程。工程项目分为基地建设和加工龙头企业建设两部分，加强奶源公路、中心奶站、防疫体系、草场等基地建设和加工龙头企业建设。随着项目的推进，高新技术的引进，改良草种、畜种和畜牧方式，都大大增加了牧民的人均年收入。通过与国内外科研机构的结合，深入研究牦牛的经济价值、引进高新技术，从营养、生化、药物等领域重新认识牦牛的商业价值，深层次、多方位地促进牧民增收。

牦牛产业，与西部大开发、三农问题、国家扶贫计划、经济可持续发展、社会稳定等多种因素交织在一起，振兴藏区经济和让当地农牧民脱贫致富，成为牦牛产业的整体战略计划不可或缺的内容。牦牛产业将成为藏区经济发展与社会稳定的主要支柱。

当前，乡城县牦牛（含犏牦牛）51 000多头，能繁殖母牦牛（不含犏牦牛）16 000多头，全县年产鲜奶2900t，为打造民族特色精品，发展牦牛特色产业提供了充足、安全、可靠的原料来源。

类乌齐县将着力打造三大产业基地，做大做强特色优势产业，继续保持跨越式发展的良好势头。其一就是建设牦牛产品加工基地。目前，类乌齐全县牦牛存栏量达20多万头，下一步将重点抓好牦牛集中育肥和提质升位，积极引进有实力的企业开发牦牛深加工产品，做大规模、强化销售、叫响品牌，增加附加值，拓宽农牧民增收渠道。

第4章 流域自然景观条件

澜沧江流域（包括澜沧江与大香格里拉地区）位于中国西南部，介于21°09′N ~ 34°15′N，93°38′E ~ 101°50′E，自北向南海拔逐级递减（从6213m下降至478m）。中国境内澜沧江全长2179km，流域地貌、气候差异显著。澜沧江上游位于青藏高原向云南高原和四川盆地过渡地带属高山峡谷景观，海拔高、气温低、西南季风带来的大量水分，使该区高山地区寒冷，多降雪，且积雪终年不化（杨桂华，1995）。中游多为高山深谷，水流湍急，流域面积狭小，该区域以中亚热带、北亚热带、暖温带气候为主。下游河道变宽，流速减缓，且流经地区多为盆地和低山丘陵地区（包括西双版纳热带宽谷盆地区与思茅亚热带低山丘陵盆地区），该区域以北热带雨林、季风雨林、南亚热带季风雨林以及干热河谷气候为主。多样的地貌特征和气候特征，使其拥有北半球除沙漠和海洋之外的各类生态系统，是全球生物物种的高富集区和世界级基因库，是地学和生物学等研究地表复杂环境系统与生命系统演变规律的关键地区，在全球具有不可替代性（王娟等，2007；何大明等，2005）。

鉴于此，第4章立足于人居环境中的地域空间要素，选取澜沧江流域极具代表的6类自然景观——高山草甸、灌丛、森林、农田、湿地和冰川，采用科学素材与纪实相结合的手法，在系统阐述自然景观地质地貌、分布格局、自然资源、生态环境的同时，再现了课题组考察6类自然景观时的现实场景。

4.1 高山草甸：左贡县邦达草原

澜沧江流域的高山草甸一般分布在海拔4000m以上，在青海省囊谦县以上分布较广，其他地区局部也能见到。邦达草原是一块地势宽缓、水草丰美的高寒草原，位处昌都地区左贡县境内。玉曲上游（属怒江支流）蜿蜒流淌其中，两岸广阔的低湿滩地上生长着茂密低矮的大蒿草、苔草之类的草甸植物，绿茵如毡，除成群牛羊在那里游荡觅食外，偶尔也会有一些藏原羚出没于其间。

2011年9月15日，对课题组的成员来说是充实的一天，有惊险、刺激，也有惊喜。东坝乡地处怒江峡谷，曾经的"乞丐乡"而今已有"藏东小江南"的美称，在本次科学考察中也被认为是最值得一观的地方之一。然而探秘东坝乡实非易事，经历过探秘东坝乡的惊险、刺激和惊吓，迎接大家的却是无限的惊喜。开阔美丽的邦达草原绵延不绝，汽车犹如行驶在广袤无垠的大平原上，四周美景环绕，蓝天白云，满地犹如黄金草，成群结队的牛羊置身其中悠闲地享受大草原的滋味，犹如繁星点点，美不胜收（照片4-1）。我们多次被路边的美景吸引。午餐地点也由车上转移到了金黄色的草甸上。品味着食物，欣赏着眼前美景，幸福感油然而生，真希望这美好的一切能永远定格在心中！

冬季时节的邦达草原，牧草已趋枯黄，显得有点萧索荒凉，缺少些许生机。然而因其位处西藏东部，降水稍多于西藏中西部地区，所以牧草生长状况较好，是西藏境内较为优良的天然草场，畜牧业比较发达。独特优越的草原环境也使邦达草原成为许多重要药用植物的主要产区，如贝母、人参果、大黄、大叶秦艽和红景天等，其中最知名的是冬虫夏草，十分名贵。

邦达草原过去曾是著名的"茶马古道"必经之地。现已开辟了贯通西藏与川、滇、青等邻省的川藏、川滇等公路。1995年又在此建立了邦达机场，开辟了昌都地区至成都的空中航线。机场海拔4330m，是世界上最高、跑道最长的机场。邦达机场的建成，大大缩短了昌都地区至成都的行程与时间。以往从昌都地区至成都的公路长达1200km左右，须翻越五六座大雪山，跨过澜沧江、金沙江、雅砻江与大渡河等大河深谷，起码要3~4天的时间。如今不到2小时的空中航程就能轻易翻过横断山脉来往于邦达与成都之间，极大地加强了昌都地区与其他地区的经济联系与文化交流，有力地促进了西藏社会经济的发展。

照片 4-1　邦达草原

摄影：沈镭（照片号：XZ-CD-BS-BD-01）时间：2011 年 9 月 15 日

4.2　灌丛：昌都类乌齐县

类乌齐县集自然景观和人文景观于一体，素有"藏东明珠"、"西藏小瑞士"之称。区内有茂密的原始森林，有广阔的草原，有清澈的高原湖泊，有纵横交错、体态各异、气势多变的河川，有多种野生动物，有传奇的"神山"。

类乌齐镇历史悠久。类乌齐寺有 700 多年的历史，是西藏东北部著名的噶举派寺院，具有藏、汉及尼泊尔结合的建筑风格。高 37m 的 3 层楼殿，雄伟壮观，是一处极佳的名胜古迹游览地。其他旅游景点还有伊日温泉、马查拉溶洞和西藏唯一的野鹿饲养场。每年藏历 6 月 15 日"仲确"节在类乌齐镇举行，届时青海、四川、云南迪庆等地的人们接踵而来，朝拜寺庙转神山，进行物资交流，其场面热闹非凡。

2011 年 9 月 20 日，下午两点左右课题组从昌都出发前往类乌齐县，途经俄洛镇、宾达乡，下午五点多到达类乌齐县。一路我们仿佛置身于仙境，其美丽不亚于邦达草原，但却是另一番风光，青山、草甸、马儿、牦牛、碧水、青松、各色的小花，多姿多彩，美不胜收（照片 4-2）。保持着原生态的茫茫林海，景色旖旎的草甸，野花烂漫，山清水秀，一路皆是令人陶醉的风景，不愧于"藏东明珠"和"西藏小瑞士"的称谓，置身其中整个人都感觉到无比的惬意和轻盈轻巧。宽阔、清澈的紫曲从谷地间缓缓流过，流经类乌齐县城，沿途常有牦牛站在浅水区戏水。类乌齐县城同左贡县城一样只有一条主要街道，规模虽小，但建筑崭新、整齐，给大家留下了不错的印象。

类乌齐县地处念青唐古拉山余脉伯舒拉岭西北，他念他翁山东南。东部属于典型的藏东高山峡谷型地貌，西部则属于藏北高原地貌类型。地形沿澜沧江支流吉曲、柴曲和格曲由西北向东南走向，呈现西高东低趋势，平均海拔 4500m，县驻地海拔 3810m。类乌齐县属高原温带半湿润性气候。光照充足，年温差小，昼夜温差大，气温偏低。年平均气温 2.5℃。1 月平均气温为 -6℃，7 月平均气温为 12℃。日平均气温 5℃ 以上持续期在 120 天，日平均气温 0℃ 以上持续期在 250 天。气温平均日差在 15℃。年平均无霜期只有 50 天。年平均日照时数为 2163h。年平均降水量 566mm。主要山脉有色吉山（海拔 5258m）、马查拉山（海拔 5220m）、马崩山（海拔 5152m）。

照片 4-2　类乌齐县森林灌丛

摄影：沈镭（照片号：XZ-CD-LWQ-BD-02）时间：2011 年 9 月 20 日

类乌齐县自然资源极为丰富，开发利用前景广阔。境内水利资源丰富，吉曲、紫曲、格曲三大水系流经全县各乡（镇），支流纵横交错，境内河流大部分为澜沧江水系的支流，年平均径流量为 22.3 亿 m^3，有近 200 个大小高原湖泊，还有远近闻名的众多温泉。高原无鳞鱼在全县均有分布，渔业资源十分丰富。主要矿产资源有锡、煤、重晶石、大理石、石榴石等。已探明锡矿储量 2 万 t，品位 3.55g/m^3，距国道 G317 线 30km。马查拉煤矿储量 1.372×10^7t。菱美矿储量 5.71×10^7t，品位 45.7%。重晶石矿储量 6.75×10^6t，品位 72.5%。主要野生动物有马鹿、黑熊、猴、豹、狐狸、岩羊、雪鸡等。主要野生药材有虫草、贝母、知母、大黄、三棵针、红景天等。

4.3　森林：迪庆普达措国家森林公园

普达措国家森林公园是中国确立的第一个国家公园，位于云南省迪庆州香格里拉县境内，最高海拔 4159.1m，年平均气温 5.4℃。该公园占地总面积 1313km²，其中开发旅游的面积仅为总面积的 3‰。普达措国家森林公园至今保持完整的原始森林生态系统，奥运火炬香格里拉站的传递就曾经在这里进行。普达措国家森林公园于 2007 年 6 月 21 日正式开始接待游客，是国家 4A 级旅游风景区（照片 4-3）。

"普达措"是"碧塔海"的藏语原名，为梵文音译，意为"舟湖"，在藏语中代表着神助乘舟到达湖的彼岸。最早文字记载于藏传佛教噶玛巴活佛第十世法王（1604～1674 年）《曲英多杰传记》。书中第 50 页写道：法王往姜人辖下的圣地以及山川游历观赏，在建塘边上有一句"八种德"的名叫普达的湖泊，犹如卫地观音净土（布达拉）之特征。此地僻静无喧嚣，湖水明眼净心。湖中有一形如珍珠装点之曼陀罗的小岛耸立其间，周围环绕普达措湖水，周边是无限艳丽的草甸，由各种药草和鲜花点缀。山上森林茂密，树种繁多。堪称建塘天生之"普达胜境"。大成就者噶玛巴希（1204～1283 年）称之为"建塘普达，天然生成"。还说："卫地布达是由人力建构"，而建塘普达"乃为天然显现者也"。

公园内主要景点有属都湖、碧塔海和高原牧场等。属都湖又称属都岗湖，属都湖四面树木环绕，海拔 3705m，积水面积 15km²，是香格里拉县最大的淡水湖泊之一。碧塔海为断层构造湖，湖面呈海螺形状，长 3000m，宽 700m，海拔 3504m，水深 40m，面积 60hm²。藏语中"碧塔"意为株树成毡的地方，

照片 4-3　普达措国家森林公园
摄影：沈镭（照片号：YN-XGLL-JT-05）时间：2009 年 9 月 1 日

碧塔海的水由雪山的融雪和溪流汇聚而成。晚上杜鹃花的花瓣落下，被湖中的鱼误食，由于杜鹃花里含有微量的神经毒素，鱼吃多了就会浮在水面上，这就是当地的著名奇观杜鹃醉鱼。

公园的植被以长苞冷杉为主，也分布有大量的杜鹃、忍冬、云杉、红桦等植被。在碧塔海四周以及湖中的岛上也生长有云杉、高山栎、白桦等植物。从草甸和水生植物上看，主要为蒿草草甸，水生植被主要为香满群落、光叶眼子和菜群落。

普达措国家森林公园是一个无任何污染的童话世界，水质和空气质量达到国家一类标准，湖清澈，天湛蓝，林涛载水声，鸟语伴花香，是修身养性和陶冶情操的最佳净域。公园内有明镜般的高山湖泊、水美草丰的牧场、百花盛开的湿地、飞禽走兽时常出没的原始森林。碧塔海、属都湖两个美丽的淡水湖泊素有高原明珠之称，湖中盛产裂腹鱼、重唇鱼；秋冬季节大量的黄鸭等飞禽在湖边嬉戏，天然成趣。漫步在林间的牧场上，马儿叮咚的脖铃声、远处牧棚里悠悠冒起的炊烟，显得与周围的自然环境是那么和谐。每年夏季，满山的杜鹃花与许多不知名的野花竞相开放，小鸟也纷纷前来凑热闹，景区鸟语花香，令人沉醉。原始森林里的各种林木千姿百态，气象万千。

公园的旅游资源由自然生态景观资源和人文景观资源两部分构成。自然生态景观资源分地质地貌景观资源、湖泊湿地生态旅游资源、森林草甸生态旅游资源、河谷溪流旅游资源、珍稀动植物和观赏植物资源五大部分。人文景观资源是为普达措国家森林公园自然生态景观注入活的灵魂的藏族传统文化，包括宗教文化、农牧文化、民俗风情以及房屋建筑等。

这里是一个摄影爱好者的天堂，一年四季景色各不相同，都能出很好的片子。春天可以观赏百花盛开的高山草甸，夏天可以看着满山碧绿消暑乘凉，秋天可以观看色彩斑斓的层层密林，冬天可以欣赏一片雪白下的碧蓝湖波。普达措雨量充沛、气候宜人。有时云雾缥缈，时隐时现，宛如仙境，有时则云海茫茫，有如腾云驾雾一般，情趣盎然。这样的自然条件，使得植物生长茂盛，植被丰富，俨然就是一个天然的植物园。此外，还有多处断层崖、林间小涧、深沟峡谷等独特小景交错分布，具有极高的地理科学价值与旅游观赏价值。

2009 年 9 月 1 日清晨，我们暂别香格里拉县城来到普达措国家森林公园。公园中植物种类十分丰富。各种树木、灌木、野花和野草给我们带来丰富的视觉盛宴。悠然漫步的马儿、牦牛和很多小动物使普达措更加生机盎然，几只可爱的小松鼠不时引来路人的围观。属都湖犹如一颗明珠静静地躺在群山环绕之中，湖滩上盛开着美丽的野花。木制栈桥旁边能听到潺潺的流水声，海拔高处云雾缭绕。碧塔海给人一种苍劲清冷的感觉。四周山上长满密密麻麻的松树，深绿的颜色加上清冷的湖水使整体环境呈现冷色调的氛围。走到一半时，天空下起了淅沥沥的小雨，更添了一分萧瑟。这里远离城市的喧嚣，还原一片纯净、祥和，虽然因为海拔较高，路途中感觉到一点胸闷气短，但这并不阻碍我们感知周围优美、独特的环境。

4.4 农田：保山市隆阳区"滇西粮仓"

在澜沧江流域自北而南绵延的褶皱里，镶嵌着一个个面积不等的"坝子"（山间盆地）。其中，保山市就有万亩以上的坝子达 64 个。一个坝子就是一个"粮仓"，是澜沧江高山峡谷中难得一见的优质农田，而面积达 173km² 的保山坝子便是其中之一（照片4-4）。

照片4-4 保山坝子

摄影：沈镭（照片号：IMG_ 0895）时间：2010 年 10 月 20 日

保山坝子平均海拔 1670m，东靠澜沧江、西接怒江，两条大江在保山段的海拔仅为 700m 左右。近 1000m 的相对高差导致澜沧江峡谷与保山坝子的物候差异明显。

保山坝子气候温暖湿润，年均气温只有 15.6℃，四季如春、气候宜人。从气候类型看，保山坝子属西南季风区亚热带高原气候类型，加之纬度低、海拔高、海拔差异较大，使这里形成"一山分四季、十里不同天"的立体气候，热、温、寒三种气候类型俱全。这里大部分地区冬无严寒，夏无酷暑，四季如春，终年常绿。最冷月 1 月平均气温 8.5℃，最热月 7 月平均气温 20.7℃，年平均气温 15.6℃，全年无霜期 290 天以上。冬春两季雨量较少，夏秋两季雨量较多，年平均降雨量 966.5mm。

从地质构造看，保山坝子属断陷沉积盆地。在漫长的过程中，溪水、河流把四周山岭上的泥土源源不断地携到了盆地之中，使坝子中的土壤变得深厚而肥沃。

独特的土壤结构，优越的立体气候，造就了丰富多样的生物资源，并给这里带来了立体农业之利，为"滇西粮仓"的打造创造了优越的条件。在这样一个水土肥美的盆地中，农耕文明最迟在汉代便得到了发展。当时，秦相吕不韦的后裔从川中迁徙而来，带来了先进的农耕技术，并在盆地东北的成片的农田之上建立了不韦县。唐代，农耕文明在这片肥美的土地上继续推进，众多的佛寺和保山古城得以拔地而起。明代，中央政府为加强对西南夷地的控制，大规模的移民、屯垦使保山坝子的良田迅速增多。农业生产得以快速发展。"滇西粮仓"的美誉此时已开始四处传扬。20世纪60年代后，随着坝子北端北庙水库的兴建和主要河流东河的开挖，哀牢古湖彻底消失。此时，除村落、城镇和路道外，坝子中的每一寸土地几乎都生长着庄稼。这里一年两熟，盛产稻米、包谷、小麦、蚕豆，历来是云南省粮食生产区和重要粮食基地，是国家和云南省先后投资建设的商品粮生产基地。

隆阳区是"滇西粮仓"的核心区。目前，粮油生产建成15万亩优质水稻基地、10万亩加工型小麦基地、7万亩专用大麦基地、5万亩透心绿豆基地、4万亩油菜基地；经济作物建成吨糖田8万亩、57.15万亩泡核桃、3.6万亩丰产茶园基地、7万亩蚕桑基地、6万亩蔬菜基地、5.5万亩咖啡基地、3万亩甜柿基地、6万亩烤烟基地、3万亩香料烟基地等，粮经比例接近1：1。水稻是隆阳区的三大粮食作物之首，常年种植面积24万亩左右，总产量14亿~15亿kg，种植面积占粮食作物面积的27%，产量占粮食总产量的47%，年提供商品稻谷40亿kg以上。其中以中海拔的隆阳坝区高原常规粳稻和热区籼稻区为主的区域，水稻单产居云南全省之首。2009年9月，隆阳区承担的农业部水稻高产创建万亩示范区进行了产量验收，平均亩产达777.27kg。

2010年11月22日上午，课题组部分人员在隆阳区展开座谈和资料收集工作，一是了解隆阳区的概况；二是与隆阳区科学技术局领导进行了深入交流，熟悉了地方科技的发展情况。农业科技是农业发展进步的核心，云南特色香软米"云粳"系列，还有"隆科"、"岫粳"等水稻新良种产量高、品质好，加上精确的定量栽培技术，让当地村民增产增收的梦想变为现实。但地方科技工作在资金和项目支持上仍然存在较大问题。与科研院所的科学研究不同，地方科技部门的主要工作是成果转化、科技示范和培训。而目前中央和省科技部门的项目设置和政策导向与地方科技工作实际需求相差甚远，可为地方政府直接申请的项目甚少，主要有科学技术协会的惠农项目（一般资助规模在20万元左右）以及科学技术部的创新项目。

近些年来，中央财权高度上收，而事权依然留在地方。因此，地方面临的一个普遍问题就是财政收入较少，从而难以提高对科技部门的资助力度。例如，在隆阳区的5亿元财政中，有2亿元必须用于支付工资。近几年，中央财政大部分用于基础设施建设。随着基础设施的完善，中央应该将更多的资金投入到科技中来。只有科技进步了，农户增收才有希望，解决三农问题才有出路。目前，隆阳区科学技术局针对企业科技工作的对策主要有：一是提高企业科技创新的意识，如设立科技进步奖，个人特等奖等；二是帮助企业成立科研中心；三是通过项目支持和政策引导的方式，帮助企业技改和推进新产品的开发。隆阳区科学技术局也可以通过申请一些项目来帮助企业进行科技创新。整体来看，隆阳区科技工作做得相当不错，属于全国科技示范区。在2010年前的5年中争取了1600万元。这对于地方科技局来说是十分难得的。

4.5 湿地：香格里拉县纳帕海湿地

纳帕海是大香格里拉地区低纬度、高海拔的季节性沼泽湿地，与若尔盖高原湿地和我国北方湿地的特点不同，为中国独特的低纬度、高海拔内陆型湿地类型，由草甸、沼泽、水面和湖周森林构成的喀斯特型季节性沼泽湿地（照片4-5）。其地理位置是27°47′N~27°55′N，99°35′E~99°40′E，平均海拔3568m，面积3434hm²，地处云南省迪庆藏族自治州，距香格里拉县城8km，是横断山系的核心部位；也是长江上游、植物多样性三大中心之一的生物地理区域核心部位，与青藏高原相连，形成高原淡水湖泊沼泽湿地与周围的森林植被组成的湿地生态系统。另外，纳帕海湿地也是高原特有鹤类——国家Ⅰ级保护濒危动物黑颈鹤的重要越冬栖息地，已被云南省政府定为"黑颈鹤越冬栖息自然保护点"。由于海拔高差明显，纳帕海湿地形成了丰富多样的植被类型。常见的重要群落类型有亚高山沼泽化草甸植被、挺水植物群落、浮叶植物群落、沉水植物群落。

照片 4-5 纳帕海湿地
摄影：沈镭（照片号：IMG_ 1394）时间：2011 年 9 月 12 日

藏语中纳帕海的意思是"森林旁的湖泊"。在不同的季节里，纳帕海都呈现出不同的美景，春季绿草茵茵，夏季草海起伏，秋季一片金色，而冬季则是白雪皑皑，雪山静静地傲立在远方，珍禽、雪山、草原、牛羊织成了纳帕海永远的风景。每年 5 ~ 6 月，纳帕海湿地野花竞相开放，成群的牛羊随草海起伏，俨然一幅"风吹草低见牛羊"的美景；秋冬季节，纳帕海湿地一片金黄，远处皑皑雪峰倒映在湖中，此时云集于此的黑颈鹤、黄鸭、斑头雁等在草丛中、水面上嬉戏漫游，使广阔空灵的纳帕海湿地别具一番诗情画意。难能可贵的是当地人们热爱鸟类，从来不伤害它们，特别是黑颈鹤，千百年来得到了人们的保护，与人十分亲近，常在村舍旁、帐篷边落脚过夜，人与鸟和谐共处的景象随处可见。

纳帕海湿地孤立而分散，湿地之间没有水道相通，因而造就了丰富的生物特有现象，也决定了其生态系统的脆弱性和不稳定性。正因如此，纳帕海湿地具有了特殊的生态意义和科研价值。纳帕海湿地可以调节冰雪融水、地表径流和河流水量，控制土壤侵蚀，对长江下游水位和水量均衡起着重要作用；调节局地气候，为动植物群落提供复杂而完备的特殊生境，孕育了丰富的生物多样性。由于其兼有水体和陆地双重特征，为许多珍稀濒危物种提供了栖息繁衍地；同时也由于其特殊的多样性和天然牧场的重要地位，为当地人民的生存提供了丰富的资源，具有较高的社会价值。

纳帕海湿地对青藏高原金沙江上游流域具有重要的水文价值和生态价值。在接纳冰雪融水、保持水土和控制洪水方面具有重要作用；纳帕海湿地为季节性淹没的天然湿草地自然漫滩系统，对区域性气候调节和稳定具有重要的水文影响，表现为具有碳沉积的泥炭类型。纳帕海湿地季节性积水从湖底落水洞漏走，潜流 10km 后露出地面流入金沙江，对长江中下游的水量均衡和水位调节有着重要作用；纳帕海为喀斯特湿地，出水口与地下河相连，形成了地下水、泉水系统的组成部分，并与地表流水及冰雪融水和地表出露的泉水一起共同支持着这一湿地，维持着该湿地生态系统的平衡。

纳帕海湿地的动物资源丰富。纳帕海波平如镜，湖岸平坦、宽阔，水草丰茂，更由于高山阻碍，交通不便，远离喧嚣和污染，使这里成为珍稀乃至濒危鸟类越冬栖息的理想场所，也是康巴藏区重要的天然牧场。纳帕海位于越冬候鸟迁徙线路上，是许多珍稀濒危越冬候鸟重要的停歇地和越冬地，也是重要水禽越冬地和候鸟迁徙途中的补给站。定期栖息的雁鸭类有赤麻鸭、绿头鸭、斑头雁、针尾鸭等，水鸟种群数量大，达 31 种；古北种中的赤麻鸭等雁鸭类就有近万只。黑颈鹤每年 9 月至次年 3 月在此停留半年。1984～1985 年冬天出现 63 只，1985～1986 年冬天曾有过 130 只的记录。灰鹤少量出现，丹顶鹤曾记录为迷鸟，也曾记录到黑鹳。

纳帕海湿地因海拔高差明显而形成了丰富多样的植被类型。一方面，虽然纳帕海湿地处于山地环境，海拔在 3200m 以上，不利于水生植被的全面发展，但水生植物群落类型及其区系组成却比长江中下游湖泊湿地丰富。鄱阳湖面积比纳帕海大百倍，海拔也较低，但纳帕海的水生植物群落类型却比鄱阳湖多了 3 个。另一方面，与长江中下游的湖泊相比，纳帕海的水生植被群落也较为复杂，区系组成上以温带成分为主，包含了世界广布、旧世界热带分布、北温带分布、东亚分布、极高山地理成分和淡水湖泊特有植物群落类型六大地理成分，而且珍稀濒危和特有物种比例高，不仅具有国内湿地大部分水生植物群落，还具有长江中下游平原湿地所不具有的北极—高山类型（杉叶藻群落）。世界广布的亮叶眼子菜群落、水葱群落、丝草群落、芦苇群落以本带为分布的上限，北极—高山分布的杉叶藻以本带作为分布的下限。

2011 年 9 月 13 日清晨，课题组沿 G214 国道出发离开香格里拉，途经纳帕海湿地，清晨的纳帕海慵懒婉约，湿地的很多地方都已经干涸，远处成群结队的马儿悠闲地漫步吃草，炊烟从稀稀拉拉的农户家袅袅升起。再往前走一个个矗立的青稞架进入视野，这些青稞架曾无数次进入摄影师的镜头，但若不是有人解说初来乍到之人很难知晓此为何物。以至于美国人曾经误把青稞架当成中国的秘密导弹发射基地。这个经典的搞笑故事也为静谧的纳帕海湿地增加了几分幽默与诙谐。作为具有重要水文价值和生态调节作用的典型湿地景观，希望本次科学考察能够对加强纳帕海湿地保护给予更多宣传。

4.6　冰川：世界海拔最低的梅里雪山冰川

梅里雪山处于世界闻名的金沙江、澜沧江、怒江"三江并流"地区，北连西藏阿冬格尼山，南与碧罗雪山相接。其主峰卡瓦格博（98.6°E，28.4°N）坐落在怒山山脊的主脊线上，海拔为 6740m（照片 4-6）。

照片 4-6　梅里雪山冰川
摄影：沈镭（照片号：YN-DQ-FLS-02）时间：2009 年 8 月 29 日

梅里雪山以其巍峨壮丽、神秘莫测而闻名于世，早在 20 世纪 30 年代美国学者就称赞卡瓦格博峰是"世界最美之山"。卡瓦格博峰下，冰斗、冰川连绵，犹如玉龙伸延，冰雪耀眼夺目，是世界稀有的海洋性现代冰川。山下的取登贡寺、衮玛顶寺是藏民朝拜神山的寺宇。每年云南、西藏、四川、青海、甘肃等的藏民都要前来朝拜，有浓郁的藏族习俗，是人们登临探险的旅游胜地。

梅里雪山又称"雪山太子"，位于云南省迪庆藏族自治州德钦县东北约 10km 的横断山脉中段怒江与澜沧江之间，平均海拔在 6000m 以上的有 13 座山峰，称为"太子十三峰"，主峰卡瓦格博峰海拔高达 6740m，是云南省的第一高峰。1908 年法国人马杰尔·戴维斯在《云南》一书中首次使用"梅里雪山"的称呼。但实际上梅里雪山所指的并不是卡瓦格博所在的太子十三峰，而是指在太子雪山北面的一座小脉山。那座小山脉在当地被称作"梅里雪山"，因此山脚下的一处村庄也被称为梅丽水（或梅里石），真正的梅里雪山主峰叫作说拉曾归面布，海拔 5229m。这个错误主要源于我国 20 世纪六七十年代的全国大地测量。当年，一支解放军测量队到了德钦县，在与当地人的交流中，误把卡瓦格博所在的太子雪山记作了梅里雪山，并在成图后如此标注出来。从此，太子雪山就成了梅里雪山，这个名字也彻底压过了藏传佛教八大神山之一的卡瓦格博。

由于太子雪山的地势北高南低，河谷向南敞开，气流可以溯谷而上，受季风的影响大，干湿季节分明，且山体高峻，又形成迥然不同的垂直气候带。4000m 雪线以上的白雪群峰峭拔，云蒸霞蔚；山谷中冰川延伸数公里，蔚为壮观。较大的冰川有纽恰、斯恰、明永恰。而雪线以下，冰川两侧的山坡上覆盖着茂密的高山灌木和针叶林，郁郁葱葱，与白雪相映出鲜明的色彩。林间分布有肥沃的天然草场，竹鸡、獐子、小熊猫、马鹿和熊等动物活跃其间。高山草甸上还盛产虫草、贝母等珍贵药材。梅里雪山不仅地形复杂，气候变化更为复杂，每年夏季，山脚河谷气温可达 11～29℃高山则为–10～20℃。年降水量平均为 600mm，大多集中在 6～8 月，期间气候极不稳定，是登山的气候禁区。

梅里雪山共有四条大冰川，分别为明永、斯农、纽巴和浓松，属世界稀有的低纬、低温（–5℃）、低海拔（2700m）的现代冰川，其中最长、最大的冰川是明永冰川。明永冰川从海拔 6740m 的梅里雪山往下呈弧形一直铺展到 2600m 的原始森林地带，绵延 11.7km，平均宽度 500m，面积为 13km²，年融水量 2.32 亿 m³，是我国纬度最低冰舌下延最低的现代冰川。每当骄阳当空雪山温度上升，冰川受热融化，成百上千巨大的冰体轰然崩塌下移，响声如雷，地震山摇，令人心惊魄动。目前，由于全球变暖和游客过多，明永冰川融化速度加剧，正在以每年 50m 左右的速度后退，这种状况令当地居民及专家们担忧。

在藏文经卷中，梅里雪山的 13 座将近 6000m 或以上的高峰，均被奉为"修行于太子宫殿的神仙"，特别是主峰卡瓦格博是云南省第一高峰，为藏传佛教宁玛派分支伽居巴的保护神，有"雪山之神"之称，被尊奉为"藏传佛教的八大神山之首"，统领另外的七大神山、225 座中神山和各个小神山，维护自然的和谐与宁静。藏族认为，每一座高山的山神统领一方自然，而卡瓦格博则统领整个自然界之所有。梅里雪山主峰卡格博峰形如一座雄壮高耸的金字塔，时隐时现的云海更为雪山披上了一层神秘的面纱。

卡瓦格博的高耸挺拔之美以及在宗教中的崇高而神圣的地位吸引了无数的中外旅游者和登山者。由于梅里雪山地势险峻、攀登难度极大，因此从 20 世纪初至今的历次大规模登山活动无不是以失败告终。迄今为止，共有 9 次攀登梅里雪山。其中，中日联合攀登有 4 次，日本单独攀登 1 次，美国队攀登过 4 次。1991 年，中日联合登山队对主峰发起了冲击，他们从三号营地出发冲顶，上升至海拔 6400m 时天气突然变得恶劣只好下撤准备第二天继续冲顶。然而当晚当队员与大本营进行过最后一次语音联系后遭遇大规模雪崩，所有队员全部遇难，长眠在了卡瓦格博。部分遗体于数年后被放牧的藏民在主峰另一侧的大冰板发现。人类对雪山之神征服的尝试又一次以彻底的失败告终。从此也更让人领会到藏族同胞对人与自然关系更为真诚和深刻的理解：人只有尊重自然爱护自然方能与自然和谐相处；人若一心与自然为敌，只意欲征服自然，则必将以灭亡告终。

梅里雪山是所有信奉藏传佛教民众的朝觐圣地。自古以来，她在藏民心中是至尊、至圣、至神的象征，她的宗教地位是至高无上的。藏民认为攀登梅里雪山诸峰是对神灵的亵渎和蔑视。基于此，攀登梅里雪山是不符合党的民族宗教政策的行为，是对民族和宗教信仰的一种伤害。因此，自 1996 年后，国家明令禁止攀登梅里雪山。现在，在梅里雪山下各个旅馆和寺庙中，也能时常见到藏族同胞呼吁禁止攀登雪山的倡议书。所以其至今仍是处女峰。

2011 年 9 月 13 日中午时分，课题组的成员都已经饥肠辘辘，但沿途大家并没有停歇，仅吃了一点随身携带的零食补充体力。下午三点多课题组抵达德钦县城，因为已经错过午饭时间，几经周折才找到一家小饭店饱餐一顿，享用完午餐来不及休息大家又匆匆启程了。驱车前行没走多久便来到在大家心中久负盛誉的梅里雪山，站在已经修筑完善的梅里雪山观景台，大家兴致勃勃地等待一览梅里雪山峰顶的全景。微风习习，薄薄的乌云遮挡不住四射而出的阳光，冰川覆盖的峰顶却被层层云雾遮挡住，许久都没有散开。大家带着些许失望离开梅里雪山观景台继续前行，开出没有多远，突然听到一向活泼的9号车司机师傅在对讲机里大喊一声："能看到梅里雪山的峰顶我们太幸福了"，恹恹欲睡的我们一下子来了精神，向左一看雪山峰顶一览无余，远观峰顶被冰川覆盖的地方犹如遮住左眼的豹子的头部，杏眼圆睁，充满好奇地望着前方，栩栩如生。大家不约而同地下车照相、欣赏，慨叹大自然的鬼斧神工。

随着全球气候的变暖，梅里雪山旅游的开发，梅里雪山的自然冰川、雪线每年都在退化、萎缩。在欧洲，全球气候变暖已经使阿尔卑斯雪线50年内退缩了100m。这一影响在香格里拉也同样显现，以前的明永冰川与两边植被直接相连，现在大部分被沙土覆盖，白茫雪山十多年前封山期达4个月，现在最多1个月。以云南省气象专家为主的专业团队将借此对三江并流区进行立体化监测，而且作为具有全球意义的气象监测地区，迪庆州获得的气象数据将直接发到世界气象组织。

4.7 峡谷：幽深迷境的芒玉大峡谷

澜沧江流域有很多峡谷地貌景观，但印象最为深刻的是景谷芒玉大峡谷（照片4-7），位于景谷县威远镇联合村，距离县城景谷县18km，其中9km的柏油路，9km的县乡公路，轿车可以直达山顶。芒玉峡谷风景优美，景区内野生兰花、树包石、瀑布等自然景观让人大开眼界，流连忘返。从峡谷顶到峡谷底游客只能步行，全程大约需要3个小时，到峡谷底时还能在农家小院品尝景谷傣族特有的风味，芒玉峡谷是一个自驾车生态旅游的好去处。

照片4-7 芒玉大峡谷

摄影：沈镭（照片号：IMG-0243）时间：2010年11月16日

到过峡谷的人曾经这样赞叹：这是一个深藏于滇西南绿色王国的神话，这是一块唯一没有受到第四纪冰川波及的区域，这是一片于世俗生活中流溢着诗意的乐土。2010年11月16日，我们徒步走进了芒玉大峡谷，仿佛就像进入远古的时光隧道，巨大的寂静森林，崎岖的山间小路，间杂一条弯弯曲曲的小河流，河床的岩石裸露出被流水洗刷的千古痕迹。

站在山梁上，低头向下俯瞰整个大峡谷尽收眼底。据说主峡道有7km长，再往里延伸则是无数岔开的小峡谷。峡中有一道落差80m，另一道落差30m的瀑布，本地人称为跌水岩，其幽深险峻程度可想而知。进入大峡谷先要翻山，沿着崎岖的石阶时而下坡，时而登高，沿途峭壁嶙峋，苍天古树，有的峰石如刀削斧劈，奇石、怪石处处皆是，有置身于梦幻般的仙境之感。沿途挂牌命名的景点有天街晒银、平台亲水、独立寒江、石门迎宾、珍珠飘洒、一览群山、卧松迎客、雨林听蝉、树根抱石、茶马古桥等，有些名称不甚贴切，但也不失个中趣味。有时两石相夹，只能侧身而过，有时头顶悬岩，让人胆战心惊。沿山石阶犹如一条长龙，蜿蜒曲折，成为山的一景。登上山顶，展现在眼前的是一片延伸无限的峡谷峰顶，向下则是深深的峡谷流涧。过了一座跨越大峡谷的铁索吊桥来到了一处跌水坎的巨石上，下方是冲下数十米深的瀑布，满峡轰响，十分险峻，上方是无数大小不一的石块堆积，河岸两侧及河中石头上有无数个大小不一、形状各异的石窝、石坑，谷深林幽，山势峻峭，让人流连忘返。据当地陪同干部解释，在傣语中"芒玉"是指"多洞的地方"。由于复杂的地质因素，芒玉峡谷的谷底，布满了无数流水冲刷的洞穴。

从进山一直到峡谷上游，已有两个多小时了，不敢久留，便走上沿峡谷依山而建的栈道。此后基本是沿谷而行，途中遇到两处尚未修复的塌方，较为险峻难行，要靠人牵拉才能过去。沿途峰随水转，峭壁嶙峋，景随人移，赏心悦目，其间又见到一座铁索吊桥悬挂在幽深宁静的峡谷之中。我们并不过桥，仍沿峡谷攀登。由于返程迷路，全程足足走了十几个小时，方才走出芒玉峡谷，已是傍晚时分，大家多次惊出冷汗。

芒玉大峡谷属无量山山系，为我国南方较为典型的丹霞地貌景观，其中已开发的范围有12km²。黄山有"四绝"，"怪石"就是其中一绝。芒玉大峡谷虽无黄山之气势，也无黄山之名气，但其雄、奇、峻、幽、秀的特点，集谷、山、石、水、林为一体，不失为一处旅游观光、考察探幽、避暑休闲的好去处。

第 5 章 | 流域少数民族环境

澜沧江流域为少数民族聚居地区，据统计，全流域共有 30 多个少数民族分布，具体包括彝族、白族、傣族、壮族、苗族、回族、傈僳族、拉祜族、佤族、纳西族、瑶族、景颇族、布朗族、布依族、阿昌族、哈尼族、锡伯族、普米族、蒙古族、怒族、基诺族、德昂族、水族、满族、独龙族、羌族、土家族、侗族、门巴族、珞巴族等。

千百年来，澜沧江流域各民族在认识自然、适应自然和改造自然的过程中，充分展示了民族智慧，积累了十分宝贵的经验。各民族与当地自然环境密切融合的痕迹可以从他们的宗教信仰、衣、食、住、行、生产等以及一些细枝末节当中得以追寻。在对澜沧江流域社会经济发展以及自然景观形成宏观认识的基础上，选取澜沧江流域具有代表性的少数民族，深入研究其宗教信仰、语言文化、习俗风情和生产方式等，对我们加深对澜沧江流域少数民族人居环境的理解具有重要意义。

鉴于此，本章根据澜沧江上、中、下游少数民族地理分布特征，依次选取极具代表性的藏族、傈僳族、纳西族、傣族、彝族、白族、普米族、佤族、布朗族和基诺族 10 个少数民族作为代表，从少数民族的分布特点、典型农户调查以及独特的民风民俗等方面入手，对澜沧江流域的少数民族人居环境进行系统梳理。

5.1 藏 族

5.1.1 分布及特点

藏族是我国人口在 500 万~1000 万的 7 个少数民族之一，在全国 55 个少数民族中，按最多人口排列第 9 位（第五次人口普查）。主要聚居在西藏自治区，青海省的海北州、海南州、黄南州、果洛州、玉树州和海西州，四川省的阿坝州、甘孜州和木里州，甘肃省的甘南、天祝州以及云南省的迪庆州。澜沧江与大香格里拉地区的藏族主要聚居在西藏的昌都地区、青海省的玉树州、四川省的甘孜州、云南省的迪庆州（图 5-1）。

藏族属于蒙古人种。中国境内藏族人口约有 600 万人（2012 年），以从事畜牧业为主，兼营农业。另外，尼泊尔、巴基斯坦、印度、不丹等国境内也有藏族分布。藏族是汉语的称谓，来自藏语 gtsang（后藏），gtsang 这个名称的原来意义可能是"雅鲁藏布江（yar-klungs gtsang-po）流经之地"。在藏语中西藏称为"蕃"（音：bo），生活在这里的藏族自称"bod-pa"（音：蕃巴），"蕃巴"又按不同地域分为"堆巴"（阿里地区）、"藏巴"（日喀则地区）、"卫巴"（拉萨地区）、"康巴"（四川西部地区）、"安多洼"（青海、云南、川西北等地区）。藏族有自己的语言和文字。藏语属汉藏语系藏缅语族藏语支，分卫藏、康方、安多三种方言。现藏文是 7 世纪初根据古梵文和西域文字制定的拼音文字。

藏族信仰大乘佛教。大乘佛教吸收了藏族土著信仰本教的某些仪式和内容，形成具有藏族色彩的"藏传佛教"。藏族对活佛高僧尊为上人，藏语称为喇嘛，故藏传佛教又被称为喇嘛教。公元 7 世纪佛教从印度传入西藏，至今已有 1300 多年的历史。公元 13 至 16 世纪中叶，佛教日益盛行，佛事活动频繁，佛教寺庙遍及西藏各地。著名的寺庙有甘丹寺、哲蚌寺、色拉寺、扎什伦布寺和布达拉宫。公元 10 世纪后，随着藏传佛教"后弘期"的开始，陆续出现了许多教派，早期的有宁玛派（俗称"红教"）、萨迦派（俗称"花教"）、嘎当派（俗称"黑教"）、噶举派（俗称"白教"）等。15 世纪初，宗喀巴实施宗教改

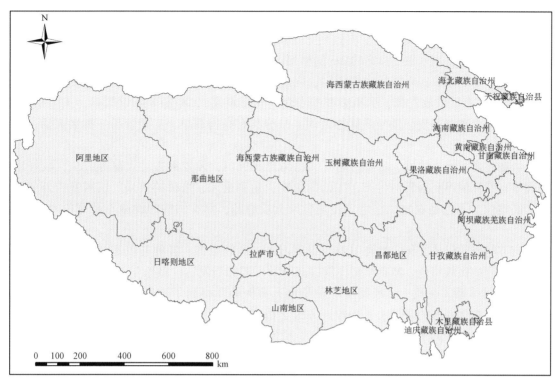

图 5-1　中国藏族地理分布图

革，创建格鲁派（俗称"黄教"）。此外，藏传佛教还有一些独立的教派，如息学派、希解派、觉宇派、觉囊派、廓扎派、夏鲁派等。

藏族建筑独特，最具代表性的民居（照片 5-1）是碉房。碉房多为石木结构，外形端庄稳固，风格古朴粗犷；外墙向上收缩，依山而建者，内坡仍为垂直。碉房一般分两层，以柱计算房间数。底层为牧畜圈和贮藏室，层高较低；二层为居住层，大间作堂屋、卧室、厨房、小间为储藏室或楼梯间。若有第三层，则多作经堂和晒台之用。因外观很像碉堡，故称为碉房。

照片 5-1　藏族民居
摄影：沈镭（照片号：SC-XC-NS-03）时间：2009 年 8 月 20 日

碉房坚实稳固、结构严密、楼角整齐，既利于防风避寒，又便于御敌防盗。与碉房不同，帐房是牧区藏民为适应逐水草而居的流动性生活方式而采用的一种特殊性建筑形式。普通的帐房一般较为矮小，平面呈正方形或长方形，用木棍支撑高约 2m 的框架；上覆黑色牦牛毡毯，中留一宽 15cm 左右、长 1.5m 的缝隙，作通风采光之用；四周用牦牛绳牵引，固定在地上；帐房内部周围用草泥块、土坯或卵石垒成高约 50cm 的矮墙，上面堆放青稞、酥油袋和干牛粪（作燃料用），帐房内陈设简单，正中稍外设火灶，灶后供佛，四周地上铺以羊皮，供坐卧休憩之用。帐房具有结构简单、支架容易、拆装灵活、易于搬迁等特点。

西藏民居在注意防寒、防风、防震的同时，也用开辟风门，设置天井、天窗等方法，较好地解决了气候、地理等自然环境不利因素对生产、生活的影响，达到通风，采暖的效果。民居室内外的陈设显示着神佛的崇高地位。不论是农牧民住宅，还是贵族上层府邸，都有供佛的设施。最简单的也设置供案，敬奉菩萨。

藏族具有其特殊的民族文化、饮食习惯、丧葬习俗、民族服饰、各种礼仪和禁忌、音乐和节日。藏族医药也具有强烈的民族特色。特别是藏民族医药科学可谓相当发达。藏医学已有 2000 多年的历史，早在吐蕃时期已形成体系。在藏王赤松德赞在位期间，藏医药学得到了前所未有的发展，藏医学鼻祖宇妥·元丹贡布在集古代藏医的基础上，吸收四方医学精华，编著了《四部医典》。藏医诊断主要为问诊、望诊和触诊等。藏医一般将疾病分为寒症和热症。治疗方法有催吐、攻泄、利水、清热等，除了内服药，还有针灸、拔罐、放血、灌肠、导尿、冷热敷、药物酥油烫、药物浴等。藏药约有 1000 余种，常用的基本有 400 种，多采用成药。

5.1.2 典型藏族农户调查

（1）甘孜州稻城县赤土乡德沙村

2009 年 8 月 23 号，课题组对四川省甘孜州稻城县赤土乡德沙村的布多一家进行了走访（照片 5-2）。德沙村共有 17 家农户，户均人数为 8 人，布多一家在德沙村属于中上收入。布多家房屋属于石木结构，

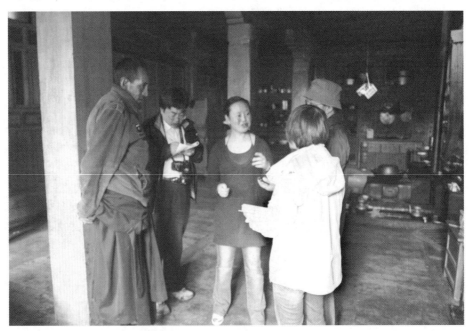

照片 5-2　藏族农户调查

摄影：沈镭（照片号：IMG_ 5969）时间：2009 年 8 月 23 日

屋内共有42根实木大柱，4根柱间面积为11m²，屋内总面积约330m²。

布多一家有7口人，包括布多父母、哥嫂、布多和3个孩子。布多家收入主要由4部分构成：第一，虫草和松茸采摘可挣2.5万元；第二，畜牧业，养50~60头牛，每年卖2~3头牛（按3500元/头算）可挣7000~10050元；第三，种粮用于自给自足；第四，木材加工每年可挣2000多元，每年1~2月为全村进行木材加工。

能源消费主要包括薪柴、电力和太阳灶。每年需烧薪柴两大卡车即4t，每月照明看电视用电月约10kW·h，若加上洗衣机、冰箱、VCD以及锯木机等平均耗电约50kW·h；考虑到家里木质结构房子的安全，太阳灶主要用于在牛场上煮饲料。

在对布多家访问的过程中，明显感受到松茸、虫草等林副产品对老百姓生产生活中的重要作用，以及松茸、虫草受经济危机冲击后，对当地老百姓生活的深刻影响。如何构建农户+企业的合作模式，转移松茸、虫草价格风险，对于保障当地农户收入稳定具有重要作用。

（2）甘孜州得荣县子庚乡瓦卡村

2009年8月26日，课题组对四川省甘孜州得荣县子庚乡瓦卡村中子林一家进行了走访（照片5-3）。中子林一家共有6口人，包括中子林夫妇、儿子儿媳和两个孙子。

中子林一家年收入约4万元，主要包括以下5部分：第一，种植，种植5亩果园，户均1~2亩用于种植皱皮橘、高粱和蔬菜用于自给；第二，磨坊；第三，运输每年可挣约2万元；第四，养殖奶牛用于产奶，每天可产15斤奶[①]（2008年花1万多元购买奶牛），富余部分外卖；第五，开设小卖部。

照片5-3　走访中子林一家

摄影：沈镭（照片号：IMG_6741）时间：2009年8月26日

该户能源结构主要由电、太阳能和沼气构成。其中，每月用电450~600kW·h（按每千瓦时电0.66元计算，每月需缴纳电费300~400元）；太阳能热水器一半自筹一半靠政府补贴；沼气，户主上屋子洗手间废水排到下面过滤池（过滤后的水浇地/沉积物肥田和入沼气池），猪/牛等粪便引入沼气池。

此外，该户拥有电视、音响、VCD、冰箱及客车等设备。

户主原先住在山上，后搬迁至瓦卡离路较远处，再搬迁到路边，除居住区位有一定的改善之外，户

---

① 1斤=0.5kg。

主目前房屋（上/下）有两处，体现了由传统生产生活方式向现代生产生活方式的转变和变迁。

（3）迪庆州德钦县云岭乡民永村

2009 年 8 月 28 日，课题组对云南省迪庆州德钦县云岭乡民永村的扎西江措一家进行了走访。扎西江措一家有 7 口人，包括扎西江措父母、扎西江措夫妇、儿子儿媳和 1 个孙子。

扎西江措一家年收入约 50 000 元，主要由 4 部分构成：第一，种植 9 棵核桃树，每棵产核桃 400 ~ 450kg，可挣 3000 元；第二，种 4 ~ 5 亩玉米和小麦；第三，种植 3 亩葡萄，可挣 7500 元；第四，参加马帮可挣 4 万元左右。

开支方面除去家庭日常花费外，最大的支出用于盖房子包括装修需 27 万元。

扎西江措一家能源消费由太阳能热水器、电和薪柴构成。其中太阳能热水器于 2005 年购置，一台用于牲口煮饲料；另外一台供家里的热水。每月耗电约 190kW·h（按 0.32 元/kW·h 计算，每月需缴纳 60 元电费），主要用于电视机、音响、VCD、电饭锅、电磁炉和电烤炉（烤饼）。每年需要烧薪柴 4t 左右。

该农户最大的问题在于马饲料不够，粮食需要外购，这些每年需花费 5500 元。

（4）迪庆州德钦县云岭乡斯农村布村小组

2009 年 8 月 28 日，课题组对迪庆州德钦县云岭乡斯农村布村小组斯那都居一家进行了走访。斯那都居一家共有 4 口人，包括夫妻及儿女。年收入约 30 000 元，在该村属于中等偏上。

收入主要由葡萄种植和外出务工构成。斯那都居一家种植的 7 亩葡萄中已有 2 亩盛产葡萄，年产葡萄 4000kg 以上，按 3.6 元/kg 计算，每年可挣 1.5 万 ~ 1.8 万元。由于 1 斤葡萄可酿 0.4 斤葡萄酒，每斤葡萄酒可卖 15 ~ 20 元，则每年可挣 4.8 万 ~ 6.4 万元。由于当地已经实行公司+农户的合作机制，所以接下来 3 ~ 5 年价格并无变化。此外，丈夫外出到德钦县务工，可以挣 1000 元/月。此外，鉴于葡萄酒与葡萄价格相差甚远，未来加大葡萄酒生产有助于该户收入大幅提升。

家里的支出主要包括葡萄化肥农药投入 1000 元，家里粮食购买以及小孩上学等。

斯那都居一家能源消费包括薪柴、电力以及太阳能热水器。其中，薪柴每年需 2t 左右；电力每月需 110 ~ 130kW·h（按 0.38 元/kW·h 计算，每月需缴纳电费 40 ~ 50 元）。有政府补贴 750 元，自筹 750 元购买了太阳能热水器。

家里电器包括电视、VCD、音响、卫星接收器、洗衣机、冰箱和电饭煲等。

目前，该户最大的困难在于小孩上学的学费问题（尤其是上大学）。女儿高中毕业，儿子在昆明艺术学校，学费、吃住等每年需要 1 万元。

（5）迪庆州德钦县云岭乡果念村

2009 年 8 月 29 日上午，课题组对云南省迪庆州德钦县云岭乡果念村白玛扎西一家进行了走访（照片 5-4）。

白马扎西一家共有 5 口人，除户主外包括儿子儿媳以及两个孙子。白马扎西年收入为 8000 元，收入主要由 5 部分构成：第一，2 亩地种植每年挣 4000 元，包括 1.5 亩种玉米和其他粮食，0.5 亩种葡萄和核桃；第二，采集虫草和松茸每年挣 2500 元；第三，养 10 头猪，通过卖猪仔每年可挣 800 元；第四，养 3 头牛；第五，退耕还林地有 2 亩，每年每亩可获补贴 220 元。主要开支是家庭生活开支和农资化肥购买成本。

家里能源消费包括太阳能热水器、薪柴（东风大卡 2 车）以及电力（50 元/月）。电力主要用于电视、VCD、音响、电炉（用于烤饼）以及照明。

该户的主要困难在于由于国家规定十分严格，盖房子的木柴难以获得。

（6）迪庆州德钦县燕门乡巴东村委会日尼通组

2009 年 8 月 29 日，课题组对云南省迪庆州德钦县燕门乡巴东村委会日尼通组尺里永追一家进行了走访（照片 5-5）。

尺里永追一家由 7 口人组成，包括一位老人、尺里永追夫妇、儿子儿媳以及两个孙子。家里一年收入为 25 000 元，收入主要由 6 部分构成：第一，种植 6 亩水浇地，其中 2 亩种植粮食包括青稞、小麦和玉

照片 5-4　走访白玛扎西一定
摄影：沈镭（照片号：IMG_ 7226）时间：2009 年 8 月 29 日

照片 5-5　走访尺里永追一家
摄影：沈镭（照片号：YN-DQ-YL-02）时间：2009 年 8 月 29 日

米；新种 4 亩种植葡萄（葡萄成熟每亩可挣 4000 元）；种植 6 棵核桃树共产核桃 150kg，按 16 元/kg 计可挣 2400 元。第二，养殖业收入，养 10 多头牛，每年出栏 5 头可挣 1 万多。第三，农闲在外务工收入，每人每天可挣 50 元。第四，退耕还林 11 亩，可获补贴 2500 元。第五，家里还种了一些苹果、梨、石榴、桃、黄果用于自给。第六，养了 14 头猪，每年出栏肥猪 1 头可挣 1000 多元，外卖仔猪 4 头可挣 1000 元。家里支出主要是生活费如购买每天 4 顿饭的粮食，生活条件好的可以吃 3 顿大米、酥油等。

该户能源消费包括太阳能热水器、电和薪柴。其中，太阳能热水器政府补贴 750 元，自筹 750 元购买，由于需要家用和煮猪食，一台热水器不够用，因此目前打算购买第二台；平常每月耗电约80kW·h，农忙时需耗电130kW·h，主要用于电视、VCD、音响、冰箱、电饭煲、脱粒机以及电风扇等；每年需烧柴1.5t。

目前存在的问题是以后孩子上大学的经济负担。

5.1.3 藏东民居之最：左贡县东坝乡民居

地处怒江峡谷的左贡县东坝乡的藏族民居特色鲜明（照片5-6）。从半山坡望去，东坝乡四周山峦叠嶂，悬崖峭壁如刀削斧砍一般，山体状如莲花绽放，东西南北的山川依次呈现狮、凤、龙、龟等姿态各异的动物形状。山腰上有一处相对平坦的观江台，一栋栋藏房依山、依道、依水、依果园而建，宛如宫殿群，气势磅礴、雄伟壮观。东坝民居集藏、汉、纳西等民族风格如一体，房屋建筑选料考究，设计巧妙，体积庞大，屋内布局精雕细刻，富丽堂皇。

照片5-6　东坝乡远眺

摄影：沈镭（照片号：IMG_ 1809）时间：2011年9月15日

5.1.4 白色藏房：乡城县香巴拉镇风情

藏族人民最喜爱白色，这与他们的生活环境、风俗习惯有着密切的关系。藏区人民视白色为理想、吉祥、胜利、昌盛的象征。

从亚丁村出发，经稻城县，抵达位于亚丁机场与中甸机场之间的枢纽——乡城县。乡城县位于硕曲河与定曲河之间，东与稻城接壤，南邻云南中甸，西靠巴塘、得荣，北接理塘，在藏语中寓意"串珠（佛珠）之地"。据当地人介绍，乡城县有三绝，即桑披岭寺、白色藏放和"疯装"。

桑披岭寺是五世达赖洛绒降措于清顺治十一年（1654年）在康巴地区倡建的13座格鲁派寺庙之一，是著名的西藏噶丹寺的属寺，也是东藏最大的黄教寺庙之一，一直由西藏三大寺委派喇嘛主持，桑披岭寺寓意"遂心如意、兴旺发达"。

白色藏房是乡城县人民在长期生产生活积累的建筑实践经验，以及康藏地区建筑风格的基础上，融合纳西族、汉族等民族建筑艺术特点，所创造的独具一格的藏式建筑。白色藏房属于土木结构，房屋整体为梯形，墙体外侧呈内斜状，内侧垂直，室内木柱密架，柱子越多房子也就越大。白色藏房墙体是用湿度适宜的普通泥巴夯筑，每逢传召节前 1 月左右，乡城县人民将特有的白色"阿嘎土"盛于茶壶等器具里，从墙头慢慢浇下直至土墙浇白。这不仅使墙体美观、防雨，更主要的是祈求吉祥、幸福。传说每浇注一次，就相当于点上 1000 盏酥油灯，诵 1000 道平安经。

白色藏房体现了多元文化的交融，在结构上受云南干栏式建筑的影响，融合了藏式传统的井干式结构、碉房造型以及汉族擅长的土筑墙体技艺，形成了独特的土木碉房。在房屋装饰上，受藏传佛教格鲁派的影响，门窗和室内装饰大量运用橙黄色系，与寺院装饰风格一脉相承，成为寺院艺术在民居空间的一种延展。

白色藏房一般五至六层，最底层为牲畜棚；第二层为生活区，包括厨房、客厅、卧室、经堂；第三、四、五层大多用于晒粮食。随着社会经济的发展，与外界沟通的不断增多，乡城县白色藏房结构也悄然发生着变化，如现在白色藏房也开始讲究"人畜分居"，底层也装修住人了。

乡城县的白色藏房依山傍河，错落有致，点缀在或苍翠或金黄的农田之中，每当夕阳西下，炊烟升起，云雾与阳光的交织中，一抹抹散落在绿色田野上的白色，静谧、祥和，给人一种无比眷恋的记忆、深入家园的感觉，令人无限神往（照片 5-7）。

照片 5-7 乡城县香巴拉镇全景
摄影：沈镭（照片号：IMG_ 5315）时间：2009 年 8 月 25 日

乡城县"疯装"融合了乡城县土装、唐代宫女装和纳西族女装的风格特点，裙摆折叠多，分内折、外折各 54 个。与其他藏区穿法不同，右襟在里，左襟在外，左右胸襟分别镶有红、黑、绿、黑、金丝绒五块三角形布料，分别代表福寿、土地、先知、牲畜、财富。每逢播种、收割以及节日等，乡城县的藏族姑娘便穿上最具特色的乡城"疯装"载歌载舞，祈求好的收成与生活。

5.1.5 稻城亚丁：香格里拉之魂

从乡城县沿 217 省道（S217）一路向北，经桑堆乡上 216 省道（S216）向南，过稻城县，经傍河乡、色拉乡、赤土乡进入日瓦乡抵达亚丁村。亚丁藏语意为"向阳之地"也是最贴近"香巴拉"——心中的日月的地方。稻城亚丁地处青藏高原东部，横断山脉中段，四川甘孜藏族自治区南部（照片5-8）。亚丁风景区位于稻城县的东南面，约130km处。亚丁风景区属高山峡谷类风景区，海拔2900～6032m，是当前中国保存最完整、最原始的高山自然生态系统之一，于2002年被国务院列为国家级自然保护区。

照片5-8　稻城县亚丁香格里拉村全景

摄影：沈镭（照片号：IMG_ 6316）时间：2009年8月24日

亚丁风景区主体由三座完全分隔且呈"品"字形排列的雪峰构成。这三座雪山佛名"神圣雪山怙主三尊"——三怙主即"仙乃日"、"央迈勇"和"夏诺多吉"的总称，藏语"念青贡嘎日松贡布"，即"圣地"之意（照片5-9）。其中，仙乃日是三神山中最高的一座，海拔6032m。三怙主指人之身、语、意三种依怙，在山前祈祷诵经，能洗去尘世的污垢。早在公元8世纪，莲花生大师亲自为贡嘎日松贡布开光，并以佛

照片5-9　稻城县亚丁央迈勇圣山

摄影：沈镭（照片号：IMG_ 6341）时间：2009年8月24日

教中除妖伏魔的三位菩萨为三座雪山命名，仙乃日为观世音菩萨，央迈勇为文殊菩萨，夏诺多吉为金刚手菩萨。从此"念青贡嘎日松贡布"蜚声藏区，三怙主在世界佛教二十四圣地中排名第 11 位。

　　洛克在美国《国家地理》中撰文写道：夏诺多吉是一座削去了尖顶的金字塔形的山峰，它的两翼伸展着宽阔的山脊，像一只巨型蝙蝠的翅膀；仙乃日峰外形像是一个巨大的宝座，好像是供活佛坐在上面沉思用的，它真像是藏族神话中天神的椅子；在我面前的晴朗天空衬托下，耸立着举世无双的央迈勇雪峰，它是我见过的最美的雪山。

　　玛尼堆、经幡、寺庙以及随风传颂的六字真言承载着藏民的希冀与梦想，圣地是藏民的灵魂宿地，将胸腔与大地贴近，把灵魂与天空相融，转山朝觐成为每个藏民的终身愿望。

　　走进亚丁，在纯粹的蓝与白之间，躁动的心情归于宁静，尘世的污垢慢慢净化，自然的空灵在呼吸间沁入肺腑，在此，仿佛可以听见天空与雪山云雾的低声絮语，感受到人神如此贴近。走进亚丁，鲜花和绿草辉映的草场，五光十色的海子，悠然自得的牦牛，袅袅升起的炊烟，还有那在风中悠扬传唱的牧歌，亚丁的山、水、人、情，纯、静、轻、悠，无一不向世人宣告这就是香格里拉，这就是梦中的天堂。

5.2　傈　僳　族

5.2.1　分布及特点

　　傈僳族（Lisu Li 或 Su Lisaw ethnic group）是我国 4 个人口在 50 万 ~ 100 万的少数民族之一，在 55 个少数民族中，按最多人口排列第 20 位（第五次人口普查）。傈僳族发源于青藏高原东北部，是中国、缅甸、印度和泰国的一个跨国性质的少数民族，主要聚居中心在中国原来的西康省（即现今云南省、四川省、西藏之间的州县）和古代云南腾越州的坎底地区、江心坡地区（即现今缅北克钦邦的葡萄县，为中国传统线和英国麦克马洪线东段之间的未定界领土，于 1960 年归属缅甸邦联而设立的）（图 5-2）。

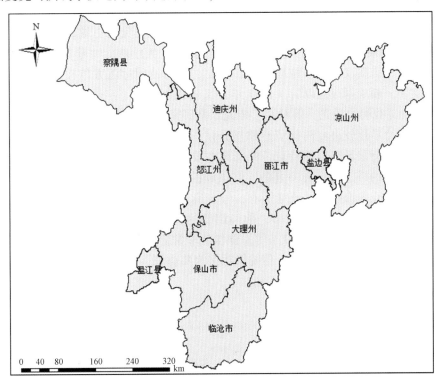

图 5-2　中国傈僳族地理分布图

傈僳族地理分布包括南、北两群，南、北傈僳语也有些差异，在中国境内约有 63.49 万人（第五次人口普查）。北群为白傈僳和黑傈僳，最早生活在四川、云南交界的金沙江流域一带，后逐步迁到澜沧江中游的怒江地区定居下来，主要聚居于云南省怒江州，其他分布在丽江市、迪庆州、大理州，以及四川省的凉山州、盐源、盐边、木里、德昌等县，以及西藏的察隅县；南群主要为花傈僳，聚居在德宏傣族景颇族自治州的盈江县、保山市、临沧市。

缅甸境内约有傈僳族人口 40 万，北群白傈僳主要聚居于怒江傈僳族自治州相邻之克钦邦的葡萄县葡萄镇、密支那和八莫；南群为花傈僳，散居于掸邦南北、东部的果敢特区、佤邦特区等和金三角地带，其中以盛产红宝石的摩谷镇为主要傈僳村落密集区，其次为沿着 3 号道路的湄苗、昔卜、腊戌等镇。信仰以基督教占大部分，特别是居于克钦邦的北群傈僳族。

约有 6000 傈僳族人居住在麦克马洪线以南中印未定界的藏南察隅县，即由印度实质管理经营的阿鲁纳恰尔邦昌朗县（Changlang）。印度官方杂志《最前线》报道，此地 7 个傈僳村是 1930 年建立，是最早发现此地的民族，是由其东邻，当时也是未定界已由英国实质占领的坎底地区和江心坡地区（属于现今克钦邦葡萄县境内），甚至是由云南怒江上游的贡山县、福贡县直接迁徙而来。在这条迁徙路线上的傈僳族和日旺族（Rawang），外国英文传记史料以出埃及记、追寻天堂般的香格里拉来描述，喜好自由和平温驯的族人意欲建立独立自主的傈僳之邦——傈僳兰（Lisu-land）。

泰国境内约有 55 000 人的花傈僳，主要聚居于泰北夜丰颂府、清莱府、清迈府等。从 19 世纪末到 1930 年，南群的傈僳族南下经由金三角有较大量移民潮入境泰国。泰国外国观光客众多，傈僳族的民宿、手工艺品、编织比同为泰北山地民族的哈尼族（阿卡族）、拉祜族要知名且受欢迎，和欧美日各国通婚者也较多。信仰为基督教和传统的万物有灵信仰，极少有信佛教者。迁徙到老挝、越南境内的傈僳村则稀少且信息与外界隔离，在占大部分的苗族和傜族村寨中，不易区分。

因缅甸军队的迫害，逃到泰国或马来西亚、印度等地沦为难民的傈僳族人数不明，目前约有数千人，其中已经由联合国难民事务高级专员公署面试核实后，取得联合国难民证，且已被转介安置到欧洲各国、美国各州、澳大利亚、新西兰等约有 500 人，正在急速增加中。

傈僳族为氐羌族后裔，以从事农业为主，种植玉米、水稻、荞麦等。其先民原来居住在金沙江两岸。16 世纪以后开始迁入怒江、德宏等地（照片 5-10）。族称唐代即已见诸史端。作为民族自称音译的"傈僳"二字，历史上曾有"栗粟"、"力苏"、"傈僳"、"力些"、"力梭"、"黎苏"、"俚苏"等不同写法。傈僳族有自己的语言，语言属汉藏语系藏缅语族彝语支。先后使用过西方传教士创制的拼音文字和维西县农民创造的音节文字。新中国成立以后（1957 年）又新创制了拉丁字母形式的文字。傈僳族民间文学丰富多彩。《创世纪》、《我们的祖先》等神话、传说，是研究傈僳族远古历史的宝贵资料，也是中国民间文学宝库中的珍品。其诗歌比较讲究韵律节奏和整齐仗，在一些双关语的诗句中，常巧妙地包含着意境清新的隐喻，这是傈僳族诗歌最突出的特点。傈僳族主要信仰基督教和传统的万物有灵信仰，少数信天主教和藏传佛教。傈僳族的婚姻是一夫一妻制。傈僳族的服饰很有特点，妇女穿绣花上衣，麻布裙，喜欢戴红白料珠、珊瑚、贝壳等饰物；男子穿短衣，外着麻布大褂，左腰佩刀，右腰挂箭包。傈僳族能歌善舞，每到收获、结婚、出猎和盖房等时节，他们都要尽情地歌舞。傈僳族相信万物有灵，崇拜祖光。传统节日有阔什节（过年）、刀杆节、收获节等。傈僳族非常喜爱唱歌对调，有"盐，不吃不行；歌，不唱不得"之说。民歌朴素感人，曲调丰富，传统舞蹈多为集体舞，有模仿动物的，也有表现生产生活的。传统乐器有琵琶、口弦、四弦和芦笙等。

5.2.2 典型傈僳族农户调查

2009 年 8 月 31 日，课题组对位于维西县攀天阁乡皆菊村迪姑下组熊斌一家进行了走访（照片 5-11）。皆菊村共有 821 户，3119 人。耕地面积为 2140 亩，其中，水稻 1470 亩，2009 年种黑谷 740 亩，全村退耕面积达 1500 亩。坝子上共有 16 个行政自然村，其中 6 个为傈僳族，村民平均有粮为每年人均 345kg，人均收入为 1000 多元。畜牧业养殖 2040 头，其中黄牛 1490 头。迄今为止，村村通水、电、公路。

照片 5-10　傈僳族民居

摄影：沈镭（照片号：YN-WX-YZ-03）时间：2009 年 8 月 30 日

照片 5-11　走访熊斌一家

摄影：沈镭（照片号：IMG_ 7712）时间：2009 年 8 月 31 日

熊斌一家成员包括熊斌夫妇、初中毕业在外参加工作的女儿（当地认为 20 岁的姑娘不用读书）以及正在上高中的儿子。熊斌一家每年毛收入为 5 万元，净存款超过 1 万元，在迪姑下组 34 户当中属于中等偏上的家庭。

该户收入主要由 7 部分构成：第一，种植 6 亩耕地，其中，水田 3.5 亩，按黑米产量 200kg/亩，单价 5 元/kg 计算（一半自己吃，一半卖）可挣 1750 元/年；旱地 2.5 亩，种植玉米按总产 1250kg，单价

2.2 元/kg 计算可挣 2750 元；种植洋芋按总产 1000kg，其中一半卖 1 元/kg 计算可挣 500 元。其他还种苹果、桃、梨、核桃用于自给，综上种植 6 亩耕地每年总计可挣 5000 元。第二，熊斌在外务工，城建 100 天按每天 50 元计算可挣 5000 元。第三，养殖业，其中，养猪 3 头，马 2 匹，骡 2 匹，牛 1 头，基本收入可达 5000 元。第四，女儿在外务工每年可挣 6000 元。第五，高原农牧民补助为小学一年级为 170 元/月；初中为 200 元/月。第六，低保按每人每月 50 元。第七，其他。该户支出由两部分构成，第一，儿子高中两学期学费 2000 元，生活费 500 元/月；第二，家里生活开支。

该户能源结构包括薪柴、沼气和电。其中薪柴在 2005 年基础上大幅降低，如 2005 年前需烧 10t/a；2005～2009 年，每年需烧 5～6t；2009 年之后每年仅需烧 2～3t。在沼气池修建方面政府进行了大力补贴。2005 年新建一个沼气池，政府补贴 1.5t 水泥，自筹 1000 元；2009 年新建一个沼气池，政府补贴 2t 水泥，自筹 200 元。在电力消耗方面，每月大约需电 53kW·h，按照 0.38 元/kW·h 计算，每年需交电费 240 元。

该户房子修建于 1998 年，政府扶贫援助了 2500 元，木料全部来自于山上。此外，该户电视、音响、VCD、电饭煲、农用拖拉机（耕地）较为齐全。

经户主介绍，将来最主要的困难来自于儿子上大学的学费及相关费用。

5.2.3 同乐傈僳族文化村

同乐傈僳族文化村隶属于云南省迪庆州维西县叶枝镇。叶枝镇位于维西县北部，东与德钦县霞若乡接壤，西与贡山县茨开乡毗邻，北与巴迪乡连接。同乐傈僳族文化村位于叶枝镇南边，距镇政府所在地 2km。同乐傈僳族文化村地处澜沧江东岸的半高山区，属于中温带低纬季风气候，年平均气温 14.30℃，年降水量 947.7mm，适宜种植水稻、玉米、小麦等农作物。

同乐傈僳族文化村有 1000 多年的历史，是典型的傈僳族村寨，地处世界自然遗产"三江并流"的腹地，是傈僳族传统文化保护区的中心，被联合国教育、科学及文化组织（简称联合国教科文组织）命名为生态文化村。同乐傈僳族文化村有数位傈僳族传统文化传承人。阿尺目刮舞更是闻名遐迩，属于国家级非物质文化遗产保护项目。

同乐傈僳族文化村现有村民 124 户，565 人。该村以傈僳族为主，其中傈僳族 529 人，其他民族 30 多人。傈僳族传统民居的木楞房和千脚落地房，是在滇西北特殊的自然生态环境中逐渐发展起来的，是适应当地环境的一个居住方式。其中，同乐傈僳族文化村的木楞房在维西县傈僳族村寨中是保存最为完好的（韩汉白等，2012）。

5.3 纳 西 族

5.3.1 分布及特点

纳西族（the Nakhi ethnic group）是我国 13 个人口在 10 万～50 万的少数民族之一，在全国 55 个少数民族中，按最多人口排列第 26 位（第五次人口普查）。主要聚于云南省丽江市古城区、玉龙县、维西、香格里拉（中甸）、宁蒗县、永胜县及四川省盐源县、木里县和西藏自治区芒康县盐井镇等（图 5-3）。现有人口约 32 万。云南省是纳西族的主要聚居地，有纳西族 295 464 人（2000 年人口普查），占纳西族人口的 95.5%。除云南外，四川和西藏也有纳西族聚居地，四川有纳西族 8725 人，占 2.8%，西藏有 1223 人，占 0.4%；其余各省均有散居，共有 4065 人，占 1.3%。纳西族也是昆明市非土著民族中的第一大民族。

纳西族的称谓很多，有的还有一些争议。从纳西语方言的差异看，有多种自称，如纳西、纳、纳日、纳罕、纳若等。这些自称在发音上有轻微差别，但基本族称都是"纳"；而西、恒、罕、日都是"人"的意思。1954 年，中央人民政府民族民事委员会派出云南民族识别调查小组根据名从其主原则，确定纳西

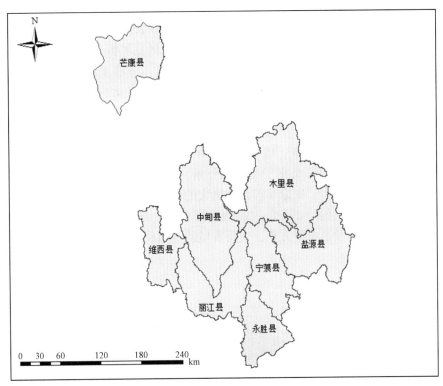

图 5-3　纳西族地理分布图

族为统一族称。汉文献中对纳西族的他称有麼些、摩梭或摩些（"些"读为"suō"）。藏语称纳西族为姜或卓。滇川交界自称"纳"或"纳日"的族群，在四川没有经过民族识别，沿用了上层人士的说法，被确定为蒙古族，而在云南，纳人被识别为纳西族支系。云南省人民代表大会常务委员会在 1990 年将纳人确定为摩梭人。目前，放弃"纳西"，而以"纳"作为族称的呼声很高。

纳西族有自己的语言和文字。纳西语，一般归入汉藏语系藏缅语族彝语支。纳西语分为西部、东部两大方言。使用西部方言者约有 26 万人，占总人口的 81%。纳西语的基本语序：主语—宾语—谓语。一般认为，纳西族有两种传统文字，既东巴文和哥巴文。东巴文（纳西象形文字）是一种兼备表意和表音成分的象形文字，文字形态比甲骨文还要原始，被认为是目前世界上唯一仍然活着的象形文字。哥巴文是一种音节文字。

纳西族系古羌人后裔，自西北河湟地区南迁，与土著融合而形成。纳西族信仰东巴教、藏传佛教等宗教。东巴，意为智者，是宗教活动的组织者、主持者，又由于他们掌握东巴文，能写经、诵经，能舞蹈、绘画、雕塑，懂得天文、地理、历法，所以成为纳西族古文化的重要传承者。东巴教即因东巴而得名。此外，丽江纳西族还普遍信奉"三朵"神，成为多种信仰的民族；在西藏昌都地区芒康县的盐井乡，还有信仰天主教的纳西人。

纳西族文明程度较高，是云南省三个不享受高考加分的少数民族之一。纳西族文盲、半文盲占27.41%，低于汉族的 32.7%，是每万人口中初中及以上文化程度的人口高于汉族的五个民族之一。纳西族的信息化程度较高，处在云南各少数民族首位，数值为 12.03，电视拥有率为 72.1%（第五次人口普查）。

纳西民居（照片 5-12）建筑大多为土木结构，比较常见的形式有以下几种：三坊一照壁、四合五天井、前后院、一进两院等几种形式。其中，三坊一照壁是丽江纳西民居中最基本、最常见的民居形式。所谓三坊一照壁，即指正房较高，两侧配房略低，再加一照壁，看上去主次分明，布局协调。在结构上，一般正房较高，方向朝南，面对照壁。主要供老人居住；东西厢略低，由下辈居住；天井供生活之用，多用砖石铺成，常以花草美化。如有临街的房屋，居民将它作为铺面。农村的三坊一照壁民居在功能上与城镇略有不同，还兼供生产（如晒谷子或加工粮食）之用，故农村的天井稍大，地坪光滑，不用砖石铺成。上端深长的"出檐"，具有一定曲度的"面坡"，避免了沉重呆板，显示了柔和优美的曲线。墙身向内作适当的倾斜，这就增强了整个建筑的稳定感。四周围墙，一律不砌筑到顶，楼层窗台以上安设"漏窗"。为保护木板不受雨淋，大多房檐外伸，并在露出山墙的横梁两端顶上裙板，当地称为"风火墙"。为了增加房屋的美观，有的还加设栏杆，做成走廊形式。最后为了减弱"悬山封檐板"的突然转换和山墙柱板外露的单调气氛，巧妙应用了"垂鱼"板的手法，既对横梁起到了保护作用，又增强了整个建筑的艺术效果。通过对主辅房屋、照壁、墙身、墙檐和"垂鱼"装饰的布局处理，使整个建筑高低参差，纵横呼应，构成了一幅既均衡对称又富于变化的外景，显示了纳西高超的建筑水平。此外，纳西民居中最显著的一个特点是，不论城乡，家家房前都有宽大的厦子（即外廊）。厦子是丽江纳西族民居最重要的组成之一，这与丽江的宜人气候分不开。因而纳西族人把一部分房间的功能如吃饭、会客等搬到了厦子里。在建筑设计、建筑风格及艺术等方面，大研古城的纳西民居最具特色。

照片 5-12 纳西族民居

摄影：沈镭（照片号：IMG_ 8700）时间：2009 年 9 月 5 日

5.3.2 典型纳西族农户调查

2011 年 9 月 14 日课题组对位于昌都地区芒康县纳西乡上盐井村的一农户进行了走访（照片 5-13）。上盐井村位于澜沧江边、滇藏交界的大山深处，该村最雄伟的建筑是天主教堂和钟楼，这里的居民皈依天主教已经有近 200 年的历史，这里 100 年前就引种了法国葡萄，至今仍盛产法国风味葡萄酒，在西藏该村可谓独树一帜。

走访的农户位于天主教堂旁边。该农户四世同堂共 28 人，最年长为 92 岁的老奶奶，儿子媳妇共 6人，孙子孙女共 19 人，其中 4 人仍在上学，此外还有 2 个重孙。房子建筑面积为 400～500m²，共有 5 亩地，喂养了 7 头牛、10 只羊、3 头骡子和 12 头猪。老奶奶每月收入 1100 元。家族其他人谋生手段主要是劳务输出和从事交通运输业，已经加入了农村合作医疗体系。

农户能源主要由太阳能、沼气和电构成。其中，太阳能主要用于烧热水和给牲口煮食物，沼气用于做饭，电用于照明和电器。

照片 5-13 纳西族农户调查
摄影：沈镭（照片号：XZ–CD–MK–QZK–07）时间：2011 年 9 月 14 日

随着交通系统日益完善，劳务输出日趋便捷，交通运输从业环境不断改善，为该户收入增长奠定了坚实基础。

5.3.3 盐井纳西族乡

盐井纳西族乡（照片 5-14）位于横断山区澜沧江东岸芒康县城南面，南与木许乡接壤，北与曲子卡

照片 5-14 盐井纳西族乡全貌
摄影：沈镭（照片号：IMG_ 1630）时间：2011 年 9 月 14 日

乡相邻，东与徐中乡毗邻，西与左贡县扎玉、碧土、门孔等连接，平均海拔 2400m 左右。盐井纳西族乡历史上是吐蕃通往云南丽江的要道，也是滇茶运往西藏的必经之路。此外，盐井纳西族乡还是西藏迄今唯一有天主教教堂和信徒的地方，纳西族的东巴教、藏族的藏传佛教和 19 世纪传入的天主教文化在此和谐共处。

盐井纳西族乡辖纳西民族村、上盐井村、角龙村、加达村 4 个村民委员会，21 个村民小组，共有 699 户 4072 人。盐井纳西族乡属农业乡，耕地面积 3178.65 亩 ［其中，双季地 2143.2 亩；牲畜存栏 12 446 头（只、匹）］。盛产青稞、大麦、玉米、小米等农作物，以及苹果、梨子、石榴、核桃、西瓜等水果；主要特产有虫草酒、葡萄酒、核桃、藏盐、盐井加加面、葡萄、松茸。

5.4 傣 族

5.4.1 分布及特点

傣族（The Dai ethnic group 或 The shan ethnic group，傣仂语：/tai/；傣那语：/tai/），在民族识别以前又被称作摆夷族，是中国少数民族之一。傣族是我国 9 个少数民族人口在 100 万～500 万的民族之一，在全国 55 个少数民族中，按最多人口排列第 18 位。傣族通常喜欢聚居在大河流域、坝区和热带地区（图 5-4）。主要分布在云南省西双版纳傣族自治州、德宏傣族景颇族自治州和耿马傣族佤族自治县、孟连傣族拉祜族佤族自治县，其余散居云南省的新平、元江、金平等 30 余县。根据 2006 年全国人口普查，中国傣族人口有 126 万。傣族历史悠久，与属壮侗语族的壮族、侗族、水族、布依族、黎族、毛南族、仡佬族等有着密切的渊源关系，都是"百越"、"骆越"民族的后裔，与百濮及百越中的滇越有关，具有共同的分布区域、经济生活、文化习俗和民族特点，语言方面至今仍保留着大量的同源词和相同的语法结构。

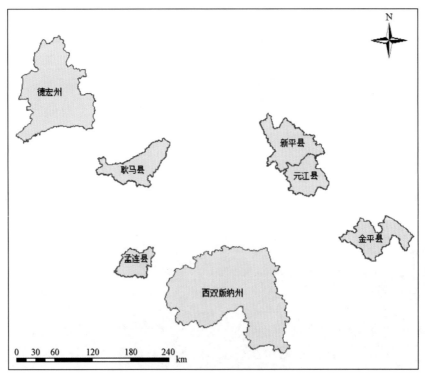

图 5-4 傣族地理分布图

傣族是一个跨境民族，全球傣（泰、掸）族总人口 6000 万以上，与缅甸的掸（傣）族、老挝的主体民族佬族，泰国的主体民族泰族，印度的阿萨姆邦的阿洪傣都有着渊源关系，语言和习俗也与上述民族接近。在泰国与老挝称傣泐族。大部分傣族自称为"傣"、"泰"，他称为"掸"、"阿萨"。

傣族方言有多种，包括德宏傣语（傣那语）、西双版纳傣语（傣泐语）、红金傣语、金平傣语（傣端语）等多种傣语，都属于壮侗语系的台语支。傣族有自己的文字，分为四种形式：在西双版纳等地通行的称为傣仂文，又称西双版纳傣文；在德宏等地通行的称为傣哪文，又称德宏傣文；在瑞丽市、澜沧县、耿马县等地的部分地区使用的称为傣绷文；在金平使用的称为傣端文，又称金平傣文。这四种傣文都是从印度的婆罗米字母演变而来的，与老挝文、泰文、缅甸文、高棉文属于同一体系。均为自左向右书写，自上而下换行，但形体结构有所差异。

傣族几乎全民信仰南传上座部佛教，特别是 40 岁以上的人几乎都要到奘房中受戒修行，参加每年 3 个月的入夏安居，诵经赕佛。傣语称佛教为"洒散纳"，称释迦牟尼佛祖乔答摩·悉达多为"贡达玛"。在西双版纳、景谷等地，傣族男子都要出家为僧一段时间，在佛寺内学习傣文、佛法、天文地理等知识。人们认为只有入寺做过和尚的人，才算有教化。因此，只有当过和尚的男子，才能得到姑娘的青睐。家境好的小男孩七八岁入佛寺，三五年后还俗。当他们穿戴一新由亲人护送，吹吹打打，在众人欢笑声中进入佛寺，便自豪地认为已经开始得到了佛的庇护，能长大成材了。然后他们剃去头发，披上袈裟，开始平静地诵读经书，学习文化，自食其力。而在现在，因为 9 年义务教育，小男孩们便白天上学校学习汉语等科学知识，晚上在佛寺学习傣族文化，十分辛苦。也有的人读完中学，大学毕业之后参加工作，然后再请 1 周或 1 个月的假，入寺学习。回家后仍然算是"康朗"，即还俗的僧人。德宏及周边地区的傣族没有入寺为僧后又还俗的普遍情况。

傣族是一个具有悠久历史的少数民族，是最早栽培稻谷和使用犁耕的民族。自古以来傣族先民就繁衍生息在中国西南部。新中国成立后，据考古工作者在云南省滇池、景洪、勐腊、孟连等地和其他省（自治区）发掘出的新石器时代的文化堆积，以及在泰国班清、北碧、黎府等地出土的大量石器、青铜器等历史文物证明，远古傣语各族的先民就生息在川南、黔西南、桂、滇东以西至伊洛瓦底江上游，沿至印度曼尼坡广阔的弧形地带，即我国云南、广西大部，四川、贵州一部分和老挝、泰国北部、缅甸、印度阿萨姆广大区域，后渐向西南迁徙。

傣族的民居建筑（照片 5-15）受气候、海拔、地形、建筑材料等自然环境和人口、经济、宗教、政治、科技、思想意识等社会环境的影响，主要有以西双版纳傣族民居为代表的优美灵巧的干栏式建筑，以元江、红河一线傣族民居为代表的厚重结实的平顶土掌房，以及典雅富丽的佛寺建筑。

在滨水而居的河谷坝区，傣族民居因受炎热、潮湿、多雨、竹木繁茂等生态环境的影响，傣族的居民建筑以"干栏"（俗称竹楼）为主。上下两层，以木、竹做桩、楼板、墙壁，房顶覆以茅草、瓦块，上层栖人，下养家畜、堆放农具什物。整座建筑空间间架高大，且以竹或木做墙壁和楼板，利于保持居室干燥凉爽。如今，随着生态保护的加强和经济的发展，一些地方开始以混凝土砖瓦结构代替竹木结构，但还保留"干栏"的形式或人字形屋帽的外形，因而仍习惯称呼它为"竹楼"。竹楼周围的宽阔庭院里都要种植瓜果林木或开挖小鱼塘，既可蔽阳遮阴，又是一道不设防的天然绿色"围墙"，外围随意搭上的竹篱，不为防人，只起到阻止牲畜闯入的作用。

在山区，因气候变化较大，平坝山少地多，傣族往往依山麓而居，代之而起的是厚重、结实的平顶土掌房。土掌房系土木结构，一般为两层，一楼住人，二楼堆放粮食和杂物，牲畜单独建圈。土墙有两层，厚达 3 尺[①]，起到了防热保凉防寒保暖独特的功效。土木夯实的平面屋顶厚达 5～10 寸[②]，夏夜可在平顶上纳凉，秋收时又可在顶上翻晒谷物，有效地利用了空间。

佛寺建筑是信仰小乘佛教的傣族地区建筑的一大特色，以落地重檐多坡面平瓦建筑为主。由大殿、

---

① 1 尺≈33.3cm。
② 1 寸≈3.33cm

照片 5-15　傣族民居

摄影：沈镭（照片号：YN-ML-ML-01）时间：2010 年 11 月 6 日

僧舍和鼓房组成，中心佛寺外加一座戒堂、一座藏经楼、一座佛塔。主殿外观一般是单檐或重檐歇山式屋顶，或悬山式顶、多角或亚字形重檐歇山式顶。坡面进行 1～2 次跌落后有两层或上中下三层的单面坡或三面坡、五面坡，坡面的多少和佛寺的级别有关。屋面按纵向分为两段式或三段式或五段式，以中间最高，使庞大威严的屋面呈现出优美起伏的曲线。

5.4.2　典型傣族农户调查

2010 年 11 月 4 日，课题组对位于景洪市勐仑镇曼炸村弥汉真（音）一家进行了座谈。全家共 4 人，孩子 11 岁。全家住在两层的木楼中，总共住房面积 250m²，一楼以牲畜蓄养，堆放薪材和储物为主，二楼供人居住。全家共有 8 亩耕地，35 亩橡胶林地。耕地以 1200 元/a 的价格租给外地人，主要种植香蕉和水稻。全家以种植橡胶为主，在割胶时还要雇佣一些人。1993 年以后自留地、薪炭林都改种为橡胶林地。年产橡胶约 2t，年收入 7 万～8 万元。

农户能源主要由太阳能、电和薪材为主，太阳能主要用于洗漱，电用于照明和电器，也有部分薪材用于做饭，薪材主要是橡胶林的残枝为主。

现阶段随着橡胶收入的提高，很多人参与赌博。一些年轻人富裕后到景洪市挥霍，导致了一些家庭和社会的问题。随着橡胶种植面积的扩大，橡胶需水量大，也出现了河流水量明显减少等环境问题。

5.4.3　橄榄坝傣族风情园

橄榄坝具有浓郁热带风光和民族色彩，是傣家竹楼及水上风光的结合，位于景洪市东南约 30km 处的勐罕镇。傣族园景区由曼将（篾套寨）、曼春满（花园寨）、曼乍（厨师寨）、曼嘎（赶集寨）、曼听（宫廷花园寨）五个保存完好的千年古傣寨组成，是西双版纳集中展示傣族历史、文化、宗教、体育、建筑、生活习俗、服饰、饮食、生产、生活等为一体的民俗生态旅游景区，被誉为"傣族民俗博物馆"。风情园建成了旅游景区大门楼、迎宾广场、老景区的包装、村寨旅游线路、江边活动区、旅游购物区、烧烤场、泼水广场、大型露天剧场（照片5-16）。

照片 5-16　橄榄坝傣族风情园
摄影：沈镭（照片号：YN-JH-MH-01）时间：2010 年 11 月 8 日

橄榄坝意为"宫廷花园寨"，里面有两个比较大的寨子，一个是曼松满，也就是花园寨；另一个是曼听，也就是花果寨，无论你走进哪一个寨子，都会看到典型的缅寺佛塔和传统的傣家竹楼。橄榄坝的海拔只有530m，是西双版纳海拔最低的地方，也是气候最炎热的地方，炎热的气候给橄榄坝带来了丰富的物产，这里热带水果种类繁多，除鲜果外，还出产大量的果脯，所以在橄榄坝到处都看得到水果和果脯市场。椰子树、槟榔树、芒果树、菠萝蜜、绣球果等热带植物和花卉布满整个村寨，树丛中掩映着座座傣家竹楼。

5.5　彝　　族

5.5.1　分布及特点

彝族（the Yi ethnic group）是我国 7 个人口在 500 万 ~ 1000 万的少数民族之一，在 55 个少数民族中，按最多人口排列第 7 位。全国第五次人口普查（2000 年）资料显示，国内彝族总人口为 776.23 万人，其中：男性 398.94 万人，女性 377.29 万人；性别比为 105.74。全国彝族人口主要分布在云南、四川、贵州三省和广西壮族自治区的西北部。其分布形式是大分散，小聚居，主要聚居区有四川凉山州，云南楚雄州、红河州、贵州毕节市和六盘水市（图 5-5）。云南彝族人口共计 502.8 万，主要分布在楚雄州、红河州、石林县、江城县、宁蒗县、巍山县、南涧县、寻甸县、元江县、新平县、漾濞县、禄劝县、宁洱县、景东县、景谷县、镇沅县、峨县等；四川彝族人口共计 178 万人，主要分布在凉山州、峨边县、马边县、石棉县、泸定县、九龙县等地；贵州彝族人口共计 84.28 万人，主要分布在毕节市、六盘水市、黔西等；

广西彝族人口共计 0.7 万多人。国外彝族人主要分布于东南亚和美国、英国、法国。

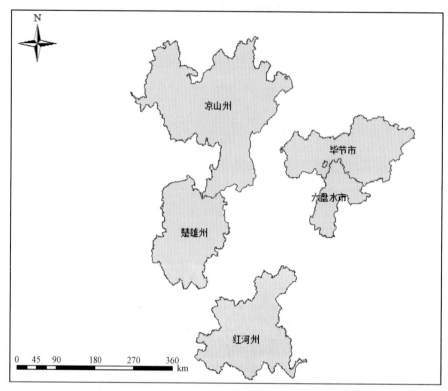

图 5-5 彝族地理分布图

彝族是中国最古老的民族之一。3000 年前彝族已广泛分布于西南地区，即史书中常出现的所谓"越嵩夷"、"侮"、"昆明"、"劳浸"、"靡莫"、"叟"、"濮"等部族。彝族历史上的一个重要特征，是长时期保持着奴隶占有制度。公元前 2 世纪的西汉及其以前，彝族先民社会已出现游牧部落与定居农业部落的分化。东汉至魏晋时期，各彝族先民地区继续分化出一批叟帅、夷王，表明在征服濮人等部落的基础上，昆明部落已基本完成从原始部落向奴隶占有制度的过渡。康熙、雍正年间，清王朝在彝族地区推行"改土归流"，给土司、土目、奴隶主势力以沉重打击。随着社会生产力的发展，部分地区比较迅速地由奴隶制向封建制过渡。

彝族是西南少数民族中人口最多的民族，彝族先民在长期形成与发展中，活动范围曾遍及今云南、四川、贵州三省腹心地带及广西的一部分，其核心地区应是三省毗连的广大地区，澜沧江流域也是彝族广泛分布区，他们聚居在地理环境和资源极为丰富的地区，以农业为基础的彝族多种植玉米、土豆、大麦、小麦和荞麦，蔬菜也较为丰富。居住在山区、半山区的彝族喜欢养羊，尤以小凉山的彝族养羊最多。

彝族人民能歌善舞，民间有各种各样的传统曲调，如爬山调、进门调、迎客调、吃酒调、娶亲调、哭丧调等；彝族服饰种类繁多，色彩纷呈；彝族宗教具有浓厚的原始宗教色彩，崇奉多神，主要是万物有灵的自然崇拜和祖先崇拜。自然崇拜中，最主要是对精灵和鬼魂的信仰。彝族至今还保留着一种鲜为人知的，可以与玛雅文明相媲美的彝族十月太阳历，是人类文明的重要标志之一。据推测，此种历法源渊于远古伏羲，大约有上万年的历史。它把中国的文明史追溯到埃及、印度、巴比伦三个文明古国之前。

彝族的房屋建筑（照片 5-17）结构有的地区和周围汉族相同，凉山彝族居民住房多用板顶、土墙；广西和云南东部彝区有形似"干栏"的住宅。土掌房是彝族的独特民居建筑，与藏式石楼非常相似，一样的平顶，一样的厚实，不同的是它的墙体以泥土为料，修建时使用夹板固定，填土夯实逐层加高后形成土墙（即所谓"干打垒"）。平顶的制作也与石楼相似，也具备晒场的功能。土掌房分布在滇中及滇东南一带。这一带土质细腻，干湿适中，为土掌房的建造提供了大量方便易得的材料和条件。彝族住房多为三间或五间。正中一间为堂屋，是家庭成员聚会之所，亦为接待客人之所。靠墙壁左侧，设一火塘，火塘边立石三块成鼎状，锅支其上，称为"锅庄"。锅庄严禁人踩踏跨越，否则认为不吉。锅庄上方，以篾索吊一长方形木架，上铺竹条，作烘烤野兽干肉或蒜头、花椒、辣子之用。火塘用以煮饭、烧茶、取暖和照明。彝族一家老幼，常围火塘而坐，叙天伦之乐，火塘成为彝族传递文化的场所。一般彝族人家，则在火塘边铺上草席，身裹披毡而眠。

照片 5-17　彝族民居

摄影：沈镭（照片号：YN-LP-TE-02）时间：2009 年 9 月 7 日

5.5.2　典型彝族农户调查

杉阳镇松坡村麦庄村（自然村）共有 72 户农户。2009 年 9 月 7 日下午，课题组选取该村位于宝台山山顶的杨树昌一家进行了走访（照片 5-18）。杨树昌一家共有 3 口人，包括杨树昌夫妇和 14 岁上初中的女儿。经户主介绍，其一年的收成保守估计约 22 000 元，在该村属于较富裕的家庭，该村与其家境类似的还有 15～20 户。

其家庭收入主要来自三大块，即耕种 15 亩土地、小卖部以及退耕还林补偿。15 亩耕地［其中，10 亩用于种植核桃树，4 亩已成熟的核桃树每年挣 6000 元，其他 6 亩暂时尚未有收成；1 亩用于种木瓜和玉米（用于给 2 头猪、30 只鸡提供饲料），其余种粮食自给］每年至少可挣 6000 元。主要收入来自开小卖部，每年可挣 15 000 元；此外，6 亩退耕还林地每年可得补偿款 1500 元。

其家庭主要开支主要来自三个方面：一是小孩上学、生活开支（政府每年给予 700 元的补助）；二是家里生活费 500 元/月；三是盖房子花费巨大为 20 多万元，主要是建筑的挡墙石头昂贵。

此外，课题组还对农户能源消费情况进行了调研。该户涉及的能源包括太阳能热水器、沼气和薪柴。2008 年购置太阳能热水器；花费 2000 元修建了沼气池，政府每口给予 400 多元的补贴，但由于不出气，现在基本不用；每年需要烧 2500kg 左右的薪柴（村里多的每年每户需要 3500kg），主要用于做饭。

当地面临主要问题：一是建材昂贵；二是沼气池的修建及普及需要结合当地实际情况。

照片 5-18　彝族农户调查

摄影：沈镭（照片号：YN-YP-CJ-01）时间：2009 年 9 月 7 日

5.5.3　普洱市云仙彝族乡

　　云仙彝族乡位于普洱市思茅区西北部，距思茅城 57km，全乡国土面积 678km²。至 2009 年，全乡辖 12 个村委会，116 个村民小组，3907 户农户，17 452 人（其中农业人口 16 459 人，非农业人口 993 人），有汉、彝、傣、佤、白、瑶等 10 多个世居民族，主体民族为彝族，占 35%。有 83 个小组受益于自来水。2006 年才修通了到思茅区的公路，是最晚的一个乡镇。全乡 12 个行政村通了公路，116 个村民小组通了简易公路。全部行政村通了电，开通了移动电话。

　　乡境内地形南北长、东西窄，地势西部高，东部低。最高海拔为大芦山 2154m，为思茅区最高峰；最低海拔为小黑江边南宋河口 680m；相对高差达 1475m。山区喀斯特地貌特征明显，地表多为赤红壤和紫色土，耕地面积 51 900 亩，占国土总面积的 5.1%。全乡平均气温 18℃，冬无严寒，夏无酷暑，干湿季分明，立体气候明显，适合粮油、牧、果、茶等产业的发展。粮食作物以水稻、玉米、小麦为主；经济作物主要有烤烟、咖啡、芒果、茶叶、松脂、小米辣、橡胶、蔬菜、甘蔗、柑橘等；畜牧业主要养殖黄牛、水牛、山羊、猪、芦山乌骨鸡为主。主要矿藏有铁、铜、铅和石灰石等。

　　2009 年，全乡农业生产总值 10 800 万元，农村经济总收入 6084.03 万元。农作物总播种面积 7.4 万亩。粮豆总播种面积 5.4 万亩，粮豆总产 110 204 万 kg，咖啡、香蕉种植面积分别为 1.1 万和 1 万亩；农民人均纯收入 789 元。茶叶种植面积 4000 亩，橡胶种植还未到开割的年限。政府财政收入 411 万元。

　　今后云仙彝族乡将突出农田水利、交通建设两大重点，加强基础设施建设；稳定粮食生产，保证粮食自给；巩固提升传统产业，结合不同海拔层次和不同区域，做大做强烤烟、小米辣、经济林果、畜禽四大经济产业；重视产业技术人才培养和着力提高农民的科技素质；实施集镇化战略，走"一产带二产促三产"的发展道路。

5.6 白　族

5.6.1　分布及特点

白族（the Bai ethnic group）是我国9个人口在100万～500万的少数民族之一，在全国55个少数民族中，按最多人口排列第14位，列中国第15大民族（第五次人口普查）。白族是中国南方历史悠久的民族。云南、贵州、四川、湖南和湖北五省是白族世世代代的居住地，主要分布在云南省大理自治州，丽江、碧江、保山、南华、元江、昆明、安宁等地和贵州毕节、四川凉山、湖南桑植县等地（图5-6）。根据2000年人口普查，中国内地有白族人口约186万人，其中云南有150万人，占白族人口的80.9%；贵州有18.7万人，占10.1%；湖南有12.6万人，占6.8%；湖北有7173人，占0.4%。除世居地外，因工作、婚姻迁徙，32个省（自治区、直辖市）及现役军人中均有白族人口分布。另外，还有少量白族侨民分布在亚太（缅甸、泰国、新加坡、日本、加拿大、美国、澳大利亚）各国，数据尚待进一步统计。

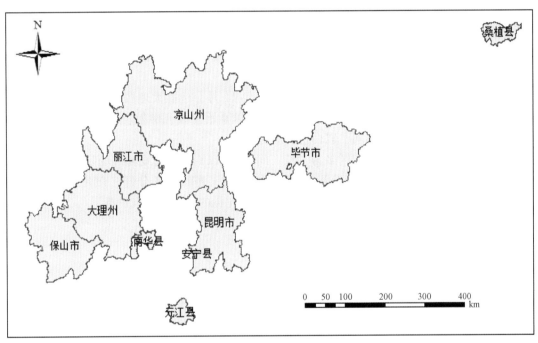

图5-6　白族地理分布图

白族自称"白和"、"白子"、"白尼"，或者说白语的人，他称民家、那马、勒墨。在贵州威宁的白族，因有九姓又被称为九姓民。白族先民，两汉史籍称为哀牢、昆（弥）明；三国两晋时称叟、爨；唐宋时称白蛮、河蛮、下方夷；元明时称为僰人、白人；明清以后称民家，历史上白族曾经是云南最大的民族。新中国成立后，根据民族意愿，统称白族。其民族来源在学术界说法不一，其中有：土著说、哀牢九隆族说、西爨白蛮说、氐羌族源说、汉人迁来说、多种族融合说等。白族共同体的形成是在大理国时期。白族历史悠久，文化丰富多彩。白族有本民族语言白语，属汉藏语系藏缅语族白语支（也有人主张属彝语支）。许多白族人通晓汉语，白族在历史上曾经仿造汉字创制过方块白文，并用方块白文编撰过大量的书籍。云南历史上著名的史书《白古通记》原本即用白文写成，后经四川人杨慎翻译为汉文流传至今。元末明初傅友德、蓝玉、沐英平云南后错误地对白族实行残酷的文化灭族政策，焚毁了所有官方和民间的藏书，以致后世无法系统了解当时的历史和文字系统。从此白文基本上灭绝。流传于民间的白曲歌谱尚用汉字白读的方法来记录白语唱词，但是因为缺乏系统性和统一性而不能流传到其他领域。

白族在形成与发展的过程中，与周边的各民族相互往来，创建了灿烂的经济文化。早在先秦时期，白族先民就开辟了一条被誉为"南方丝绸之路"的蜀身毒道。公元前122年，博望侯张骞从西域归来，向汉武帝禀报了他在大夏（今阿富汗北部）的奇特发现，"居大夏时见蜀布、邛竹杖，问所从来，曰东南身毒（今印度）国。"历代帝王的官方记载上从未有过通商记录的西域国土上，张骞居然发现了大量独产于四川的蜀布和邛杖。其实早在春秋时期，白族马帮就在崇山峻岭中开辟了一条通向南亚次大陆及中南半岛的民间"走私通道"。这条中国最古老的道路使云南成为古老中国最早的"改革开放"前沿。印度洋的海风从此吹入红色高原，驮着蜀布、丝绸和漆器的马队从蜀地出发越过高黎贡山后，抵达腾越（今腾冲）与印度商人交换商品。或继续前行，越过亲敦江和那加山脉到印度阿萨姆邦，然后沿着布拉马普特拉河谷再抵达印度平原。印度和中亚的玻璃、宝石、海贝以及宗教与哲学也随着返回的白族马帮进入始终被中原认为是"蛮荒之地"的洱海地区。大理三月街形成于1000多年前，商贸盛况在古籍中均有记载。白族马帮通过不断的发展与整合，到清末民初，逐步形成了叱咤东南亚的"迤西三大商帮"——喜洲商帮、腾冲商帮、鹤庆商帮。另外，白族马帮沿着横断山脉一直往北，将云南的茶叶运到北方的青藏高原，与藏族人民进行茶马互市，这便是神秘绝险的"茶马古道"。茶马古道的开通，加强了云南各族人民与藏区的往来，对促进中国西南地区社会经济文化的繁荣和发展做出了不可磨灭的贡献。

白族使用白语，属汉藏语系藏缅语族，还有说法主张白语（白族的语言）、土家语也属于汉语族。绝大部分操本族语，通用汉语文。元明时使用过"僰文"（读作：Bówén），即"汉字白读"。使用汉字书写，有自己的语言，文学艺术丰富多彩。善经营农业、盐渍杜鹃花。三道茶是云南白族招待贵宾时的传统饮茶方式。

澜沧江流域的白族主要聚居在大理中心地区，1956年11月，建立大理白族自治州，首府下关市。白族传统社会是一个具有多元宗教信仰的社会，人们曾信奉原始宗教、佛教、道教和本民族的本主信仰。白族崇尚白色，服饰款式各地略有不同，以白色衣服为尊贵。

白族的住屋建筑形式特色分明，坝区多为"长三间"，衬以厨房、畜厩和有场院的茅草房，或"一正两耳"、"三方一照壁"、"四合五天井"的瓦房，卧室、厨房、畜厩俱各分开（照片5-19）。山区多为上楼下厩的草房、"闪片"房、篾笆房或"木垛房"，炊爨和睡觉的地方常连在一起。

5.6.2 典型白族农户调查

2009年9月5日下午，课题组来到兰坪县金顶镇大龙村小利坪组，对张树林一家进行了走访（照片5-20）。大龙村共有68户，380人，村民90%以上为白族，张树林一家在该村属于中等水平，拥有电饭煲、洗衣机、冰箱、电磁炉、天然气、微波炉和两台电视机。

张树林一家共有6口人，包括夫妇及4个孩子。其中1个女儿已经出嫁，儿子开车从事运输行业，两个女儿在金顶镇上班。该家年收入为7.85万元，主要由3部分构成：第一，种植4.5亩耕地，主要种植玉米、小麦，每年可收入8500元；第二，儿子从事运输业可挣30 000元；第三，两女儿在镇上上班每年可收入40 000元。

张树林一家开支主要包括生活支出约20 000元，以及人情开支超过5000元。

该户能源消费由电力和薪柴构成。其中，电力每月消耗100kW·h，丰水季节电费为0.37元/kW·h；枯水季节0.45元/kW·h，平均下来每月需缴纳40元左右电费；白族素有烤炭火的习惯，冬天专门有烤火房，每年需烧炭1000～1400kg，折合薪柴5～7t。此外，该村已投资250万元修建一个较大养殖场，基于此，预修建涵盖全村的自动沼气。

由于彝族在上游经常把生活垃圾排入水源，以及上游采矿等活动对水源水质污染等，因此目前该地最大的问题在于饮用水源问题。此外，彝族砍大树进行烧炭等行为不利于水土涵养以及生态保护。

照片 5-19　白族民居

摄影：沈镭（照片号：YN-LP-JD-07）时间：2009 年 9 月 4 日

照片 5-20　白族农户调查

摄影：沈镭（照片号：YN-LP-JD-07）时间：2009 年 9 月 5 日

5.6.3　兰坪县兔峨白族乡

兔峨乡是兰坪白族普米族自治县辖乡，位于兰坪县境内西南部。东北部与拉井镇接壤，东南部与云龙县为邻，西与泸水县交界，北与营盘镇相连。1958 年建兔峨公社，1964 年后改乡。位于县境西南部的澜沧江两岸，海拔在 1360~3880.6m。乡政府所在地为兔峨街，多年平均气温为 18.5℃，多年平均降水量为 620.1mm，霜期为 60 天左右。距县城 95km，面积为 547.5km²，人口 1.9 万，有傈僳、白、怒、彝、汉、纳西、回、普米等 12 个少数民族少数民族，占总人口的 83.7%，其中怒族是兰坪县境内唯一在兔峨乡居住的特少民族。全乡辖 14 个村民委员会，76 个自然村，86 个村民小组。总耕地面积为 2616hm²，其中水田面积 416 hm²，旱地面积 2200 hm²。农业人口 18 011 人，占总人口的 99%，是一个集山区、民族、贫困为一体的扶贫攻坚乡（2010 年）。结合乡情实际，乡党委政府提出的发展思路是："强基础、稳粮食、建产业、活流通、培财源、保增收、重科教、促和谐"。通过小水电开发、林果、畜牧、民族文化、矿产五大资源，把兔峨建设成为生物经济富民，矿电经济强乡，和谐社会安民，怒族文化荟萃的特色经济乡。该乡旅游资源别具一格，有保存完整的省级文物单位"土司衙署"和原生态民族文化"怒族文化"。

5.7 普 米 族

5.7.1 分布及特点

普米族是一个有着悠久历史和古老文化的民族，历史上的多次迁移使这个民族游历了中国西部广大的空间，并与康巴地区的藏族有着千丝万缕的联系，曾经共同创造了康巴地区的高原文化。早在五帝时代（公元前 26 世纪～公元前21 世纪初），自祁连山出发的部分羌人经柴达木盆地进入巴颜喀拉山周围河源地区，并在此后结成普米族族体。唐代（公元 7 世纪～公元8 世纪）巴塘、理塘等地普米族随同吐蕃向南迁徙，进入滇西北中甸、丽江、永胜等县的金沙江两岸。至明代，大部分普米族在兰坪基本定居；从维西到九河，沿途的鲁甸、石鼓、仁义、仁和等地也有普米族定居。其中，有三兄弟来到维西分别在菊香、拖枝、李长村定居。后来又从李长村到工农，最后在攀天阁定居至今。普米族是中国古代民族氐羌的后裔，普米族有"西番"、"巴苴"、"普英米"、"培米"等称呼，1960 年 10 月，丽江地区召开普米族代表会议，宣布国务院关于"西番"改称"普米族"的决定。

历史上，普米族发生了三次大迁移。第一次，由青海玉树、果洛迁入四川甘孜、阿坝和凉山。第二次，居住在巴塘理塘至康定一线及其南北地区的一部分"西番"人，顺应自身追逐水草和吐蕃向东推进的需求，随同吐蕃势力向南推进，到达金沙江南北两岸的宁蒗、永胜和丽江等地。第三次，起自公元 13 世纪中叶。居住在甘孜州中部，凉山州南部，滇西北金沙江两岸的部分"西番人"，因游牧或因战争，因避乱，陆续向南迁移，其中行进最远者已到达兰坪、维西境内，并在此开发定居，繁衍生息。

普米族（the Pumi ethnic group）是我国 20 个人口不足 10 万的少数民族之一，在全国 55 个少数民族中，人口排列倒数第 17 位。主要聚居于怒江傈僳族自治州的兰坪白族普米族自治县和丽江市的宁蒗、玉龙、永胜等地以及迪庆藏族自治州的维西傈僳族自治县。现有人口 3.36 万人（第五次人口普查）。

目前，普米族主要聚居在滇西北地区的横断山脉纵谷区中部山原地带，澜沧江和金沙江由北向南贯穿全境，地势西北高，东南低，山脉多南北走向，形成高山峡谷、小盆地交叉相间的地形，属温带季风气候，山区属中温带半湿润气候（图 5-7）。各地气候变化较大，高山终年积雪气候严寒，江边河谷地带较为炎热，半山区丘陵地带凉爽，具有立体气候的特征。雨量充沛、土质肥沃，适宜玉米、小麦、青稞、马铃薯、荞麦、燕麦等农作物的生长。部分温湿地区还可以种植水稻、棉花、甘蔗等作物。在 20 世纪 50 年代，森林覆盖面积达 50%～70%，盛产云南松、冷杉、铁杉、香樟、漆树、花椒等优质木材及经济林木。崇山峻岭是虎、豹、熊、野牛、金丝猴等稀有动物的乐园。铅、锌、铁、锑、金、银、水银、石棉等矿产资源极为丰富。

普米族的语言是普米语，属于汉藏语系藏缅语族的羌语支，分南北两个方言区。居住在四川省木里、盐源以及九龙等地的约 2.5 万名藏族人也说普米语，其中木里县人数最多，约有 1.8 万人。除使用普米语之外，多数人兼通汉语和一些邻近民族的语言。普米族没有文字。宁蒗的普米族曾经使用过一种以藏文

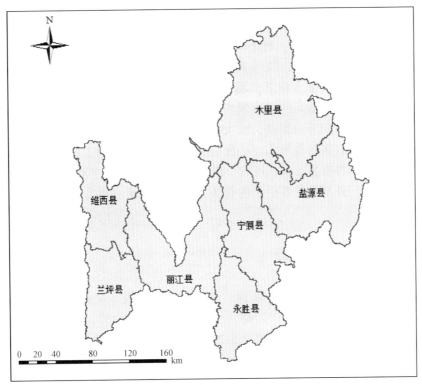

图 5-7 普米族地理分布图

拼写的文字，但流传不广。普米族信仰藏传佛教，也信奉原始宗教（崇拜自然、祖先、神明）。

普米族的村落分布多数在半山缓坡地带，以血缘的亲疏关系各自聚族而居（照片 5-21）。村寨之间距离很近，可以炊烟相望，鸡犬相闻。各家又自成院落，互为邻里。房屋多为木结构。正房一般长 6.5m、宽 3m，四角立有大柱，中央立一方柱，称"擎天柱"（普米语称"三玛娃"），被认为是神灵所在的地方。

照片 5-21 普米族民居

摄影：沈镭（照片号：YN-WX-TC-01）时间：2009 年 8 月 31 日

屋脊架"人"字形横梁，用木板或瓦盖顶。四周墙壁均用圆木垒砌而成。这种房子俗称"木楞房子"或"木垒子"。一般分上下两层，上层住人，下层关牲畜或堆放杂物。居室的布局有一定格式：门朝东，靠门右方为火塘，用土石砌成，围以木板，称上火塘。两边搭宽约70cm的木床，是接待客人的地方。在正对屋门的后墙下砌一与房屋等宽的大床，高约70cm，上铺木板。在大床的中央再砌一火塘，其上架起三脚架，供取暖和烧水做饭之用，习惯上称下火塘。周围设铺位，左为男铺，右为女铺，供全家人起居之用。火塘是房屋的中心，是全家人活动的主要场所。平时可坐在旁边烤火、聊天、唱歌、睡觉。吃饭时全家人也围坐在它的周围，由主妇分给饭菜，或大家边吃边在上面烤粑粑、烤肉，红彤彤的火映照着全家人的脸庞。每遇亲友来访，好客的普米人也必先将客人导入火塘边的上座，然后便奉茶献酒，端上热腾腾的牛羊肉、猪膘肉和一碗拌有葱、蒜、辣椒、花椒、香椿的酸辣汤，热情款待，直到客人酒足饭饱，甚至酩酊大醉。普米族的房门外都悬挂着牛羊的骨头，据说这是家庭财富的象征，同时也具有驱邪镇鬼的作用。

5.7.2 典型普米族农户调查

兰坪白族普米族自治县金顶镇高坪村共有14个自然村，其中位于公路沿线的有6个村，半山腰有7个村，还有1个村位于高山顶，共有574户2768人。其中43.2%为白族，52.4%为普米族，其他为彝族。

在与高坪村书记杨中福座谈的过程中（照片5-22），我们获悉，该村2008年人均收入为1867元，收入来源中50%来自农业、畜牧业[黄牛、牦牛、山羊、绵羊、药材、鸡、猪（人均1头猪）]，还有秦艽[面积1700亩，按100kg/亩，单价20元/kg（2009年18元/kg）计算]，虫蝼（面积为100~200亩，干的卖240元/kg），还种植芸豆、玉米、土豆、核桃（对海拔有要求）、梨、苹果、花椒等。在兰坪县城附近有400多座温室大棚，主要种植（大白菜/花椒）。此外，该村有150多人外出务工，人均每天可挣80多元，主要输出到深圳、县城、昆明等地；该村还有52人参与护矿队，17家家办茶室。

照片5-22　与金顶镇政府座谈

摄影：沈镭（照片号：IMG_ 7656）时间：2009年8月31日

该村村民支出主要包括生活费、教育支出（"普九"补助，生活费（寄宿在校全由政府补助））和医疗支出（已参与农村合作医疗，但是本地因病返贫现象突出）。

该村新能源推广方面，太阳能热水器由于观念和财力上的制约普及较少仅 30%；沼气方面，现有 40 多户（主要受海拔限制，每年 2 个月不出气），老百姓均愿意使用沼气，估计还将继续推广（全部由政府投资，农户投工投劳）。

该村主要存在三方面问题：第一，基础设施亟待完善，村与村之间的道路亟待改良；饮水问题；农田水利基础设施急需改进。第二，土地改良。第三，本底电脑普及率极低，限制了该村信息化进程。

在对上述背景材料进行详细了解的基础上，2009 年 9 月 4 日下午，课题组选取兰坪白族普米族自治县金顶镇高坪村普米族尹杰根一家进行了走访。尹杰根今年 68 岁，家中共有 6 口人，包括尹杰根夫妇、儿子儿媳以及两个孙子。该户收入主要由 3 部分构成：第一，耕地收入。该农户共有耕地 40 亩，由于土地质量问题导致产量较低，因此采取轮耕方式，每年耕种 20 亩，种植结构主要为土豆、青稞和燕麦，其中燕麦自给自足。第二，养殖收入。养了 9 头牛、15 头猪、1 头骡子和 40 只鸡。第三，退耕还林收入。40 亩退耕地每年补偿约 10 000 元；种粮补助及低保等共 15 000 元。主要开支即生活支出和孩子上学生活费。该户宅基地占地约 3 亩，家里电器包括电视、洗衣机以及卫星接收器。

能源消费主要由电、薪柴构成。其中，每月耗电 41～55kW·h（0.37 元/kW·h，15～20 元/月）；每年需烧薪柴 10t 左右。

5.7.3 维西县攀天阁镇普米族

最早到攀天阁坝子定居的是普米族，历史上由于普米族多次迁居，这个民族掌握了各地及各种气候条件下种植农作物的经验和技术，通过考察，普米族认为攀天阁坝子不但可以种植玉米、土豆等农作物，还可以种植谷子，为此，普米族人从各地找来谷种，在攀天阁坝子进行试种谷子，但由于坝子的特殊地理和海拔气候条件，始终没有成功，直到有一天一株饱满谷子存活下来，随后被精心看守，第二年试种在坝子中，便长出黑油油的谷子，之后经过逐年扩种，便是现在攀天阁坝子的黑谷（照片 5-23）。黑谷品质上乘、味道鲜美，在十几米远的地方都能闻到饭的香气。后来成为人们相赠送的最佳礼品。在传说中谷子是天狗赐给的，也有人传说是因为普米族人历尽艰辛，多年不停地引进各种种子试种，不怕失败的精神感动了玉帝，是玉帝赐给的。为此，普米族人非常敬重狗，不随意抽打、宰食和出售。

5.8 佤 族

5.8.1 分布及特点

佤族（the Wa ethnic group）是我国 13 个人口在 10 万～50 万的少数民族之一，在全国 55 个少数民族中，按最多人口排列第 25 位，略多于纳西族。现有人口 35 万多人（第五次人口普查）。

佤族主要分布在云南省西南部的沧源、西盟、澜沧、孟连、双江、耿马、永德、镇康等县的山区与半山区。即澜沧江和萨尔温江之间、怒山山脉南段的"阿佤山区"（图 5-8）。与汉、傣、布朗、德昂、傈僳、拉祜等民族交错杂居。

佤族自称"佤"、"巴饶克"、"布饶克"、"阿佤"、"阿卧"、"阿佤莱"、"勒佤"等。他称有"拉"、"本人"、"阿佤"、"佧佤"等。史称"哈喇"、"哈瓦"、"卡瓦"等，意为"住在山上的人"。根据本民族的意愿，1962 年定名为"佤族"。

佤族有自己的语言和文字。佤语属南亚语系孟高棉语族，分"巴饶克"、"阿佤"和"佤"三种方言。旧时的佤文是英国传教士为传播基督教而编制的，比较粗糙。新中国成立以后，党和人民政府为其创造了新文字。佤族经济以农业为主，喜欢吃红米，饮浓茶，食辣椒，嚼槟榔，喝水酒，住房以两层竹楼为主。传统服饰以黑色为基调。男子多缠黑色包头，穿黑色短衣和宽脚裤。妇女服饰各地不一，最具

照片 5-23　普米族生产的黑谷红米

摄影：沈锚（照片号：IMG_ 7719）时间：2009 年 8 月 31 日

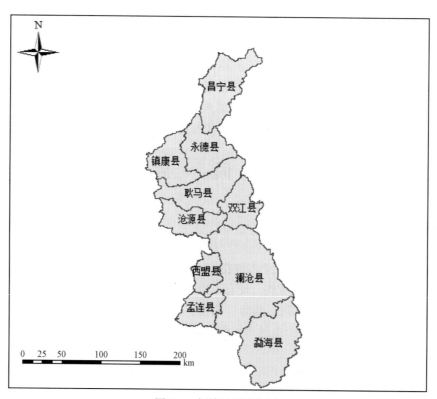

图 5-8　佤族地理分布图

特色的是上穿坎肩式无领无袖贯头衣，下着筒裙，佩戴银或竹篾制成的头箍、项圈、项链、腰箍、手镯等首饰。佤族信仰原始宗教，少数人信仰佛教或基督教。新米节是最隆重的节日。佤族文学艺术丰富多彩，竹文化独具特色，沧源崖画享誉海内外。佤族民间舞蹈有"木鼓舞"、"甩发舞"，特别是"木鼓舞"多次在全国民族舞蹈比赛中获奖（照片 5-24）。

照片 5-24 佤族民俗

摄影：沈镭（照片号：IMG_ 0726）时间：2010 年 11 月 18 日

在佤族地区普遍流传着"司岗里"的传说。西盟地区的佤族解释，"司岗"是石洞，"里"是出来，意即人类很早是从石洞里出来的。传说从石洞里最先出来的是佤族。石洞位于阿佤山中部，离西盟县城以西 30 多公里的附近的山上，至今西盟等地的佤族人把石洞视为"圣地"。而沧源地区的佤族解释"司岗"是"葫芦"，"里"是出来，意即人类从葫芦里出来的。

佤族的住房建筑在各地区各不同。受汉族影响较大的地区，一般是四壁着地的草木房，也有土壁草房和个别的瓦房。而大部分佤族地区的住房构造和形状与傣族的住房相似，建筑材料均为竹子（竹藤、竹竿、竹片、竹篾等）、草（茅草、椽子、脊檩、木板等）。木柱的顶端保留树杈，用以托梁，横梁上再托上一些细竹子，然后覆以茅草，筑成架空的"竹楼"。房屋分上下两层，楼上住人，楼下为牲畜、家禽活动之所，个别打铁户也在楼下设有风箱和打铁的一套工具。房内的陈设简单，无桌椅，竹席木板当床，没有被褥，只用棉毯或麻布单做被盖，枕木头，和衣而睡。

5.8.2 典型佤族乡调查

澜沧县安康佤族乡辖 5 个村民委员会，37 个自然寨，77 个村民组。2007 年，全乡有 3028 户 11 937 人，其中农业人口有 11 614 人，非农业人口 323 人。境内居住着佤族、拉祜族等少数民族，其中主体民族佤族 9758 人占总人口的 82%。

安康佤族乡已基本实现五通。2000 年，全乡 1420 户通自来水，有 1541 户还存在饮水困难。5 个村委会 37 个自然寨，31 个自然寨通公路，累计通车里程达 135km。

2007 年，安康佤族乡有耕地面积 33 607 亩，人均耕地面积 2.9 亩；水田面积 7633 亩；旱地面积 25 974 亩。经济作物以茶、甘蔗、核桃为主。茶叶和核桃是安康佤族乡的两大特色产业。茶园面积 9924.7 亩，可采摘面积 7955 亩；核桃的种植时间较早，但因为分散，加上品种未能改良，所以一直处于自产、自食、自销的状态。粮食总产量 398 万 kg，人均占有口粮 274kg，甘蔗面积 3261 亩。农村经济总收入 1188 万元，人均经济纯收入 460 元。主要种植粮豆、茶叶、花椒、核桃等农作物。拥有林地 114 799.5 亩，其中经济林果地 21 440.4 亩，人均林果地 1.86 亩，主要种植茶叶、甘蔗、花椒、核桃等经济林果。

安康佤族乡以第一产业为主，农村经济总收入中，种植业收入占总收入的67.41%；畜牧业收入占总收入的9.58%，林业收入占总收入的6.66%；第二、三产业收入占总收入的32.67%；农民收入以种植业为主，人均纯收入764元。

安康佤族乡建有卫生院1所，下设5个村卫生室，共有医生6人，村医13人。医疗基础设施需加强，医疗队伍素质有待提高。

5.9 布 朗 族

5.9.1 分布及特点

布朗族（the Blang ethnic group）是我国20个人口在10万以内的少数民族之一，在全国55个少数民族中，按人口排列倒数第20位。我国的布朗族主要分布在云南省西双版纳傣族自治州的勐海、景洪和临沧地区的双江、永德、云县、耿马以及思茅地区澜沧、墨江等县（图5-9）。根据2000年第五次全国人口普查统计，布朗族人口数为91 882人。使用布朗语，属南亚语系孟高棉语族佤崩龙语支，分布朗与阿尔佤两个方言。部分人会讲傣语、佤语或汉语，没有本民族的文字，有本民族语言，部分人会汉文、傣文。

小资料：全国人口在10万人以下的少数民族共20个

布朗族（9.19万人），塔吉克族（4.10万人），阿昌族（3.39万人），普米族（3.36万人），鄂温克族（3.05万人），怒族（2.88万人），京族（2.25万人），基诺族（2.09万人），德昂族（1.79万人），保安族（1.65万人），俄罗斯族（1.56万人），裕固族（1.37万人），乌孜别克族（1.24万人），门巴族（0.89万人），鄂伦春族（0.82万人），独龙族（0.74万人），塔塔尔族（0.49万人），赫哲族（0.45万人），高山族（0.45万人），珞巴族（0.29万人）。

资料来源：第五次全国人口普查

布朗族是一个古老的民族，根据历史文献记载，永昌一带是古代"濮人"居住的地区，部族众多，分布很广，很早就活动在澜沧江和怒江流域各地。"濮人"中的一支很可能就是现今布朗族的先民。新中国成立后，根据本民族的意愿，统称为布朗族。新中国成立前生活在布朗山上的布朗族人还保留着不同程度的原始公社遗迹；在平坝地区生活的布朗族人，由于受经济文化发展比较快的汉族、傣族人的影响，已进入封建地主经济发展阶段。布朗族人生活的地区气候温和，物产丰富。他们主要从事农业生产，以种植早稻为主，善种植茶树，勐海布朗山一带的茶叶产量大，是中国著名"普洱茶"的主要出口基地之一。布朗山的布朗族人实行母子连名制。小孩出生3天拴线命名，将母亲的名字连在孩子的名字之后。布朗族多信奉小乘佛教。

布朗族的文化艺术丰富多彩，民间有丰富的口头文学，流传着许多优美动人的故事诗和抒情叙事诗，题材广泛。歌舞颇受傣族歌舞影响，跳舞时伴以象脚鼓、钹和小三弦等乐器。布朗山一带的布朗人擅长跳"刀舞"，舞姿矫健有力。

布朗族的住房建筑为干栏式竹楼，分上下两层，楼下关牲畜，楼上住人（照片5-25）。布朗族村寨通常由三五个至数十个同一血缘的家族聚居，住房干栏式竹木结构的两层瓦房，上层有正堂、卧室、晒台等，下层一般作为仓库、圈养牲畜的地方。屋内中央设置火塘，火塘边是家人吃饭、待客的地方，夜晚则在火塘四周安置床铺。

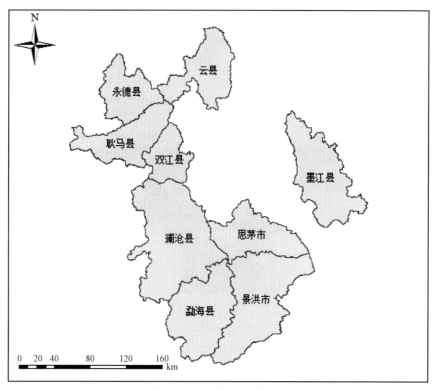

图 5-9　布朗族地理分布图

照片 5-25　布朗族民居

摄影：沈镭（照片号：IMG_ 9686）时间：2010 年 11 月 10 日

5.9.2　典型布朗族农户调查

　　2010 年 11 月 10 日对曼芽村岩洛一家进行了座谈（照片 5-26）。2003 年投入 5 万元对房屋进行了建造，主要消耗木材以梨树、毛毛松为主，住房面积约 220km^2，一楼用于堆杂物，二楼人居。

照片 5-26　曼芽布朗族村农户调查
摄影：沈镭（照片号：IMG_ 9677）时间：2010 年 11 月 10 日

岩洛一家 6 口人，包括父、母、妻子、1 儿 1 女。耕地 6 亩，主要种植水稻。橡胶林面积 100 亩，开割 30 亩，2011 年和 2012 年陆续开割，2010 年收入 10 万元。割胶时间为 3 ~ 11 月，5 天 3 刀，每刀 20cm。家里劳动力主要以岩洛和妻子为主，凌晨 2 点开始割胶，到中午 12 点才能收工。由于劳动力不足，岩洛一家也雇佣他人割胶。

布朗族的假日与傣族很相似，有开门节、桑康节（泼水节）、祭寨神、关门节、洗牛脚等。布朗族的文化艺术丰富多彩，歌舞颇受傣族歌舞影响，跳舞时伴以象脚鼓、钹和小三弦等乐器。布朗族的歌舞颇受傣族歌舞影响。其民歌分为"拽"、"宰"、"素"三种。妻子玉南坎代表布朗族参加了 2008 年全民健身活动、世界博览会等活动。岩洛一家多次评为"平安家庭"等称号。

5.9.3　勐海县勐混镇曼芽布朗族寨

曼芽布朗族寨位于云南西双版纳州勐海县打洛镇曼山村，以前居住在山区，全村是清一色的茅草房，其农业生产方式仍然延续传统的刀耕火种，生产效率极低。20 世纪 70 年代，实行扶贫易地搬迁到了交通便利的坝区居住。

2006 年，曼芽布朗族寨列入人口较少民族扶持项目，帮助村民改善基础设施，实现了"通路、通水、通电、通电话、通广播电视"。曼芽布朗族寨人发展橡胶支柱产业，并学会了种植杂交水稻、玉米等作物。大力种植橡胶、香蕉和西瓜等经济作物。曼芽布朗族寨被列入"社会主义新农村建设示范村"和"人口较少民族发展示范村"项目，得到了更多的扶持。

2009 年，曼芽布朗族寨种植西瓜等冬季作物 1000 多亩、香蕉 500 多亩，养殖大牲畜 800 多头，人均年收入达 5700 多元，成为西双版纳州最富裕的布朗族村寨之一。2010 年曼芽布朗族寨的人口达到 113 户 560 人。

曼芽布朗族寨家家住进了砖瓦房，太阳能设备，彩电、电话、摩托车和小汽车等现代化设备也进入了布朗族农家（照片 5-27）。在生活质量改善的同时，布朗族丰富多彩的文体活动也得到了传承和弘扬化。曼芽布朗族寨已被云南省列为"布朗族歌舞之乡"，村民岩瓦洛被评为国家级非物质文化遗产传承人。

照片 5-27　曼芽布朗族村
摄影：沈镭（照片号：IMG_ 9685）时间：2010 年 11 月 10 日

5.10　基　诺　族

5.10.1　分布及特点

　　基诺族是一个古老的民族，1979 年 6 月经民族确认，成为中国的第 56 个民族。但按照人口统计，基诺族是我国 20 个少数民族人口在 10 万以内的民族，在全国 55 个少数民族中，按人口排列倒数第 13 位。"基诺"意为"舅舅的后代"或"尊敬舅舅的民族"，主要分布在云南省西双版纳傣族自治州景洪市基诺乡，其余散居于基诺乡四邻山区（图 5-10）。根据 2000 年第五次全国人口普查统计，基诺族人口数约为 2.5 万人。主要从事农业，善于种普洱茶。使用基诺语，属汉藏语系藏缅语族彝语支。由于无文字，过去多靠刻竹木记事，无本民族文字。

　　基诺乡旧称为基诺山，清代文献写为攸乐山，都是以基诺族自称而得名，足见基诺族是当地的古老居民。有关基诺族的汉文记载始于 18 世纪。基诺山因盛产普洱茶，明末清初即有汉族商人进入，推广种茶制茶技术，对基诺族社会发展产生了影响。雍正七年（1729 年），清朝在基诺山思通（今司土寨）设攸乐同知，筑了砖城，驻军 500 人，欲在这里建立滇南重镇，但时隔 6 年因瘴气厉害而裁撤，此后只在这里委任基诺族首领为攸乐土目。后来傣族土司统治基诺山区。"中华民国"时期，国民党地方政府在基诺山委任保甲长，保甲长与傣族土司任命的基诺头人相结合，主要职责是为国民党地方政府催缴贡赋。1941 年 10 月至 1943 年 4 月，基诺族人民为了反抗国民党地方政府的残酷压榨，在操腰的领导下，团结哈尼、瑶、汉等族人民，同国民党地方政府的军队进行了英勇斗争，最终迫使云南省地方政府把车里县长撤职查办，3 年内未在基诺山征税。

　　新中国成立前，基诺族社会尚处于原始社会末期向阶级社会过渡阶段，还保留着许多古俗。例如，血缘婚的遗迹依然存在，有的村寨并不禁止氏族内婚；有的村寨禁止氏族内婚，但不禁止氏族内的恋爱同居。300 多年前，基诺族由父系公社取代母系公社，但母系氏族公社的遗俗也相当多。基诺族农村公社

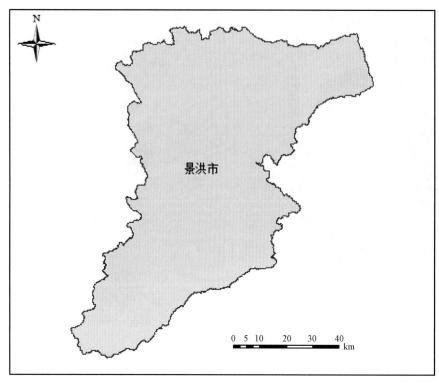

图 5-10　基诺族地理分布图

是由不同氏族成员共居的地缘村落（巴朵寨除外），每个村社就是一个独立的村寨。基诺族相信万物有灵，崇拜祖先，尊奉诸葛孔明。基诺族以刀耕火种的农业为主，以铁制农具为主，如砍刀、镰刀、小手锄等。主要农作物是旱稻、玉米，棉花种植的历史也有较长，盛产香蕉、木瓜等亚热带水果。基诺山是出产普洱茶的六大茶山之一。大牲畜有黄牛、水牛，但不用来耕地，而用以祭祀和肉食，还饲养家畜家禽。种茶、制茶业有一定发展。采集和狩猎仍是基诺族一项重要的家庭副业。手工业还没有和农业分工，主要在农闲时进行，经营打铁、竹篾编织、纺织、酿酒、木工等。

新中国成立以后，基诺族社会由原始社会的农村公社向社会主义直接过渡。目前，基诺山因地制宜，实行多种经营的方针，采取以林为主，生产不断发展，生活不断改善，彻底改变了过去刀耕火种的落后耕作方式，兴修了水库和水电站，基诺山寨有了电灯。开始使用拖拉机，农产品加工也用了机器。砂仁、茶叶、紫胶等经济作物收入在总产值中的比重逐步增加。

基诺族建筑结构类似于傣族（照片 5-28）。住房一般为干栏式竹楼，茅草覆顶，多是一个小家庭住一竹楼，包括一个父系家庭的全部成员。房屋因经济条件规模各有不同，单身汉、寡妇或较贫穷者多为一层的平房或小柱子的楼房，房屋较窄小；富裕人家多建大柱子的楼房，房屋间架较高，宽敞舒适。人住竹楼上，楼下养牲畜及堆放杂物。房屋一般建在较平坦、背风、距水源近，便于饲养猪鸡牲畜，便于打扫卫生的地方。建房地址初步选好后，太阳落山时，插上"达溜"（一种用篾编成的神器）。晚上建房的家长做到好梦，认为可以在此建房；若做噩梦，认为不可在此地建房。若梦中的情景不清晰，第 2 天还要插上"达溜"。这样的仪式可以举行 3 次，上山砍木料前 1 天，要杀 1 头小猪、1 只鸡，请毛丕（巫师）祈祷。然后上山砍一棵顶上带着叶子的树，拿回来作椽子，还要扎一捆篾、一把茅草供在老屋后。请寨父、寨母和巫师吃饭。第 2 天请村社的老人上山选树，先杀狗祭树神、森林神之后，砍两棵祭神时杀黄牛和剽水牛时拴牛的柱子。房梁、房柱砍够了，晒在山上，然后请亲朋好友帮忙割草，扎草排。山上的房梁、柱子凿眼后，众人帮着抬回寨子，挖好地基，盖房就正式开始了。立柱子时要杀狗，柱坑里要放竹鼠的头骨、狗的脚趾，还要把狗血涂在柱子上，以求驱除恶鬼。立柱必须在太阳落山前进行，以免人影被埋在柱洞内。柱洞内要埋些槟榔，3 块芋头和 3 块生姜，3 个达溜和 3 块铜。立柱那天要举行隆重的祭祀仪式，杀猪、鸡、狗祭神，把血涂在东南柱上，还贴上狗毛、鸡毛。请巫师念经，请求地神保佑房主人清吉平安。新房建成后，举行上新房仪式。

照片 5-28　基诺族民居

摄影：沈镭（照片号：IMG_ 9640）时间：2010 年 11 月 9 日

5.10.2　典型基诺族农户调查

2010 年 11 月 9 日，对基诺乡一农户进行了调研（照片 5-29）。村民从容易塌方的地方搬迁过来，新房建设在政府的资助下，自己投入 1 万元。房屋为混凝土结构，屋檐等保持了本地的特色。房屋分两层，二层用于人居，生活薪材等堆放于一层。农用机械设备有 1 台拖拉机、2 台摩托车、1 台机动三轮车；家用电器有电视、冰箱、微波炉、太阳能等。

该农户共有 5 人，含儿子、儿媳及孙子。劳动力主要以妻子、儿子、儿媳为主。有耕地 4 亩，主要用于水稻的种植。贷款 3 万元，投资了 25 亩橡胶林（约 1000 株），种植刚 4 年还未开割。茶叶种植面积 20 亩，茶叶年收入 3000～4000 元（新茶为 1.2 元/kg）。并饲养了 6 头猪，供自己吃。

农户能源主要由太阳能、薪材和电构成。其中，太阳能主要用于烧热水和给牲口煮食物，薪材用于做饭，电用于照明和电器，家庭月耗电 60kW·h 左右。

农村医疗主要以本地草医为主，卫生所等距离较远。已经加入了农村合作医疗体系，年医疗保险 30 元/（年·人）。当地可生 3 个孩子，并对适龄入学儿童进行了减免学费，并有 500 元的补助。

5.10.3　景洪市基诺山基诺族村

基诺族乡地处 21°59′N～22°29′N，100°25′E～101°25′E，位于景洪市东北部，距市区 27km，东与勐腊县勐仑镇接壤，南连景洪市勐罕镇，西连勐养镇，北靠大渡岗乡。全乡辖 7 个村委会，即巴卡、洛特、新司土、迁玛、巴亚、司土、巴来，有 46 个自然村。2010 年，全乡总人口 12 199 人，其中农业人口 11 076 人，占 90.79%，基诺族占全乡人口的 96.65%。全乡农业生产总产总值 6996.3 万元，本级财政收入 282 万元，农民人均纯收入 3156 元。

照片 5-29　基诺族农户调查

摄影：沈镭（照片号：IMG_ 9636）时间：2010 年 11 月 9 日

　　至 2008 年，基诺族乡种植橡胶面积 16. 67 万亩，开割面积 3. 95 万亩，干胶总产量 2038t；茶园面积达 2. 3 万亩，当年采茶面积 1. 91 万亩，当年产量 494. 5t；果园面积 2083 亩，产量 406. 3t。乡党委政府注重对产业的培植，积极发展畜牧养殖业，抓好以迁玛村委会为主的小耳猪养殖，以此为中心辐射，带动全乡养猪业的发展，全乡生猪存栏 11 082 头，出栏 7491 头；大牲畜存栏 3 头；家禽存笼 29 535 羽；肉类总产量 390. 17t。通过优化产业结构，粮食、橡胶、茶叶、南药（水果）、林下、畜牧养殖 6 个千元项目成效明显，农民收入明显提高。

　　目前，基诺族乡存在的主要问题和困难：一是产业结构调整后，由于管理粗放，应用科技措施不当，经济效益差，发展后劲不足，农民增收缓慢；二是基础设施落后，通过扶贫综合开发后，水毁农田，水毁路面得不到及时修复，严重影响了群众出行难和经济的发展；三是农村社会事业发展还存在薄弱环节，农业产业化程度不高；四是就业再就业压力大，农村劳动力向非农产业转移难度大；五是财政依然比较困难。未来的发展重点是：第一，优化产业结构，建立新型支柱产业，积极扶持优势产业，超前培育先导产业，把科技、人才、资金与市场和资源紧密联系起来，不断创造新的经济增长点。第二，大力发展以"攸乐古茶"为主的绿色产业，使"攸乐古茶"再现"普洱茶"六大茶山之首地位。第三，发展以旅游为主的第三产业。第四，加快城镇建设，创造良好的投资环境，拓展招商引资渠道。第五，全面发展社会事业，提高公共服务水平，提高人口综合管理水平和质量。大力发展教育事业，推进文化和体育事业发展。加强卫生事业建设、农村精神文明和民主法制建设、生态环境建设，促进经济社会可持续发展。

第 6 章 流域自然资源条件

澜沧江流域丰富而极具特色的自然资源是当地人们赖以维系生产生活的基础。当地人们在认识、开采、利用和处置自然资源的过程中也将深刻影响澜沧江流域的自然资源和环境。自然资源的形成与海拔、气候、环境等因素密切相关，而上述因素也是人居环境地域空间要素的重要组成部分。如何合理利用澜沧江流域的自然资源，实现澜沧江流域自然资源的可持续开发，是人居环境研究和考察的重要方面。

鉴于此，本章围绕澜沧江流域的水资源、土地资源、水能资源、矿产资源、森林资源和旅游资源，在阐述上述 6 类资源开采、利用和处置现状的同时，揭示了其存在问题。通过对上述 6 类自然资源的资源总量，分布特点以及开发中存在问题的阐释，对澜沧江流域的自然资源形成科学认识，为未来澜沧江流域自然资源可持续开发政策的制定提供基础支撑。

6.1 水资源：近水但难于利用

澜沧江-湄公河是一条著名的国际河流，发源于中国青藏高原唐古拉山北麓海拔 5167m 的小冰川，属太平洋水系，自北向南先后流经中国的青海、西藏和云南，以及缅甸、泰国、柬埔寨和越南，在越南胡志明市附近注入南中国海，干流全长 4880km，流域面积 81 万 km²，多年平均径流量 4750 亿 m³，年平均流量 15 060m³/s，总落差 5167m（何大明和汤奇成，2000）。

澜沧江流域地处 94°E ~ 102°E，21°N ~ 34°N，干流全长 2161km（含中缅边境河段 31km），是我国最长的南北向河流，平均比降 2.12‰，流域面积为 16.74 万 km²。昌都以上为上游，山势一般较平缓，河谷平浅，年径流深在 200mm 左右。昌都至功果桥为中游，主要为深切峡谷区，河床坡降很大，年径流深在 400 ~ 700mm。功果桥以下为下游，山势渐低，地形趋缓，年径流深在 200 ~ 400mm。

澜沧江水系主要特征是干流突出，两侧辅以众多相对短小的支流，流域面积大于 100km² 的支流有 138 条，流域面积大于 1000km² 的支流有 41 条，由于中游相对更为狭窄，因此较大的支流多分布在上游和下游。流域内支流通常仅长为 20 ~ 50km，而天然落差却可达 2000 ~ 3000m，水能丰富。主要支流有子曲、昂曲、盖曲、吡江、漾濞江、西洱河、罗闸河、小黑江、威远江、南班河、南拉河等（李斌，2010）。

6.1.1 流域径流补给空间差异

巨大的高程起伏、丰富的气候类型使得流域径流补给来源多样化。澜沧江流域径流总体以降水补给为主，地下水和融雪补给为辅（曾红伟，2012）。

1）上游地区。昌都以上流域以冰雪融水、地下水补给为主，河川径流由地下水补给可占到年径流量的 50% 以上。

2）中游地区。中游河段河川径流补给来源以降水与地下水混合补充为主，区内径流年内分配不均匀系数介于 0.31 ~ 0.32，小于上游 0.33，大于下游 0.30。

3）下游地区。下游河段处于亚热带和热带气候区，受季风影响，降水丰沛，河川径流以降水补给为主，降水占年径流量的 60% 以上，其次是地下水补给。

6.1.2 流域降水时空差异

依据国家气象标准，将日降水量指数转化为小雨、中雨、大雨3种类型，分别统计上游、中游、下游各降水等级发生的次数表明，流域日降水等级以小雨、中雨为主，大雨发生的次数较少，主要集中在下游地区。

上中下游地区降水时空差异十分明显。上游、中游、下游，中雨（10～24.9mm/d）发生的次数分别为72、193、414次，即中雨主要发生在中、下游地区；上游、中游、下游，大雨（25～49.9mm/d）发生的次数分别为0、1、58次，即大雨基本发生在下游。旱季时段，只有下游地区发生了3次大雨。

6.1.3 水资源分布时空差异

澜沧江流域水资源丰富，多年平均降水总量为1637.8亿 m³，降水深996.3mm。径流充沛，天然河川水资源总量为741.52亿 m³，约占全国地表水资源量的2.71%。流域内有丰富的地下水资源，但均为山区水资源，为289.7亿 m³，占地下水资源的39.1%。水资源的地域分布与降水量的地域分布基本相应，大致自南向北递减。青海水资源量占流域水源总量的14.8%，西藏占14.5%，云南占70.7%。

澜沧江水资源总量较为丰富，但时空分布不均匀。在西藏与云南交界处河流的水资源量为237.1亿 m³（平均产水量为31.3万 m³/km²），云南境内的水资源量为517.6亿 m³（平均产水量为58.4万 m³/km²）。中游产水量较少，仅25万～45万 m³/km²，下游两侧支流的产水量最大，可达55万～90万 m³/km²。但下游河谷区及景洪坝区的产水量仅为30万～50万 m³/km²。此外，雨季的水量占全年的80%以上。

6.1.4 澜沧江水资源难以充分利用

澜沧江主要为峡谷型-中山宽谷河流，澜沧江流域以山地为主、耕地稀少，且耕地灌溉耗水量极少，难以充分利用。澜沧江流域人均占有水资源量为11 813 m³/人，单位国土面积水资源量为45.1万 m³/km²，耕地平均占有水资源量为58 860 m³/hm²。由于人口稀少，土地资源贫乏，水资源开发利用程度则相对较低。2000年澜沧江流域总供水量25.11亿 m³，其中地表水源供水量22.9亿 m³，地下水源供水量0.2亿 m³，其他水源供水量2.02亿 m³。同期，澜沧江流域水资源开发利用率仅为2.82%，仅为全国水资源开发利用率的1/6（耿雷华等，2007）。

2010年，我国澜沧江流域用水量不足自产水量的8%；我国境内用水对出境水量造成的影响甚微（冯彦等，2000）。因此，为充分利用我国澜沧江水资源，未来开发目标将主要集中于非耗水型梯级水能开发（何大明，1996）。

6.2 土地资源：狭窄的河滩地

澜沧江长度2161km，流域总面积16.74万 km²，流域地势北高南低，西高东低，形成气势雄伟的山川并列，高山峡谷与坝子盆地相间的主体地貌。流域落差大，河道狭窄，气候差异极其显著，涵盖了多种地貌和土壤类型。立体性地貌、气候形成高差极大的垂直植物带谱，随之立体分布的光、热、土等自然条件，直接影响了土地资源的类别、数量、分布及利用形式。通过对遥感影像解译的一系列过程，生成了澜沧江流域2010年土地利用/土地覆被类型图，如图6-1所示。澜沧江流域土地利用/土地覆被类型以林地和草地为主，面积分别为64 936.11km²和59 100.59km²，分别占流域总面积的39.47%和35.92%；

其他土地、耕地和园地次之，面积分别为 14 830.92km²、14 621.38km² 和 7540.87km²，分别占流域总面积的 9.02%、8.89% 和 4.58%；水域和建设用地面积较小，面积分别为 3032.13km² 和 456.64km²，仅占流域总面积的 1.84% 和 0.28%。

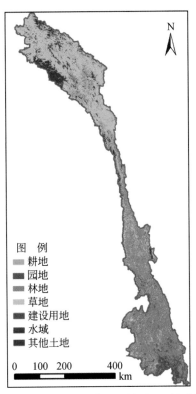

图 6-1　2010 年澜沧江流域土地利用/土地覆被类型图

资料来源：张景华，2013

6.2.1　土地利用/土地覆被类型的空间分布差异

流域内纬度、地形、气候等环境要素的复杂多样，形成了流域复杂多变的自然地理环境背景，从而导致流域各土地利用/土地覆被类型的空间分布存在很大的差异性。

（1）耕地、园地主要分布于流域低纬度低海拔地区

耕地在全流域均有分布，但主要分布于流域下游地区，其耕地面积为 13 094.67km²，占流域耕地总面积的 89.56%；中游地区也有较多耕地分布，面积为 1428.62km²，占流域耕地总面积的 9.77%；上游地区耕地面积最小。流域耕地主要分布于海拔 1000~2000m，耕地面积 10 234.97km²，占流域耕地总面积的 70%。

园地主要分布于澜沧江流域下游地区，23°N 以南的园地面积为 6296.63km²，占流域园地总面积的近 85%。从地形来看，园地主要分布于海拔 1500m 以下，面积为 6221.22km²，占流域园地总面积的 82.5%。

（2）林地、草地主要分布于流域下游和中游地区

下游地区（21°N~26°N）林地面积为 48 350.87km²，约占林地总面积的 74.46%；中游地区（26°N~31°N）林地面积为 13 638.32km²，约占林地总面积的 21.0%。从地形来看，澜沧江流域林地主要分布于中低海拔地区，高海拔地区林地分布极少，海拔 3500m 以上地区的林地面积 601.96km²，不足流域林地总面积的 1%。

上游地区（31°N～34°N）草地面积 39 076.56km²，约占流域草地总面积的 66.12%；中游地区（26°N～31°N）草地面积为 16 507.05km²，约占流域草地总面积的 27.93%。从地形来看，澜沧江流域草地主要分布于中高海拔地区，海拔为 2000m 以下地区分布的草地面积为 2403.02km²，仅占流域草地总面积的 4%。

（3）建设用地主要分布于流域低纬度、低海拔和较平坦的地区

26.5°N 以南地区的建设用地面积为 412.35km²，占流域建设用地总面积的 90.3%。从地形来看，海拔 2500m 以下建设用地面积达到 428.31km²，将近流域建设用地总面积的 94%。坡度小于 15°地区的建设用地面积达到 391.34km²，占流域建设用地总面积的 85.7%。

（4）水域未表现出明显的空间分布规律，流域自北向南均有分布

上游地区水域以永久性冰川积雪为主，青海省杂多县、囊谦县、玉树县，以及西藏的丁青县、类乌齐县境内均有雪山分布；中游地区水域仍以永久性冰川积雪为主，西藏察雅县、芒康县西部地区、左贡县东北部地区，以及云南省德钦县境内均有雪山分布；下游地区水域以湖泊和水库为主，云南省第二大淡水湖洱海即分布于流域下游地区。

（5）其他土地主要分布于流域高纬度高海拔地区

岩、裸土等未利用和难利用的土地主要分布于 31°N 以北地区，其他土地面积为 13 163.70km²，占其总面积的 89%；海拔 4500m 以上地区的其他土地面积达到 14 119.04km²，占其总面积的 95.2%。

6.2.2 流域土地利用/土地覆被类型差异

上、中、下游三个子流域相比，土地利用/土地覆被类型的组分和结构均存在很大差异。澜沧江流域北部地区属青藏高原、横断山系南段，多为高山峡谷深切的地貌，南部地区属于横断山余脉部分，形成中低山谷盆地类型地貌，不同地貌特征造就了不同的生态环境，直接影响到土地利用的结构和布局。以下为上、中、下游土地利用/土地覆被组成及结构特征：

1）上游地区。从土地利用/土地覆被组成来看，草地在上游各土地利用/土地覆被类型中占绝对优势，面积 39 076.56km²，占上游地区总面积的 72.69%；其次为其他土地，面积为 10 207.68km²，占上游地区总面积的 18.99%；林地和水域面积较小，分别为 2946.92km² 和 1418.61km²；而耕地和建设用地面积极小，分别为 98.09km² 和 13.09km²，仅占上游地区总面积的 0.18% 和 0.02%。

2）中游地区。流域中游地区土地利用/土地覆被类型以草地和林地为主，分别为 16 507.05km² 和 13 638.32km²，分别占中游地区总面积的 44.29% 和 36.59%；其次为其他土地，面积为 4618.60km²，占中游地区总面积的 12.39%；耕地和水域面积较小，分别为 1428.62km² 和 1043.43km²，分别占中游地区总面积的 3.83% 和 2.80%；而建设用地和园地面积极小，所占比例不足中游地区总面积的 0.1%。

3）下游地区。林地在下游地区各土地利用/土地覆被类型中占绝对优势，面积为 48 350.87km²，占下游地区总面积的 65.79%；耕地和园地次之，面积分别为 13 094.67km² 和 7537.84km²，分别占下游地区总面积的 17.82% 和 10.26%；草地面积较小，为 3516.98km²，仅占下游地区总面积的 4.79%；水域和其他土地所占面积比例不足下游地区总面积的 1%。

不同土地利用/土地覆被类型相比，林地主要分布于流域中下游地区；草地主要分布于流域中上游地区；耕地、园地和建设用地等代表人类活动干扰的土地利用类型主要分布于流域下游地区，即低纬度、低海拔地区；而裸岩、裸土等未利用地或难利用地则分布于高纬度、高海拔地区。

6.3 水能资源：水量充沛落差大

澜沧江-湄公河发源于青海省南部的唐古拉山脉，流经青、藏、滇三省（自治区），上源主流称扎曲（流经青海和西藏），扎曲于西藏昌都县城与昂曲汇合后始称澜沧江，于云南省西双版纳州勐腊县出境后称湄公河，流经东南亚缅甸、老挝、泰国、柬埔寨、越南后汇入南海，是一条著名的国际河流。澜沧江-湄公河水电资源十分丰富，水电蕴藏总量为9456万kW，中国境内拥有3656万kW，缅甸、老挝、泰国、柬埔寨、越南5国合计5800万kW（杨婧等，2009）。

6.3.1 澜沧江水能资源开发的优势

澜沧江流域水能资源开发具有以下五个方面的优势：

（1）水量丰沛，落差集中

澜沧江-湄公河全长4500km，总流域面积74.4万km²，总落差5500m，国境处多年平均径流量2182m³/s，是东南亚一条重要的国际河流。澜沧江在我国境内河长约2100km，落差约5000m，流域面积17.4万km²。其中云南省境内河长1240km，落差为1780m。流域内雨量丰沛，国境处多年平均年水量约640亿m³，为黄河的1.2倍。全流域干流总落差5500m，91%集中在澜沧江，仅在糯扎渡电站坝址以上就集中了干流总落差的90%。云南省境内共规划15个梯级电站，总装机容量相当于1.4个三峡电站，多年平均发电量为1189亿kW·h，因此澜沧江水电开发在云南乃至全国的能源开发中均占有举足轻重的位置。

（2）地形地质条件优越

澜沧江河谷深切且狭窄，地形陡峻，地势北高南低，海拔悬殊颇大。流域内基本属于稳定或较稳定地区，坝址处于相对稳定的断块内，断裂构造不发育，岸坡整体稳定性较好，无制约水库形成的地质因素。特别是小湾水电站和糯扎渡水电站枢纽区工程地质条件较好，具有建设高坝大库和地下厂房洞室的地质条件。

（3）优良的调节性能和显著的补偿效益

目前云南省电源结构中径流式水电站比例过大，调节性能较差，导致系统"汛弃、枯紧"矛盾十分突出，加快调节性能优越的大型水电站的开发十分迫切。小湾和糯扎渡两座水电站建成以后，具有良好的多年调节性能，除自身可为系统提供发电容量420万kW、585万kW，保证出力185.4万kW、240.6万kW以及多年平均发电量190.6亿kW·h、239.1亿kW·h外，还可为下游梯级电站带来显著的补偿效益，并通过系统跨流域联合优化调度，充分发挥云南水电站群的调节性能，极大改善和优化云南电网和南方电网的电源结构。小湾电站建成以后，将使下游漫湾、大朝山和景洪电站的保证出力增加约110万kW，增加枯期发电量约27亿kW·h，汛期电量与枯期电量的比例由无小湾的1.67：1改善为0.93：1，保证电量占年电量的比例由无小湾时的46.6%提高到86.4%，相当新建一座百万千瓦级调峰电站。

（4）提高防洪标准改善通航条件

澜沧江水电开发可以减少洪水灾害，提高工程防洪标准，满足下游城市和农田的防洪要求。以小湾和糯扎渡电站为例，小湾水库可提供11亿m³防洪库容，可以削减12%洪峰，提高下游电站如漫湾、大朝山电站防洪标准。糯扎渡电站可提供20亿m³防洪库容，使景洪市远景防洪标准由50年提高到100年，下游农田远景防洪标准由5年提高到10年。由于削减洪峰流量，减轻下游老挝、缅甸、泰国的洪水灾害；枯水期流量提高，有利于下游沿岸的农业灌溉；有利于防止出海口的海水倒灌；小湾、糯扎渡水库形成以后，由于水库的调蓄作用，使得下游河道流量趋于均匀，通航条件明显改善，促进澜沧江-湄公河航运事业发展和澜沧江-湄公河跨境旅游。

（5）是实现可持续发展的战略性举措

水电基地建设是云南省建设绿色经济强省战略目标的重要组成部分，水电可替代燃气、燃煤机组，减少大量有害物质排放，改善环境质量。通过对可再生、清洁水能资源的开发使资源优势转化为经济优势，逐步形成以水电为主的电力支柱产业，带动其他产业发展，拉动经济增长，实现经济持续快速发展。

6.3.2 干流水电站梯级分布

澜沧江干流可开发 21 个梯级电站，共利用天然落差 2749m，总装机量约 3200 万 kW，年发电量约 1500 亿 kW·h，是我国规划建设的十三大水电基地之一。澜沧江干流水电开发分西藏段和云南段两大部分。

西藏段目前尚未开发，初步规划按 6 个梯级开发，从上游到下游分别是侧格、约龙、卡贡、班达、如美、古学，装机容量分别为 16 万 kW、10 万 kW、24 万 kW、100 万 kW、240 万 kW、240 万 kW，合计 630 万 kW。预计 2015 年左右动工兴建，2030 年左右可开发完毕。云南境内干流梯级的兴建，尤其是坝址在云南境内因水库回水延伸至西藏境内的古水电站的建设，为澜沧江西藏段水电开发创造了极其有利的条件。

云南段自迪庆州德钦县以下至出境处，在云南省境内河长约 1240 km，落差 1780m，年均产水量达 516.2 亿 m³，流域面积 9.1 万 km²，占云南省面积的 23%（照片 6-1）。该段规划按 15 个梯级进行开发，总装机容量约 2607.5 万 kW。以功果桥为界分为上中下游，其中澜沧江上游 7 个梯级电站总装机 960 万 kW，中下游 8 个梯级电站总装机容量 1647.5 万 kW。澜沧江中下游的漫湾（167 万 kW）及大朝山（135 万 kW）电站已建成运行；景洪电站（175 万 kW）于 2009 年竣工；小湾电站（420 万 kW）于 2009 年首批机组投产、2010 年竣工；糯扎渡（585 万 kW）、功果桥（90 万 kW）电站已开展建设。预计 2015 年澜沧江中下游 8 个梯级电站除勐松外将全部建成投产。上游的里底、黄登、苗尾电站已于 2008 年底启动筹建，乌弄龙、托巴、大华桥电站于 2009 年，古水电站于 2010 年启动建设，"十二五"后期上游各电站将开始投产，2020 年前全部开发完毕。

照片 6-1 德钦县——澜沧江大拐弯
摄影：沈镭（定点号：YN-DQ-YL-01）时间：2009 年 8 月 29 日

云南段的澜沧江中下游（功果桥至中缅边界南阿河口）河段，长约 800km，在负荷要求、电站位置、交通条件、地形、地质条件、技术经济条件等方面都比较优越，是全江重点开发研究的河段，拟建的 8 个梯级电站，总装机 1647.5 万 kW，占全流域装机容量 63.18%（图6-2）。其中，小湾和糯扎渡为两个主要调节水库，对下游梯级电站进行径流调节，效益极为显著。

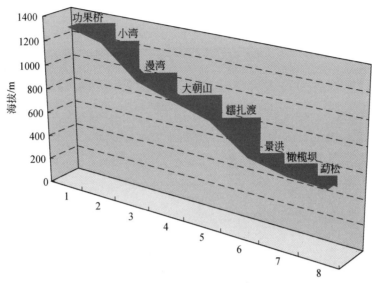

图 6-2　澜沧江中下游 8 个梯级电站垂直分布图

6.3.3　重要水电站

（1）功果桥水电站

功果桥水电站是澜沧江中下游梯级"两库八级"开发方案中的第一级（照片 6-2）。电站坝址位于云南省云龙县大栗树西侧，东距大理州公路里程为 158km，西距保山市公路里程为 95km，距省会昆明市 330km。下游为在建的小湾电站，上游为规划的苗尾水电站（照片 6-3）。该工程以发电为主，水库正常蓄水位 1307m，相应库容 3.16 亿 m^3，调节库容 0.49 亿 m^3，为日调节水库。电站装机容量 90 万 kW，年发电量 40.41 亿 kW·h。工程总工期 65 个月（不含筹建期 12 个月），总投资约 63 亿元。功果桥水电站于

照片 6-2　功果桥水电站建设现场

摄影：沈锴（定点号：YN-YL-JZ-03）时间：2009 年 9 月 8 日

2008年12月大江截流，2011年9月30日大坝具备下闸蓄水条件，2011年11月15日大坝具备首台机发电要求，2012年3月31日工程完工（图6-3）。

照片6-3　功果桥水电站卫星影像截图

拍摄时间：2010年4月28日

图6-3　功果桥水电站规划图

（2）小湾水电站

　　小湾水电站是澜沧江流域开发的关键性工程，是澜沧江中下游河段梯级电站的龙头水库（照片6-4）。位于云南省南涧彝族自治县和凤庆县交界处漾濞江汇口下游，是漫湾水电站的上一级梯级水电站，距昆明市265km，拟建坝高292m，是世界上在建的第一座300m级混凝土双曲拱坝（照片6-5）。由于工区狭窄、山高坡陡，地质条件复杂，建设难度在水电工程中首屈一指。正常蓄水位807m，最大水头215m，可获总库容153亿m³，有效库容113亿m³，是澜沧江中下游又一高坝大库，对下游的景洪、橄榄坝、勐松梯级水电站径流调节效益和削减洪水的作用显著。小湾水电站装机容量420万kW（6组×70万kW），保证出力 232 万 kW, 年发电量 239.6 亿 kW·h, 并可使下游各水电站保证出力增加 1 倍, 装机容量和发电量各增加 30% 左右, 效益显著。建成后, 将使云南省具有多年调节能力的水电装机容量由 15% 上升到 70%, 并使下游的梯级电站枯期保证出力增加约 110 万 kW, 总发电量增加 41 亿 kW·h。小湾水电站工程于 2002 年 1 月开工, 2004 年 10 月大江截流, 2005 年 12 月开始大坝混凝土浇筑, 2009 年 9 月 25 日, 小湾水电站实现首台机组投产发电, 2010 年全部机组投产、工程完工。

照片 6-4　小湾水电站建设现场

摄影: 沈镭 (原始照片号: IMG_ 1049) 时间: 2010 年 11 月 20 日

照片 6-5　小湾水电站卫星影像截图

拍摄时间: 2009 年 3 月 20 日

（3）漫湾水电站

漫湾水电站位于澜沧江中游河段、云南省云县和景东县境内，距昆明市504km，有公路相通（照片6-6和照片6-7）。工程分两期建设。一期装机容量为125万kW，保证出力352MW，年发电量63kW·h。在上游小湾水电站建成后，最终装机容量150万kW，与小湾水电站联合调节，保证出力785MW，年发电量77.95亿kW·h。以500kV输电线路3回和220kV输电线路2回供电给云南电力系统和四川攀枝花市。混凝土重力坝最大坝高为132m。工程于1986年5月动工兴建，1987年底截流，1993年6月、12月第一、二台机组相继发电。

照片6-6　漫湾水电站建设现场

摄影：沈镭（原始照片号：IMG_ 0836）时间：2010年11月19日

照片6-7　漫湾水电站卫星影像截图

拍摄时间：2010年4月29日

漫湾发电厂是云南第一个百万千瓦级的大型水电厂，总装机容量150万kW。1993年6月30日第一台机组并网发电，1995年6月25日第五台机组并网发电。一期工程于1995年12月竣工投入运行，到2007年底投产的近12年来，发电量超过600亿kW·h，产值超过90亿元，向国家贡献税收达14亿元。按产值与投资比例计算，国家获得了4个漫湾，按国家得到的税收计算，可再造一个漫湾。为最大限度地利用澜沧江水力资源，2004年8月，云南华能集团投资9亿元建设漫湾电厂二期工程。工程通过开凿引水隧道，建设地下厂房，新安装一台30万kW发电机组，每年可增加发电量10亿kW·h，二期工程于2007年5月18日竣工，正式并网发电，年增加产值1.5亿元，增加税收2000万元。至此，漫湾水电站总装机容量达到155万kW，年发电量可达65亿kW·h，实现产值9.5亿元，贡献税收1.4亿元。

(4) 大朝山水电站

大朝山水电站位于云南省临沧地区的云县和思茅地区景东县交界的澜沧江上，是澜沧江中下游梯级规划中紧接漫湾水电站的下一个梯级水电站。坝址距已建成的漫湾水电站公路里程131km，距省会昆明市600km（照片6-8和照片6-9）。水电站仅为发电，水库正常蓄水位899m，总库容9.4亿m^3。淹没耕地12 385亩，淹没影响人口6100人，其中淹没线以下人口仅84人。水电站总装机容量135万kW·h，保证出力35.13万kW，多年平均发电量59.31亿kW·h。待上游小湾水电站水库建成后可达70.21亿kW·h，水电站枢纽由碾压混凝土重力坝、右岸地下厂房和长尾水隧洞组成。碾压混凝土重力坝最大坝高111m，坝顶高程906m，坝顶总长度为460.4m，其中碾压混凝土拦河坝段坝顶长254m。拦河坝段设计混凝土工程量为112.67万m^3，其中碾压混凝土75.66m^3。坝身设置5个溢流表孔、3个泄洪排砂底孔和1个冲砂底孔。地下厂房系统包括主副厂房、主变室、母线洞以及其他附属洞室。水电站引水系统包括压力引水隧洞和尾水管洞、尾调室以及长尾水隧洞，采用单机单管共6条压力引水隧洞，水电站尾水由尾水管洞进入一长廊式尾水调压室经两条长尾水隧洞进入澜沧江下游。按三条尾水管洞共用一座尾水调压室和一条尾水隧洞布置，形成两组三机一室一洞的布置格局。大朝山工程采用一次截断大江，枯期隧洞导流，汛期导流隧洞、围堰和基坑联合过水的导流方式。左岸布置一条导流隧洞，上游采用碾压混凝土过水拱围堰，下游为土石碾压混凝土护面板过水围堰。大朝山水电站1992年开始前期工程准备，1994年列入国家预备开工项目，1997年8月4日经国家批准正式开工，同年11月10日顺利完成大江截流。工程于2001年底第一台机组发电，2002年三台机组发电，2003年两台机组发电。

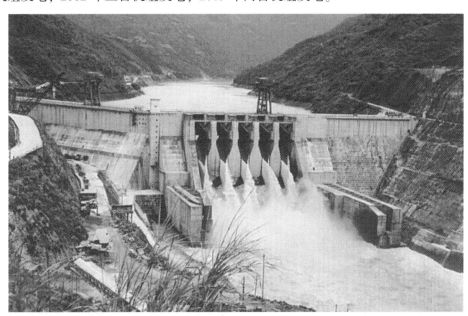

照片6-8　大朝山水电站

摄影：沈镭（照片号：IMG-0916）时间：2010年11月19日

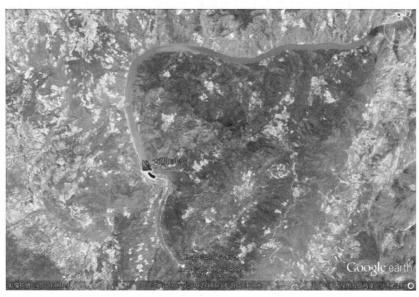

照片 6-9　大朝山水电站卫星影像截图

拍摄时间：2010 年 4 月 29 日

（5）糯扎渡水电站

糯扎渡水电站位于澜沧江下游思茅市，是澜沧江下游水电核心工程，也是实施云电外送的主要电源点（照片 6-10 和照片 6-11）。水电站枢纽为大坝，水库正常蓄水位 812m，心墙堆石坝最大坝高 261.5m，总库容227.41 亿 m^3，调节库容 113.35 亿 m^3，相当于 11 个滇池的蓄水量，坝址以上流域面积 14.47 万 km^2。具有多年调节能力。水电站安装 9 台 65 万 kW 机组，总装机容量 585 万 kW，保证出力为 240 万 kW，多年平均发电量 239.12 亿 kW·h；左岸由地下厂房、泄洪防洪设施等组成。坝址以上流域面积 14.47 万 km^2，水电站总投资 312 亿元。糯扎渡水电站是实现国家资源优化配置，全国联网目标的骨干工程，是实施"西电东送"及"云电外送"战略的基础项目。投资 312 亿元的糯扎渡水电站，按照工期安排，建设总工期为 11.5 年（不含筹建期），其中施工准备期 3 年，主体工程施工期 5.5 年，完建期 3 年。2013 年首批

照片 6-10　糯扎渡水电站建设现场

摄影：沈镭（照片号：IMG_ 9900）时间：2010 年 11 月 12 日

机组发电，2017 年全部建成投产。

照片 6-11　糯扎渡水电站坝址卫星影像截图

拍摄时间：2010 年 4 月 29 日

（6）景洪水电站

景洪水电站位于云南省西双版纳州景洪市以北约 5km，距泰国北部 300～400km，是云南省境内澜沧江中下游河段规划八个梯级电站中的第六级（照片 6-12 和照片 6-13）。水电站枢纽主要由挡水、泄洪、引水发电和航运过坝等建筑物组成，安装 5 台 35 万 kW 机组，总装机容量 175 万 kW，项目总投资约 102 亿元，梯级联合运行时保证出力 77. 19 万 kW，年发电量 78. 58 亿 kW·h。航运过坝建筑物为 300t 级垂直升船机。最大坝高 108m，坝顶总长 704. 5m，水库总库容 11. 39 亿 m³。

照片 6-12　景洪水电站远观

摄影：沈镭（照片号：IMG_ 9563）时间：2010 年 11 月 9 日

照片6-13　景洪水电站卫星影像截图

拍摄时间：2010年4月29日

（7）橄榄坝水电站

橄榄坝水电站是澜沧江中下游水电规划"两库八级"中的第七级，上游为景洪水电站，下游为勐松水电站，坝址距上游景洪市约20km，距下游出境断面（中缅243号界碑）约60km（照片6-14）。橄榄坝水电站作为景洪水电站的反调节水库，对充分发挥景洪水电站的调峰效益和妥善解决澜沧江中下游梯级水电站发电与航运的矛盾具有重要作用，是解决澜沧江水电开发对下游影响的关键项目。因此，水电站开发任务是通过对景洪水电站的日调节不稳定进行反调节，满足澜沧江下游河段航运要求，以发电为主，兼顾生态用水，并有美化景洪市城市景观的作用（图6-4）。

照片6-14　橄榄坝水电站卫星影像截图

拍摄时间：2004年6月23日

图 6-4　橄榄坝水电站规划图

该水电站土建属二等大（2）型工程，采用河床式开发。拦河坝主要为混凝土闸坝，两岸接头为混凝土重力坝，枢纽由挡水建筑物、泄水建筑物（泄水闸）、水电站建筑物及通航建筑物（船闸）等组成，枢纽建筑物按"一"字形布置。大坝坝顶高程 558m，最大坝高 60.5m，坝顶长度 500m。船闸为单线单级船闸，按 V 级航道进行通航设计，年过闸货运量为 176t。水电站正常蓄水位为 539m。相应库容约 7236 万 m^3，反调节库容约 3130 万 m^3。水电站装机容量 15.5 万 kW（5×3.1 万 kW），年平均发电量 8.7 亿 kW·h。水电站动态总投资约 44 亿元，单位千瓦投资为 2.84 万元。根据水电站施工进度安排，工程建设总工期为 80 个月。施工总工期 56 个月，主体工程施工工期 31 个月。2009 年 8 月 7 日，橄榄坝水电站建设启动。

（8）勐松水电站

勐松水电站坝址在景洪市与勐腊县交界处，下游距澜沧江出国境处约 10km（照片 6-15）。水库正常蓄水位 519m，坝前水深 33m，装机容量 600MW。坝型选定为混凝土重力坝，坝高约 65m，水库面积 10.58km^2。回水长度 45km，淹没耕地 875 亩，安置移民 230 人。

6.3.4　主要支流梯级开发方案

澜沧江理论蕴藏量大于 1 万 kW 的 140 条支流中，根据 1993 年水利部门统计，全流域可能开发 2.5 万 kW 以上水电站的支流有 13 条，拟建电站 35 座，装机量为 220.6 万 kW，年发电量 109.36 亿 kW·h。

子曲：拟建 2.5 万 kW 以上电站 4 座，即查日扣（3.6 万 kW）、加登达（5.12 万 kW）、交尼日卡（4.7 万 kW）、江树马（6.07 万 kW），总装机量为 19.49 万 kW，年发电量 9.63 亿 kW·h。

昂曲（又称解曲）：拟建 2.5 万 kW 以上电站 4 座，即外令卡（9.8 万 kW）、东滩（6.5 万 kW）、麻古（5.4 万 kW）、拉优（3.24 万 kW），总装机量为 24.22 万 kW，年发电量 12.32 亿 kW·h。

漾濞江：拟建 1 万 kW 以上的电站 8 座，其中 2.5 万 kW 以上电站 7 座，自上而下分别为：下登村（1.7 万 kW）、黑树岭（3 万 kW）、长邑（5.6 万 kW）、金牛屯（14 万 kW）、沙坝（4 万 kW）、向阳（6 万 kW）、时地坪（11 万 kW）、徐村（7.8 万 kW），总装机容量为 53.1 万 kW，年发电量 26.96 亿 kW·h。

威远江：拟建 1 万 kW 以上电站 6 座，其中 2.5 万 kW 以上电站 5 座，自上而下分别为平乡寨（1.98 万 kW）、蛮稳（6.33 万 kW）、盐房（3.31 万 kW）、习娥（6.85 万 kW）、蛮打（19 万 kW）、景巴河口（9.6 万 kW），总装机容量为 47.07 万 kW，年发电量 23.52 亿 kW·h。

照片 6-15　勐松水电站坝址卫星影像截图

拍摄时间：2001 年 1 月 18 日

南班河：拟建 1 万 kW 以上电站 5 座，其中 2.5 万 kW 以上电站为 2 座，分别为光咕噜（2.17 万 kW）、江边寨（1.36 万 kW）、龙谷（7.6 万 kW）、磨者河口（1.85 万 kW）、广丙（2.6 万 kW），总装机量为 15.58 万 kW，年发电量 8.24 亿 kW·h。

西洱河：已进行四级梯级开发，西洱河I～Ⅳ级梯级水电站总装机量为 25 万 kW，年发电量 11.18 亿 kW·h。

6.4　矿产资源：点多大矿闻名

发源于西藏和青海省的怒江、澜沧江、金沙江，流经西藏后在横断山区并流南下进入云南西北，被称为"三江并流地区"。三条大江上游流经的西藏东部、四川西部部分地区以及云南省西北部 25°20′N 以北地区，由于复杂的地质构造活动，具有良好的金属矿物生成条件，地质学家称为"三江成矿带"。

三江成矿带北段位于青海南部，总面积约 10 万 km²。工作程度较低，发现各类矿产地或矿（化）点百余处，涉及矿种有金、汞、铁、铜、铅、锌、锑等。大地构造位置属于青藏北特提斯华力西—印支造山系，主体为唐古拉陆块。主攻铜、铅锌多金属矿，以寻找大型、超大型矿床为目标，重点对然者涌、东莫扎抓、众根涌、宗陇巴、赵卡龙等一批具有较大找矿远景的矿产地择优勘查。

三江成矿带中段包括川西和藏东两部分，面积约 22 万 km²，已发现一大批银、铅、锌、铜、锡、金、汞、钨等矿产地。该区位于东西向特提斯构造域东段向南转折的板块结合碰撞造山带东侧，主攻铜、铅锌、银，以斑岩型、海底喷流型以及热液型为主攻矿床类型。今后应加强川西地区义敦岛弧带斑岩铜矿和海底喷流型铜铅锌多金属矿的找矿工作，优先加强新发现的竹鸡顶铜矿的勘查，带动区域斑岩铜矿勘查。加快推进对玉龙铜矿带已有的和新发现的矿产地勘查。

三江成矿带南段东接滇西地区，北至藏滇、川滇省界，西、南分别与缅甸、老挝、越南毗邻，面积约 18.6 万 km²。地质构造属于特提斯构造带的一部分。已有工作发现德钦羊拉铜矿、维西白秧坪银铅锌矿、思茅大平掌铜矿、中甸普朗铜矿、金平长安金矿等大型、超大型矿床。发现铜、铅、锌、银等矿床（点）数百处，其中部分探明了储量，奠定了该区作为中国有色金属重要成矿带之一的地位。该区主攻铜、铅锌，兼顾银、金等大型矿床的综合评价，以斑岩（玢岩）-矽卡岩型铜多金属矿、喷流-沉积型铜多金属矿、沉积改造型铅锌矿、热液（火山热液）型银铅锌矿为主攻矿床类型。滇西北地区，今后应重点加强普朗斑岩铜矿及其外围、德钦羊拉铜矿外围、红山—雪鸡坪地区外围的铜多金属矿勘查，进一步扩大找矿成果，率先发展成为我国西部地区最大的铜业基地。澜沧江南段地区，将重点加强腾冲—梁河地区铜多金属矿、大平掌外围以及大红山地区铜多金属矿、核桃坪铅锌矿等勘查。

6.4.1　香格里拉普朗超大型斑岩铜矿

中甸岛弧带北段为高角度俯冲的张性岛弧，东部和南部是甘孜理塘板块结合带，西侧是近南北向的格咱河深大断裂，南延至土官村一带与甘孜理塘结合带相接，从而在南部封闭了中甸弧。中甸弧南段一带为低角度俯冲压性岛弧，产出与压性构造背景有关的斑岩型铜矿床。普朗斑岩型铜矿床地处特提斯喜马拉雅成矿域，位于中国西南三江构造岩浆成矿带产于义敦岛弧带南端的格咱岛弧，总体近由北西向展布。在普朗铜矿区外围新发现普上、地苏嘎、红山、雪鸡坪、春都等一批较好的找矿线索，展示了巨大的找矿潜力。普朗铜矿区位于滇西北迪庆藏族自治州东部，距香格里拉县城约 36.4km，是中国近年来发现的印支期重要斑岩型铜矿床，该铜矿也是云南省发现的第一个斑岩型铜矿床，已引起国内外众多学者的关注。为滇西北地区有色金属化工业发展和地区经济社会发展注入了新的活力。

1997~2001 年云南高山公司（第三地质大队与比利顿公司合资）在中甸地区进行斑岩铜矿的风险找矿，通过遥感、航空物探及地面检查圈定普朗等 3 个靶区，于 1999 年钻探验证发现普朗铜矿。2002 年比利顿公司撤走，由云南铜业、云矿股份、云南华西联合设立迪庆有色公司持有该矿权，中国地质调查局开始将该区列为国土资源大调查项目，2003~2008 年进行勘探，2005 年开始引入商业性矿产勘查资金开展详查与勘探。至 2006 年底，累计完成钻探 17 468m，共圈定 7 个工业矿体，探获铜资源量 436.51 万 t，平均铜品位 0.4%；共（伴）生金 213.1t，平均品位 0.18g/t；银 1503.51t，平均品位 1.27g/t；钼 11.84 万 t，平均品位 0.01%。在普朗外围发现十余处含矿斑岩体，展示出很好的找矿前景，整个地区铜矿远景资源量有望达到 1000 万 t 以上。

普朗铜矿的发现和开发极大地带动了地区有色金属工业的快速发展。目前，区内已形成云南鑫鼎锌业股份有限公司和多座具有一定生产规模的铜铅锌选矿厂、年产 10 万 t 的锌冶炼厂。2006 年已实现工业总产值 52 亿元，其中有色金属采选业 36 亿元。"十一五"期间重点工程兰坪电锌厂扩建项目、云南迪庆普朗铜矿、云南德钦羊拉铜矿等矿山的相继建设和投产。2010 年，年产电锌 20 万 t，铜精矿含铜 5 万 t，实现矿产产值 50 亿元，预计 2015 年形成年产铜精矿含铜 15 万 t，年产电锌 20 万 t，矿业产值 100 亿元以上的特色矿业经济区，极大地促进了区域经济社会的健康发展。

6.4.2　兰坪白秧坪银铜多金属矿

兰坪白秧坪超大型银铜多金属矿是集铜、银、铅、锌、钴等多种金属矿产于一体的大型矿集区，矿床类型及矿种众多，矿床规模大，而且具有特殊的成矿背景及控矿特征。兰坪白秧坪矿区是 1992 年云南省地质矿产勘查开发局第三地质大队开展 1:5 万地质图调查时发现的，1994 年后对其地表矿体的分布规律、赋存条件进行了深入调查和剖面揭示，白秧坪相邻地段和周围地区找矿潜力巨大。1999 年新一轮国土资源调查开始实施，白秧坪扩大规模地质调查和矿产勘查拉开序幕。经过 3 年艰苦努力，新的矿产地不断发现，矿床规模呈跨越式扩大，初步查证，该地段至少存在 6 个以上的银、铜、铅锌富集区，而且异常区尚未圈闭，有望进一步扩大。目前，探获银资源量已经超过 7000t，达超大型规模；其中伴生铜资源量 53 万 t，铅锌 144 万 t，也达大型矿床规模；钴 1544t，达重型矿床规模。据专家估算，白秧坪矿潜在经济价值约 740 亿元。

矿集区位于兰坪——思茅盆地北部，可分为东、西两个成矿带，其中东成矿带由麦地坪、东至岩、下区五、新厂山、燕子洞、华昌山、灰山和黑山矿段组成，是白秧坪矿区最重要的资源富集带，目前已圈定出 22 个矿体。长 2900 多米的一号矿体，经工程控制的矿体平均厚 6m。近年新开展工作五矿段，控制银资源量占全矿区资源总量的一半以上。西成矿带由白秧坪、富隆厂、吴底厂、李子坪、核桃箐等矿段组成。西矿带两个矿段的 11 个矿体中，长 1400m 的一号矿段，脉状矿层平均厚 2m 以上，品位向深部富集。

6.4.3 兰坪金顶铅锌矿

铅锌矿，是富含金属元素铅和锌的矿产，单一的铅矿或者锌矿较为少见，多以铅锌矿的形式出现。铅是人类较早从铅锌矿石中提炼出来的金属之一，在古代7种有色金属（铜、锡、铅、金、银、汞、锌）中排列第三，它是最软的重金属，熔点327.4℃，沸点1750℃，硬度1.5，具有良好的延展性，易与其他金属（如锌、锡等）制成合金。锌是人类从铅锌矿石中较晚提炼出来的金属，在古代7种有色金属中排最后一位。熔点419.5℃，沸点911℃，硬度2，锌具有良好的压延性、耐磨性和抗腐蚀性，能与多种金属制成性能更加优良的合金。锌仅次于铜和铝，是重要的有色金属原料之一。

锌的用途主要由以下五个方面构成：46%的锌用作防腐蚀的镀层，如镀锌板；15%的锌用于制造铜合金材（如黄铜），投入到汽车制造和机械行业之中；15%的锌用于铸造锌合金（压铸件），投入到汽车、轻工业等行业；11%用于制造氧化锌，广泛用于橡胶、涂料、搪瓷、医药等行业；其余13%以锌饼、锌板形式出现用于制造干电池。铅的消费主要集中在铅酸蓄电池、化工、铅板及铅管、焊料和铅弹领域，其中铅酸蓄电池对铅的消费占80%以上。

中国是铅、锌资源储量大国，约占世界储量基础的20%。而中国乃至亚洲最大的铅锌矿床则坐落在金沙江、澜沧江、怒江"三江并流"之门户（"三江之门"）——澜沧江东侧流域的云南省兰坪县。云南省兰坪县是一个国家级的贫困县，但在这片贫瘠的土地下却蕴藏着一个巨大的宝藏。兰坪县地处横断山脉纵谷地带，矿藏资源得天独厚，在云南省有着"有色金属王国的王冠"之美誉。地质部门经过多年勘探，已探明和发现的矿藏有铅、锌、铜、银、盐、锶、汞、锑、硫、铁、石膏、云母、叶蜡石、冰洲石、水晶石等十多种矿。铅锌矿是兰坪县第一大矿藏资源，在兰坪县境内蕴有亚洲最大、全球第四大的铅锌矿，锌的蕴藏量占世界的1/3，铅的蕴藏量占世界的1/6。其中，金顶凤凰山铅锌矿是亚洲目前已探明储量第一大的铅锌矿床，储量为1400多万t（兰坪县人民政府，2005）。因此，兰坪县又称为"中国绿色锌都"。该铅锌矿位于兰坪县城西北18km处，位于凤凰山矿脉上，矿床规模为特大型。储量大，品位高，成矿集中，易开采，邻区水电资源丰富，已列为西南铅锌工业基地。探明铅+锌金属储量1547.61万t，其中铅263.54万t，分别占中国及云南省1992年铅储量的7.48%和47.35%；锌1284.06万t，分别占中国和云南省锌储量的13.91%和65.01%，潜在价值可达2000多亿元。该铅锌矿开采方式以露天开采为主，开采成本较低。目前兰坪县氧化矿的露天开采能力为1500~2000t/d，硫化矿开采能力约为2000t/d。年开采量约在12个金属吨，按照目前的速度，至少可以开采100年的时间。

矿床位于兰坪—思茅中—新生代裂谷盆地的北端，出露地层由外来系统和原地系统两部分组成，外来系统由上三叠统、中侏罗统及下白垩统地层组成，该矿床的控矿构造和岩相复杂，成因类型独特。它是由水平推覆断层从该区东部向西推覆并倒置于原地系统之上，原地系统由上白垩统、下第三系地层组成。在矿田内二者同步褶皱形成北北东向的穹隆构造。矿区有两个矿带，上矿带由下白垩统景星组底部的石英砂岩组成；下矿带由下第三系云龙组上段含砾砂眼和灰岩角砾组成。矿体明显受岩性控制，产状与围岩基本一致。矿区有架崖山（首采区）、蜂子山、北厂、跑马坪等7个矿段，矿体分布集中在11km²范围内。全区共圈出铅锌矿体446个，矿区95%以上的储量分布于北厂、架崖山、蜂子山、跑马坪4个矿段。此外，与铅锌矿共生的矿体有硫铁矿矿体76个、天青石矿体100个、石膏矿体59个。随着勘探力度的进一步加大，新的矿床、矿点还在不断被发现。

兰坪县工业以采矿、选矿、冶炼为主，且具有较为悠久的开采冶炼历史。最早可追溯到公元1274~1368年。当时的生产全部通过手工操作完成，矿冶技术落后，设备简陋，生产水平低下，社会经济效益并不显著。相传在明、清时期，已有人在云南省兰坪县金顶矿区采矿炼银，至今，在金顶北厂和跑马坪一带仍可见遗留下来的老硐和矿渣遗迹。1949年前，德国人米士曾到金顶—营盘一线进行过路线地质调查，也曾与马祖望到区内踏勘汞、锑矿点，但均未发现金顶铅锌矿床。1950年金顶铅锌矿被云南省地质矿产勘查开发局发现，随后分别由省局区测队、第十一地质队、第七地质队等，对金顶地区的各矿段进行了地形测量、地质测量、槽井探、钻探、坑探以及水文地质、盐矿测试等大量的地质勘探和科研工作。1965～1984 年，云南省地质矿产勘查开发局对金顶铅锌矿的地质详堪报告获批。

下面围绕兰坪县铅锌矿的开采、选矿、冶炼和尾矿处理展开详细介绍。

6.4.3.1 铅锌矿开采

(1) 兰坪县铅锌矿开发历史沿革

兰坪铅锌矿矿区面积为 6.9km²，由跑马坪、北场、架崖山、蜂子山、西坡、白草坪及南厂 7 个矿段组成，铅锌储量丰富，由氧化矿、硫化矿和氧硫混合矿共同组成。1982 年由国家地质部门探明，经国家储量委员会认定的铅锌金属储量为 1487 万 t。兰坪铅锌矿开发从探明至今，大致经历了 4 个阶段。

第一阶段为无序群采阶段。从 1985 年开始，在"大矿大开、小矿放开，有水快流"，"国家、集体、个人一起上"的指导思想影响下，来自全国各地的众多国营、集体企业和个人，纷纷涌进矿区，乱掘滥挖、采富弃贫。这种掠夺式、破坏式的无序群采情形长达 8 年之久，造成了巨大的资源浪费和严重的环境破坏，不仅未能促进当地经济社会的发展，反而造成了诸多的负面影响。

第二阶段为国家和地方联合开发阶段。为了制止无序群采，合理利用资源，有效保护环境，1989 年 9 月，国家正式把兰坪铅锌矿列为国家规划矿区。1992 年 1 月经国务院决定，由云南省人民政府和原中国有色金属总公司联合开发兰坪铅锌矿，共同成立"兰坪有色金属公司"，负责兰坪铅锌矿的规范管理和有序开发工作，并采取一系列有效措施，加强了对兰坪铅锌矿的资源保护，基本结束了长达 8 年之久的无序群采状况。但当地已经形成了一些小型选冶企业，为满足其生产经营需要，由云南省人民政府统筹安排，有计划地保留了一定的采矿规模。由于国家政策调整、管理体制变化及资金、技术、市场等原因，云南省人民政府和原中国有色金属总公司的联合开发未取得实质性进展，最终停止。

第三阶段为云南省自主开发阶段。1998 年 3 月，云南省人民政府提出了自主开发兰坪铅锌矿的思路，即以省、州、县企业联营的方式，由云南冶金集团总公司作为云南省人民政府出资代表，实行控股，由兰坪县域内的原省、州、县相关矿冶企业参与，组建了"云南兰坪有色金属有限责任公司"，负责对兰坪铅锌矿的管理和开发工作。云南兰坪有色金属有限责任公司按专业化生产、集约化经营的思路，统一配置资源，统一管理，统一经营，并积极探索规模化开发途径，先后投资 6000 余万元，进行冶炼工业试验、选矿工业试验。同时，积极寻求战略合作伙伴，先后与欧、美、非十几个公司进行合作谈判，并选择与英国比利顿公司进行合资开发，因多种原因，合资公司近 3 年时间的工作仅局限在共同进行地质补探、可研编制、选矿试验的范围，仍未实现兰坪铅锌矿规模化开发，英国比利顿公司于 2002 年 8 月正式退出合作。

云南兰坪有色金属有限责任公司成立后，主营业务为原矿开采和销售，经营情况见表 6-1。

表 6-1　兰坪有色金属有限责任主营业务情况　　　　　　（单位：亿元）

时间	销售收入	实现利润	应缴税金
1999 年	1.38	0.12	0.26
2000 年	1.96	0.22	0.34
2001 年	2.00	0.26	0.37
2002 年	2.12	0.36	0.45
2003 年	2.16	0.46	0.41
2004 年	3.67	1.43	0.72
2005 年	8.55	2.79	1.55
2006 年	26.00	13.81	4.48
2007 年	27.78	13.45	4.87
2008 年上半年	12.12	3.42	2.22
合计	87.74	36.32	15.67

1985～2002 年，兰坪铅锌矿经历了三个开发阶段，历经 18 年，始终没有实现规模化、产业化开发，却已累计消耗铅锌资源金属量 359 万 t，对当地经济、社会发展的支撑性、带动性十分有限，除时代、政策、体制等因素外，十分重要的原因是缺乏资金、技术、市场、管理能力，致使突出的资源优势不能有效地转化为强劲的经济优势。

第四阶段为规模化、产业化开发阶段。2003 年 7 月 26 日，四川宏达集团通过云南省公开对外招商引资平台，用全部现金增资方式，其他云南 4 家股东以采矿权、存量实物资产评估作价增资方式，共同组建了金鼎锌业。在各方努力下，协力及时、妥善地解决了资金投入、工艺技术、市场品牌、资源整合、员工培训等一系列问题和困难，仅用 15 个月时间，投资 15.5 亿元，建成了 10 万 t/a 电解锌采、选、冶一体化项目，其工艺技术和安全环保，均达到了国内同行业先进水平，开启了兰坪铅锌矿规模化、产业化开发历史的新纪元。

（2）兰坪铅锌矿开采工艺流程

矿床开采分为地下开采、露天开采和海洋开采。一般地，铅锌矿开采以地下开采为主，少数矿区为露天开采或先露天开采而后转为地下开采。兰坪铅锌矿矿床以基建矿山，露天开采为主，并于 1993 年开始剥离等工程（照片 6-16）。露天开采指从敞露地表的采矿场开采出对社会经济有用矿物的过程。与地下开采比，具有资源利用充分、回采率高、贫化率低，适用于使用大型机械，劳动生产率高，成本低，生产安全等优势。

照片 6-16　云南省金顶铅锌矿露天矿场
摄影：沈镭（定点号：YN-LP-JD-01）时间：2009 年 9 月 3 日

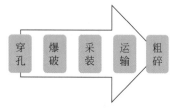

图 6-5　兰坪铅锌矿露天
开采工序流程

兰坪铅锌矿露天开采通常包括地面的场地准备、矿床的疏干和防排水、矿山基建工作以及生产期间和生产结束时地表的恢复利用等步骤。穿孔工作是铅锌矿露天开采的第一个工序，约占生产总经费的 10%～15%，目的是为随后的爆破工作提供装放炸药的孔穴；第二个工序为爆破，占生产总经费的 15%～20%，目的是为随后的采装工作提供适宜的挖掘物；第三个工序为采装，也是露天开采全部生产过程的中心环节，通常采用装载机械将矿岩从实体或爆堆中挖取，装入运输容器内或直接倒卸至一定地点；第四个工序为运输，在露天开采过程中，矿山运输基建投资额占总基建费用约 60% 左右，运输成本和劳动量分别占矿石总成本和总劳动量的一半以上；第五个工序为粗碎（图 6-5）。

6.4.3.2 铅锌矿洗选

由于自然界中铅锌矿是常共生在一起的，一般选矿都采用浮选联合法流程开展铅锌矿选矿。即把矿石破碎到一定粒度后先用重介质选出大的低品位废石，再用浮选法处理已富集的矿石。重介质选矿一般分四个步骤：一是矿石准备；二是在方铅矿的重介质悬浮液中选别；三是在筛子上脱除两种产物的重介质；四是重介质的回收利用。

一般地，对于难以分选的硫化铅锌混合精矿，则采用同时产出铅和锌的密闭鼓风炉熔炼法。不过对于极难分选的氧化铅锌混合矿，我国则用氧化铅锌混合矿原矿或其富集产物，经烧结或制团后在鼓风炉熔化，以便获得粗铅和含铅锌熔融炉渣，炉渣进一步在烟化炉烟化，得到氧化锌产物，并用湿法炼锌得到电解锌。此外，还可用回转窑直接烟化获得氧化锌产物。铅锌矿选矿所涉及的仪器主要包括破

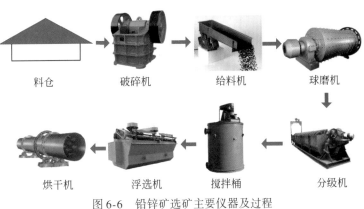

图 6-6　铅锌矿选矿主要仪器及过程

碎机、给料机、球磨机、分级机、搅拌桶、浮选机和烘干机等。伴随着矿料的流动过程，铅锌选矿过程主要包括矿料输送、破碎、均化、分级、浮选和烘干 6 个过程（图6-6，照片6-17）。

照片 6-17　云南省金鼎铅锌矿
摄影：沈镭（定点号：YN-LP-JD-02）时间：2009 年 9 月 3 日

6.4.3.3 铅锌矿冶炼

在铅锌矿冶炼工艺方面，铅的冶炼工艺几乎全是火法（图6-7），湿法冶炼至今仍处于试验阶段。铅精炼方面，我国基本上采用电解精炼工艺（图6-8），而俄罗斯和欧美国家主要采用火法精炼。锌的生产工艺主要分为火法和湿法，目前，全世界主要的生产工艺是湿法，该工艺可以减少环境污染，有利于生产连续化、自动化和原料的综合利用，提高产品质量，降低能耗等（图6-9）。

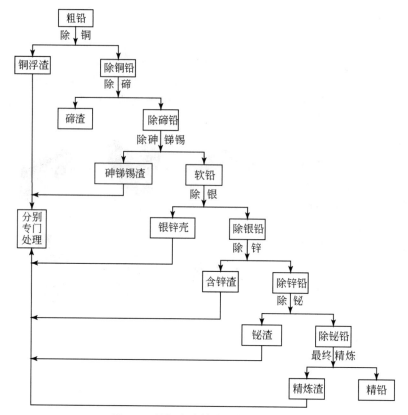

图 6-7　粗铅火法精炼一般工艺流程

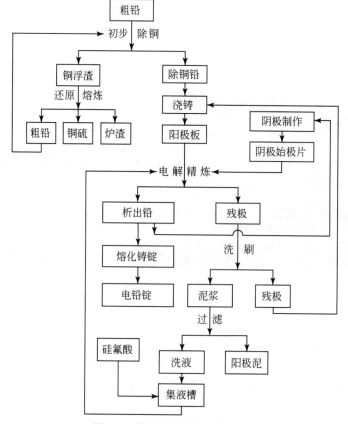

图 6-8　粗铅电解精炼工艺流程

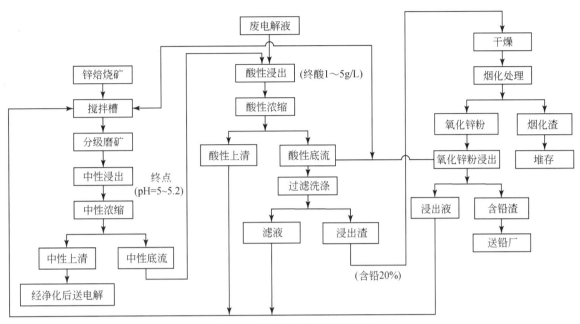

图 6-9　湿法炼锌常规浸出流程

　　针对兰坪铅锌矿床的赋存条件及分布情况，1987 年在云南金鼎锌业有限公司—冶炼厂建立一条 5000t/a 氧化锌富矿（30% 左右）湿法炼锌生产线，采用直接酸浸工艺；1991 年投入运行，生产中产生大量的硅胶和难以除铁等困难，导致 1997 年因无法运转下去而停产；1998 年对氧化矿直接酸浸年产 5000t 电锌工艺进行改造后，生产稳定，产品质量和经济效益均得到改善；1999 年在此基础上改造扩建为年产 1 万 t；2003 年扩建为年产 2 万 t，并将入流程氧化矿品位从 28% 降为 20% 左右。在工艺技术改造中，通过创新，采用氧化锌矿流态化浸出等工艺技术（氧化锌原矿直接浸出工艺的运用与创新），大大缩短了工艺流程，产生了良好的经济效益（照片 6-18）。

照片 6-18　云南省金鼎铅锌矿冶炼

摄影：沈镭（定点号：YN-LP-JD-03）时间：2009 年 9 月 3 日

此外，通过多年氧化矿生产的经验结合兰坪铅锌矿赋存条件，进行了硫化锌精矿焙砂与氧化锌矿联合浸出湿法炼锌工艺实验，并取得了很好的效果。硫化锌精矿焙砂与氧化锌原矿联合浸出湿法炼锌工艺不仅与兰坪铅锌矿资源赋存条件相适应，解决了常规的锌焙砂湿法冶炼中浸出渣高温火法富集回收渣锌带来的能耗高和烟气污染等问题，而且该工艺相对更加简短，具有生产成本低、硫酸耗量少，不消耗中和剂，浸出液可循环使用，锌的浸出率高等特点（照片6-19）。

照片6-19　云南省金鼎锌锭产品

摄影：沈镭（定点号：YN-LP-JD-04）时间：2009年9月3日

6.4.3.4　尾矿处理

尾矿通常是指选矿作业产品中有用成分含量最低的部分产品。当选矿作业产品中有用成分降低到当时技术经济条件下不宜再分选时，称为尾矿，常堆存于尾矿库中，随着技术的发展，尾矿可能重新得到利用。兰坪铅锌矿尾矿的处理办法主要是通过建立废石堆和尾矿坝，并尽可能地变废为宝，变害为利，开展综合利用。

对铅锌矿资源进行了统筹规划，加大了矿山建设，不断提高采矿技术水平，降低矿产资源的采矿损失率，同时对采出的大量低品位氧硫混合矿进行选矿试验研究，能有效处理低品位混合矿而提高有价金属回收率，与此同时，开展了大量冶炼攻关试验研究，氧化锌原矿流态化浸出工艺、浮选氧化锌精矿直接基础冶炼工艺、氧硫分段联合浸出工艺、浸出渣锌回收工艺4项实验成果已成功应用到生产中，大大提高了冶炼技术水平，提高了有价金属回收率。

通过低品位氧化锌原矿和硫化锌原矿的选矿富集，生产出氧化锌、硫化锌和硫化铅精矿，有效回收了铅、锌元素；同时银、铊等作为伴生元素，长于铅共生，随铅进入到铅精矿中而得到富集回收；硫也作为伴生元素，随选矿富集到锌精矿和铅精矿中，通过焙烧制酸得到硫酸，应用到电锌生产中而得到回收利用；同时对铜镉渣进行处理后分别生产出铜渣、海绵镉配套和钴渣，从而有效回收了铜、镉、钴等有价元素；二期10万t/a电锌采选冶配套项目中建设3万t/a碳酸锶厂，有效回收锶资源，目前能有效回收铅、锌、银、铊、硫、铜、镉、钴、锶等有价元素，基本能全面回收兰坪矿产资源中的有价元素（杨再兴，2008）。

（1）采矿环境治理

兰坪铅锌矿由于早期多年无序群采，导致资源和环境遭到严重破坏，滑坡、塌方、泥石流事故频发。为了防止地质灾害造成人员、财产损失，云南金鼎锌业有限公司不仅对环境保护历史遗留问题投入巨资解决，同时对新项目的设计实施了配套的环境保护、水土流失防治、地质灾害防治等措施。

（2）工程措施

2003 年 7 月云南金鼎锌业有限公司成立以来，共投入了 1 亿多元，在采场周围构筑了网状截洪沟，将地表汇水分别引到山间沟壑，并在汇水集中排放的南大沟、练登沟及跑马坪北大沟构筑了 15 道梯级拦渣坝，最大限度地拦截泥沙，减少了水土流失的发生及水土流失引发的地表水污染。对河床进行了清理，确保河道畅通。建设了架崖山排废场、贫矿堆场、跑马坪贫矿堆场堆石坝，杜绝了矿山开采过程中固体废弃物乱排放现象。

（3）植物保护措施

资源整合后，南场、西坡、白草坪 3 个矿段铅、锌储量已基本消耗完，而群采遗留的环境保护问题却十分严重，云南金鼎锌业有限公司对以上 3 个矿段投入巨资进行了大力整改，关闭了 15 个不具备安全生产条件的采矿坑口，并经与兰坪县人民政府共同研究决定，采取封山育林来恢复地质生态环境。开发中矿山露天采场始终坚持"开发一片、规划一片、恢复一片、绿化一片"的方针。制定了 1700 亩复垦绿化的规划，到目前为止已投入 400 多万元资金，分 3 期在矿山指挥中心周围边坡、1#排废场、4#工业矿堆上部边坡、彝族山剥离终界区域、矿区新主干公路、2756 台阶道路边坡、粗碎站场内及周围边坡等进行植被绿化，恢复植被 300 多亩，矿区植被有了根本性的改善。

（4）选矿环境治理

除一选厂外，其他的选厂都是在矿区资源整合过程中云南金鼎锌业有限公司接收的资产，资源整合前众多小选厂环境保护设施不完善，尾水排放对江河造成的污染十分严重。云南金鼎锌业有限公司接收了金凤选厂、金桂选厂、永汇选厂后共投入环境保护治理费用 2000 多万元用于环境保护改造，建设了尾矿泵站、尾矿输送管道等。改变了选矿尾水直接排放的现象，最大可能地减少了江河的污染源。云南金鼎锌业有限公司所有的尾矿废水经压力输送管道送至哨上尾矿库，经自然曝气、沉降处理后，尾矿储存于库中，废水从排水井溢流排放（照片 6-20）。根据怒江州监测站监测达到《污水综合排放标准》中一类污染物排放标准二级标准。

照片 6-20　云南金鼎锌业尾矿库

摄影：沈镭（定点号：YN-LP-JD-05）时间：2009 年 9 月 3 日

（5）冶炼环境治理

水处理：云南金鼎锌业有限公司一期投资项目设计时就确定了生产废水零排放的目标。根据建设项目"三同时"要求，配套建设了处理能力为 7200m³/d 的污水处理站，废水处理达到《污水综合排放标准》二级标准，并全部回用于流程，整个生产系统无污水外排，每年可节约水量 660 万 m³。气处理：硫酸厂、电锌厂 SO_2 排放量低于允许排放量的 34.18%、46.62%，其中硫酸厂已达到《兰坪县"十一五"主要污染物（SO_2、COD）总量控制及消减实施方案》中 2010 年对该厂 SO_2 排放量的要求。渣处理：对冶金固体废弃物严格按国家环境保护要求进行合理堆存。配套建设有防渗、防塌、防扬的"三防"渣库。渣库建设分三期进行，一期工程库容为 31.2 万 m³（二期为 96.3 万 m³、三期为 104.5 万 m³），渣库"三防"措施在建设中已通过怒江州环境保护局组织的初验。渣库建设工程和主体工程同时建成并投入运行，用于处置浸出渣和废水处理站污泥。渣库的设计、运行管理及将来的封场均严格按照国家《危险废物填埋污染控制标准》有关要求执行，渣库下游建有容积为 5000m³ 的沉淀池（调节池），废水经水泥管道排至污水处理站。云南金鼎锌业有限公司成立以来，环境保护投资累计达 3.1 亿元，其中绿化投资 651 万元，以实际行动为打造"中国绿色锌都"做出了积极贡献（表 6-2）。

表 6-2　一期 10 万 t/a 电锌项目北厂、架崖山矿段矿山开采工程环境保护投资情况表

一、工程措施					
一级分区	二级分区	措施	项目	工程量/m³	投资/元
弃渣场区	3#贫矿堆场（跑马坪）	拦渣坝	堆石	229 000	23 620 000
		排洪沟	毛石砼	767	876 400
	4#贫矿堆场（中大沟）	拦渣坝	堆石	97 190	10 134 200
	南大沟弃渣场	拦渣坝	堆石	185 500	18 990 000
		截洪沟	毛石砼	8 150	2 987 000
		排水沟	毛石砼	265	68 900
工业场地	坑口弃渣场	挡渣墙	砼	6 360	1 653 600
		截水沟	毛石砼	1 450	377 000
	油库	挡渣墙	毛石砼	190	49 400
	破碎站	挡墙	砼	560	145 600
		截水沟	毛石砼	627	188 100
辅助设施区	采场办公生活区	挡墙	砼	1 930	501 800
		截水沟	毛石砼	371	111 300
		排水沟	毛石砼	2 800	840 000
	指挥中心	挡墙	砼	3 280	852 800
		排水沟	浆砌石	651	169 260
道路区		挡墙	毛石砼	2 350	681 500
		排水沟	毛石砼	3 180	985 800
恢复 4#截洪沟空塘段工程		排洪沟恢复	C15 毛石砼	150	150 000
3#、4#截洪沟修补加固工程		截洪沟两边支护	M7.5 浆砌毛石	120	250 000
4#工业矿堆		减台夯压治理		61 163	由采矿一厂完成，按内部考核成本
南大沟排土场		减台夯压治理		154 441	由采矿一厂完成，按内部考核成本
2#工业矿堆		减台夯压治理		10 676	107 613

续表

一、工程措施

一级分区	二级分区	措施	项目	工程量/m³	投资/元
	3#工业矿堆	开台夯压治理		336 367	由采矿一厂完成，按内部考核成本
	3#工业矿堆	夯压治理工程量		163 000	821 521
	1#排废场	治理、整改		137 638	693 696
3#工业矿堆蕨菜山截洪沟		贫矿堆场东侧及西侧截洪沟	在建		855 000
3#工业矿堆蕨菜沟大坝及其附属安全设施工程		①贫矿堆场堆石坝 ②排渗盲沟等	在建		9845 000
歪山梁子沟大坝及其附属安全设施工程		①排土场初期坝堆石坝 ②排土场排渗盲沟等 ③排土场左右岸截洪沟	在建		9 800 000
采区积水收集池建设		C20 砼 200mm 厚积水收集池	在建		70 000
生活污水处理系统		①M7.5 水泥砂浆砌筑沉淀池、清水池、蓄水池 ②活动板房	在建		90 000
洒水车			6 量		350 000
小计					86 265 491

二、植物措施

年份	绿化区域	措施	绿化面积/m²	投资/元
2004	废石山东部（现指挥中心）	间种树苗	8 000	50 000
2005	①废石山边坡 ②1#排土场终了边坡 ③2780 台上部剥离终界区上部平台	混播草坪间种树苗	24 000	343 000
2006	①1#排土场推进后终了场地 ②废石山边坡 ③4#工业矿堆上部边坡 ④矿区公路行道树	混播草坪间种树苗	67 000	900 000
2007	①1#排土场终了场地 ②2732-2780 台阶行道树 ③边坡生态字"打造绿色锌都"绿化 ④2720 台公路上边坡 ⑤北场粗碎车间周边植被恢复 ⑥粗碎站上、下边坡客土喷播绿化	混播草坪间种树苗 客土喷播	85 467	2 100 000
2008	①一标段，露天采场区域 2550 坑口边坡绿化 ②二标段，北场岔路口公路边坡-8.18 公路上部边坡绿化 ③三标段，新油库旁废石山绿化、台阶东部 2780 台阶	混播草坪间种树苗 客土喷播	52 452	1 320 000

续表

二、植物措施				
年份	绿化区域	措施	绿化面积/m²	投资/元
2009	①3#、4#、5#排土场终了区域绿化 ②生态字"把绿色还给大地"生态绿化 ③矿区公路外侧防水绿化带 ④二环路上部边坡绿化	混播草坪间种树苗	112 310	1 000 000
2010	1#排土场终了区域大面积生态 保护植被恢复工程启动	混播草坪间种树苗	6000	250 000
2011	1#排土场到厂部门口公路沿线行道树种植	间种树苗	5000	70 000
小计				6 033 000
总计				92 298 491

资料来源：http://www.7c.gov.cn/color/DisplayPages/ContentDisplay_ 455. aspx? contentid =43339

6.4.4　镇源县老王寨金矿

哀牢山金矿带是我国最重要的新生代造山型金矿带，形成于三江特提斯复合造山过程中，位于扬子板块西南缘，印度板块东缘。该区带壳幔作用活跃，构造运动复杂、各圈层的物质及能量交换频繁、成矿作用显著，其特殊的地质背景使得深部地质过程在成矿中发挥了重要作用。其内已经发现老王寨双沟金厂大坪和长安等金矿床。老王寨金矿位于云南省镇源县境内、哀牢山金成矿带北段中部，总体呈NW—SE向展布，北西起自和平丫口，南东至库独木，长约10km，宽100~500m，最宽达1km，已探明金储量近100t，是该矿带内已发现规模最大的金矿床，矿石平均品位在5.0×10⁻⁶左右，开采条件好，矿石品位高，选冶性能良好。按矿体分布矿化特征和容矿岩石类型等的空间变化特征，可划分为5个矿段，自NW向SW为浪泥塘、冬瓜林、老王寨、搭桥箐和库独木矿段，各矿段间沿走向矿化连续，其中以冬瓜林矿段规模最大（探明金储量约50t），其次是老王寨矿段（探明金储量约20t）。

6.4.5　勐腊县新山铁矿

云南省勐腊县新山含铜菱铁矿位于兰坪—思茅中生代裂陷槽南端西缘，蚕洞河背斜东翼及倾伏端，西邻澜沧江大断裂带（照片6-21）。矿床于20世纪50年代发现，由于地处亚热带、境内森林茂密、岩石露头稀少，曾经因交通困难，矿石难以利用而成为呆矿。先后有不同部属的地质队进行过踏勘，70年代作过菱铁矿普查评价，80年代以来随着地质工作的不断深入，现除铁达中型之外，铜铅锌也具有一定规模，已构成一个小型多金属矿床，且具有很大的找矿前景。新山铁多金属矿矿床规模大、品位高、共（伴）生有铜铅锌银等多种有用组分。经历了火山（海相）喷发、生物化学沉积、成岩作用、地下热水循环改造等多期成矿阶段，为层控的沉积改造型铁多金属矿床。探明储量6788.5万t（保有矿石量6780万t），主要分布在瑶区乡的新山，其次是易武乡的麻黑、高山、勐户、丁家寨、大荒坝、兰田，象明乡的小曼龙，瑶区乡的龙巴、苗旧寨、关累镇的藤蔑山等地也有零星出露。

6.4.6　类乌齐县菱镁矿

菱镁矿能在热液作用、沉积作用和风化作用条件下形成，超基性岩经强烈风化可形成瓷状菱镁矿。菱镁矿矿床在区域上的分布主要受白云岩、区域地质构造、区域变质作用和岩浆作用等综合因素控制。

照片 6-21　勐腊县新山铁矿
摄影：沈镭（定点号：YN-ML-YQ-01）时间：2010 年 11 月 5 日

白云岩是层控菱镁矿矿床形成的矿源层，对矿层定位起着重要作用。中国菱镁矿矿床主要集中分布于辽宁、山东、西藏、新疆、甘肃次之。20 世纪 70 年代发现并勘查了四川省甘洛汉源地区菱镁矿矿床，以及西藏昌都地区类乌齐县巴夏菱镁矿矿床。

类乌齐县菱镁矿主要分布于怒江断裂带，整个矿区质量好，以一级品为主，储量达 5709 万 t。为促进菱镁矿合理开发和高效利用，在实地考察、优中选强的基础上，2007 年确定了由国家大型专业菱镁深加工企业辽宁省海城市华银集团对类乌齐菱镁矿进行开发，打造以辽宁省海城市华银集团为主的菱镁产品生产板块。2007 年 3 月，辽宁省海城市华银集团先后 10 多次赴卡玛多乡进行考察、取样、化验，并与县政府进行了多次商谈，类乌齐县委、县政府高度重视此项工作，成立了开发领导小组，组成了以县委书记熊伟带队的党政考察团对辽宁省海城市华银集团进行了实地考察，并同海城市委、市政府建立了密切的友好关系，通过对企业的资金、技术、人才各方面的考察，于 8 月 28 日举行了签字仪式。辽宁省海城市华银集团经过近 1 个月紧张的投产前的准备工作，以先进的现代化信息管理体系和经营理念，围绕类乌齐县卡玛多乡的矿产资源实际情况，已分别引进了先进的生产设备、运输设备等大型工程机械 15 辆大卡车，以及技术工作人员 120 名，自辽宁省海城市行驶 3000 多千米，于 2007 年 9 月 20 日抵达类乌齐县。

类乌齐县菱镁矿加工项目主要有耐火材料系列和菱镁建筑板材系列，加工的主要品种有轻烧氧化镁、电熔氧化镁、大结晶电熔氧化镁、纸面菱镁板和内墙装饰菱镁板。一期工程从 2007 年 8 月至 2008 年 6 月，计划投资 3000 万元，用于矿山建设。二期工程从 2008 年 8 月至 2009 年 4 月，投入资金约 5000 万元，计划新建电熔镁砂厂，大型机械化轻烧氧化镁竖窑 10 座，新建 10 000KV A 大功率电炉两座，预计年产电熔镁砂将达 6 万 t，年纳税约 2000 万元。三期工程从 2009 年 6 月至 2010 年 6 月，投入资金约 8000 万元，将在二期工程的基础上扩建 4 台大功率电炉，预计年产电熔镁 12 万 t，年销售收入可达 5 亿元，各项税收将达到 6000 万 ~ 8000 万元。项目全面投产后，每年能生产轻烧氧化镁 50 万 t，电熔氧化镁 12 万 t，大结晶电熔氧化镁 5000t 和 1000 万 m² 菱镁建筑板材，每年实现销售收入超过 20 亿元，出口创汇 1.2 亿美元，上缴税金超过 3 亿元，企业职工达到 1200 人。类乌齐县卡玛多乡菱镁矿不仅将促进类乌齐县经济、政治、文化等社会事业的发展，为类乌齐县逐步迈向规范的现代化城镇建设铺垫了方向，而且还将解决部分闲余劳动力就业问题。对增加类乌齐县财税收入、安置就业、推动项目地区经济发展起到积极作用。

2011 年 9 月 21 日，由课题组中的综合组、人居组和山地组成员组成的近 10 人小分队实地考察了类乌齐县卡玛多乡菱镁矿产地。带队的成升魁书记和沈镭老师坐 1 号车，其余的队员分别乘坐 5 号和 11 号车，上午离开大山宾馆，沿着 G317 国道行驶，首先来到塔林寺，这里有很多转金塔，一行人等围着整个寺庙转了一圈。继续往山上行驶来到海拔 4500 多米处的菱镁矿矿山，白色的石头大大小小地散落在山顶和山坡的位置，起初我们还以为此处是地质灾害多发区，下车以后才知道原来是开挖菱镁矿造成的，沈镭老师现场给大家普及了获取矿产的知识（照片 6-22 ~ 照片 6-24）。返回的路上经过卡玛多乡林业检查站，路边有一些珍贵的石头，并且在卡玛多乡选择了一家农户进行农户调查。

照片 6-22　脆弱的生态环境和无序的矿山开采

摄影：沈镭（定点号：XZ-CD-LWQ-KMD-06）时间：2011 年 9 月 21 日

照片 6-23　类乌齐县政府工作人员为课题组介绍菱镁矿开采和加工相关情况

摄影：沈镭（照片号：IMG_ 2587）时间：2011 年 9 月 21 日

照片 6-24　正在建设中的菱镁矿加工厂
摄影：沈镭（照片号：IMG_ 2645）时间：2011 年 9 月 21 日

6.4.7　景谷县油田

　　云南景谷盆地位于云南省南部景谷县，面积约 88km²。在盆地东部大牛圈地区的一个面积仅 1.2km² 的鼻状构造上，发现了几个小型、超小型断块油田，以世界上面积最小的含油气内陆盆地而引人瞩目。景谷县还是云南的第一个石油生产县，储量达 1200 万 t 以上。景谷盆地位于滇西褶皱带，为叠置于兰坪—思茅中生代盆地之上的晚新近纪断陷沉积残留盆地。盆地长轴近南北向，呈一南北长 18km，东西宽 3.6 ~ 6.5km 的箕状盆地，面积 88km²。该盆地是晚新近纪早期印度板块向欧亚板块挤压碰撞，使该区基底断裂发生走向滑动，并在断裂的弯曲部分发生引张和沉降，形成的一个小型断陷盆地，其边缘为不断活动的基底断裂所限。盆地的发展演化、盆内的沉积作用及沉积环境主要受南北向和东西向断裂系统所控制。景谷盆地可划分为东部断阶、中部断凹、南部高台阶及北部高台阶 4 个二级构造单元，大牛圈油田就位于东部断阶之内。大牛圈油田位于大牛圈断鼻构造上，该构造南北长 1.5km，东西宽 0.8km，面积 1.2km²。构造上发育南北向及东西向两组断层，将其切割成多个小断块，形成牛 2、牛 4、牛 7 等西倾含油断块组成的小型、超小型断块油田。从 20 世纪 50 年代末期开展油气勘探以来，经过石油地质普查、钻探和地震勘探等工作，于 90 年代初建成大牛圈油田，开辟了云南省第一次开采石油的历史。由于盆地面积小，岩相变化复杂，盆内上新近系最厚可达 2500 ~ 3000m，油气勘探比较困难。盆地周边只有少数地层出露，70 年代和 90 年代绝大多数油气钻井深度在 700m 以内，且集中分布于盆地东部地层埋藏较浅的地区。

　　2010 年 11 月 16 日课题组重点考察了一个重油开采基地（照片 6-25）。该基地由 6 口油井构成，年产重油量在 1000t 左右。重油销售至云景林公司用于动力。油井深度为 300 多米，采取注水方式抽油，油中含水量在 80% 以上。油井每日产油在 200 多千克。按照该地区近百万吨的可采储量和 40% 的采收率，该基地可利用400年。该基地以公司形式运营，公司由中国石油化工股份有限公司（简称中石化）控股，外加地方参股。期间中石化在离重油开采基地不远的地方打了1口井。该油井井深为1700m，投资为1000万元。由于景谷处于兰坪—思茅盆地中，若此处可发现石油，则很可能意味着在这一区域中具有大油田。

照片6-25　景谷县采油场

摄影：沈镭（照片号：DSCN-9360）时间：2010年11月16日

6.5　森林资源：生物多样性宝库

整个区域内的森林资源以常绿阔叶林和混交林为主体，呈现出从北到南的递增趋势，昌都、维西和西双版纳分别为3个高点。森林资源中以乔木林为主，面积达到215万hm²，远高于经济林的45万hm²，乔木林中栎类分布最为广泛，其次是思茅松。天然林是该区域内森林资源的主体，面积达到259万hm²，是人工林面积的3倍，并且自然保护区工程和天保工程也以天然林为主。整个流域范围内，森林覆盖率10多年来变化不大，但森林土地在结构上发生了较大的变化，大量的次森林代替了原始林，特别是"两山到户"的原始林，正迅速地被橡胶、茶园、果树等经济林木所替代，森林结构有单一化的趋势，同时，森林的生态功能严重退化，其中人工林和中幼龄森林比例逐渐上升，导致森林生态效益下降，将对环境和生物多样性造成一定程度的威胁。

区域内的生物多样性非常高，木本植物千余种，野生树种300多种，其中有10多种属国家级珍贵树种，药用植物400余种，同时林下资源丰富，盛产虫草、贝母、黄连、三七、红景天、松茸等名贵中药材；栖息着数不胜数的珍禽异兽，如野牦牛、黑颈鹤、白唇鹿、雪豹、麝、野驴、藏羚羊、黄羊、雪鸡、金丝猴、小熊猫、野熊、黑麂、金钱豹等，其中属国家级保护动物的有100多种。就生物多样性的差异而言，该区域内热带雨林中生物多样性最高，其次是季雨林和常绿阔叶林，暖性针叶林和温性针叶林的生物多样性相对较低。随着纬度和海拔的上升，生物多样性呈下降趋势。区域内有4个物种丰富的"高点"，分别为白马雪山—苍山区域、无量山区域、南滚河区域和西双版纳区域，其中西双版纳区域的物种丰富度最高，但是其特有属的比例相对较小，而澜沧江上游区域虽然物种丰富度较低，但是其生物特有性最高。

6.5.1 上中下游流域森林资源差异

(1) 上游地区

澜沧江上游地区以草地为主，森林覆盖率小于10%，森林资源以云杉和柏等暗针叶林、灌木林为主，主要分布在西藏境内。该区域虽然物种相对匮乏，但是特有性极高，拥有三江源、类乌齐马鹿、芒康滇金丝猴3个国家级自然保护区，是重要的生物多样性资源宝库。境内主要珍稀野生动物有豹、白唇鹿、毛冠鹿、獐、熊、藏羚羊、岩羊、林麝、小熊猫、猕猴、穿山甲、藏马鸡、贝母鸡等；主要珍稀野生树种有红豆杉、云杉、黄杉、檀香、香樟、云南松、马尾松、红松等；主要野生中药材有虫草、贝母、黄芪、大黄、秦艽、雪莲、灵芝、红景天等。其中，三江源头的森林资源是青藏高原高寒生态系统的重要组成部分，区域内集中分布有大量的高寒珍稀野生动植物，是世界上高海拔地区生物多样性最集中的地区，区域内森林覆盖率仅为5.56%，是我国平均水平的1/3，世界水平的1/6，共有林地面积294.32万hm^2，其中有林地占7.4%，疏林地占1.6%，灌木林地占61.3%；森林蓄积2076.53万m^3，其中有林地占95.4%，疏林地占4.6%（表6-3）。这些森林资源起着涵养水源、保持水土等重要作用，由于上游地区自然条件严酷，自然生态系统极端脆弱，其生态环境一旦破坏，影响巨大并且较难恢复。

表6-3　三江源地区林地蓄积量统计表

林地类别	有林地				疏林地	合计
	针叶林	阔叶林	混交林	小计		
蓄积量/万 m^3	1855.52	37.10	88.65	1981.27	95.26	2076.53
比例/%	89.3	1.8	4.3	95.4	4.6	100.0

(2) 中游地区

澜沧江中游地区，随着海拔的升高，逐渐有混交林、落叶阔叶林、常绿针叶林等森林资源的分布，森林覆盖率在30%左右，其中混交林面积较大，森林资源以云杉、冷杉等暗针叶林以及常绿阔叶林为主。但是该区域的森林资源利用过度，天然林面积锐减，而增加的部分主要是次生人工林。区域内拥有滇西北白马雪山等国家级自然保护区，植被类型丰富，特有种相对较多，是世界级的物种基因库。境内主要珍稀野生动物有獐子、白鹿、盘羊、黄羊、旱獭、水獭、豺狼、扭角羚、金钱豹、云豹、穿山甲、滇金丝猴、小熊猫、金猫、猕猴、兔、雪鸡、贝母鸡、藏马鸡、狐狸、黄鸭、仙鹤、鹦鹉、尾梢红雉、灰角雉环颈雉、红腹角雉等；主要珍稀野生树种有秃杉、黄杉、榧木、树蕨、楠木、紫檀、红豆杉、贡山三尖杉、长苞冷杉、丽江铁杉、珙桐等；主要野生中药材有虫草、贝母、麝香、鹿茸、大黄、红景天、雪莲、雪鸡、雪蛙、三棵针、雪山一支蒿、八角莲、胡黄莲、天麻、党参、秦艽、灵芝等。

位于横断山脉腹地的香格里拉拥有较丰富的森林资源，具有林业用地广阔、树种资源丰富、林木蓄积量高等特点。香格里拉所在的迪庆州林业用地面积为181.2万hm^2，其中有林面积94.3万hm^2、疏林面积45.3万hm^2、灌木林面积24.9万hm^2、无林地16.8万hm^2，林木总蓄积量为22 607.4万m^3，其中有林地蓄积18 383万m^3、疏林地蓄积4 219万m^3、散生木蓄积5.4万m^3（表6-4）。但是，由于森林生态系统的脆弱性，森林植被已经发生了衰减，森林覆盖率平均每年衰减0.7%。香格里拉是目前全国保存较好的以亚高山针叶林为主的原始林区，野生动植物资源丰富。据统计，分布在香格里拉境内的种子植物达到5000多种，包括2183种高等植物、969种药用植物、136种野生食用菌、1578种观赏植物，境内野生动物资源1400余种。

表6-4　香格里拉地区林地蓄积量统计表

林地类别	有林地	疏林地	散生木	合计
蓄积量/万 m^3	18 383	4 219	5.4	22 607.4
比例/%	81.31	18.67	0.02	100.00

(3) 下游地区

澜沧江下游地区森林资源比较丰富,分布有热带、亚热带常绿阔叶林和热带雨林以及零星的落叶季雨林,森林覆盖率在50%以上,其中常绿阔叶林面积较大,森林资源以热带雨林、季雨林、常绿阔叶林以及思茅松等暖性针叶林为主。由于气候条件优越,植被结构复杂,物种极其丰富,拥有大理苍山洱海、云龙天池、无量山、西双版纳等国家级自然保护区,仅无量山内就有高等植物187科、798属、1867种,其中国家保护植物38种,野生动物606种,包括哺乳类101种,两栖类28种,爬行类35种,鸟类442种,属国家级、省级保护动物有73种。西双版纳保护区内更是拥有多达6000多种动物,其中鸟类427种,占全国鸟类种树的16%;陆栖脊椎动物500种,占全国总数的25%,另有两栖爬行动物23种,鱼类100种,昆虫5672种,可见该区内生物多样性非常高。但是该区域内对森林资源的破坏较为严重,西双版纳州因种植橡胶和茶树等经济树种损失了约1/10的森林资源,其中绝大多数是原始的天然热带雨林,造成生境破碎化极为严重,野生动植物生存受到威胁。境内主要珍稀野生动物有亚洲象、孟加拉虎、东南亚虎、野牛、金钱豹、灵猫、小熊猫、长臂猿、猕猴、蜂猴、熊猴、金丝猴、犀鸟、蟒蛇、绿孔雀、马鹿、水獭、白鹇、绿斑鸠、岩羊、穿山甲、锦鸡等;主要珍稀野生树种有楸木、紫椿、红椿、黄楠、银杏、龙血树、橡胶、柚木、紫柚木、三棱栎、铁力木、樟树、千果榄仁、龙脑香、箭毒木、八角香兰、滇南出乃木、云南红豆杉、篦齿苏铁、野银杏、长蕊木兰、中华桫椤等;主要野生中药材有野芝麻、天南星、大黄藤、鸡血藤、鹿衔草、何首乌、虫草、半夏、草乌、灵芝、黄连、金鸡纳、绿壳砂仁、萝芙木、三桠苦、檀香、肾茶、美登木、茯苓、天麻、巍参、细红花等。

处于横断山系南部的西双版纳州拥有较丰富的森林资源。森林植被包括热带雨林、季雨林、亚热带常绿阔叶林、落叶阔叶林、暖性针叶林、竹林等,西双版纳森林植被面积见表6-5。有林地覆盖率为59.26%。境内的国家保护级天然森林面积为24.23万hm²,约占全州土地面积的12.68%。但是西双版纳热带天然林覆盖率较低,动态变化研究显示,在20世纪50年代,西双版纳的天然森林覆盖率在70%~80%,由于毁林开荒、乱砍滥伐,尤其是橡胶经济林的大面积营造,西双版纳全州热带天然林覆盖率从1965年的46.46%下降至1995年的27.8%,并且目前仍然呈现继续下降的趋势。

表6-5 西双版纳地区森林植被面积统计表

林地类别	思茅松	栎类	热带林	经济林	竹林	灌木林	疏林
面积/hm²	792.2	9544.3	1766	1998	1301	1206	361
比例/%	4.463	53.769	9.953	11.258	7.333	6.795	2.036

6.5.2 森林资源与生物多样性保护

(1) 森林资源的有效利用

通过走访、调查,村民对集体林资源的利用方式是砍木料和烧柴。对于山区以干栏式建筑为主的民族村寨,由于建房所需,需要在集体林砍伐一定数量的木料,而且数量较多。而其他民族,目前建房主要以砖房为主,仍需要一定数量的木料,但数量较干栏式建筑为少。而燃料几乎全部为木柴。因此,在山区村寨,对集体林资源利用最多的为烧柴。林下非木质林产品的采集主要是野生菌类、植物种子及果实、药材等,发展林下种植,很多时候均需清除林下部分植物。由于集体林的主要功能不是保护物种多样性,而主要用来满足群众日常生活所需的木材及烧柴。因此,群众在清除林下植物时,常常会有意识地将一些长势不好的植物清除,而长势较好的普遍能得到保存。而保留下来的树种,不仅可以为林下植物起到遮阴作用,还可以改善这一区域的林木质量,同时也促使群众不会因为需要种植经济作物而将集体林全部砍伐,因此,也起到了保护森林资源的作用。同时可以采取有效的林下空间利用方式,如种植省藤、茶叶、砂仁、兰科植物等保护有限的森林资源。

（2）生态公益林的保护

澜沧江地区是生态环境保护与治理的重点区域，现有森林资源是建设的基础，必须采取有效措施，切实做好保护。要将所有天然林纳入天保工程范围进行有效保护，使森林资源得以自然恢复或人为积极措施干预下的促进恢复，尽快提高生态系统的稳定性、生物多样性以及林地生产力和森林的健康水平。按不同流域确定不同的经营方针。上游地区是黄河、长江和澜沧江的源头，以原始天然林和灌木林为主，森林的水土保持和水源涵养作用十分明显，以保护三江源安全为目的，该流域全部划为水土保持公益林；中游地区可利用森林资源逐年减少，现有森林资源绝大部分属于森林上限、悬崖峭壁、零星分散林和河流两岸的防护林，属不应采伐和不宜采伐的林分；下游地区森林正处在演替阶段，其发展方向是以水源涵养林为主的生态公益林，积极开展中幼龄林抚育和低产低效能林分改造，促进演替进程，使其尽快向高产高效能发展。

（3）少数民族传统文化对生物多样性保护的促进

澜沧江区域周边社区各民族在其历史发展过程中，形成了特有的与当地自然环境相适应的文化习俗，这些文化习俗至今仍广泛而深刻地影响着他们与自然环境及生物的关系，影响着生物资源多样性保护与可持续利用。彝族是农牧兼营的民族，村寨的分布与坐落多选择在地势险要的高山、斜坡上，或接近河谷的向阳山坡。对保护区周边村社的调查显示，彝族的房屋多以两层为主，由砖木和土木筑成，下层为人居室，上层正前面全开放，是堆放粮食的地方。拉祜族是在游猎中崛起的民族，其居住方式与山林有着不解之缘，择山林而居的拉祜族住房，充分利用当地丰富的山林资源，使拉祜族创造出落地式茅房和桩上竹楼房屋结构。但随着经济和技术的发展，砖混结构的房屋所占比例有逐渐增大的趋势，各族人民在建房用材上对森林资源的依赖性也逐步降低。同时，在山地民族文化传统中，对神的崇拜无处不在，表现在神林和图腾。在拉祜族人的信念中，森林无疑是与他们息息相关的栖息地，神与灵魂安息的森林，是绝对不能刀斧相对的，否则会遭神灵唾弃。拉祜族除了全族性的虎图腾和狗图腾，有些地方的拉祜族人还忌食猿猴、岩羊、熊。而彝族崇拜竹、栎树、葫芦、马缨花、龙、虎，他们把作为崇拜对象的一片区域保护起来，严禁损坏或砍伐。这些受到特别保护的神树在客观上起到为物种保护和森林繁衍后代提供种子的作用。这些动植物崇拜与图腾间接地保护了野生动植物种。

6.6 旅游资源：多元而又有特色

独特的气候、地形、人文环境造就了澜沧江中下游与大香格里拉地区丰富而又多姿多彩的旅游资源，旅游资源多元而又有特色。自然景观，如冰川、高山峡谷、草原、森林公园等浑然天成，地形起伏导致自然景观具有垂直分带分布的特点。人文景观，如民族节日、节目、舞蹈、服饰、手工艺品、寺庙、遗址等，具有深厚的文化积淀和民族地方特色。该区域旅游资源具有纬度地带分异、垂直地带分异、沿河流水系分布、沿交通干线分布、围绕城镇集聚分布的特点。由于经济发展发展相对落后以及交通条件的限制，旅游资源开发步伐相对缓慢，得天独厚的旅游资源具有极大的开发潜力，目前 A 级景区分布如图 6-10 所示。根据旅游资源的总体状况，可将该区域旅游资源划分为地文景观类、水域风光类、生物景观类、天象与气候景观、遗址遗迹与建筑设施、人文活动等类型。

6.6.1 地文景观类

地文景观类旅游资源是指长期地质作用和地理过程形成并在地表面或在浅地表存留下来的各种景观。澜沧江流域地文景观迥异：上游属海拔在 4000～4500m 的青藏高原区，山地海拔可达 5500～6000m，流域内除高大险峻的雪峰外，地势相对平缓，河谷平浅。地貌景观以高寒草甸为主，高山雪峰与古冰川侵蚀景观明显，源头三江源自然保护区湿地景观广泛分布。中游属横断山脉高山峡谷区，三江并流、河谷深切于横断山脉之间，山高谷深，流域狭窄，形成陡峻的峡谷段落景观，同时褶皱与断层景观显著，大型山体滑坡与泥石流堆积景观较多（照片 6-26）。下游功果桥至景云桥段为中山宽谷区，为青藏高原向云贵

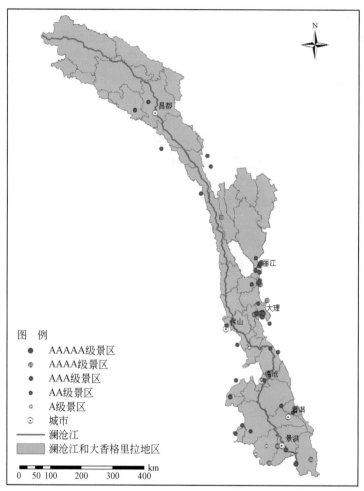

图 6-10　澜沧江流域 A 级景区沿公路分布示意图

高原的过渡带，地形破碎。功果桥至南阿河口段为云贵高原与中南半岛低山丘陵过渡地带，地貌破碎，地势逐渐趋平缓，河道呈束放状，两岸山体景观以南北向为主。在地文景观数量和开发程度上，受自然区位和社会经济水平的制约，上游和中游可供旅游开发的地文景观数量较少、开发深度不够，但旅游资源单体体量较大，视觉震撼；开发强度较弱，大地景观原始，受人类影响较少（表 6-6）。下游人口稠密，经济相对发达，旅游发展较早，景点数量和开发程度远超过中上游。

表 6-6　主要地文景观旅游资源及其分异特征

地貌类型	空间分异特征	主要地文景观资源点
河源区以河谷平原、高山和冰川为主	基本类型以谷地型旅游地、滩地型旅游地、冰川堆积体、冰川侵蚀遗迹为主；环境脆弱，生态承载力较低；景观原始，受人类影响较少	三江源保护区、伊日峡谷景区、卡瓦嘎布雪山、然察大峡谷、乌然村峡谷、谷布神山、玉龙黎明-老君山国家地质公园、梅里雪山景区等
高山与峡谷相间，地形起伏大，流域狭窄	旅游资源垂直景观显著，主要类型有峡谷段落、垂直自然地带、断层景观、褶曲景观、节理景观、地层剖面等	白马雪山、三江并流风景名胜区、普达措国家森林公园、香格里拉依拉草原、玉龙雪山、丽江观音峡、丽江文笔山、上关花天龙洞、南诏风情岛、漾濞石门关、虎跳峡、玉柱擎天等
区域地形破碎，谷切割强烈	独峰、峰丛、石林、岩石洞与岩穴、岸滩等旅游资源类型众多；开发强度较高	昆明石林、九乡风、昆明青龙峡、景谷佛迹仙踪芒玉峡谷、苍山国家地质公园、弥渡太极山、沧源佤山、兰坪罗古箐、鹤庆县黄龙等

照片 6-26　东坝乡怒江大峡谷

摄影：沈镭（定点号：XZ-CD-ZG-DB-05）时间：2011 年 9 月 15 日

6.6.2　水域风光类

水域风光类旅游资源是指水体及其所依存的地表环境下构成的景观或现象。水是流域的血液，丰富的水资源、多样的水分布条件是澜沧江流域旅游开发的重要载体和优势。澜沧江源头位于三江源保护区，区内河流密布、湖泊沼泽众多，雪峰平均海拔 5700m，最高达 5876m，雪峰之间多为第四纪山岳冰川，面积在 $1km^2$ 以上的冰川 20 多个，最大的冰川是色的日冰川；湿地总面积达 7.33 万 km^2，占保护区总面积的 24%，有"中华水塔"之称（照片 6-27）。从源头至昌都段，澜沧江干流长 565.4km，青海省境内杂多、囊谦段河谷宽广、下蚀作用微弱，多河岛、漫滩景观。出青海省至中游河段河流深切形成"V"字形峡谷，水系较为发育、水流湍急。下游由于大型电站开发形成较多大型人工湖泊，旅游开发潜力巨大，如小湾水电站、曼湾水电站、糯扎渡水电站等；由于地质结构复杂，流域内温泉资源众多，尤其是中下游温泉旅游资源丰富、开发条件优越；澜沧江流域内瀑布总体数量较少，较为著名的有位于下游普洱市河段的大中河瀑布、南帕河瀑布等；下游由于河道较宽、水流平缓，夏季温度较高，适宜开发漂流河段较多。详见表 6-7。

表 6-7　主要水域旅游资源及其分异特征

主要水域风光点	空间分异特征
拉赛贡玛冰川、吉富山冰川、澜沧江源头、果宗木扎湿地保护区、当曲上游湿地保护区、芒康县莽措湖景区、昌都三色湖景区、莽措湖、昌都嘎玛乡湿地等	基本类型有冰川观光地、常年积雪地、沼泽与湿地等；资源单体面积较大，分布稀疏
若巴温泉、美玉温泉、玉水寨、黑龙潭、腾冲热海、蝴蝶泉、硕都湖、拉市海高原湿地、镇沅湾河、莽措湖、盐井温泉、吉唐温泉、然乌湖等	以悬瀑、跌水、地热与温泉等水域旅游资源类型为主，温泉地热资源较多；开发程度低
保山白庙湖、普洱梅子湖、云县漫湾百里长湖、昆明岩泉风景区、景谷威远江、耿马南汀河、剑川剑湖风景名胜区、洱源西湖风景名胜区	观光游憩湖区类旅游资源较多，旅游资源单体广布，开发条件优越

照片 6-27　澜沧江源头

摄影：沈镭（定点号：QH-YS-YS-JD-01）时间：2011 年 9 月 24 日

6.6.3　生物景观类

以生物群体构成的旅游景观，个别的具有珍稀品种和奇异形态个体归为生物景观类旅游资源，主要包括树木、草原与草地、花卉地和野生动物栖息 4 类。澜沧江流域内生物资源丰富，仅云南省境内就建有6 个国家级自然保护区、18 个省级自然保护区、5 个国家级森林公园以及众多的风景名胜区。流域内植被变化多样，一方面，从源头至下游随着纬度变化，气候地形条件迥异，植被呈现纬度地带性分布。澜沧江上游植被以高寒草甸为主，主要生物景观为草地，低海拔山谷阴坡针叶林稀疏分布。中游干旱河谷以河谷旱生灌丛和稀树景观为主（照片 6-28），峡谷上部由于水分较多，林线以下分布有冷、云杉等针叶林景观。下游由于地势相对平坦、气候适宜、降水较多由针阔混交林向热带雨林景观过渡，花卉地和古树名木类资源单体在下游分布较多。另一方面，在流域内某些大型旅游资源单体垂直海拔高度跨越大，从山脚至山顶，温度水分、土壤成分等差异较大，植被表现出明显的垂直地带性特征。澜沧江流域是重要

照片 6-28　类乌齐灌丛

摄影：沈镭（照片号：IMG_ 4406）时间：2011 年 9 月 20 日

的野生动物栖息地，上游三江源保护区内国家重点保护动物 69 种，国家一级重点保护动物藏羚羊、牦牛、雪豹等 16 种，二级 53 种；中游三江并流区被称为"世界基因库"，77 种国家重点保护动物，34 种国家级保护植物；下游热带雨林更是热带动植物的天堂（表 6-8）。丰富的动植物资源为开发观光和专题生态旅游创造了优越的条件。

表 6-8　主要生物景观类旅游资源及其分异特征

流域代表性生物景观类旅游资源	空间分异特征
美玉草原景区、杂纳荣草原、西藏然乌湖国家森林公园、隆宝自然保护区、尼果寺自然保护区、多拉自然保护区、芒康滇金丝猴自然保护区、柴维自然保护区、嘎玛自然保护区、约巴自然保护区、类乌齐马鹿自然保护区、德登自然保护区、邓柯自然保护区、生达自然保护区、哈加自然保护区、拉妥湿地自然保护区等	基本类型有草地、高寒动物栖息地等，主要为各类保护区；保护区面积广阔，地广人稀；近些年湿地面积退化严重
昌宁澜沧江自然保护区、菜阳河自然保护区、糯扎渡自然保护区、普洱松山自然保护区、普达措国家森林公园、三江并流保护区	各类保护区人为干扰较少，保护较好；资源交通可达性较弱
德党后山水源林、牛倮河保护区、无量山保护区、西双版纳热带植物园、西双版纳原始森林公园、版纳野象谷景区、版纳热带花卉园、昆明世界园艺博览园、西山森林公园、保山太保山森林公园、临沧茶文化风情园、临沧五老山森林公园、打洛独树成林、西双版纳雨林谷、思茅小黑江森林公园、巍宝山国家森林公园、东山国家森林公园、来凤山国家森林公园、龙泉国家森林公园、菜阳河国家森林公园、鲁布格国家森林公园、珠江源国家森林公园、五峰山国家森林公园、钟灵山国家森林公园、灵宝山国家森林公园、铜锣坝国家森林公园、小白龙国家森林公园、五老山国家森林公园、畹町国家森林公园、飞来寺国家森林公园、圭山国家森林公园等	林地、花卉地、独树、丛树等生物景观类旅游资源分布广泛；森林公园众多，西双版纳热带雨林景观独特；普洱、临沧茶园景观富集；人口较为密集，开发程度较高

6.6.4　天象与气候景观

澜沧江流域具有独特的气候特点和地理条件，从南到北跨越高原寒带、高原亚温带、亚热带、边缘热带等多个气候带。中上游夏季凉爽，适合开展避暑度假旅游；下游气候四季宜人，避寒旅游旺盛。同时由于地形复杂、气象多变，流域内云雾、云霞、彩虹、佛光等天气现象丰富，云雾多发区、光环现象观察地、极端与特殊气候显示地等类型的旅游资源众多，代表性的有玉带云、海盖云、鸡足山云霞、点苍山云霞、鸡足山金顶佛光、橄榄坝烟雨等，为澜沧江旅游资源的开发增添了许多亮点（照片 6-29）。

照片 6-29　杂多县云象景观

摄影：沈镭（照片号：IMG_ 4934）时间：2011 年 9 月 23 日

6.6.5 遗址遗迹与建筑设施

澜沧江流域是我国继黄河、长江流域第三大文明发祥地，有"东方多瑙河"、"文化走廊"等美誉，旧石器时代便有人类的文明足迹，秦汉时期就在流域内设立郡县，遗址遗迹与建筑设施旅游资源丰富，主要类型包括古人类活动遗址、古城、古塔、古墓、碑碣、摩崖字画、石窟等。史前人类活动场所主要以上游的卡诺遗址和中下游的景洪橄榄坝、沧源农克硝洞、兰坪玉水坪、象鼻洞等新旧石器遗址为代表，具有重要的科学研究和考古价值，另外茶马古道及其遗迹、傣王宫遗址等是流域内顶级遗址遗迹类旅游资源；中下游分布有丽江、大理、巍山等古城；建筑设施类以宗教祭祀场所和特色居住地与社区为主。澜沧江流域大部分为佛教信仰区，另有一些地方教和少数民族远古宗教分布，上游藏区以藏传佛教和苯教为主，寺庙众多、等级较高，著名的有黄教古刹强巴林寺、噶玛噶举派祖寺、嘎玛寺、查杰玛大殿、本教祖寺孜珠寺等。居民居住地以藏式建筑和藏包为主。下游南传上座部佛教，寺庙建筑具有傣式风格，佛塔、碑林众多。边境口岸和通道是澜沧江下游旅游资源的重要特色，主要有景洪港、思茅港水运口岸及磨憨、打洛、片马等陆运口岸，中老边境、中缅边境风光也是优越的旅游资源。其他如桥、社会与商贸活动场所、动植物展示地等旅游资源基本类型在流域内广泛分布。

6.6.5.1 卡诺原始文明：昌都镇卡诺遗址

1977 年，在距昌都镇 12km 的卡诺村昌都水泥厂地面施工过程中发现的少量石器、陶片等，掀开对青藏高原远古文明的探索。经考古界、学术界的专家考证，这一重大考古发现，把青藏高原过去认为古人类居住时间不超过 2500 年的历史向前推进到距今 5000 年。国家和西藏自治区文物部门先后于 1978 年和2002 年组织的第二、第三次发掘表明，卡诺遗址（照片 6-30）是青藏高原人类发祥地、藏东横断山区人类活动的腹心之地和藏东古文明中心。

照片 6-30 卡若遗址

摄影：沈镭（定点号：XZ-CD-CD-KN-03）时间：2011 年 9 月 17 日

目前发掘的卡诺遗址面积为 1 万 m²，有草泥房屋和石砌地基 31 处，道路 3 条、石墙 3 段，灰坑 20处，水沟 1 条；各种打制石器、细石器和磨制石器 9028 件，装饰品 50 件，骨器 366 件，陶器 2 万余片。

同时还发现农作物粟和家畜猪的遗骨，经碳同位素鉴定，农作物的碳化粟的年代距今四五千年。此外，还有红、黄、灰、黑4种颜色的夹砂陶，特别是举世罕见的兽形双耳陶罐，通高19cm，形体似雌、雄两兽对卧，世界少见。专家认为，青藏高原的若干远古文化类型包括：藏北高海拔的猎牧文化群、藏南农牧渔复合的曲贡文化群、藏东横断山脉以农业生产为主的卡诺文化群。如今，在成都的澜沧江源头广场竖立了一座标志性建筑，就是以陶罐为原型，融入大鹏神鸟、原始狩猎、传统耕作、民间舞蹈等图腾元素，凸显了昌都悠久的历史和勃发的今天。

6.6.5.2 避暑胜地：昌都县朱葛山

朱葛山（照片6-31）位于西藏昌都县俄洛乡境内，国道G214（G317）线旁边2km，距县城45km。朱葛山一带，崇山峻岭，山清水秀，古木参天，植被极为丰富。国外专家在朱葛山的半山腰上，发现了成片的唐代古柏树，据科学测量距今已有1500多年的历史，有"世界柏树寿星"之称，为研究西藏高原古代气候的演变、生物进化以及其他科学研究提供了珍贵的实物资料。在朱葛山对面，有一个称之为"作楫卡"的坝子。坝中有昌都强巴林寺第四大活佛加拉的夏季避暑胜地。这里风景优美，气候宜人，是昌都附近最理想的耍坝子（夏季，藏族群众以亲朋好友、家庭或单位为组织，带上食物、酒类、饮料、炊具、帐篷、被褥、照明器具、玩具等在风景秀丽的草坪山尽情地游玩的地方，被称之为耍坝子，时间在5~7天）。在坝子北面的山谷里，有几股季节性的温泉。每当盛夏之际，这里开始有温水。2011年9月19日，我们几经周折、驱车前往，在转了几道弯之后，来到了这个空旷的坝子，沐浴在这幽静山谷中的泉水里，呼吸着沁人肺腑的空气，谛听着婉转悦耳的鸟鸣，饱闻着奇花异草的芳香，仿佛置身仙山宫阙，十分惬意，令人陶醉不已。

照片6-31　朱葛山

摄影：沈镭（定点号：XZ-CD-CD-EL-01）时间：2011年9月19日

6.6.5.3 千年古盐田：芒康县盐井

盐井，顾名思义应为产盐之地（照片6-32）。的确，盐井除了澜沧江边大片的绿洲田园，还有近似活化石般的古老岩盐生产方式。走进盐井乡，只见澜沧江边有一片片用木架搭起似一层层小梯田的平台，这就是盐田。盐井古盐田这道人文景观是现今"茶马古道"上唯一存活的人工原始晒盐风景线，它位于芒康县纳西民族乡澜沧江东西两岸，距县城 107km，滇藏公路（国道 G214）旁边，海拔 2300m 左右。"盐井"是由于产盐而得名，盐井藏名为"擦卡洛"，"擦"即意为盐，就是生产盐的地方。据史料记载，早在唐朝时期盐井就有晒盐的历史，距今已有 1200 多年历史。2011 年 9 月 13 日下午 7 点，课题组驱车从香格里拉来到这里，为当地纯朴的民俗以及自然、美丽的大奇观所惊叹。

照片 6-32　古盐田

摄影：沈镭（定点号：XZ-CD-MK-QZK-02）时间：2011 年 9 月 13 日

制盐是盐井人民的生存之本，是盐井人民经济收入的主要来源之一。目前有盐田 3454 块，从事制盐劳动的纯盐民有 64 人，农牧劳动和制盐兼营劳动的人有 2013 人。盐的生产方式是世界上唯一的、最古老和最原始的。人从梯子向下深入到洞底几米至十几米的深处，将卤水背上来倒在盐田里，经过强烈的日光照射，水分逐步蒸发，完后就是盐粒，晒干运入市场进行商品交易。每块盐田日产盐约十几斤，3～5 天扫一次，天气不好时 15 天左右扫一次，桃花盛开的季节也就是农历二三月份时的盐产量最高，质量最好，价格也比平常高。年产盐量约 300 万斤①，收入 100 万～130 万元。盐的销路比较广，除销往西藏昌都的贡觉县、察雅县、左贡县、八宿县、芒康县，林芝的察隅县外，还销往四川省的巴塘县、理塘县、康定县，云南省的德钦县、香格里拉县、维西县等地。主要是以盐、粮交换的方式为主，特别是牧区最喜欢盐井的盐，说牲畜吃了此盐身体长的较为结实、肉多。

盐井是块风水宝地，盐井村就驻扎在山神的怀里，因为这里从古到今都是交通要道，过去是"茶马古道"的重要驿站，历来就是各种商品的集散地。目前，是国道 G214 线的必经之路，且人口聚集，当地正在申报成立"盐井镇"。

盐井历史悠久，早在西藏吐蕃王朝以前，西藏的部落各占一方的时候就有盐田，传说在朵康六岗当中，芒康岗是产食盐的岗，所以很出名。传说中的格萨尔王和纳西王羌巴争夺盐井食盐而发生的交战，叫"羌岭之战"，最后格萨尔王战胜了羌巴，占领了盐井，活捉了纳西王的儿子友拉，到西藏吐蕃王朝后期，纳西王子友拉成了格萨尔王的纳西大臣，盐田给了纳西王子友拉，一直到现在还都保留着最古老、最原始的制盐生产方式。

盐井的铁链木桥自"茶马古道"开通至今，是藏汉政治经济文化交流的主要通道。新中国成立前，那里

———————————————

①　1 斤＝0.5kg。

集聚着很多来自云南德钦县、芒康县、昌都地区，四川巴塘县等地的马帮群，交易各种物资，主要有藏族的盐、羊毛、羊皮、绒毛、青稞等东西和汉族带来的茶叶、哈达、瓷碗、布匹、红糖、白砂糖、粉丝、大米等商品。运货的途中经常会遇到盗窃物资的情况，因此在"茶马古道"的路上最好的防备措施便是马帮群一起上路。白天上路，到了夜晚有些人睡觉，有些人值班。最多的马帮群有 700 多匹马和 70 多个人。他们之间非常讲信用，也特别团结，同甘共苦地穿越茶马古道，为藏汉政治经济文化交流做出了卓越的贡献。

盐井所产盐还有其独特之处。澜沧江在西藏境内流长 509km，却只在盐井这个偏远之地分布有十多口天然盐井，其涌出的泉水富含盐分。在澜沧江的两岸，出产两种不同颜色的食盐。西岸地势低缓，盐田较宽，所产的盐为淡红色，因采盐高峰期多在 3 ~ 5 月，俗称桃花盐，又名红盐；江东地势较窄，盐田不成块，一处一处的分布，但产的盐却是纯白色，称为白盐。红盐和白盐的颜色与土质有关。红盐产量高，但价格低；白盐多在江东高地筑田晒干，量少、略贵。世代采盐的盐井人最怕阴雨连天，日照不足，出盐极慢且少，还容易出现水患冲毁盐田。洪水季节，卤井将被淹没掩埋。昌都地区准备将其列为受到保护的"盐井盐田博物馆"。

盐井食盐的销路比较广，主要分五大市场区，即云南省的中甸县、德钦县等地，四川省的巴塘县、理塘县、甘孜州等地，林芝地区、拉萨市等地，左贡县到整个昌都地区，以及整个芒康县。

历史上曾多次发生了盐田之争。"羌"是现在的纳西族。当时羌巴人把留下的很厚的石墙、土墙叫羌宗，至今还可见古建筑物的遗迹。盐是当地人民生活中的必需品，在西藏吐蕃王朝之前，盐比金子还要昂贵，所以盐井就成了兵家的必争之地。盐井曾经发生过多次争夺盐田的战争。在当时澜沧江东岸的盐井百姓要向巴塘有个名叫巴桃花王（桃花盛开的时候巴桃花王来收税，为此而得名）的贵族家交税，这给当地百姓增加了沉重的负担。盐井百姓的生活本来就过得十分困难，无法承担额外的上交任务。在无可奈何的情况下，盐井的百姓下定决心要消灭巴桃花王，在预先都已经商量好的情况下，盐井的百姓趁巴桃花王来收税之机，杀死了巴桃花王，为了不让个人承担罪责，每家每户都在他的身上留下了一个刀痕。盐井所有的百姓都自愿共同来承担责任。巴桃花王死了，百姓请来巴贡寺的寺主土瓦喇嘛到巴塘解决此事。巴塘方面决定分两场比赛来解决这次的杀人事件，一是比力气；二是比马背上功夫。土瓦喇嘛法力高强，两个比赛都赢了对方。按照当时的惯例，被杀人的头、耳朵、眼睛等值多少钱，要给被杀人的家庭作赔偿。在给巴桃花王的头、耳朵、眼睛等作价后，百姓一次性交了赔偿费，从此摆脱了交税的厄运。

6.6.5.4　西藏唯一的天主教：芒康县盐井天主教

2011 年 9 月 14 日上午，课题组来到了盐井天主教堂。这是西藏唯一的天主教堂，位于芒康县纳西乡上盐井村，国道 G214 线旁，占地面积 12 225m²，建筑面积 2615m²，是中西文化交流融合的典范。这实在令人惊奇，我们课题组成员曾认为藏传佛教是中国西藏自治区藏族群众唯一的宗教。它的存在，也证明了不同宗教在西藏可以和谐相处。在这个小村子里，陪伴许多藏民一生的神，不是东方的释迦牟尼，而是西方的耶稣。这里的天主教信民仍然把藏历新年当作一年的起始，传教士穿的是藏装，信徒使用的是全世界唯一的一套藏文版《圣经》，教堂外部也是藏族民居的建筑风格，连在圣母玛丽亚像前敬献的都是藏族传统的哈达。

据一位 90 岁高龄的莉莎修女老人介绍，在村里 900 多人中，信仰天主教的有 600 多人，再加上村外的一些信徒，这里总共有 740 多名天主教徒。有趣的是，村里新出生的小孩也会被家长带到教堂，请神父取个"保罗"、"安妮"这样的"教名"，伴随他们终生，不再另取藏族名字。他们死后也是按照天主教的仪轨进行土葬。天主教给这一村庄带来不少异国风俗，同时，和藏文化的长久融合又呈现出别样的意趣。当地不少青年男女在恋爱的时候，分别信仰佛教或天主教，家人也不会阻止他们结合。婚后，两人还是各信各的宗教，耶稣和释迦牟尼像可以共处一室。出生的孩子信仰什么，多半还看孩子本人的意愿。天主教信民是只占西藏宗教人口极少数的群体，和佛教教徒民族相同、生活习惯相同。尽管信仰上存在差异，但多年来，他们和周围佛教信徒从没发生宗教间的冲突。

盐井天主教堂（照片 6-33），是西方与藏族建筑艺术的罕见结合，其内部装饰是典型的哥特式高大拱顶，天花板上绘满了《圣经》题材的壁画，而外部则呈"梯"字形，是藏族民居的常见式样，只有建筑外墙正中的大十字架提醒着人们这是一所教堂。天主教堂里（照片6-34）极具中国特色和藏式风格，色彩艳丽的外墙和庭院里如火如荼开放的格桑花，显现着别样的风情，除了耶稣像、圣母像和一些装饰品外，还有传统的红灯笼和洁白的哈达。不同民族文化背景的人们用各自的方式祈福和祝愿，这样的场景让人看了莞尔一笑，引发思考的同时也不得不感叹，古老的盐井人不仅善于与人相处，似乎更善于与神沟通。今天的盐井有着多民族宗教兼容并蓄、共存发展的独特文化现象。

照片6-33 盐井天主教堂大院
摄影：沈镭（定点号：XZ-CD-MK-QZK-05）时间：2011年9月14日

照片6-34 盐井天主教堂内
摄影：沈镭（定点号：XZ-CD-MK-QZK-06）时间：2011年9月14日

天主教自1865年传到盐井，至今已有近一个半世纪。自1865~1949年历经17位外籍本堂神父。首次打开这种局面来到盐井传教的有两位神父（邓德亮神父和比神父）。两位传教士经过长途跋涉，翻山越岭从之南贡山的朋卡来到现在盐井的根拉村，并在根拉村住了一段时间，当时群众中已有信教的人，1865年从贡格喇嘛手中买下了上盐井的这块地皮，并盖起了教堂，有15间的住宿。据说那时候盐井并没有多少户人家，很多地方是未开垦之地，至此这两位神父在上盐井有了自己的栖身之处，这也成了两位神父传教生涯中的里程碑和转折点。后来又盖起了非常壮观的西式教堂（当时用英文传教），从此教徒们慢慢聚集在上盐井落户，教堂也随之逐步扩大，但在"文革"期间教堂原貌被毁。传教士们不仅在灾难之中渡过难关恢复了教堂，而且还解决了群众住房等问题，让群众安居乐业，使他们逐步了解了天主教的文化内涵。经过岁月的蹉跎，盐井不仅在传教上取得了成果，而且与巴黎教会区域的教士取得了联系。因当时四川甘孜州的康定县、道浮县、芦霍县、巴塘县等都有了属于巴黎教会的传教区，也有他们的同道，这样他们就得到了人员和物质上的帮助，后来经过他们的不懈努力，终于把三省一区（藏区一带）所有的教堂融合为一个教区，教区设立在巴塘县，后因多种原因教区搬到康定县，教区专门设立藏文学校，让传教士上学学习藏文，这样可以更好地为藏族同胞传教。上盐井教堂第四位本堂神父叫尼德龙，他的成绩最显著，他不仅翻译了大量的藏文经书，而且设立了夜校，聘请本地的老师为信徒授课，让他们认字，自己翻译藏文经书，他的这一行动不仅提高了信徒的素质，而且增加了信徒的数量，从而天主教在本地的地位和影响越来越大，信徒越来越多，天主教在盐井获得了蓬勃的发展。

6.6.6 人文活动

旅游商品主要取决于地方自然地理环境和民俗特色。澜沧江上游以高寒气候为主，为藏区，野生动植物特产丰富，主要有冬虫夏草、知母、贝母、大黄、胡黄连、红景天、当归、党参、三七，藏药有珍珠七十丸、二十丸、常觉等，野生动物药材麝香、鹿茸、牛黄、雪蛙也有一定产量。中下游较有代表性的有茶叶、甘蔗、橡胶、紫胶、中药材、芳香油料等。澜沧江流域复杂的地质地貌构造，孕育了丰富的矿产和动植物资源，随着对矿产资源和动植物资源的开发利用以及加工技术的不断改进，许多以矿产资源和动植物资源为原料加工出产的工艺品、纪念品不断被开发出来，从而形成了琳琅满目的旅游工艺品。中甸以上藏区手工艺品以佛教饰品为主，目前仅昌都地区从事手工业的民间专业艺人有1000多人，其生产出的产品年产值达230万元，产品主要有唐卡、佛像，各类佛教生产、生活用品，金、银、铜、铁、木器等。中下游有白族、彝族、回族、傣族、傈僳族、普米族、阿昌族、哈尼族、布朗族、基诺族、佤族、独龙族等20多个少数民族，少数民族人口占该区人口总数的20.5%，多民族混居使该地区节日、服饰、宗教、婚俗、戏剧、舞蹈等民俗活动丰富（表6-9，照片6-35和照片6-36）。

表6-9 人文活动类旅游资源及其分异特征

流域代表性人文活动旅游资源	主要居住少数民族	空间分异特征及自然环境驱动背景
锅庄舞、玉树安冲藏刀锻制技艺、当吉仁赛马会、玉树赛马会、弦子舞（玉树依舞）、藏族服饰、康巴拉伊、藏族婚宴十八说、青海下弦、格萨（斯）尔、藏族唐卡、藏历年、井盐晒制技艺、民间藏酒酿造技艺、纳西族东巴舞等；藏医药、牦牛肉、藏族服饰等相关旅游商品	语系上系藏缅语族藏语支，属大藏区，另有门巴族、珞巴族、回族等少数民族	高原气候和高寒环境是藏族民俗文化形成的主要自然背景，藏袍、藏包、藏医药、饮食习惯等都是在藏族长期适应环境中形成的，同时西藏藏族和中甸藏族在饮食、民俗等方面也存在差异；属藏传佛教覆盖区
沧源佤族木鼓舞、白族扎染、白族民居彩绘、黑茶制作技艺、滇剧、苗族服饰制作工艺、傈僳族刮克舞、怒族民歌"哦得得"、怒族仙女节、剑川木雕、彝族打歌、基诺大鼓舞、普米族四弦舞乐、拉祜族芦笙舞、傈僳族刀杆节、普洱茶制作技艺（大益茶制作技艺）、彝族打歌、傈僳族阿尺木刮、哈尼族服饰制作技艺、杀戏；木雕、普洱茶等旅游商品	纳西族、白族、哈尼族、普米族、彝族、苗族、傈僳族、拉祜族、佤族、布朗族、瑶族等，其中彝族、哈尼族、白族、壮族、苗族人口过百万	该区段人文活动旅游资源主要为数量众多的高山少数民族民俗文化活动，少数民族众多，民俗活动丰富，活动类型较上游更具开放性，主要围绕高山生活生产方式，如种茶、采茶、制茶等展开

流域代表性人文活动旅游资源	主要居住少数民族	空间分异特征及自然环境驱动背景
傣族白象舞、马鹿舞、傣族（傣楞）服饰制作工艺、傣族特色食品制造工艺、泼水节、傣族、纳西族手工造纸技艺、傣族手工艺纸制造、傣族马鹿舞、贝叶经制作技艺、傣医药（睡药疗法）、傣族象脚鼓舞、傣族章哈等	语系上属壮侗语族傣语支，主要为傣族聚居区，另有布朗族、彝族、基诺族、瑶族等少数民族	下游西双版纳热带、亚热带自然环境造就了傣族泼水节、竹楼、贝叶经、傣族特色食品等具有鲜明热带风情和吸引力的人文活动类旅游资源

照片 6-35　橄榄坝傣族泼水节

摄影：沈镭（照片号：IMG_ 1662）时间：2010 年 11 月 8 日

照片 6-36　基诺山基诺族表演

摄影：沈镭（照片号：IMG_ 2043）时间：2010 年 11 月 9 日

第7章 流域山地灾害

受地貌、地质构造、地震活动、河流水系以及人类活动的影响，澜沧江与大香格里拉地区泥石流、滑坡、崩塌等山地灾害十分发育、分布广泛。重大山地灾害严重干扰着澜沧江与大香格里拉地区人们的正常生产和生活，使当地人们遭受巨大的经济损失，甚至还危及到人身安全。系统梳理和实地勘查澜沧江与大香格里拉地区重大山地灾害分布及其隐患，有助于引导当地人们生产生活的合理布局，防患于未然。

本章在对澜沧江与大香格里拉地区主要山地灾害分布格局及特征形成总体认识的基础上，分别针对研究区内泥石流、滑坡及崩塌三类山地灾害进行了系统梳理，分别选取澜沧江流域和三江并流区开展了山地灾害聚发区案例研究。

7.1 主要山地灾害分布格局

研究区地处横断山腹地。区内地质构造活跃、地形起伏大、降雨量空间分布极不均匀、人类活动等为滑坡泥石流灾害的形成提供了良好的条件（唐川和朱静，1999；闫满存等，2001；Wei et al.，2008）。研究区滑坡、泥石流等灾害非常发育，分布广泛。综合中国科学院水利部成都山地灾害与环境研究所滑坡泥石流分布数据库、项目执行期间国土部门提供的基础资料，以及野外的调查补充及遥感影像解译结果，已查明研究区内分布有滑坡点 715 处，泥石流沟有 986 条（图 7-1）。并且，研究区内山地灾害发育具有明显的分布特征：

（1）滑坡泥石流主要分布于流域中、下游

受地形条件控制，昌都以上流域位于高原面上，因此流域上游的滑坡泥石流分布较少，在流域的中、下游，滑坡、泥石流灾害的空间分布也有一定的差异。泥石流主要集中于流域中游的地形起伏较大与河流深切割的区域，滑坡主要集中于流域的中、下游。

（2）滑坡泥石流与活动断层及地震相关

澜沧江流域地处横断山腹地，流域内活动断层十分发育。同时，相邻区域内地震频发，导致区内岩层破碎，坡体稳定性差，有利于滑坡泥石流灾害的发育。致使研究区内的滑坡泥石流灾害的空间分布与活动断层分布以及地震频发区域较为吻合。

（3）滑坡泥石流灾害受人类工程活动扰动明显

澜沧江流域生态环境原本就十分脆弱。近年来，随着人类经济和工程活动的不断增强，尤其是以水电工程为代表的边坡开挖，以及切坡修路等工程活动诱发的灾害也较为常见。导致灾害的空间分布与人类工程活动扰动的关系较为明显。

7.2 山地灾害危险性区划

7.2.1 危险性分区指标和模型

滑坡和泥石流等山地灾害的危险性具有自身的属性，主要受地质、地貌、地震、降雨以及人类活动等因子影响。本研究采用 AHP（analytic hierarchy process）对诸多影响因子进行综合分析，确定各个因子

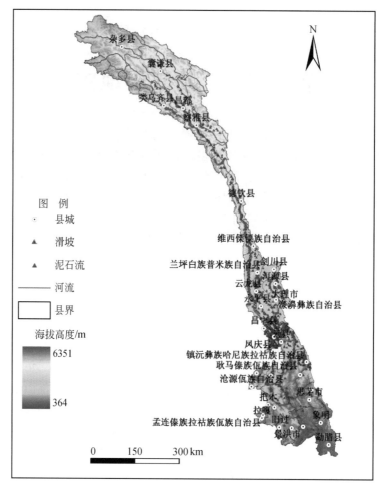

图 7-1 研究区山地灾害分布图

的权重（闫满存等，2001；徐建华，2002；Wei et al.，2008）。综合考虑滑坡和泥石流灾害形成的基本条件，选用地形因子、地质因子、地震因子、激发因子和人类活动因子等开展危险性评价（图 7-2）。

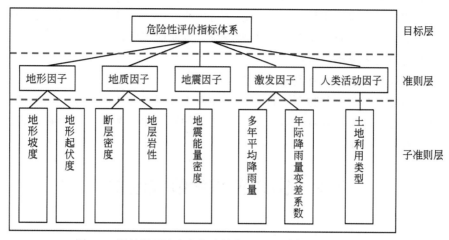

图 7-2 滑坡泥石流灾害危险性分区 AHP 决策分析层次结构

各影响因子的具体指标情况分述如下：①地形因子（A_1）：地形因子为山地灾害的运动提供动力条件，采用地形坡度（x_1）和地形起伏度（x_2）两个指标。②地质因子（A_2）：地质构造情况直接决定了研究区域的山体的稳定性和岩石风化破碎程度，从根本上影响灾害的形成和发展。本研究采用断层分布密度指标（x_3）和地层岩性指标（x_4）表示。③地震因子（A_3）：地震破坏了山体的稳定性，并且产生了大量的松散固体物质，为滑坡、泥石流灾害的发生埋下了严重的隐患。本研究用地震震级（M_s）大于3.0级以上地震的能量密度指标（x_5）表示。④激发因子（A_4）：本研究区山地灾害主要的诱发因子是降雨，采用多年平均降雨量（x_6）指标和年际降雨量变差系数指标（x_7）来表示。⑤人类活动影响因子（A_4）：人类不合理的工程活动也影响着山地灾害的发生条件。本研究采用土地利用类型指标（x_8）进行分析。上述指标可以从相应的专业图件及地方志等资料上获取。

根据各因子之间的相对重要性，构造判断矩阵、评价指标层次单排序、评价指标层次总排序，通过检验后，最后确定各因子权重如下：地形坡度指标（x_1）的权重为0.15，地形起伏度指标（x_2）的权重为0.15，断层分布密度指标（x_3）的权重为0.15，地层岩性指标（x_4）的权重为0.15，地震能量密度指标（x_5）的权重为0.20，多年平均雨量指标（x_6）的权重为0.05，年际降雨量变差系数指标（x_7）的权重为0.05，土地利用类型指标（x_8）的权重为0.10。因此，基于AHP决策分析的区域滑坡、泥石流危险性（$H_区$）评价模型为

$$H_区 = 0.15x_1 + 0.15x_2 + 0.15x_3 + 0.15x_4 + 0.20x_5 + 0.05x_6 + 0.05x_7 + 0.10x_8 \tag{7-1}$$

7.2.2 滑坡泥石流危险性分区

滑坡和泥石流形成的过程和影响因子较为复杂，因此从区域的角度开展滑坡泥石流危险性评价需要选取合适的评价单元。目前滑坡泥石流灾害危险评价采用的基本单元主要包括三种类型：自然流域、行政单元和网格（Meijerink，1988；Carrara，1999；Guzzetti，1999；Dai，2002；闫满存和王光谦，2007）。本研究结合研究区的实际情况采取网格划分法。滑坡和泥石流危险性评价各指标的原始值经过归一化处理后，代入滑坡泥石流危险性评价模型，得出危险性的评价结果。

7.2.2.1 数据获取方法

从技术流程而言，首先从基础数据库中寻找形成滑坡、泥石流的各个评价指标，经过基础数据的预处理及初步加工后，提取相关的信息图层。各影响因子的数据获取流程如图7-3。

（1）坡度数据的获取

坡度数据采用日本2010年公布的空间分辨率为30m的ASTER栅格数据，在Arcmap中采用空间分析工具里的坡度提取功能直接提取，并根据坡度的自然分布将其分为10个等级，采用reclass进行重分类获得［图7-4（a）］。

（2）地形起伏度

地形起伏度是反应地形条件的重要指标，也是反映滑坡泥石流形成环境的势能条件的重要指标。地形起伏度越大，越有利于灾害的形成，本研究采用日本2010年公布的空间分辨率为30m的ASTER栅格数据。经过投影处理后，采用Arcmap中的网格统计分析功能，计算出30m×30m网格内地形最大值与最小值，并计算出二者之差后根据其分布采用reclass对其进行重分类［图7-4（b）］。

（3）断层密度数据的获取

断层数据以原国家（省）地质局编绘发行的研究区的地质图为工作底图，在GIS环境中将地质图中断层要素进行矢量化。同时，对于一些影响深远的较大断层则在属性库中特别说明，以备后用。考虑到断层的影响范围成较宽的条带状，而断层在地质图上的表现形式则为线条，需要对断层线进行分析处理。本研究是利用GIS

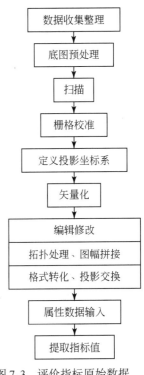

图7-3 评价指标原始数据获取流程

中的密度（Density）分析工具，分析制作断层密度数据，并将结果保存入库。断层密度的计算公式为：

$$D = \frac{\sum_{i=1}^{n} L_i}{A}$$

（7-2）

式中，D 为断层密度（km/km²）；A 为统计的网格单元的面积（km²）；L_i 为统计单元内每条断层的长度（km）；n 为统计单元内的断层条数。本研究区采用 1:250 万数字化地质图进行提取［图 7-4（c）］。

（4）地层岩性数据的获取

地层数据采用 1:250 万数字化地质图提取。根据地层岩性在滑坡泥石流灾害发育中的贡献，在地质图中以地层组为基本单位进行地层岩性指标的归类量化（闫满存等，2001）。根据上述原则确定了地层组的定量分级标准为 5 级［图 7-4（d）］。从而将原始的地层数据转化为研究中需要的地层数据类型。

（5）地震能量密度

地震能量指标采用国家地震局网站公布的 1970 年 1 月 1 日 ~ 2013 年 10 月 30 日的地震分布数据。考虑到 $M_s3.0$ 级以上的有感地震对滑坡泥石流灾害产生影响，统计了研究区内所有大于 $M_s3.0$ 级以上的地震事件，并采用地震能量密集值计算方法（本研究设定 $M_s3.0$ 级地震的能量密度值为 1，其余震级按 $LgE =$ 11.8+1.5M_s 进行换算，则 $M_s4.0$ 转换为 31.6，$M_s5.0$ 转换为 1000，其余类推），经过构建网格点并计算出地震能量在空间的分布密集值（王健，2001；张少方等，2001；谢卓娟等，2012），将地震的空间分布转换为能量的空间分布［图 7-4（e）和图 7-4（f）］。输出栅格数据并经归一化处理后以供应用。

（6）多年平均降雨量

根据地球系统科学数据库的基础数据，统计了研究区临近地区 38 个县级站点 1966 ~ 1996 年的年降雨量，并在 Arcmap 中采用克吕格空间插值得出年降雨量分布图［图 7-4（g）］。

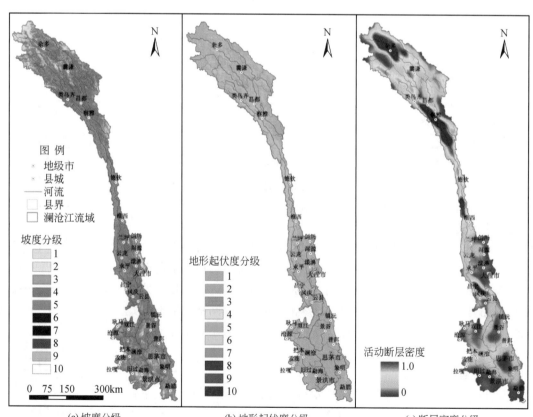

(a) 坡度分级　　　　　　　(b) 地形起伏度分级　　　　　　(c) 断层密度分级

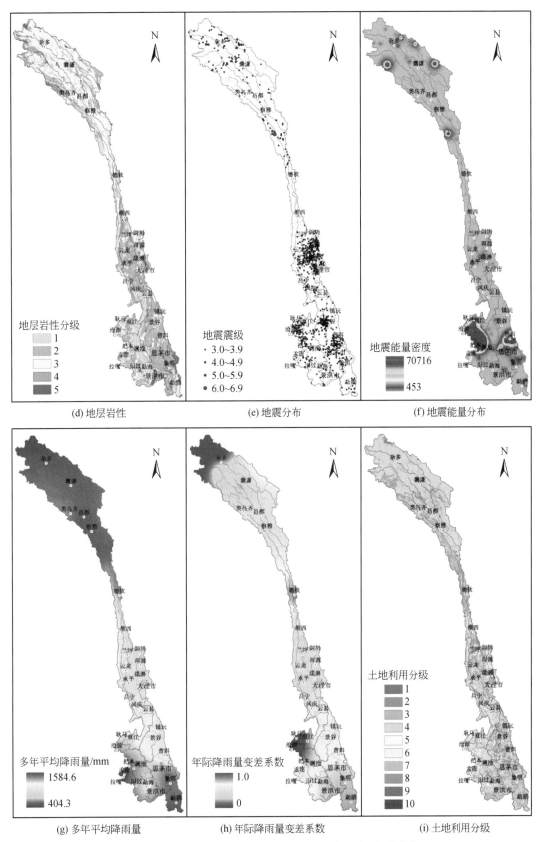

图 7-4　澜沧江流域滑坡、泥石流灾害危险性分区评价指标

（7）年际降雨量变差系数

年际降雨量变差系数指标反映降雨的年际变化规律。系数值越大，年际降雨分布越不均匀，也越有利于滑坡泥石流灾害的发生。本研究根据公式（7-3）采用研究区临近地区 38 个县级站点 1966～1996 年的年降雨量的标准差（σ）与平均值（μ）进行计算。经过归一化处理后在 Arcmap 中采用克吕格空间插值计算出研究区内年际降雨变差系数分布图 ［图 7-4（h）］。

$$C_v = \frac{\sigma}{\mu} \tag{7-3}$$

（8）土地利用

土地利用数据采用地球系统科学数据网提供的 1km 分辨率数据集，根据各地类对影响松散固体碎屑物质生成的贡献大小赋相应的数值 ［图 7-4（i）］。这里需要说明的是，此分类是吸收了原始的土地利用数据、遥感影像解译结果综合而成的。

7.2.2.2 数据来源

前述所有评价指标的原始数据具体名称、来源与比例尺情况见表 7-1。

表 7-1 滑坡泥石流危险性分区指标数据来源

类别	指标	资料名称	数据来源
地质因子	活动断层 地层岩性	1：2500000 地质图	国土资源部
地貌因子	坡度 地形起伏度	30m×30m ASTER DEM	美国地调局网站
气候因子 （降雨）	年际降雨变差系数 年内降雨变差系数	研究区 38 个气象站 1966～1996	资源环境科学 数据共享网
地震因子	地震能量密度	M_s3.0 级以上地震	国家地震科学 数据共享中心
人类活动因子	土地利用类型	土地利用分布图（1km×1km）	资源环境科学 数据共享网

7.2.3 危险性分区结果与验证

前述滑坡泥石流危险性分区的 8 个评价指标的原始图件分别见图 7-4（a）~图 7-4（i）。根据滑坡泥石流灾害危险性分区指标和模型，计算出研究区内各栅格的危险值。根据前述分析，对于危险值 $H_区$ 的分级采用常用的五分法，即山地灾害危险性的 5 个等级：$0.0<H_区<0.2$（极低危险），$0.2<H_区<0.4$（低度危险），$0.4<H_区<0.6$（中等危险），$0.6<H_区<0.8$（高度危险），$0.8<H_区<1.0$（极高危险）。以网格为基本单元的澜沧江流域滑坡泥石流危险性分区结果及分布比例情况分别见图 7-5 和图 7-6。统计各个危险等级区域的面积分布：

1）极低危险度区域的面积为 23.4 万 km²，面积比例为 14.1%，滑坡泥石流灾害点的分布密度为 0.87 处/100 km²。

2）低度危险区域的面积为 46.0 万 km²，面积比例为 27.7%，滑坡泥石流灾害点的分布密度为 0.92 处/100 km²。

3）中度危险区域的面积为 46.7 万 km²，面积比例为 28.1%，滑坡泥石流灾害点的分布密度为 1.01 处/100 km²。

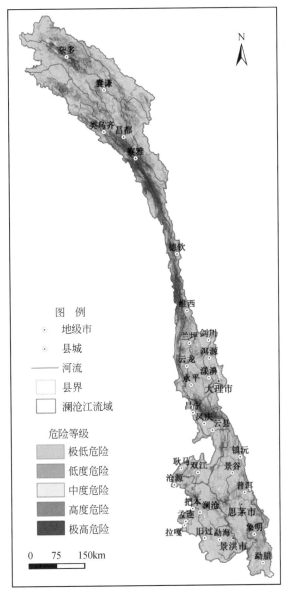

图 7-5　澜沧江流域滑坡泥石流灾害危险性分区图

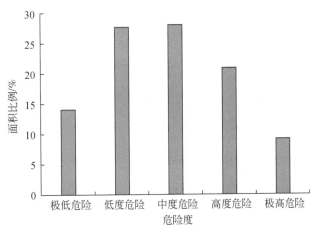

图 7-6　澜沧江流域滑坡泥石流灾害危险度分区面积比例分布图

4）高度危险区域的面积为 34.7 万 km²，面积比例为 20.9%，滑坡泥石流灾害点的分布密度为 1.07 处/100 km²。

5）极高危险区域的面积为 15.2 万 km²，面积比例为 9.2%，滑坡泥石流灾害点的分布密度为 1.53 处/100 km²。

7.3 泥 石 流

7.3.1 得荣大桥泥石流

7.3.1.1 地质环境概况

得荣大桥泥石流沟属于定曲河右岸一级支流，位于得荣县松麦乡河西上街（照片 7-1），沟内有季节性流水。沟口坐标为 99°17′12.8″E，28°42′51.5″N。沟口海拔 2350m，源头海拔 3500m，相对高差 1150m，属构造侵蚀、深切割高山峡谷地貌。流域内植被覆盖率差，仅 10%～15%。由于地处得荣县城，加上农耕垦殖和修路建房扩基影响，人类工程活动对该沟的影响较大。

照片 7-1 得荣大桥泥石流沟谷地貌

摄影：徐爱淞（照片号：DR-001）时间：2009 年 9 月 15 日

在地质构造上得荣大桥泥石流沟位于里甫—日雨断层带西翼，该断层由北至南从沟道中部穿过。地震烈度为Ⅶ度。流域内主要出露中、下泥盆统（D_{1-2}）变质碎屑岩、变基性火山岩夹碳酸盐岩，岩性为中、下泥盆统石英砂岩和板岩、灰岩等。地层产状270°∠40°~50°。岩层节理裂隙较为发育，表层风化严重。

7.3.1.2 影响分析

流域内海拔2800m以上区域为清水汇流区，沟道呈"V"形。海拔2600m~2800m区域为形成区。形成区内地形陡峻、沟谷坡降大，片岩、板岩风化破碎强烈，植被覆盖率仅10%~15%，坡面稳定性较差，小规模滑坡、崩塌发育，为泥石流的形成提供了丰富的物源条件。海拔2600m以下区域为流通区。堆积区位于定曲河道内。但由于定曲河的冲刷作用，沟口未形成堆积扇。形成区和流通区沟槽横断面主要呈拓宽"U"形谷且较顺直，沟口堆积区与流通区相接地段呈狭窄"V"形谷。位于中、上游区的物源区，沟床纵坡降250‰~300‰，沟谷两侧山坡坡度30°~60°。沟内的小规模滑坡、崩塌发育。泥沙补给途径为沟底再搬运和沟岸崩滑，可提供8×10⁴~15×10⁴m³的固体松散物质。流域内目前自定曲河入河口向上已修筑排导槽。排导槽长约150m，宽2.5~5m，深2~4m，最大弧度达142°。排导槽上游，凹陷侧可见高达3m的泥痕。

该沟为暴雨型泥石流。汇水面积较大，能在较短时间内汇集较大水流，为泥石流的形成提供了充足的水源条件。暴雨或长时间降雨形成的片流导致坡体遭受片蚀作用和冲刷作用，引起滑坡、崩塌堵塞沟道，致使泥石流活动规模增大。

得荣大桥泥石流沟曾在1958~2005年数次暴发泥石流，使得沟口较多建筑物被冲毁。其中1984年暴发的泥石流灾害造成4人死亡。近年来的汛期均有小规模泥石流活动，造成部分房屋被冲毁。目前该沟已经采取了一定的工程措施，在沟口修建了约150m的排导槽，在一定程度上缓解了泥石流威胁。但需要注意的是排导槽向上约350m处的沟道狭窄且转弯角度较大，目前堆积有3000m³的碎石土，在大规模泥石流发生时容易影响排导槽正常疏导而发生弯道超高现象。目前泥石流危险区范围内受威胁对象主要为县物资贸易局、县农村信用合作联社、工商行政管理局、县社队企业管理局办公楼及两侧居民住宅楼，大约204人以及100万元财产受到威胁（图7-7）。

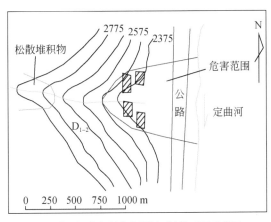

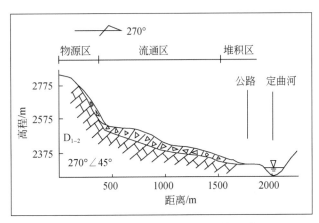

(a)得荣县松麦乡得荣大桥泥石流沟平面示意图　　　　(b)得荣县松麦乡得荣大桥泥石流沟纵剖面纵图

图 例

| D_{1-2} 地层代号 | 松散堆积范围 | 危害范围 | 块碎石土 | 灰岩 | ²⁹⁵°∠³⁵° 产状 | 居民点 |

图 7-7　得荣大桥泥石流沟示意图

7.3.1.3 防治建议

1）坡体上退耕还林，增加植被的覆盖率，防止水土流失加剧。

2）汛期加强对泥石流的监测，并由专人负责。建立群防群测体系，层层签订责任书。如遇险情，应及时报警，并通知危险区人员及时撤离至安全区域。

7.3.2　门扎沟泥石流

7.3.2.1　地质环境概况

门扎沟泥石流位于定曲河右岸得荣县白松乡门扎村境内，沟口坐标为 100°18′45″E，30°56′07″N。沟口距主河约 150m。主沟长约 4km，沟宽 2～4m，深 3～4m，流域面积 4.5km²。主沟纵坡降 250‰，相对高差 1037m。斜坡表层破碎普遍堆积散碎石土，松散固体物质储量约 $16×10^4 m^3$，植被集中在坡顶及沟谷上游地带（照片 7-2，图 7-8）。流通区的沟道两侧岸坡植被差，覆盖率仅 10%，滑坡和崩塌现象严重。在暴雨作用下，崩滑的松散碎石土能堵塞沟道并提供丰富物源，从而诱发泥石流。

照片 7-2　白松乡门扎沟泥石流全貌

摄影：苏鹏程（照片号：DR-002）时间：2009 年 8 月 29 日

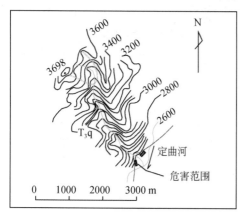

(a)得荣县白松乡门扎沟泥石流沟平面图

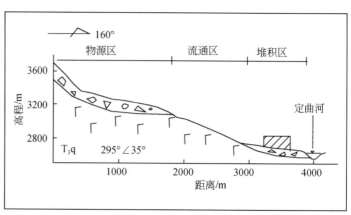

(b)得荣县白松乡门扎沟泥石流沟剖面示意图

图例　T_3q 中生界三叠系上统曲嘎寺组　　松散堆积范围　　危害范围　　块碎石土　　玄武岩　　295°∠35° 产状　　居民点

图 7-8　门扎沟泥石流沟示意图

7.3.2.2　影响分析

威胁对象为下游的白松乡政府和乡村小学，以及居住在此的 40 户居民，还有乡道、桥梁、输电线路等。灾情为中等，其危害程度为严重。因此建议对该沟进行立项治理。

7.3.2.3　防治建议

根据实地考察分析，主要有下列防治建议：

1）工程措施。从流通区下部开始修建排导槽，将泥石流排入定曲河。排导槽长 600m，宽 3m，深 4m，采用浆砌块石修建。尽快对该沟勘查立项，并在勘查的基础上进行治理方案比选，确定最佳治理方案，并严格按照设计进行施工管理。

2）生物工程。对物源区坡面进行植树造林种草，提高坡体的植被覆盖率，达到生物固坡、改变地质生态环境、长治久安的目的。

7.3.3　俄那弄格沟泥石流

7.3.3.1　地质环境概况

俄那弄格沟为吉曲河左岸一级支流，属于类乌齐县甲桑卡乡吉亚村（照片 7-3）。沟口坐标为 96°17′00″E，31°46′32″N。沟口海拔 3580m，源头海拔 4200m，相对高差 620m，主沟长 4km，流域面积 5km²，上游纵坡降 350‰，下游纵坡降 120‰，平均纵坡降 220‰。岸坡坡度一般 20°～30°，上游岸坡坡度 60°～70°。上游沟谷形态为"V"形谷，下游沟谷形态为"U"形谷。流域中、上游地区主要分布砂砾岩，其结构较为松散，容易在暴雨作用下发生崩塌、滑坡，为泥石流提供物源。堆积区位于沟口至主河

照片 7-3　吉亚村泥石流

摄影：苏鹏程（照片号：LWQ-001）时间：2009 年 8 月 30 日

吉曲河之间。俄那弄格沟雨季时水量充足，加之沟谷坡降大，堆积物大多已冲到吉曲河内，堆积物以块石、粗砂为主。泥石流堆积扇规模约 $50×10^4 m^3$，属巨型泥石流。

7.3.3.2 影响分析

由于吉亚村所在地区的降雨量丰富且集中于每年的 7~9 月，为泥石流的形成提供了有利的水源条件。沟道两侧岸坡陡峻，发育有规模不等的崩塌、滑坡，并且以松散碎石土和块石土为主，为泥石流提供了丰富的物质来源。主沟平均纵坡比降为 220‰，特别是上游纵比降可达 350‰，为泥石流运动提供了能量条件。俄那弄格沟 1985 年 7 月暴发泥石流冲走了汽车 1 辆，牛羊 28 头，冲毁乡村公路 500m。此后，每年汛期俄那弄格沟均有泥石流活动。虽未对村民和民房造成直接重大伤害，但因上游坡体物质松散，泥石流潜在风险大，威胁着俄那弄格沟沟口左侧吉亚村 20 户约 120 人的生命财产安全，给村民带来极大的心理负担。

7.3.3.3 防治建议

根据实地考察分析，主要有下列防治建议：

1）在沟道内局部易发生崩塌、滑坡地段，进行简易的工程治理，疏通沟道，做好排水，减少固体物质的补给量。

2）对村前沟床适当加宽，并进行裁弯取直，增加沟床纵坡比降，促进物质输移。

3）汛期加强巡视，发现险情迅速通知村民转移。

4）在条件成熟时尽快进行整体搬迁。

7.3.4 类乌齐镇扎果村泥石流

7.3.4.1 地质环境概况

扎果村泥石流沟为吉曲河的一级支流，行政区划属于类乌齐县类乌齐镇扎果村（照片 7-4，图 7-9），沟口坐标为 96°28′26″E，31°22′20″N。主沟长 6km，流域面积 4km²，沟道平均纵坡比降为 160‰。扎果村泥石流堆积物大多流入吉曲河内，沟口无明显堆积区。沟床冲积物由卵石土组成，夹杂大的碎木片、朽木段。由于形成区地形陡峻，坡体物质松散，沟岸崩塌严重，沟谷堵塞，泥石流固体松散物储量 $20×10^4 m^3$，属大型极易发泥石流。

流域内形成区岸坡坡度 40°~50°，沟床宽 100~200m，切割深度 1~3m，为典型的"U"形谷。岸坡主要由第四系松散卵石土组成，厚度 5~10m，结构松散。主沟上游为两条支沟，支沟上游的岸坡主要为第四系松散碎石土覆盖层，在持续降雨条件下极易发生沟岸崩塌，成为泥石流的固体物源。

7.3.4.2 影响分析

扎果村泥石流为沟谷型泥石流。形成区山坡坡度陡，沟道纵坡降达 160‰，为泥石流的运动和加速提供了理想的地形条件。流域上游汇水面积较大，在持续强降水下，大多形成地表径流，并向沟道汇集，为泥石流提供了有利的水动力条件；沟道上游第四系松碎石土堆积较厚，而且基岩为易风化、破碎的板岩，稳定性差。沟谷呈"U"字形，沟谷较宽，河床内堆积物较厚，为泥石流提供了丰富的固体物质来源。在有充分的降水水源时，再次暴发大规模泥石流灾害的可能性大。

扎果村泥石流沟 2004 年曾暴发泥石流，毁坏民房 1 间。此后每年汛期均会发生不同规模的泥石流，对类乌齐镇扎果村构成较大威胁。泥石流直接威胁到扎果村 5 户约 15 人的生命财产安全，属重要泥石流灾害隐患点。

照片 7-4　扎果村泥石流

摄影：苏鹏程（照片号：LWQ-002）时间：2009 年 8 月 30 日

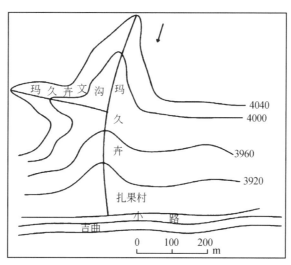

图 7-9　扎果村泥石流沟（lwq090）平面示意图

7.3.4.3　防治建议

1）汛期加强监测巡查，发现险情立即通知人员转移。

2）在未能实现全村搬迁之前，在村前流通区一侧修筑干砌石挡墙，改变泥石流流向，拦挡泥石流进入村庄。

7.3.5　帮嘎村泥石流

7.3.5.1　地质环境概况

帮嘎村泥石流沟为错曲河一级支流，位于类乌齐县卡玛多乡帮嘎村境内（照片 7-5，图 7-10）。沟口坐标为96°30′01″E，31°12′44″N。沟口海拔3870m，源头海拔4410m，相对高差540m。主沟长5km，平均纵坡比降150‰，流域面积4km²。谷坡自然坡度40°~50°，谷底宽5~30m，呈"V"形谷。流域内植被覆盖率可达70%。

照片7-5　帮嘎村泥石流（lwq120）

摄影：苏鹏程（照片号：LWQ-003）时间：2011年9月12日

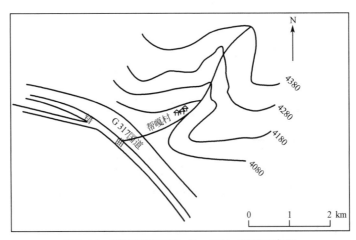

图7-10　帮嘎村泥石流（lwq120）平面示意图

　　沟道所处区域为构造活动强烈区。沟道上游花岗岩节理、裂隙发育。谷坡两侧花岗岩破碎易发生崩塌。沟道中、下游为第四系松散覆盖层，较厚。下伏基岩为片麻岩、板岩，易风化、破碎。沟谷上游出露基岩岩性为三叠系砂板岩，沟谷中、下游发育残坡积碎石土，厚1~30m，结构松散。在连续降雨时，坡体上的土层饱和，物理力学性能降低，沟岸崩塌极易发生，为泥石流提供了丰富的固体物质来源。沟口堆积区呈阶梯状。G317从上部台阶穿行。下部属错曲阶地，相对平缓。泥石流呈不完整的扇形堆积在上、下两个台面上。扇面坡度10°~20°，扇长500m，宽400m，扩散角40°，沟口流向120°。堆积物由片麻岩、花岗片麻岩、花岗岩块石、碎石、粗砂混杂堆积而成，块石最大直径大于10m。堆积厚度2~5m，堆积物多已被冲入错曲，估算松散物储量约为15×10⁴m³，属大型泥石流。

7.3.5.2　影响分析

根据实地考察分析和综合评判，帮嘎村泥石流属高易发，并且是危害程度较大的泥石流灾害点。该沟泥石流活动频发，泥石流每年都有活动，特别是暴发大规模的泥石流，严重威胁到帮嘎村 6 户约 25 人的生命财产及 G317 的路基安全。

7.3.5.3　防治建议

1）修建跨越式桥梁。
2）汛期加强巡视，特别是汛期车辆、行人过沟涉水时，要注意安全。
3）全村搬迁。

7.3.6　牛龙村泥石流

7.3.6.1　地质环境概况

牛龙村泥石流沟属于硕曲河下游南东侧的二级支流，行政隶属乡城县洞松乡牛龙村，沟口坐标为99°48′13″E，28°44′5″N。牛龙村泥石流沟沟谷狭窄，呈"V"形，属高山峡谷区暴雨型泥石流。整个流域由北东向南西展布，源头海拔 3788m，沟口海拔 2800m，相对高差为 988m。流域面积 9.2km²，主沟长5.6km，谷宽 5～30m，最宽处 50 余米。上游冰槽、冰蚀漏斗发育，源区沟道纵坡比降达 204.6‰，向下游逐渐过渡到 47.2‰。两侧山势高耸，岸坡陡峻，斜坡向谷地倾斜，坡面起伏不平，坡度一般 30°～45°，局部地段陡立。上部发育高山灌丛，植被零星分布，覆盖率仅 5%～10%。

流域所处构造部位为青打柔复向斜亚旋回层。岩层在构造力挤压作用下，节理裂隙发育，多为碎裂结构，完整性较差。在后期日晒雨淋、寒冻风化等物理地质作用下，常风化成土状沿坡麓或沟边、谷侧堆积，为泥石流形成提供丰富的物源。

流域内出露地层主要为三叠系上统拉纳山组（T$_{3l}$）和第四系残坡积层两大类。前者分布于基岩山区，岩性以薄层状板岩为主，夹中厚层变质长石石英砂岩、泥质粉砂岩等，岩层风化破碎，物理力学性质较差。后者主要分布于沟边谷侧缓斜坡地带，堆积厚度 10～30m，最厚可达 45m。岩性为浅黄色含泥质碎块石，无层理，土体颗粒大小混杂，磨圆、分选较差，碎石含量 55%～60%；角砾 15%～20%；砂粒 5%～10%；泥质 10%～15%，碎块石成分与母岩成分一致。

牛龙村泥石流沟从地貌形态上可以划分为清水汇流区、物源流通区和堆积区三段。现分述于后（图7-11～图 7-13），清水汇流沟道狭窄，呈漏斗形，主沟平均纵坡比降达 202.6‰，为泥石流形成提供丰富水源和水动力条件。形成-流通区主沟平均纵坡比降为 105.2‰。沟谷两岸第四系残坡积物广泛分布。尤其是沟道右侧残坡层滑坡分布宽度达 326m，厚度 15～40m。受地表洪水冲刷、侧蚀和掏蚀，岸坡稳定性差，临空斜坡面高陡。羽状拉裂缝发育，延伸长度一般 5～12m，最长 23m，裂缝宽 10～15cm，最宽20cm，前缘下错 8～20cm，坡体垮塌严重，垮塌物沿沟堆积，为泥石流提供了丰富的物质来源。堆积区位于沟口前宽阔地段，呈扇状展布。扇面轴长 200m，前缘宽 350m。扇体经后期人工改造后起伏不平。总体由后缘向前缘倾斜，地形坡度 8°～12°。后部为居民点、耕地、林地分布。泥石流堆积物主要分布于主沟左岸，并具有向下游扩展之势，地表冲刷严重（照片 7-6、照片 7-7、照片 7-8）。据调查，平均堆积厚度0.8～1.5m，堆积物由碎石、块石、角砾、砂粒、泥质等组成，大小混杂，略具前缘小、后缘大之特点，堆积物最大直径为 35cm。

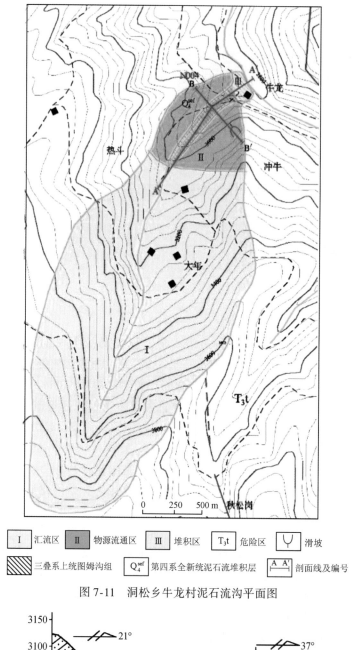

I 汇流区　II 物源流通区　III 堆积区　T_3t 危险区　滑坡

三叠系上统图姆沟组　Q_4^{sef} 第四系全新统泥石流堆积层　$\boxed{A\ A'}$ 剖面线及编号

图 7-11　洞松乡牛龙村泥石流沟平面图

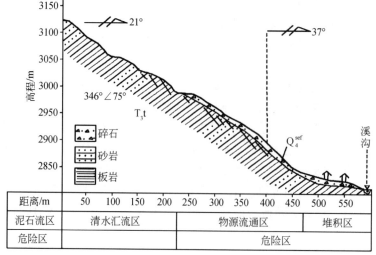

图 7-12　洞松乡牛龙村泥石流沟（N004）纵剖面示意图

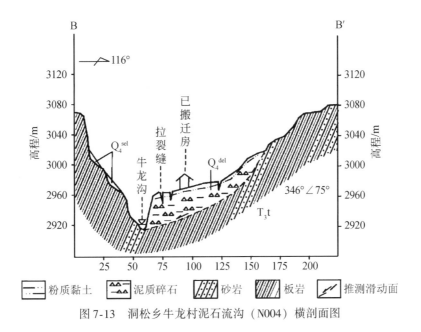

图 7-13　洞松乡牛龙村泥石流沟（N004）横剖面图

照片 7-6　牛龙村泥石流沟沟口滑坡全貌
摄影：苏鹏程（照片号：XC-001）时间：2009 年 9 月 10 日

照片 7-7　泥石流沟沟口滑坡前缘开裂情况
摄影：苏鹏程（照片号：XC-001）时间：2009 年 9 月 10 日

7.3.6.2　影响分析

牛龙村泥石流沟上游有利的汇流条件、大量的固体松散物质等使得该流域已具备形成泥石流的基本条件。此外，由于沟口的牛龙滑坡前缘羽状拉张裂缝发育、变形破坏强烈、有利于大气降水下渗，目前处于蠕滑变形阶段，滑坡稳定性差。左侧边坡高陡临空，在遇到暴雨或特大暴雨时，极易造成坡体下滑堵塞沟道形成泥石流。由于牛龙村泥石流属于低频-大规模泥石流，其潜在危害较大，其成灾往往具有毁灭性。需要提防和重视，根据实地考察泥石流危险区范围内受潜在威胁的居民有 15 户（105 人），房屋面积 6200m²，险情等级为中型。

7.3.6.3　防治措施及建议

根据牛龙村泥石流实际情况，建议采取以下措施：

1）尽快开展灾害评估，划定危险区域，并严禁在危险区范围内从事工程建设活动。

2）避让搬迁，将危险区内居民搬迁至安全地段。

照片 7-8　泥石流沟沟口冲刷堆积情况

摄影：苏鹏程（照片号：XC-003）时间：2009 年 8 月 29 日

3）封堵物源区滑坡前缘裂缝，并在坡面修建截水沟，防止地表水入渗。

4）在未进行避险搬迁或简易治理前，应由县、乡、村统一组织落实有关责任人做好监测工作，派专人对滑坡变形情况及泥石流情况进行监测，有险情及时组织人员撤离。

7.3.7　万绒泥石流

7.3.7.1　地质环境概况

万绒泥石流沟属于定曲河下游东岸一级支流，行政隶属乡城县定波乡万绒村，坐标为 99°33′12″E，29°16′48″N。流域由西向东伸展，源头海拔 4325m，沟口海拔 3000m，相对高差达 1325m，主沟长 5.9km，谷宽 30～50m。流域上游发育冰槽、冰蚀漏斗等，地形平均纵坡降 135.59‰，沟谷狭窄，呈"V"形，两侧岸坡山势高耸，地形陡峻。坡面高山灌丛原植被发育，覆盖率 35%～60%。

流域内出露地层主要为三叠系上统拉纳山组（T_{31}）、图姆沟组（T_{3t}）和第四系洪积层三大类。三叠系地层岩性以薄层状板岩为主，夹中厚层变质长石石英砂岩、泥质粉砂岩等。局部有中酸性火山岩及基性岩，形成软硬相间的岩性组合，岩层风化破碎，坡面松散碎石较多。第四系洪积物主要分布于沟谷内，估计厚度大于 10m，岩性为含泥质碎块石，无层理，大小混杂，磨圆、分选较差，碎石含量 60%～70%；角砾 15%～20%；砂粒 10%～15%；泥质 5%～10%。碎块石成分为板岩、变质石英砂岩、花岗岩等。

流域在构造部位上位于布吉断层与扎古断层之间。岩层在后期挤压和构造作用下，节理裂隙发育，表部多为碎裂结构，完整性较差。在后期日晒雨淋、寒冻风化等物理地质作用下，常风化成土状沿坡麓或谷侧堆积，为泥石流提供物源。

万绒村泥石流属高山峡谷区暴雨型泥石流，自上而下可依次划分为清水区、物源流通区和堆积区三段（图 7-14、图 7-15）。

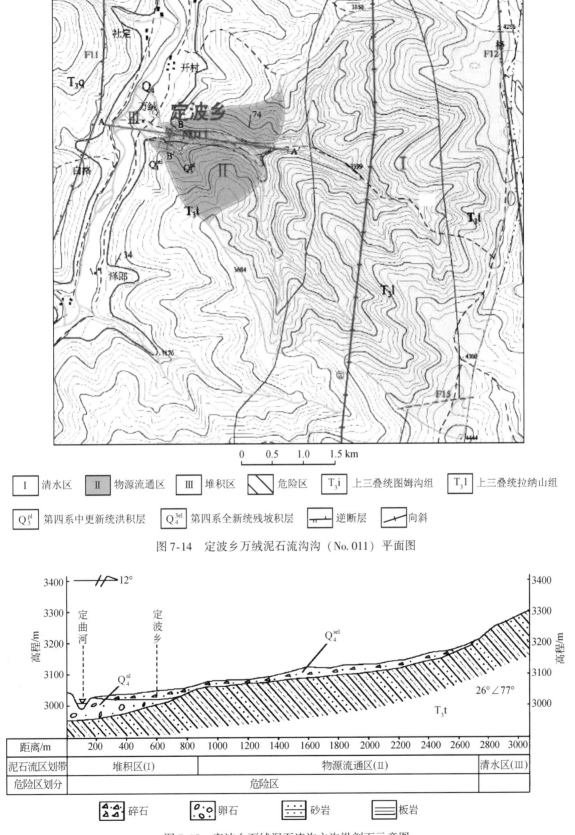

| Ⅰ | 清水区 | Ⅱ | 物源流通区 | Ⅲ | 堆积区 | ⬚ | 危险区 | T_3i | 上三叠统图姆沟组 | T_3l | 上三叠统拉纳山组 |

| Q_3^{pl} | 第四系中更新统洪积层 | Q_4^{3el} | 第四系全新统残坡积层 | ⬚ | 逆断层 | ⬚ | 向斜 |

图 7-14　定波乡万绒泥石流沟沟（No. 011）平面图

图 7-15　定波乡万绒泥石流沟主沟纵剖面示意图

清水区位于泥石流沟沟口以上的广大区域，面积约 21.16km²。该区段长约 2.8km，沟道狭窄，呈"V"形（照片 7-9）。谷宽 10~40m。上游主沟呈"人"字形分支，沟头地段呈漏斗形，地形纵坡降大，达 293.38‰，为大气降水和地表水的汇集提供了有利的地形条件，有利于大气降水迅速转化为地表径流，为泥石流的形成提供了水源和水动力条件。

照片 7-9　定波乡万绒泥石流沟上游清水区"V"形沟谷

摄影：苏鹏程（照片号：XC-004）时间：2009 年 8 月 27 日

物源流通区位于沟口前缘老泥石流扇堆积区，面积约 2.49km²。老泥石流扇受现在洪流的侵蚀下切，在扇面形成宽 3~6m 的冲沟，沟床切割深度 0.75~1.50m，最大 2.2m，沟岸两侧松散堆积物垮塌而成泥石流的主要物源。该沟段长约 0.65km，纵坡降为 105.2‰，沟道下游宽上游窄，宽度一般为 8~30m。此外，沟口地带也发育中更新统洪积台地，台面高于现代沟床 3~5m，宽 10~30m。沟床沿台地前缘通过，对台地前缘进行侵蚀、侧蚀和掏蚀，前缘垮塌严重。垮塌物沿沟边堆积，也成为泥石流物源之一（图 7-16）。由于该区临近沟口，沟水一方面对物源区下切侵蚀，另一方面又将携带的物源不断向下游主河道输送，而成为流通区（照片 7-10、照片 7-11）。

照片 7-10　老洪积扇冲刷下切情况

摄影：苏鹏程（照片号：XC-005）时间：2009 年 8 月 27 日

照片 7-11　沟口残坡积物崩塌情况

摄影：苏鹏程（照片号：XC-006）时间：2009 年 8 月 27 日

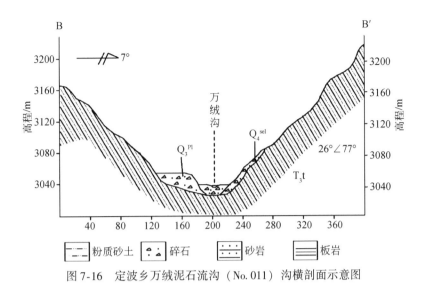

图 7-16 定波乡万绒泥石流沟（No.011）沟横剖面示意图

堆积区由于沟床纵坡降大，上游水源丰富，水动力条件较好，固体物源均输入主河道。受到主河冲刷作用，堆积区范围狭小。

7.3.7.2 影响分析

万绒泥石流沟曾于 1988 年发生大规模泥石流，冲毁公路长 80m，耕地 30 亩，死亡牲畜 2 头，并冲刷了乡小学教室边墙，致使学校停课 7 天。上游汇水区地形纵坡降大，为泥石流提供了水源条件和水动力条件；形成-流通区大量松散土层为泥石流活动提供了丰富的物源；沟口堆积扇上分布有居民点，因受后期人工改造，致使泥石流活动空间范围有限，洪水不断对堆积扇及边缘台地下切掏蚀，造成岸坡失稳，威胁堆积扇上分布的乡政府、小学、卫生院、居民点、公路的安全，威胁总人数达 513 人（照片 7-12、照片 7-13）。

照片 7-12 危险区内部分居民点
摄影：苏鹏程（照片号：XC-007）时间：2009 年 8 月 27 日

照片 7-13 危险区内定波-乡城公路
摄影：苏鹏程（照片号：XC-008）时间：2009 年 8 月 27 日

7.3.7.3 防治建议

由于万绒泥石流沟威胁人数较多，建议对该泥石流沟采取综合工程治理措施。在实施工程治理前，建议由县、乡、村组织落实有关责任人做好监测工作，派专人对泥石流活动情况进行监测。一旦出现险情及时组织人员撤离。

7.3.8 干沟箐泥石流

7.3.8.1 地质环境概况

干沟箐泥石流沟属于冲江河左岸一级支流，位于云南省迪庆州香格理拉县虎跳峡镇下游约 200m。沟口坐标为 100°03′8.1″E，27°11′6.58″N。主沟长 6.18km，流域面积 6.91km²，平面形态呈树枝状，具有季节性流水，流域相对高差 1780m，主沟平均纵坡比降为 288.03‰。流域内出露地层为二叠系玄武岩，地表岩石风化强烈，岩体破碎，残坡积层较厚，为泥石流活动提供了大量物源。按照流域地貌形态，可以将全流域分为形成区、流通区、堆积区。形成区位于沟谷上游，河谷呈 "V" 字形，两岸较陡，谷坡坡度 40°~50°，局部大于 50°。植被较发育。近沟道位置，岸坡崩塌较严重。流通区谷坡基本对称，谷坡坡度 30°~40°，局部大于 40°。右岸植被发育，左岸分布大量坡耕地，植被不发育。上游沟道纵坡比降较大，沟道内堆积了少量的砂卵石。在流通区的下游主沟右岸发育一处滑坡（照片 7-14），滑坡后缘形成陡坎，地形坡度 40°~50°。滑坡前缘直抵干沟箐底，滑坡体坡度为 25°~30°。地表植被较发育。滑坡体长约 80~100m，宽 60~80m，厚 5~15m，体积为 $6.30×10^4 m^3$，目前处于蠕动变形阶段。

照片 7-14 泥石流沟右岸滑坡

摄影：苏鹏程（照片号：XGLL-001）时间：2009 年 8 月 28 日

干沟箐泥石流沟与冲江河交汇处，地形变缓，沟道变宽，松散物质沿冲江河堆积（照片 7-15）。大部分堆积物已被河水冲走，现堆积体长约 200~300m，宽 300~400m，厚 2~4m，体积约 $26.3×10^4 m^3$。堆积物最大粒径达 100cm，一般粒径 10~20cm，砂、泥质充填。

7.3.8.2 影响分析

根据调查访问，干沟箐于 1960 年曾发生泥石流，此后泥石流持续发生。其中 1993 年发生的泥石流曾

照片7-15 干沟箐泥石流堆积体

摄影：苏鹏程（照片号：XGLL-002）时间：2009年8月28日

堵塞冲江河，造成上游镇政府驻地的街道及客运站被水淹。由于流域内较为破碎的岩体，加上上游植被毁坏后严重的水土流失为泥石流提供了丰富的物源，未来该沟仍有暴发大规模泥石流的风险。此外，由于该沟与冲江河垂直交汇，上游约200m处即为虎跳峡镇，一旦发生罕见洪水，该沟发生大规模泥石流堵断冲江河后直接威胁虎跳峡镇的安全。政府已对该泥石流沟进行了简易的拦挡、排导治理，灾情将有所缓解。

7.3.8.3 防治措施及建议

1）建立健全地质灾害群测群防网络，加强监测，最大限度减少人民群众的生命财产损失。

2）在沟道上游修建谷坊，在沟道下游修建拦砂坝。

3）对发育于该河中、下游的滑坡进行拦挡治理。

4）虽然该沟下游已修建了排导槽，一定程度上满足泄洪要求，但需对其改造加固。

5）保护好流域内地表森林植被，严禁乱砍滥伐，对植被发育较差地段进行生态恢复。

7.3.9 岩瓦河泥石流

7.3.9.1 地质环境概况

岩瓦河泥石流沟位于云南省迪庆州维西县叶枝镇以北约5km（照片7-16），沟内有常流水。主沟长10.7km，流域面积25.5km²，在平面上水系呈树枝状展布，相对高差2250m，主沟平均纵坡比降210.3‰。流域内出露地层为三叠系上统砂岩、泥岩夹灰岩及片理化流纹岩。地表岩石风化强烈，岩体破碎，残坡积层较厚，为泥石流提供大量物源。按地貌形态整个流域可以分为形成区、流通区和堆积区。形成区谷坡坡度40°~50°，局部大于50°，植被较发育，近沟道部位的岸坡崩塌较严重。流通区岸坡坡度40°~50°，局部大于50°，两岸植被发育。上游河道纵坡降较大，沟道内堆积了少量的砂卵石、碎块石。堆积区位于近沟口部位，堆积扇长60~80m，宽30~40m，厚1~2m，体积约0.37×10⁴m³。堆积物最大粒径达50cm，一般粒径5~10cm，砂、泥质充填。

7.3.9.2 影响分析

岩瓦河曾于2006年发生过泥石流，造成1人死亡，数十亩农田被毁。之后该沟经常发生小规模的泥石流，对下游的农田及瓦口社11户56人构成一定的危害。此外，由于上游的沟道受泥石流和山洪的侧蚀和下切作用，两岸的部分边坡已处于失稳状态，局部已形成滑坡。新乐村、俄吧村共5个社98户268人位于沟谷左岸滑坡体上，而新乐村上组36户88人位于右岸的潜在不稳定斜坡上。因此，一旦发生大规模泥石流冲刷沟道造成边坡失稳，将给当地居民带来极大的危害。

照片 7-16　岩瓦河泥石流沟地貌及堆积体

摄影：苏鹏程（照片号：WX-001）时间：2009 年 8 月 30 日

7.3.9.3　防治建议

1）建立健全地质灾害群测群防网络，加强监测，最大限度减少人民群众的生命财产损失。

2）在河流上游修建谷坊，在河流中、下游修建拦砂坝。

3）保护好流域内地表森林植被，严禁乱砍滥伐，对植被发育较差地段进行植树造林。

7.3.10　哈巴村泥石流

7.3.10.1　地质环境概况

哈巴村泥石流沟位于云南省迪庆州香格里拉县三坝乡境内。主沟长 14.01km，流域面积 88.16km²，主沟平均纵坡比降为 164.17‰，流域相对高差 2300m，在平面上水系呈树枝状展布。

出露地层为三叠系上统松桂组一段（T_3sn^1）深灰色页岩夹灰岩、砂岩，三叠系上统中窝组（T_3z）深灰色生物灰岩夹燧石团块灰岩。三叠系中统北衙组（T_3b）灰、深灰色灰岩、白云质灰岩、泥质灰岩夹生物灰岩、粉砂岩、页岩。三叠系下统腊美组（T_1l）紫红、黄绿色泥岩、长石砂岩。二叠系上统杨家坪组（P_2y）玄武岩夹火山角砾岩。二叠系下统西漂落组（P_1x）玄武岩、火山角砾岩夹凝灰质砂页岩及灰岩透镜体。二叠系下统（P_1）生物灰岩、鲕状灰岩，下部夹硅质条带灰岩。石炭系（C）结晶灰岩夹硅质灰岩。地表岩石风化强烈，岩体破碎，残坡积层及强风化岩体较厚，为泥石流提供了大量物源。

整个流域按地貌形态可以分为形成区、流通区和堆积区。形成区谷坡坡度 50°～60°，局部大于 60°，植被不发育。其物质来源主要为高海拔地区寒冻风化作用形成的碎屑物质，在冰、雪融化或降雨形成的地表水冲刷作用下，成为泥石流的物质补给来源（照片 7-17）。流通区谷坡基本对称，谷坡坡度 40°～50°，局部大于 50°。两岸植被发育。主沟为常流水沟谷。上游河道纵坡降较大，河床内堆积了少量的砂卵石、碎块石。堆积区位于近沟谷中、下游地形较平缓部位，坡度 10°～20°，沿河床及两侧堆积，堆积体长 300～400m，宽 200～300m，厚 5～10m，体积约 65.63×10⁴m³，属中型泥石流。堆积体最大粒径达 80cm，一般粒径 5～10cm，砂、泥质充填。

照片 7-17　哈巴村泥石流
摄影：苏鹏程（照片号：XGLL-003）时间：2009 年 8 月 30 日

7.3.10.2　影响分析

哈巴村泥石流堆积扇上的两侧发育有冲沟，在流水的下切及侧蚀作用下，两侧岸坡崩塌现象普遍。哈巴村正位于沟口的堆积扇上。其中，冲沟右岸即哈巴村左侧发育三处滑坡体，滑坡单体长 80～120m，宽 60～100m，厚 5～8m，体积 $3.2 \times 10^4 ~ 8.6 \times 10^4 m^3$，规模均为小型。主要形成原因均为主沟流水的侧蚀作用。滑坡平面形态为扇形或马蹄形，前缘形成陡坡，伴随小规模的坍塌，后缘形成陡坎，滑坡体上裂缝发育（照片 7-18）。靠滑坡体较近的村民房屋均出现不同程度的开裂现象，少部分房屋已成危房。主沟继续下切和侧蚀，必将加剧滑坡的活动。这将对村民房屋带来更大的威胁。

照片 7-18　泥石流堆积扇形成的滑坡
摄影：丁明涛（照片号：XGLL-004）时间：2009 年 8 月 30 日

7.3.10.3　防治建议

在全面分析流域物源分布的基础上，建立开展泥石流危险性评估，进而结合评估结果划分流域的危险区域。在流域中游的沟道内修建拦砂坝。在下游的堆积区修建泥石流排导槽，并定期进行梳理，保证下游堆积扇上居民点的生命财产安全。

7.3.11 柯公河泥石流

7.3.11.1 地质环境概况

柯公河泥石流沟位于迪庆州维西县塔城镇。主沟长 24.51km，流域面积 182.38km²，相对高差 1363m，主沟平均纵坡比降为 55.61‰，沟内有常流水。流域水系在平面上呈羽毛状展布。流域内出露的地层为三叠系上统崔依比组二段（T_3c^2）灰绿色粉砂岩、泥岩、凝灰岩及玄武岩。三叠系上统崔依比组一段（T_3c^1）灰绿色安山玄武岩、安山岩、细碧角斑岩、石英角斑岩夹含放射虫硅质岩。地表岩石风化强烈，岩体破碎，残坡积层及强风化岩体较厚，为泥石流沟提供了大量物源。按地貌形态整个流域可以分为形成区、流通区、堆积区。形成区谷坡坡度 30°～40°，局部大于 40°。植被较发育。流通区谷坡基本对称，谷坡坡度 20°～30°，局部大于 30°。两岸植被发育。上游河道纵坡降较大，河床内堆积了少量的砂卵石、碎块石堆积。堆积区位于近沟谷中下游地形较平缓部位，河床地形坡度 3°～5°，沿河床及两侧堆积，堆积体长 400～500m，宽 80～100m，厚 1～2m，体积约 4.86×10⁴m³。堆积物最大粒径达 50cm，一般粒径 3～5cm，砂、泥质充填。

7.3.11.2 影响分析

塔城镇柯公河于 2007 年 8 月 6 日发生过泥石流。2007 年 8 月 13 日再次发生泥石流，冲毁农田约 400 亩，桥梁 3 座，引水沟渠 300m，路基 70m，小卖部 2 处，直接损失约 350 万元。

柯公河两岸人口密集，农田较多。经多年的淤积，局部河床标高已接近农田标高。特别在与腊普河交汇处下游，河床淤积更为严重，河床的排洪能力较低。一旦发生罕见泥石流，其下游两岸村庄及农田将遭受较大的损失（照片 7-19、照片 7-20）。

照片 7-19 柯公河泥石流冲毁农田

摄影：丁明涛（照片号：XGLL-005）时间：2009 年 8 月 30 日

照片 7-20 柯公河泥石流冲毁路堤

摄影：丁明涛（照片号：XGLL-006）时间：2009 年 8 月 30 日

7.3.11.3 防治建议

1）建立健全地质灾害群测群防网络，加强监测，最大限度减少人民群众的生命财产损失。

2）在沟道上游修建谷坊，在沟道中、下游修建拦砂坝。

3）保护好流域内地表森林植被，严禁乱砍滥伐，对植被发育较差地段进行植树造林。

7.3.12 佳禾沟泥石流

7.3.12.1 地质环境概况

佳禾沟泥石流沟位于云南省迪庆州维西县中路乡佳禾村境内，为澜沧江左岸Ⅰ级支流。沟口处的澜沧江流向215°，沟道下游总体走向300°，并以105°夹角汇入澜沧江。沟谷整体形态呈"V"形，流域面积 23.51 km²，主沟长 8.82 km，主沟平均纵比降 145‰，流域切割密度 2.01 km/km²，源头海拔 3480 m，沟口海拔 1645 m，主沟相对高差 1835 m（图 7-17、图 7-18）。

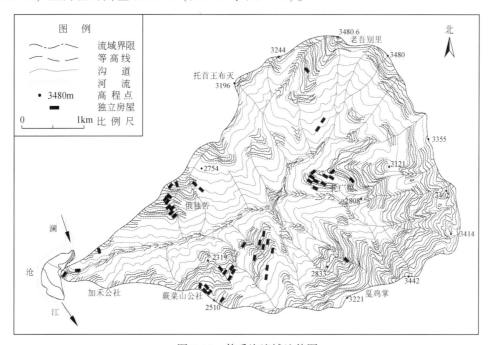

图 7-17 佳禾沟流域地貌图

图 7-18 佳禾沟流域全貌图

该流域呈东西向展布，沟谷纵坡较大，流域内山高坡陡，平均坡度在 30°~50°左右；受流域内几条近南北向断裂带控制的影响，造成该流域整体形态呈扇状分布，流域上游面积较大，十分有利于洪水的汇流，汇水面积较大，而中下游沟谷相对狭窄，有利于短时洪峰的形成。

根据佳禾沟的海拔高程和流域内地貌形态分布，可以根据高程 3480～2128 m、2128～1826 m、1826～1645 m 等三个高程段将全流域分为形成区、流通区和堆积区（图 7-19）。

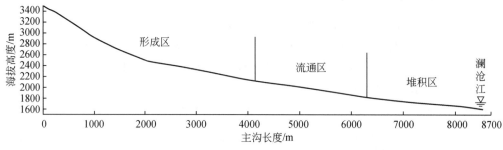

图 7-19　佳禾沟沟床纵剖面图

佳禾沟泥石流堆积区自海拔 1826 m 至澜沧江岸边，包括沟道下游的堆积段和沟口的泥石流堆积扇形。按照地貌单元类型，以沟口（海拔 1645 m）为界，堆积区又可细分为堆积段和堆积扇（照片 7-21）。堆积扇沿澜沧江长约 900 m，分布高程 1605 m～1660 m。堆积扇（东侧）后山坡脚处有新旧两条公路通。

照片 7-21　沟口处的堆积段和堆积扇

7.3.12.2　泥石流活动历史

根据实地访问，佳禾村村名张清（53 岁）介绍说，该沟在 1960 年发生过一次较大规模的泥石流，淹没沟口农田数十亩；1976 年先后发生两次泥石流，规模也较大；1993 年发生过三次泥石流，导致沟口老公路桥在建过程中两次被冲毁；2000 年 8 月 12 日再次发生规模较大的泥石流，泥石流泥深约 1.5m，沟口老公路桥下被淤积约 2.0m 深当时正在下"雪蛋子"（冰雹），有两个托广里的村民正在放羊时，发生滑坡，两个村民和 52 只羊被泥石流冲冲走，而这一事件与维西县志（1978～2005）中的记录十分吻合，这也从侧面证明了访谈对象提供信息的可靠性。

7.3.12.3　结论与建议

结合堆积扇的物质结构分析，该泥石流的发展大致具以下规律：

1）按泥石流物质组成划分，该沟发生的泥石流为黏性泥石流。

2）大规模泥石流暴发频率在 30 年左右，小规模泥石流暴发频率为 5～10 年。

受流域内三条断裂构造控制的影响，沟内产生了大量的松散物源，通过实地调查，沿佳禾沟两岸分布有较为丰富的松散堆积物，多呈架空结构，在洪水冲刷及地震和构造运动作用下，易松动变形、垮塌，丰富的崩坡积碎块石为暴发泥石流提供了大量的物源；此外，目前由于流域内公路开挖在沟内堆弃了大量松散物质，在降雨较大的情况下极易引发泥石流。因此，未来该沟还有可能暴发较大规模的泥石流。

根据对佳禾沟泥石流现场调查，目前该沟沟口大规模的堆积扇地拟计划开发利用，鉴于佳禾沟泥石流活动情况，建议在流域内的形成区设置两道泥石流梳齿拦砂坝，拦大放小，在下游堆积扇上顺沟修建泥石流排导槽，并注意排导槽应以锐角汇入澜沧江，确保未来堆积扇上居民点的安全。

7.4 滑 坡

7.4.1 格绒村滑坡

7.4.1.1 地质环境概况

格绒村滑坡位于得荣县松麦镇格绒村（照片7-22）。地理位置为99°16′56.2″E，28°25′21.0″N。滑坡体所处地貌单元为高山峡谷区，属夹里布沟与格绒沟的分水岭地带，海拔2440~2910m，切深550m左右。地形分为上、下两段：上段为陡坡，坡度25°~30°，局部可达35°~40°；下段为缓坡，一般10°~15°。峰体连接成带状，坡体上及坡体两侧冲沟较发育。滑坡所在斜坡属鸡爪状山脊中段，总体坡向5°，平均坡度20°，两侧为走向近东西的次级爪状小分水岭。地形高差较大，坡面较连贯。滑坡体为第四系崩坡积物（Q_4^{dl+col}）。岩性为黏性土夹碎块石，下伏基岩为泥盆系中下统（D_{1-2}）灰岩、砂岩、板岩等。滑坡区处于得荣背斜西翼，下伏基岩产状270°∠45°。由于上覆崩坡积物较厚，坡面汇水面积较大，冲沟中常年充水，局部可见地下水溢出点。下伏基岩一般情况下浅部含风化带裂隙水，含水不均，尤其是表部全至强风化段形成黏性土层为相对隔水层，常常成为上覆崩坡积松散堆积物的底板，上层滞水在这里的滞留，起到软化本层黏性土的作用。

照片7-22 格绒村滑坡
摄影：苏鹏程（照片号：DR-002）时间：2009年8月26日

格绒村滑坡平面形态不规则。2001年9月出现大规模滑动变形，使坡体前部形成高5~30cm的陡坎，并出现拉裂缝。据调查，滑坡体中前部农房开裂，裂缝宽0.5~7.0cm，院内地面有宽约4cm的拉裂缝（照片7-23）。后缘有断续拉裂缝走向105°，下错0.5m，形成矩形台阶，并有明显的移动特征。滑体总长

500～550m，宽300～400m，平均厚2～3m，体积约9.6万 m³，属中型滑坡。

滑坡表面较陡，坡体中、上部有两条小冲沟常年有水，还有几条排水沟。因未进行整理，坡面径流在坡体上呈漫流状态。滑坡体上大多为水田，前缘因拉裂缝已经不能存水。坡体上部分用于修建农房，边坡被开挖，造成斜坡前缘较陡（照片7-24）。

照片7-23　滑体中前部农房墙壁裂缝　　　　　　　　　照片7-24　滑体前部台阶
摄影：苏鹏程（照片号：DR-003）时间：2009年8月26日　　　摄影：苏鹏程（照片号：DR-004）时间：2009年8月26日

滑坡主要受地质环境条件控制。地表为第四系崩坡积层，结构松散，坡面上冲沟发育，有利于地表水入渗。在汛期降雨使土体处于饱水状态，物理力学性质变差，抗剪强度降低。斜坡前缘地形较陡，为有效临空面。在滑体中部房屋密集，对坡体起到加载作用，使土体沿着与基岩接触面向下移动，形成滑坡。

格绒村滑坡前缘下部受雨季洪水的冲刷，形成高陡的临空面，为滑坡的形成提供了有利的地形条件。坡体内富含地下水（水位1.5～2.0m），地下水的静水压力和动水压力为滑坡提供了内动力条件。滑体后缘上部基岩崩塌对坡体的冲击以及工程爆破的振动波对滑坡的形成起到推波助澜的作用，为滑坡形成提供了外动力条件。另外，严重的干旱使土质疏松，在雨季到来时集中降雨又使土体和基岩上部风化层饱水，进一步降低了上部土体和强风化层的强度，特别是使强风化层与较新鲜岩石的接触面附近的土体产生软化或泥化，同时也产生较大的动水压力和静水压力，使上部土层和强风化层沿下伏较新鲜的岩层（相对隔水的板岩）形成滑坡。

综上所述，格绒村滑坡是一个大型的牵引式滑坡。目前该滑坡正处于蠕动变形阶段，仅在局部产生小范围的滑塌。随着滑坡的进一步发展，原有的不连续滑面将进一步扩张甚至可使整个滑面贯通，造成大规模的滑动。

7.4.1.2　影响分析

格绒村滑坡地表植被破坏严重，村民建房边坡开挖造成人工陡坡，特别在滑坡前缘形成陡坎。坡体在2004年9月的强降雨过程中形成了中、后部的矩形错台。滑坡体物质为第四系崩坡积物，其成分为黏土夹碎块石，结构松散、物理力学性差，降雨将对滑坡再次滑动创造条件，坡面平均坡度20°，属滑坡易发区。综上所述，滑坡稳定性较差。

根据滑坡的基本特征和形成的主导因子综合分析，整个滑体坡度不大，滑体内已经形成一定规模的拉张裂缝，有利于降水的入渗；加之存在高达15m的临空面，均为滑体的再次滑动创造了条件。调查期间，滑坡基本稳定，但滑坡体上的坡耕地依然存在，加之没有有效的排水防渗措施，不能有效拦截地表径流特别是暴雨期由外流入滑坡内的水流。综合以上分析，滑体在暴雨等各种不利因素组合的情况下还极有可能诱发整体滑动，危害较大。目前，滑坡已毁坏5间农房，直接经济损失达15万元。所幸未造成人员伤亡。但是一旦发生整体下滑，不仅对滑坡体上的13户居民60人、格子达水厂等造成严重威胁（照片 7-25、照片 7-26），还威胁到得荣县与乡城县的生命连接线——乡得公路的安全，后果不堪设想（图 7-20、图 7-21）。因此，该滑坡潜在威胁相当严重。

照片 7-25　滑坡上的民房变形破坏倒塌
摄影：苏鹏程（照片号：DR-005）时间：2009 年 8 月 26 日

照片 7-26　滑坡前缘受威胁的民房
摄影：苏鹏程（照片号：DR-006）时间：2009 年 8 月 26 日

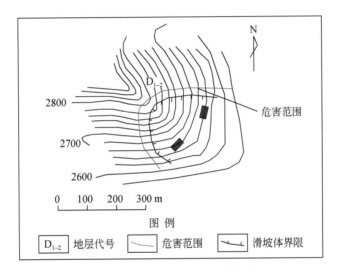

图 7-20　格绒村滑坡平面示意图

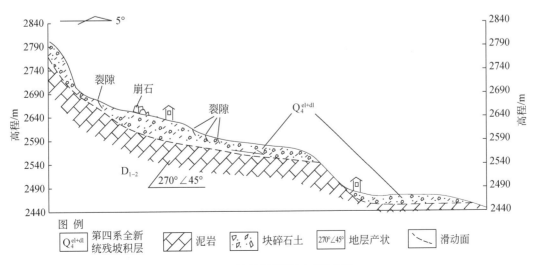

图 7-21　格绒村滑坡剖面示意图

7.4.1.3 防治措施

1）建立群测群防机制。雨季加强对滑坡的监测，派专人负责，遇到险情及时疏散。

2）在滑坡后缘挖排水沟，防止地表水渗入滑坡体。

3）退耕还林，减少坡面水下渗。

4）对滑坡前缘形成的陡坎进行人工支护。

5）派专人对坡体变形情况进行监测。遇变形加速应及时通知村委会及防灾责任人，防灾责任人应及时组织人员撤离。

6）对受到威胁的格子达水厂职工在没有确定滑坡确实处于稳定状态的情况下，不能回厂上班以保证职工的生命安全。

7.4.2 达西丁滑坡

7.4.2.1 地质环境概况

达西丁滑坡位于得荣县徐龙乡达西丁村（照片7-27，图7-22、图7-23）。地理坐标为99°09′20.4″E，28°45′0.3″N，海拔高程2750～3100m。滑坡外形似不规则圈椅状，滑体为崩坡堆积层，前缘受河流冲蚀切割较严重。主滑方向272°。滑坡后缘高程3100m，前缘高程2750m。滑坡体长约800m，宽约300m，平均厚度1～3m，体积约$30×10^4 m^3$，属大型滑坡。滑坡前缘相对较陡，地形坡度为40°～50°，中、后部相对较为平缓，地形坡度为20°～30°。

照片7-27　徐龙乡达西丁滑坡全貌

摄影：丁明涛（照片号：DR-007）时间：2009年8月26日

7.4.2.2 影响分析

滑坡体前缘分布有较多民房（照片7-28、照片7-29）。农户建房对前缘有部分开挖，局部形成陡坎，高3～5m，且未做护坡处理。

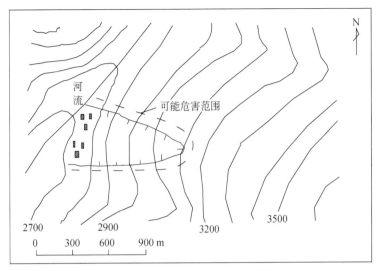

图 7-22 达西丁滑坡平面示意图

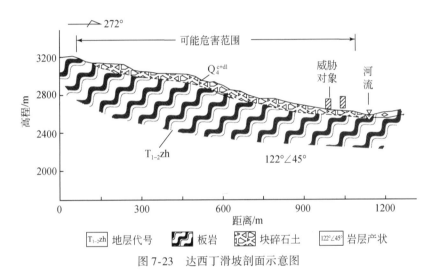

| $T_{1-2}zh$ 地层代号 | 板岩 | 块碎石土 | $122°\angle45°$ 岩层产状 |

图 7-23 达西丁滑坡剖面示意图

照片 7-28 滑坡民房变形破坏倒塌

摄影：丁明涛（照片号：DR-008）时间：2009 年 8 月 26 日

照片 7-29 滑坡前缘受威胁的民房

摄影：丁明涛（照片号：DR-009）时间：2009 年 8 月 26 日

7.4.2.3 治理措施建议

考虑到滑坡体所处的重要交通位置以及上述的危险性评估与预测，建议尽快对该滑体进行以排挡为主，配以减重和植树的综合工程治理。在未进行有效治理前，应由县、镇、村统一组织落实有关责任人做好监测工作。有险情及时预警和抢险，并严禁村民及其他无关人员进住滑坡区和从事建设活动。

1）排水措施：在滑坡体两侧和后缘的外围修建一条浆砌块石环形截水沟，以拦截引来自斜坡上部流向滑坡区的地表水流。沟深和沟底宽度都不小于 0.6m。

2）抗滑措施：①在坡体前沿设置一排抗滑锚索，锚索之间采用钢筋混凝土格构梁连接；②为防止河水对岸坡的冲刷，提高前缘坡体的稳定性，可在临河岸坡处修建抗滑挡墙。基础埋入基岩一定深度内，采用合理的边坡比进行护坡。同时挡墙背后还应设置顺墙的渗沟，墙体上设置泄水孔。

3）生物措施：在进行工程治理后，可对坡面进行植树种草等生物护坡，提高坡体的植被覆盖率，达到生物固坡，改变地质生态环境。

7.4.3 加林村滑坡

7.4.3.1 地质环境概况

加林村滑坡位于西藏昌都县俄洛镇加林村以西 500m，北临昂曲河，南靠基岩山区，沿 G214 东行 3.5km、15.5km 可分别到达俄洛镇和地区行署驻地——昌都镇。地理坐标为 97°03′09″E ~ 97°03′43″E，31°11′06″N ~ 31°11′29″N；G214 横穿滑坡区。通过对俄洛镇加林村滑坡周围地貌特征进行分析，可以确定为滑坡体局部发生新的变形（照片 7-30）。

照片 7-30　俄洛镇加林村滑坡体变形区域全貌

摄影：苏鹏程（照片号：CD-001）时间：2011 年 8 月 20 日

滑坡所在区域为宽谷地貌，地势总体西低东高，南高北低，属中起伏高山区。滑坡区附近最高海拔3381m，最低海拔3173m，相对高差210m左右。地形可以分为两段，前部较陡，坡度35°～45°；后部较缓，部分为平台区，坡度9°～28°。区内裂缝、陡坎、冲沟较为发育（照片7-31）。

照片 7-31　俄洛镇加林村滑坡体变形
摄影：苏鹏程（照片号：CD-002～CD-005）时间：2011年8月20日

根据现场调查，昌都地区近年来降雨量明显加大，造成昂曲河河水上涨。河岸受河水长期冲刷，滑坡前缘出现失稳状况，并形成临空面，造成牵引式拉裂。另外雨季时雨水渗入滑坡体，致使滑坡体内基岩裂隙水量增加及滑坡体荷载加大，形成滑坡体。目前，新变形的拉裂主要有三条裂缝，其中危害最严重的一条裂缝长约35m、最宽处达90mm、深度达到2.5m。该变形体为全新统松散堆积层，物质主要由碎石、块石土组成。该变形体总长度为110m，高度约为60m，估计厚度为7m，体积为46 200m³。

7.4.3.2　影响分析

从目前滑坡体局部变形情况来看，由于2011年昌都地区雨季已基本结束，该变形体近期所能够产生的滑移为间断性滑移，不会产生短时间的、整体性急速下滑。如2012年雨季降雨量过大时，极易发生变形体整体滑坡，将对公路、昂曲河以及下游俄洛镇、昌都电厂、昌都镇等区域构成较大危害。

7.4.3.3　防治建议

根据目前的情况，现提出以下建议：

1）建议交通、公路管理部门尽快在滑坡区公路两端及两侧设立警示标牌，提醒过往车辆、行人注意安全。

2）建议昌都县国土资源部门对变形体和整个滑坡体加大监测力度。

3）建议交通、公路管理部门在确保安全的情况下对公路上方危崖进行清理，并对已出现公路沉降地段实施必要的回填加高，以保障过往车辆顺利通过。

4）由于该滑坡体已出现局部变形，需进一步做好与西藏自治区国土资源厅的请示、沟通与联系，以尽快对该滑坡进行治理。

7.4.4 类乌齐县城滑坡

7.4.4.1 地质环境概况

类乌齐县城滑坡位于类乌齐县桑多镇紫曲左岸（照片7-32，图7-24），地理坐标为96°36′20″E，31°13′05″N。滑体平面形态呈圈椅状，剖面形态呈阶梯状。滑坡体由残坡积碎石土组成，结构松散，厚度15m。板岩碎块一般粒径20～30cm，含量10%～20%，其余为小的板岩碎片。

照片7-32 类乌齐县城滑坡（lwq101）
摄影：丁明涛（照片号：LWQ-005）时间：2011年8月22日

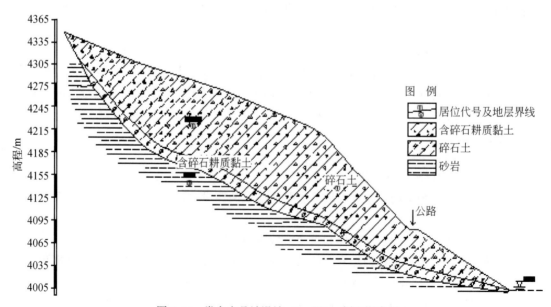

图7-24 类乌齐县城滑坡（lwq101）剖面示意图

滑坡主滑方向 260°, 坡面自然坡度 50° ~ 60°。滑体纵向长 600m, 横向宽 700m, 体积 336×10⁴m³。滑坡壁海拔 4340m, 滑坡趾海拔 4040 m, 坡高 300m。下伏板岩产状 220°∠53°, 基岩与松散堆积物接触面为控滑结构面, 属大型中层推移式土质滑坡。

公路从滑坡中部穿行. 因建房取土及修路切坡, 破坏了斜坡整体性, 沿路已发生多处浅层滑坡。2004年 7 月发现有蠕滑现象, 后缘出现长约 500m, 宽 50 ~ 100cm 的错断。

7.4.4.2 影响分析

类乌齐县城滑坡属大型推移式土质滑坡, 稳定性差, 在持续降雨和人类工程活动的共同作用下, 有产生大范围变形甚至整体滑动的可能, 危险性大, 该滑坡一旦堵塞紫曲河将直接威胁到类乌齐县城安全, 属重要山地灾害隐患点。

7.4.4.3 防治建议

1) 加强监测。出现险情时, 禁止行人、车辆通行, 在危险地段设立警示牌。
2) 建议工程勘察治理。

7.4.5 纳西村山体滑坡

7.4.5.1 地质环境概况

纳西村山体滑坡位于芒康县纳西乡纳西村, 距 G214 线约 2km, 纳西乡纳西村 (下盐井村) 旁, 滑坡体上部高程约为 2532m, 主滑方向约为 285°, 地理坐标为 98°35′58″E, 29°02′01.8″N。前缘在耕地前侧形成了坡度 35° ~ 80°的临空面。滑坡体一般坡度 15° ~ 65°。整个滑坡体平面形态呈圈椅状, 宽约 1500m, 长约 250m, 平均厚度 20 ~ 50m, 滑坡体体积约 1310×10⁴m³, 属巨型滑坡 (照片 7-33)。

照片 7-33 芒康县纳西乡纳西村滑坡体全貌
摄影: 徐爱淞 (照片号: MK-001) 时间: 2011 年 8 月 22 日

滑坡体上部地层为碎块石夹粉土层，结构松散，透水性好，有利于地表水的下渗。下部为粉土层，透水性较差。该层土体的力学强度也较差，故地层有形成软弱结构面的有利条件。大气降水的入渗为滑坡的发生提供了水源条件。地表水的下渗加大了坡体的重量，在相对隔水带形成软弱结构面。另外，坡脚处澜沧江水的冲刷导致坡脚失稳（照片7-34），从而带动后缘坡体失稳形成滑坡。滑坡体前缘的高陡临空面（照片7-35），为滑坡体的发生提供了有利的地形条件。

照片7-34　澜沧江水冲刷坡脚失稳变形
摄影：徐爱淞（照片号：MK-004）时间：2011年8月22日

照片7-35　滑坡体前缘高陡边坡地形
摄影：徐爱淞（照片号：MK-005）时间：2011年8月22日

耕地灌溉水实行漫灌，致使灌溉水下渗，加大了坡体的重量，并在相对隔水带形成软弱结构面。当其下滑力大于阻力时，滑体沿着软弱结构面下滑，发生滑坡。另外，在滑坡体前缘坡体上修筑公路开挖边坡也是诱发该古（老）滑坡体复活的因子。

最近几年内，周边地区发生了几次地震。在地震力作用下，裂缝增大，致使山体偏移。此外，澜沧江水冲刷坡脚及人为修筑公路和耕地漫灌因素是诱发古（老）滑坡体复活的主导因子。

滑体物质组成为碎块石夹粉土：黄色、紫红色，稍湿，碎块石成分为砂岩、板岩、片岩，粒径一般为2~50cm，最大粒径100cm，含量占60%左右，其余为粉土。

滑带土物质主要为粉土，灰色，稍湿。

该滑坡体滑床物质前部为基岩，中后部为碎块石夹粉土。

7.4.5.2　影响分析

据调查，滑坡体从2003年6月~9月雨季开始变形复活（照片7-36、照片7-37），当时仅是在局部发生变形裂缝，变形均较小。目前，滑坡体的中、后缘裂缝随处可见，约5~8条，裂缝一般宽度约10~50cm，最大宽度约100cm，长度10~500m，最大长度约1500m，深50~300cm。

照片7-36　滑坡体后缘变形裂缝
摄影：徐爱淞（照片号：MK-002）时间：2011年8月22日

照片7-37　滑坡体北侧后缘边界线上房屋变形裂缝
摄影：徐爱淞（照片号：MK-003）时间：2011年8月22日

目前滑坡仍处在蠕动变形阶段。种种变形迹象表明滑坡变形加剧，滑坡体北侧中后缘居住着纳西村重格组 13 户村民，61 人，耕地 50 余亩。目前滑坡体上 8 户村民房屋已遭到严重破坏而无法居住，已实施搬迁。滑坡体中部的古盐田公路几乎每年由于坡体变形遭受破坏而整修。滑坡体一旦下滑，重格组 13 户村民的生命及其财产将会受到严重威胁，古盐田公路将被毁，该滑坡体一旦大规模下滑有可能堵塞澜沧江，形成堰塞湖进而危及到古盐田、江对面加达村约 90 户村民以及上、下游沿江边群众生命及财产安全。

7.4.5.3 防治建议

芒康县纳西乡纳西村（下盐井村）山体滑坡属于巨型土质牵引式滑坡，澜沧江水冲刷坡脚、人为修筑公路和耕地漫灌因子是诱发该古（老）滑坡体复活的主导因子。目前该滑坡已处于蠕滑变形并且滑动有加剧的趋势，其直接威胁对象不仅包括重格组 13 户村民的生命、财产安全，其潜在危害是该滑坡体有堵塞澜沧江的可能性，进而形成的堰塞湖危及古盐田、江对面加达村约 90 户村民以及上下游沿江居民的安全。对此，有下列防治建议：

1）设立滑坡监测，监测滑坡位移及变形情况；并及时报告主管部门。
2）尽快建立预警预报措施：制定应急预案；将两个明白卡发放到可能受威胁的群众手中。
3）将滑坡体内的 7 户村民实施搬迁。

7.4.6 开文后山滑坡

7.4.6.1 地质环境概况

金江镇开文后山滑坡发育于云南省迪庆州香格里拉县金江镇政府后山斜坡部位（照片 7-38）。滑坡曾在 2001 年 8 月 17 日产生大规模滑动。滑坡位于金沙江左岸（东岸）凸型斜坡地带陡缓交接处。目前，滑

照片 7-38 开文后山滑坡

摄影：苏鹏程（照片号：XGLL-007）时间：2009 年 8 月 20 日

坡处于扩展变形阶段。滑坡呈"扇形"展布，后缘呈弧形，下错 1.5~3m，滑坡体主滑方向 238°，滑体长 200m，宽约 300m，平均厚度约 5m，体积约 $30 \times 10^4 m^3$，属中型土质中厚层推移式滑坡。滑坡物质由含少量碎石黏性土组成，为第四系残坡积（Q_4^{el+dl}）黏性土。

滑坡发育于上覆第四系残坡积（Q_4^{el+dl}）黏性土中，厚约 5m；下伏地层为寒武系中统（$\in_2 y$）灰色薄层状板岩，在滑坡两侧冲沟内皆有出露。岩层产状为 55°∠45°，岩体风化较强烈，岩石较破碎。斜坡坡向为 258°，岩层倾向与边坡坡向构成反向结构。

2001 年 8 月 17 日，滑坡在平面上形成长 80m、宽 80m 的扇形。在滑坡滑动过程中，滑体下滑了约 10m，当时毁坏林地 2 亩，未造成人员伤亡。后来每年雨季滑坡都有或多或少地变化。滑坡体逐年增大，到 2005 年 7 月 19 日滑坡体增大到长 200m，宽 300m 的扇形，滑坡面积达 60 000m²。与 2001 年相比滑坡整体已下滑 38m，滑坡面积已增大 10 倍，毁坏和影响林地约 100 亩。

7.4.6.2　影响分析

滑坡周界清楚，周边形成的错台高 0.5~2.0m。滑坡体后缘形成大量的裂缝，地形较陡（照片 7-39），地形坡度为 30°~40°。滑坡中部形成滑坡平台（照片 7-40），地形较缓，地形坡度为 5°~15°，发育了大量裂缝。裂缝宽 5~30cm，延伸长 10~30m，滑坡前缘地形较缓，地形坡度 10°~20°。地表土体较松软，遇水极易软化。

照片 7-39　滑坡后缘地貌

摄影：苏鹏程（照片号：XGLL-008）时间：2009 年 8 月 20 日

照片 7-40　滑坡中部挤压裂缝

摄影：苏鹏程（照片号：XGLL-008）时间：2009 年 8 月 20 日

截至 2009 年，滑坡处于扩展变形阶段，随着时间的推移，雨水及地表水的下渗，滑坡体将进一步扩大。同时，下部的松散物形成泥石流隐患，滑坡和泥石流将对金江镇政府机关、企事业单位及小集镇带来巨大威胁，山地灾害危险性极大。

7.4.6.3　防治建议

1）建立健全地质灾害群测群防网络，加强监测，最大限度减少人民群众的生命财产损失。

2）在滑坡体后缘修建截、排水沟，将所出露的地表水、地下水排至滑坡体外。对滑坡裂缝及时进行回填、夯实，防止地表水沿滑坡裂隙下渗后恶化滑坡环境。

3）在滑坡前部冲沟内设置谷坊及拦渣坝，修建排水沟，保证排水畅通。

4）加强滑坡体上植被的保护工作，严禁砍伐植被。

7.4.7 扎冲顶村民小组滑坡

7.4.7.1 地质环境概况

扎冲顶村民小组滑坡位于云南省迪庆州德钦县奔子栏乡政府驻地南西方向约 4km 处的扎冲顶村（照片 7-41），滑坡中心点地理坐标为 99°16′05″E，28°13′32″N。滑坡长 250～300m，宽 80～100m，滑体厚 10～20m，滑坡体积约 37.1×10⁴m³，属中型滑坡。主滑方向为 87°。滑坡体平面上呈条带状。滑坡后缘为一台地，地形坡度为 5°～10°，现为耕地。滑体地形坡度为 40°～50°，局部大于 50°。地表植被不发育，滑体物质为碎石土及残坡积含砾黏土。扎冲顶村坐落于滑坡体上。

照片 7-41 扎冲顶村滑坡
摄影：丁明涛（照片号：DQ-001）时间：2009 年 8 月 25 日

滑坡发育于二叠系上统（P₂）深灰色板岩、钙质长石砂岩为主夹绿色玻基安山岩。表层覆盖有 2～5m 厚的含砾粉质黏土、含黏土碎石层。滑体主要由强风化至全风化板岩、安山岩的碎石土及含砾黏土组成。

7.4.7.2 影响分析

滑坡从地貌形态显现为古滑坡复活。滑体上的裂缝已形成多年。多年来对造成房屋开裂的原因认识不清，导致被滑坡损坏的房屋仍在原地址上重建。房屋竣工，村民未入住，房屋就已开裂。位于滑坡后缘的一幢民房，2009 年 4 月刚竣工，6 月出现开裂，形成了长约 50cm，宽 0.2cm 的裂缝。乡村公路从滑坡体后缘通过，因切坡形成 5～10m 高的边坡，在边坡上出现明显滑面（照片 7-42）。暴露出在滑面上有清晰的擦痕，沿滑面延伸至坡脚。排水沟被错断（照片 7-43），后部滑体在半年内已经滑移 2～3cm。

滑坡体上共居住 14 户藏民，110 人。每户藏民的房屋均有不同程度的开裂现象，最大裂缝宽约 10cm。其中，小学的房屋和滑坡中后缘上的 2 户藏民房屋，已成危房（照片 7-44），学校及一户藏民已搬迁，另一户藏民在原址上重建，重建的房屋又已经开裂。由于该滑坡体所处地形较陡，一旦失稳，易产生高位滑坡，对滑坡体上的村庄、农田构成较大的威胁。

照片 7-42　滑坡的滑面
摄影：丁明涛（照片号：DQ-002）时间：2009 年 8 月 25 日

照片 7-43　被滑坡错断的水沟
摄影：丁明涛（照片号：DQ-003）时间：2009 年 8 月 25 日

照片 7-44　已成危房的小学校墙体开裂情况
摄影：丁明涛（照片号：DQ-004）时间：2009 年 8 月 25 日

　　滑坡产生的原因主要是岩体破碎，加之地形较陡，坡脚的河流侧蚀作用，形成了较高的临空面。在强降雨或地震等不利因子影响下，引发滑坡复活的可能性较大。2008 年雨季，滑坡活动加快，滑坡险情逐渐加大。

7.4.7.3　防治建议

　　1）建立健全地质灾害群测群防网络，加强监测，最大限度减少人民群众的生命财产损失。

　　2）对滑坡进行勘察，根据勘察成果对滑坡体进行治理。

　　3）在滑坡体后缘修建截、排水沟，对滑坡裂缝及时进行回填、夯实，防止地表水沿滑坡裂隙下渗后恶化滑坡环境。

4）对居住在较危险地段的农户或房屋受损较严重的农户进行搬迁避让。

7.4.8 追达村滑坡

7.4.8.1 地质环境概况

滑坡位于迪庆州德钦县奔子栏乡政府驻地北西方向平距约9km处的追达村（照片7-45）。从地貌上分析为古滑坡。滑坡中心点地理坐标为99°13′14″E，28°15′59″N。滑坡长800~1000m，宽400~500m，滑体厚10~15m，滑坡体积约$506.3×10^4m^3$，属大型滑坡。主滑方向为20°。滑坡体平面上呈条带状。滑坡后缘为一台地，地形坡度为5°~10°，现为耕地。滑坡体地形坡度为40°~50°，局部大于50°。滑坡体上分布大量的旱地。地表植被弱发育，主要分布经济林。滑体物质为碎石土及残坡积含砾黏土。

照片 7-45 追达村滑坡

摄影：徐爱淞（照片号：DQ-005）时间：2009 年 8 月 26 日

滑坡发育于二叠系下统下部（P1a）地层之中。地层岩性为灰绿色蚀变安山玄武岩、板岩、凝灰岩，片岩夹少量灰色结晶灰岩及大理岩；下部为灰色结晶灰岩夹板岩、片岩及千枚岩。表层覆盖有 3~5m 厚的含砾粉质黏土、含黏土碎石层。滑体主要由强风化至全风化板岩、安山玄武岩的碎石土及含砾黏土组成。

7.4.8.2 影响分析

滑坡从地貌上分析为古滑坡复活，滑坡裂缝产生于 2008 年 4 月。至 2008 年 6 月 11 日，滑坡后缘及中部已形成数十条地表裂缝。裂缝长达 100 多米，宽数毫米至数十毫米，并伴随有一定数量的错台及垮塌现象（照片7-46）。滑坡右侧（南侧）于 2008 年 5 月 29 日开始产生裂缝，至 6 月 11 日，裂缝已延伸约 50m，缝宽 1~2cm（照片7-47）。

照片7-46　滑坡形成的裂缝及错台

摄影：徐爱淞（照片号：DQ-006）时间：2009年8月26日

照片7-47　滑坡形成的宽12cm的裂缝

摄影：徐爱淞（照片号：DQ-007）时间：2009年8月26日

　　滑坡体前缘居住1户村民，共6人。房屋还未出现裂缝，但受滑坡的威胁较大。滑坡近后缘部位居住4户村民，共36人。房屋未出现裂缝，但房屋距滑坡后缘较近，可能会遭受滑坡的威胁。滑坡前左侧分布一座寺庙，距滑坡体较近，可能会间接遭受滑坡的危害。滑坡体上分布的高压输电线路已遭受滑坡的危害，部分电杆已重新架设或加固，但未避开滑坡体，滑坡的滑动必将对其造成危害。滑坡体上分布的68亩农田开裂并下沉，已不同程度遭受灾害。分布于滑坡体上的2000多株经济果木，也将遭受滑坡的威胁（照片7-48、照片7-49）。

照片7-48　滑坡裂缝并伴有垮塌现象

摄影：徐爱淞（照片号：DQ-008）时间：2009年8月26日

照片7-49　麦地内出现的裂缝

摄影：徐爱淞（照片号：DQ-009）时间：2009年8月26日

　　滑坡产生的原因主要是岩体破碎，加之地形较陡，坡脚的河流侧蚀作用，形成了较高的临空面。在强降雨或地震等不利因素影响下，引发滑坡复活的可能性较大。2008年雨季，滑坡活动会加快，滑坡险情逐渐加大。

7.4.8.3　防治建议

　　1）建立健全地质灾害群测群防网络，加强监测，最大限度减少人民群众的生命财产损失。

　　2）在滑坡体后缘修建截、排水沟。对滑坡裂缝及时进行回填、夯实，防止地表水沿滑坡裂隙下渗后恶化滑坡环境。

　　3）对居住在较危险地段的农户或房屋受损较严重的农户进行搬迁避让。

　　4）对地形较陡地段进行退耕还林。

7.4.9 白马洛社滑坡

7.4.9.1 地质环境概况

白马洛社滑坡位于迪庆州维西县叶枝镇政府驻地以北约10km处的白马洛社（照片7-50）。滑坡中心点地理坐标为99°02′34″E，27°47′34″N。滑坡长200~250m，宽100~120m，滑体厚10~20m，滑坡体积为37.1×10^{4}m^3，属中型滑坡。主滑方向为204°。滑坡体平面上呈圈椅状，滑坡后缘为一斜坡，地形坡度为20°~25°，现为耕地。滑体中部为一凹陷平台，地形坡度为10°~15°，现为耕地。滑坡前缘为一陡坡，地形坡度为30°~40°，地表植被发育。滑坡剪出口不明显。滑体物质为碎石土及残坡积物含砾黏土。滑体上出现大量的裂缝（照片7-51、照片7-52），裂缝延伸长10~20m，缝宽3~5cm，并伴随20~30cm高的错台。受滑坡的影响，地表土体变得较为疏松。

照片7-50 白马洛社滑坡
摄影：苏鹏程（照片号：WX-002）时间：2009年8月28日

照片7-51 滑坡中部裂缝并伴随局部凹陷
摄影：苏鹏程（照片号：WX-003）时间：2009年8月28日

照片7-52 受滑坡影响地表裂缝发育、土体松散
摄影：苏鹏程（照片号：WX-004）时间：2009年8月28日

滑坡发育于侏罗系中统花开左组下段（J$_2$h^1）杂色砾岩，砂岩夹板岩。表层覆盖有3~5m厚的含砾粉质黏土、含黏土碎石层。滑体主要由强风化至全风化板岩、砂岩的碎石土及含砾黏土组成。

7.4.9.2　影响分析

滑坡从地貌形态分析为古滑坡复活。滑体上从 20 世纪 80 年代开始出现裂缝。原地表主要为水田，受滑坡影响后，改为旱地。局部受滑坡影响严重地段，已成为荒坡地。滑坡体近后缘部位及前部分布有梓里上、下社及拖八社 56 户 280 人。滑坡的进一步发展，将会对居民及农户构成较大的威胁、危害。

滑坡产生的原因主要是岩体破碎，加之前缘地形较陡和坡脚梓里河的侧蚀作用，形成了较高的临空面。在强降雨或地震等不利因素影响下，引发边坡失稳变形而形成滑坡。2008 年雨季滑坡活动加快，滑坡险情逐渐加大。

7.4.9.3　防治建议

1）建立健全地质灾害群测群防网络，加强监测，最大限度减少人民群众的生命财产损失。

2）在滑坡体后缘修建截、排水沟，对滑坡裂缝即时进行回填、夯实，防止地表水沿滑坡裂隙下渗后恶化滑坡环境。

3）滑坡后缘及周边受滑坡影响区域内的水田改为旱地，对地形坡度较陡地段进行退耕还林。

7.4.10　瓦窑村滑坡

7.4.10.1　地质环境概况

瓦窑村滑坡位于迪庆州维西县西侧的保和镇瓦窑村（照片 7-53），滑坡中心点地理坐标为 99°16′51″E，27°11′12″N。该滑坡为古滑坡，滑坡体长 300～350m，宽 200～250m，滑体厚 10～15m，滑坡体积为 91.4×10⁴m³，属中型滑坡。主滑方向为 215°。滑坡体平面上呈圈椅状。滑坡后缘形成陡坡，地形坡度为 30°～35°，现为林地。滑体中部地形较平缓，坡度为 15°～25°，分布大量村庄和农田。滑坡体前缘稍陡，坡度为 25°～35°，分布少量村庄和农田。

照片 7-53　维西县保和镇瓦窑村滑坡
摄影：丁明涛（照片号：WX-005）时间：2009 年 8 月 28 日

该滑坡群发育于第四系全新统（Q_h）坡洪积砂、卵、砾石及黏土层中。表层覆盖有 3～5m 厚的含砾粉质黏土、含黏土碎石层。滑体主要由砂、卵、砾石、碎石土及含砾黏土组成。

7.4.10.2 影响分析

滑坡从地貌形态分析为一古滑坡复活。滑体前缘、中部平行分布三条裂缝，裂缝出现于20世纪70年代。滑坡每年均有不同程的蠕动变形，现已造成数十户村民房屋墙体不同程度的开裂现象（照片7-54、照片7-55），墙体裂缝宽数毫米至数十毫米不等。保和镇瓦窑村200余户756人居住在滑坡体上，人口较密集。滑坡的进一步发展，将会对瓦窑村农户构成较大的威胁。

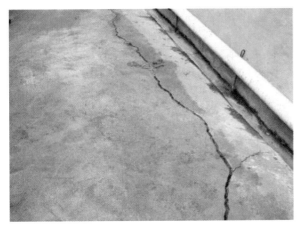

照片7-54　滑坡引起的路面开裂
摄影：苏鹏程（照片号：WX-006）时间：2009年8月28日

照片7-55　滑坡引起的墙体开裂
摄影：苏鹏程（照片号：WX-007）时间：2009年8月28日

滑坡产生的原因主要是第四系松散堆积物较厚，加之前缘地形较陡，坡脚永春河的侧蚀作用，形成了较高的临空面。在强降雨或地震等不利因素影响下，引发边坡失稳变形而形成滑坡。雨季滑坡活动加快，滑坡险情有逐渐加大的可能。

7.4.10.3 防治建议

1）建立健全地质灾害群测群防网络，加强监测，最大限度减少人民群众的生命财产损失。

2）对滑坡进行勘察，根据勘察成果对滑坡体进行治理。

3）在滑坡体后缘修建截、排水沟，对滑坡裂缝及时进行回填、夯实，防止地表水沿滑坡裂隙下渗后恶化滑坡环境。

4）对居住在较危险地段的农户或房屋受损较严重的农户进行搬迁避让。

7.5　崩　　塌

7.5.1　得荣县自沙村崩塌

7.5.1.1　地质环境概况

自沙村崩塌位于四川得荣县西北金沙江沿岸贡波乡自沙村上方（照片7-56，图7-25，图7-26）。由于该村地处陡峭山岩的半山腰，生存环境异常恶劣，生存条件非常艰苦。行政区划属于贡波乡自沙村。地理坐标为99°09′31.9″E，28°54′47.2″N。崩塌区属高山峡谷地貌深切河谷，相对高差100～150m，谷宽15～60m。斜坡纵向坡形近似直线状。坡体上覆盖浅层植被，厚度0.3～1m；局部出露基岩，出露地层为二叠系嘎金雪山群（p$_{gj}$）。岩性为蚀变玄武岩、灰岩等不等厚互层，软硬岩相间。滑坡位于里甫–日雨断层东侧。斜坡坡向235°。坡体结构类型为逆向坡，斜坡平均坡度约45°。

照片7-56 自沙村崩塌原址全貌

摄影：苏鹏程（照片号：DR-010）时间：2009年8月25日

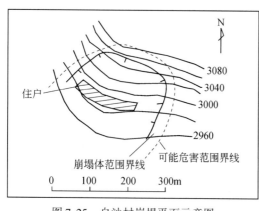

图7-25 自沙村崩塌平面示意图

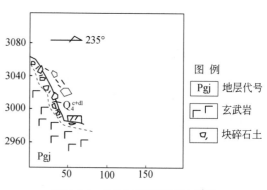

图7-26 自沙村崩塌剖面示意图

崩塌为第四系松散块石，发生于斜坡的中、上部，由块碎石组成，厚约3m，块石粒径一般0.5m×0.2m×0.6m。由于雨水冲刷作用大，掏空了块石下方的细粒相物质，使得块石在重力作用下从斜坡上滚落下来，从而引发崩塌。

7.5.1.2 影响分析

降雨是导致岩体崩塌的诱发因子。因此，崩塌多发生在汛期。

1998年7月至2002年间，该坡体多次发生岩块崩落，有2户居民的住房受到严重破坏。由于疏散及时，幸未造成人员伤亡。局部崩落岩石，块度大小不一，最大可达到约3m×3m×5m，毁房12间，直接经济损失约 2.5 万元。该崩塌使下面 27 户 149 人及一所村小学，共 85 间房屋受到威胁，间接经济损失约 500 万元。目前，崩塌仍处于发展期，构成的危害程度为重型。

7.5.1.3 防治措施

自 2005 年 3 月以来，崩塌活动频繁，时有山石飞落，直接威胁着坡体下部居住的农户生命及财产安全。虽当地政府针对崩塌已做了简易的砖柱支撑，短时间内可以起到一定的支撑作用，但下部页岩仍在继续的风化剥蚀中。从长远看，只有采取更加切实可行的治理避险措施，才能从根本上消除该隐患。

经分析认为，如果采取工程措施，技术上是可行的，可以采取锚杆或锚索或用喷锚支护治理。经初步概算其治理费用在 100 万元以上。崩塌的危害对象为 27 户 149 人，他们的住房条件较差，或初步财产估算约 6 万元，工程措施治理在经济上考虑可行性很差。如果搬迁，总共需要的经费在 30 万元左右，再考虑这 27 户村民搬迁至安全地带之后的农业生产成本增加，经费总计约 50 万元，其费用则相对偏低。因此可以选择搬迁安置这种防治措施。

在未搬迁以前，应做好监测和防御预案，确保当地居民的生命财产安全。

7.5.2 G214 线 K9+200 崩塌

7.5.2.1 地质环境概况

崩塌位于 G214 上边坡（照片 7-57，图 7-27）。坡体中部地理坐标为 96°19′36″E，31°51′20″N，顺公路宽约 1000m，该段地处昂曲左岸，河谷深切，谷深坡陡。边坡岩性为紫红色砂页岩。公路在坡体下部开挖形成人工边坡，边坡高 5~300m，坡角 50°~80°，边坡表层风化强烈。岩石节理裂隙发育，共发育两组，其产状分别为 190°∠85°、260°∠88°，岩体被切割成块状，部分岩块松动。崩塌规模约为 $1.8 \times 10^4 m^3$。

照片 7-57　G214 国道 K9+200 崩塌

摄影：苏鹏程（照片号：LWQ-006）

时间：2009 年 8 月 26 日

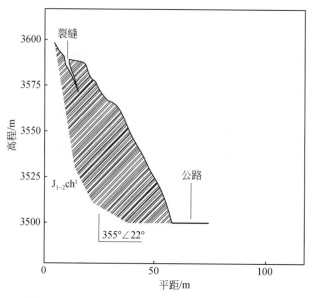

图 7-27　G214 国道 K9+200（lwq019）剖面示意图

7.5.2.2　影响分析

公路通车以来，每年均发生规模不等的崩塌。当坡体开挖后，斜坡的原有稳定性受到破坏，以剥落和崩落为主要变形破坏形式，稳定性差。在雨水以及其他外界力的作用下，极易发生崩塌，危及行车安全，阻塞公路。

诱发坡体崩塌的主要原因是：

1）斜坡节理裂隙发育，表层物理风化强烈。

2）坡体开挖，形成高陡的人工边坡，并且坡坏了斜坡原来的平衡条件，易导致边坡失稳。

3）连续降雨，雨水下渗，岩土层抗压抗剪强度急剧下降，加速边坡崩塌的发生。

崩塌为岩质斜坡，崩塌的主体是风化的紫红色砂页岩岩体。现阶段斜坡在地表水冲刷、表层风化及人工开挖下，已形成高陡临空面，崩落时有发生，且崩塌有逐渐向上扩大的趋势。

由于 G214 线为类乌齐县境内重要的交通干线，车流量大，一旦发生崩塌，对过往车辆及行人的安全构成严重威胁，并有可能砸坏公路路基、路面，故该崩塌点属重要山地灾害隐患点。

7.5.2.3　防治建议

1）建议在公路上边坡修建挡墙，斜坡上部采用挂网防护。

2）清除斜坡面上的危石。

3）雨季加强监测巡查，在危险地段设警示牌，提醒过往行人、车辆注意安全，不可在危险地段逗留。发现险情，立即上报有关部门进行处理。

7.5.3　吉亚村崩塌

7.5.3.1　地质环境概况

吉亚村崩塌体位于公路上边坡（照片 7-58，图 7-28），行政区划属西藏类乌齐县甲桑卡乡管辖。坡体中部地理坐标为 96°19′00″E，31°46′12″N。斜坡自然坡度 70°~80°，局部近直立。坡体由紫红色砂页岩及风化物组成。坡高 30m，坡宽 300m，坡向 280°。

照片 7-58　吉亚村崩塌

摄影：苏鹏程（照片号：LWQ-007）时间：2009 年 8 月 26 日

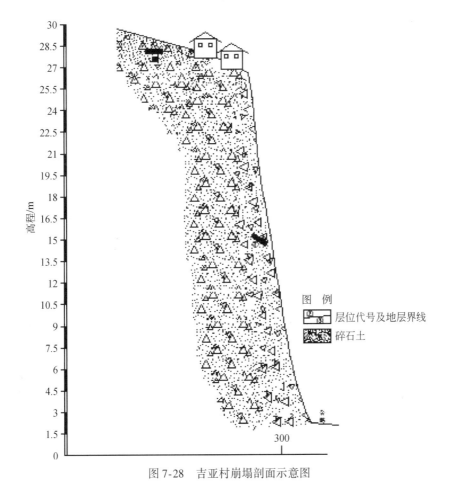

图 7-28　吉亚村崩塌剖面示意图

7.5.3.2 影响分析

吉亚村崩塌是由于修建民房，开挖坡体形成的高陡边坡以剥落和崩落为主要变形破坏形式，斜坡上部可见裂缝，下部可见边坡因风化而局部崩塌的崩积物。

崩塌诱发因素：

1）坡体土层结构松散，物理力学强度较低。

2）坡体较高，坡度大，未进行支护。

3）连续降雨及不合理排水，一是雨水下渗，岩土体含水饱和，岩土体抗压抗剪强度进一步降低，极易发生边坡失稳，形成崩塌。二是地表水直接冲刷高陡斜坡表面，形成崩塌。

现斜坡自然坡度大，坡体物质结构松散，斜坡稳定性较差，在连续降雨的情况下极易发生失稳，并导致崩塌发生。一旦发生大规模的崩塌，灾害后果严重，属重要山地灾害隐患点。

7.5.3.3 防治建议

1）在坡体下部建片石挡墙。

2）在房屋与坡体后缘之间建排水沟，防止冰雪融水和降水对松散堆积物的入渗。

3）在全村未整体搬迁前，加强监测巡查。特别是在雨季，发现险情后立即通知居民向安全地带转移。

7.5.4 乡德公路 K96+750～K96+860 崩塌

7.5.4.1 地质环境概况

崩塌灾害主要发育于乡城德荣公路沿线，以 K96+750～K96+860 崩塌（B0001）最典型。地理坐标为 99°28′19″E，29°5′6″N。野外编号 B001，统一编号 XC020001。岩质崩塌，模式为倾倒式，代表性的山地灾害隐患点有 B002、B003。

崩塌区在地貌上位于侵蚀剥蚀、溶蚀构造高山坡麓。斜坡坡高约 45m，坡体较陡，倾向 176°，倾角 50°～70°。坡面基岩裸露，岩性以三叠系上统曲嘎寺组（T_{3q}）条带状硅质板岩为主，地层产状 97°∠69°。布吉逆断层从崩塌体北东 2km 处通过。受断裂构造影响，岩层挤压破碎，节理裂隙发育，表部岩层多为碎裂结构。定曲河沿坡脚由东而西流过。受河水的侵蚀切割影响，坡体前缘高陡临空，为崩塌灾害的形成提供了有利的空间条件。

7.5.4.2 影响分析

崩塌沿乡德公路内侧分布，海拔 2880～3000m，顺公路长约 90m，崩塌带宽 20m，面积约 3150m²，崩塌体高度约 50m，总体积 $8.1×10^4$ m³，属中型倾倒式崩塌岩体节理裂隙发育（照片 7-59，照片 7-60，图 7-29，图 7-30），为崩塌形成提供了优势结构面。据本次调查，崩塌处的岩层主要发育以下三组裂隙：①层面裂隙，产状 97°∠69°，裂隙宽 0.3～0.8cm，裂面粗糙，无充填，延伸长度大于 10m，间距 0.8～1.5m；②节理面：产状 24°∠73°，张性，裂隙宽 0.2～0.5cm，裂面粗糙，无充填，延伸长度 3～5m，间距 2.5～3.5m；③产状 165°∠45°，张性，裂隙宽 0.2～0.4cm，裂面粗糙，见钙质锈斑，无充填，延伸长度 1.8～3.5m，间距 4～6m。裂隙间相互切割，岩体破碎，呈碎裂结构，在上述结构面控制下，表部岩体极易脱离母岩形成崩塌（照片 7-60）。崩塌物最大块体为 2.1m×1.6 m×0.7m，沿公路内侧堆积，影响车辆行车安全。

照片 7-59　崩塌体前缘裂隙发育情况

摄影：苏鹏程（照片号：LWQ-008）时间：2009 年 8 月 26 日

照片 7-60　公路内侧崩塌堆积物情况

摄影：苏鹏程（照片号：LWQ-009）时间：2009 年 8 月 26 日

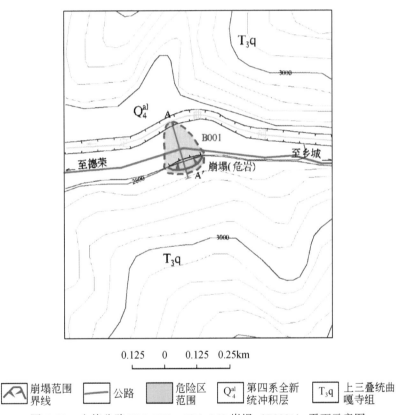

0.125　　0　　0.125　0.25km

崩塌范围界线　　公路　　危险区范围　　Q_4^{al} 第四系全新统冲积层　　T_3q 上三叠统曲嘎寺组

图 7-29　乡德公路 K96+750—K96+860 崩塌（B0001）平面示意图

　　该崩塌的形成受地貌、地层岩性、地质构造等主导因子控制，并受降雨、人类工程经济活动影响。斜坡南侧坡面临空，为崩塌形成提供空间条件。受构造活动的影响，硅质板岩中多组裂隙的相互切割，岩体破碎。部分脱离或半脱离母岩，在自身重力作用下倾倒坠落。大气降水的入渗，一方面对裂隙面进行浸泡软化，降低岩体强度及黏聚力，另一方面在岩体裂隙内形成孔隙水压力，使裂隙进一步扩张而诱发崩塌。此外，乡德公路的扩建，公路沿线开挖爆破，形成新的震动裂隙或使原有裂隙进一步扩展，坡体稳定性降低。综合以上分析，在暴雨等各种不利因子组合下极有可能再次诱发大规模崩塌，属较危险的地质灾害。

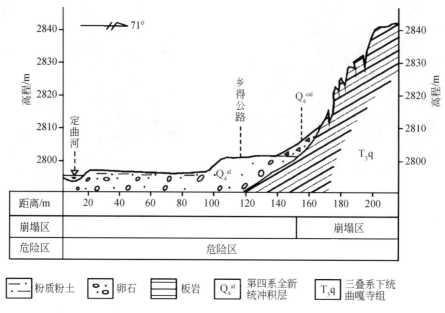

图 7-30 乡德公路 K96+750—K96+860 崩塌（B0001）纵剖面示意图

乡德公路 K96+750 ~ K96+860 崩塌（B0001）分布范围内无居民点，主要危害对象为过往车辆及行人，危害路段长 90m，根据该公路车辆通行量分析，受潜在威胁的车辆平均为 35 辆/天，险情属小型。

7.5.4.3 防治建议

崩塌形成是受公路拓宽开挖影响，为防止地质灾害进一步扩大，建议采取以下防治措施：

1）工程措施。清除危石。实施浆砌块石护坡或挂网护坡；同时在危石外围适当位置建截水沟，拦截外围地表径流，以提高斜坡稳定性。

2）在未治理前，建议由养路段组织人员定期巡视监测。责任落实到人，特别是暴雨期间要增加监测次数。一旦发现险情应立即报警，做好应急抢险工作。

3）在崩塌段两侧路旁设立危险路段警示牌，以引起过往车辆行人注意，防止危害的发生。

7.6 山地灾害聚发区：三江并流

三江并流区是中国泥石流活动最为强烈的地区之一。根据中国泥石流灾害危险区划，三江并流区属于西南印度洋流域极大危险的泥石流区和东南太平洋流域危险的泥石流区，具有分布广泛、类型复杂、活动频繁、危害严重等特点。由于受研究区的地貌、地质构造、水系以及人类活动的影响，滑坡泥石流等灾害主要集中分布在大地貌单元过渡带、断层带和地震带、河流切割强烈相对高度大的地区、降水丰沛和暴雨多发的地区以及植被破坏严重的地区。

本课题所研究的属于广义上的三江并流区域，位于 25°2′N ~ 30°20′N，98°25′E ~ 100°37′E 之间，主要包括西藏昌都地区部分、四川甘孜州西北部分及云南迪庆州、怒江州、丽江市和大理州部分（图 7-31），总面积约 12.07 万 km²。

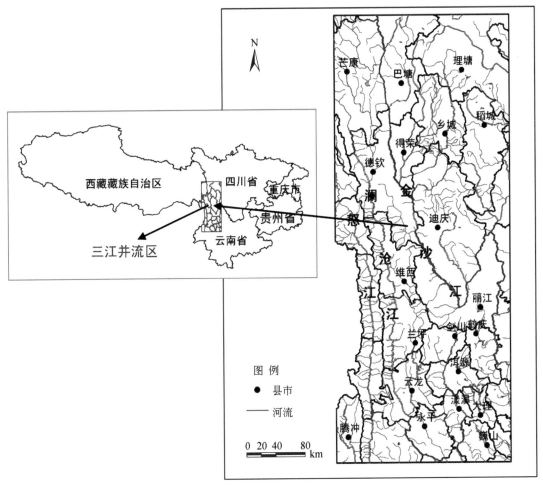

图 7-31　研究区位置图

7.6.1　三江并流区泥石流分布特征

由于受研究区的地貌、地质构造、水系以及人类活动的影响，研究区泥石流灾害非常发育，分布广泛，研究区内已知的灾害性泥石流沟有 1352 条（图 7-32），以下重点分析研究泥石流灾害在大地貌单元、断层带与地震带、河流水系等上的发育分布特征。

7.6.1.1　大地貌单元过渡带上泥石流集中分布

研究区地处我国青藏高原向云贵高原和四川盆地过渡的地区均为大的地貌单元过渡带，大地貌单元过渡带上往往地质构造活跃，地形起伏大，起伏的地形又往往造成降水增加，为泥石流灾害的形成发展提供了良好的条件。这里泥石流灾害密集分布（图 7-33）。

7.6.1.2　断层带和地震带上泥石流集中分布

断层带皆为地质构造活跃的地带，新构造运动活动强烈，地震活动频繁，地震带多与大的断层带重合。三江并流区位于三江褶皱带的中段，本区形成了大量密集的巨大线状弧形深断层带（图 7-34），一般都呈现出北北西–北西走向，在弧形转折段出现近南北走向。据统计，发育在主要断层带上的泥石流沟总数为 1265 条（表 7-2），占研究区总泥石流沟数量的 93.6%。

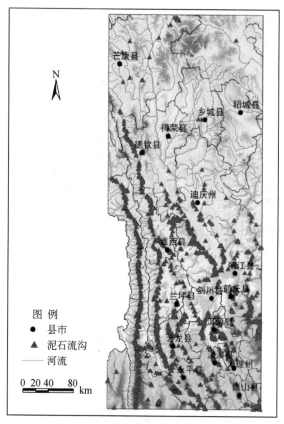

图 7-32　三江并流区泥石流灾害分布图

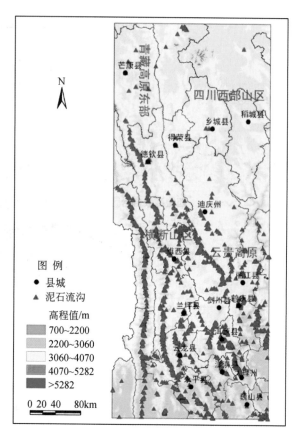

图 7-33　泥石流沟分布与地貌单元位置关系图

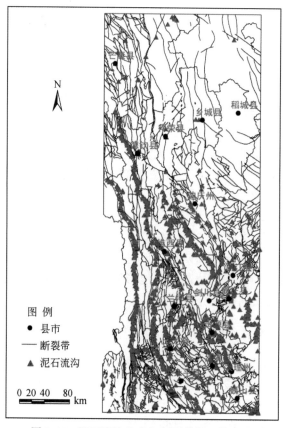

图 7-34　泥石流沟分布与断裂带位置关系图

表 7-2 三江并流区的主要断层带及其上发育的泥石流沟数量

名　　称	走向	断层带上发育的泥石流沟数量
德钦—雪龙山断层带	南北向	215
普拉底—槽涧断层带	北北西—南南东	379
红河—小金河断层带	南北向	42
小金河—丽江断层带	北东向	95
箐河—程海断层带	南北向	85
金沙江断层带	北北西向	326
通甸—巍山断层带	北北西向	76
龙蟠—乔后断层带	北北东向	47

这些地带往往岩层破碎，山坡稳定性差，河流沿断层带切割强烈，形成陡峻的地形，为泥石流的发育提供了十分优越的条件，是泥石流分布最为密集的地带。地震活动往往诱发大规模的泥石流灾害，在地震后较长一段时间内，泥石流活动都处于活跃期。

7.6.1.3 河流切割强烈、相对高差大的地区内泥石流集中分布

河流切割强烈的地区往往地壳隆升强烈，地质构造活跃，地形相对高差大，地势陡峻，具备泥石流发育的有利条件。泥石流往往在这些地区集中分布。例如，横断山地及其沿经向构造发育的怒江、澜沧江、金沙江诸河及其支流流域等（图 7-35）。研究区内的水系空间分布基本是受构造控制，沿断层带发育形成的。对比图 7-34 和图 7-35 可知，河流与断层带的空间分布是相重叠的。

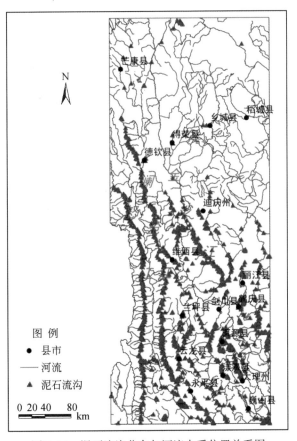

图 7-35 泥石流沟分布与河流水系位置关系图

7.6.1.4 在降水丰沛和暴雨多发的地区泥石流集中分布

高强度降水是泥石流的主要激发因子，因此，降水丰沛和暴雨多发的山区泥石流都很发育。怒江中下游、澜沧江上游和金沙江上游地区等都是降水丰沛的地区，年降水量一般超过 1200 mm，且降雨强度大，多为暴雨，皆为三江并流区泥石流灾害集中分布的地区。

7.6.1.5 在植被破坏严重的地区泥石流集中分布

一般来说，良好的植被覆盖能够在一定程度上降低泥石流暴发的频率。因此，植被破坏严重的山区泥石流，发生频率较高。如澜沧江中、上游和金沙江中、上游地区都是植被破坏严重的地区，以前都是高大的乔木，现在已变为灌丛、草丛或被开发成为坡耕地（图 7-36）。

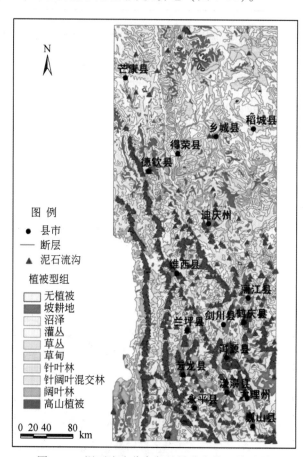

图 7-36　泥石流沟分布与植被分布位置关系图

7.6.2　三江并流区泥石流危险性评价

7.6.2.1　研究方法

（1）聚类分析

泥石流灾害危险性的聚类分析方法是基于这样的假设：危险性相同的空间单元其影响因子的值也应该比较接近，假设影响泥石流灾害危险性的因子有 n 个，每个因子在空间上的分布值离散后就是一个栅格，n 个因子的值就组成一个栅格列（图 7-37）。在同一个空间单元上就有 n 个值，构成一个向量（X_1, X_2, …, X_n），而一个向量可以看成 n 维属性空间的一个属性点。这样，n 个栅格就对应属性空间的一个点集。按照上面的假设，危险性比较接近的点应该集中在某一个范围内，或者说一个子集里。聚类分析的目的就是将属性空间的一个点集划分为不同的子类或子集，并计算每个子类的统计特征值，比如均值和方差。在实际操作中，不是所有的空间单元都参与到子类划分中，我们只需要选择研究区域一个样板区来进行聚类分析，获取不同子类的特征值，进行聚类分析前只需要给出子类的个数。

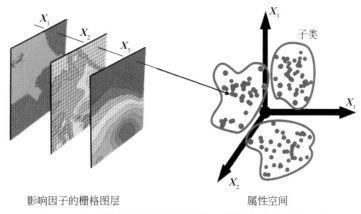

图 7-37　危险性的聚类分析示意图（假设影响因子有 3 个）

本研究聚类分析的算法采用的是 k-means 聚类法。其算法如下：第一步，假设 k 个子类的初始质心（即均值）均匀或者随机分布在属性空间［图 7-38（a）］；第二步，计算点集的每一个点与 k 个子类质心的距离，将每一个点归到与其距离最小的那个子类［图 7-38（b）］；第三步，计算第二步得到的新子类的质心［图 7-38（c）］；第四步，重复第一步直到每个子类的点数变动少于 2%。方块为子类的质心；圆圈为属性点；假设 $k=5$，影响因子数 $=2$。

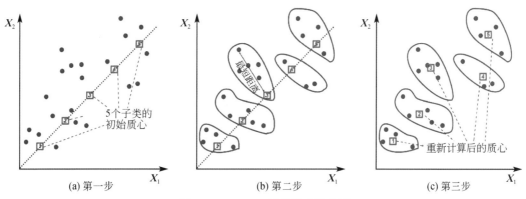

图 7-38　k-means 聚类算法示意图

聚类分析完成后，可以采用最大似然法（maximum likelihood classification，MLC）判断研究区域的任意一个空间单元（网格）属于哪一个子类。根据每个子类的均值和协方差矩阵，基于 Bayesian 判别准则和多元属性空间高斯分布的假设，MLC 方法能计算每一个单元属于不同子类的概率，本 MLC 方法中假设每个子类的先验概率都是相同的。当然，也可以赋给每个子类不同的先验概率。对某一空间单元来说，它所属的子类就是概率最大的那个子类，落入同一个子类的那些空间单元可以认为危险性相等。

（2）指标选取与赋值

泥石流危险性评价指标的选取，主要考虑泥石流灾害形成与发展的基本条件和可能发生的控制与诱发因子。从定量化评价的要求看，泥石流的危险性则需通过具体的指标予以反映。当实际条件允许时，选取评价指标应尽量遵循相对一致性原则、定量指标与定性指标相结合原则、主导因子原则以及自然区界与行政区界完整性原则。根据泥石流的形成条件，泥石流危险性评价因子可分为地形条件、物源条件和动力条件，其中地形条件主要包括地形坡度和坡向，这些因子一般具有相对稳定性，为泥石流的形成提供地形条件；物源条件主要包括植被、地层岩性、断裂带密度和河流切割密度，这些因子主要为泥石流的形成提供充足的松散固体物质；动力条件主要包括降雨和人为活动（道路），这些因子为泥石流的形成提供必要的动力条件。

本研究在野外实地考察的基础上，结合室内资料分析结果，筛选出对研究区泥石流发生起着主导作用、便于区域数据与空间资料匹配、关系密切的 8 个要素作为泥石流危险性评价的指标参数：地形坡度、坡向、植被、地层岩性、断裂带密度、河流切割密度、降雨量和道路网密度（图 7-39）。

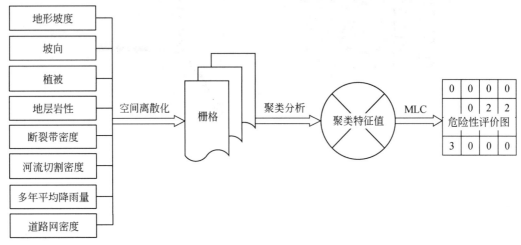

图 7-39　基于聚类分析的泥石流危险性评价流程图

由于各评价指标计量单位不同，属于半定性半定量化取值，且取值范围变化幅度较大，因此必须对上述 8 个评价因子进行统一化处理。本研究采用 4 级量化指标反映各因子对泥石流发育的贡献度，用不同级别的赋值反映对泥石流危险程度影响的差异；赋值越高，说明其对泥石流危险性的影响程度越大，发生泥石流的可能性及发生等级越高，反之亦然。本研究对上述 8 个评价因子进行统一化分级处理。详细方案见表 7-3。

表 7-3　泥石流危险性评价指标及其赋值

评价指标		危险性等级评分赋值			
		1	2	3	4
地形条件	地形坡度（°）	<25	25～30	30～35	>35
	坡向（°）	307～360	255～307	120～255	0～120
物源条件	植被	高山植被、阔叶林	针叶林、针阔混交林	灌丛、草丛、草甸	无植被地段、栽培植被、沼泽
	地层岩性	岩组 1、2、3	岩组 4、5、6	岩组 7、8、9、10	岩组 11、12、13、14
	断层带密度（km/km²）	<0.05	0.05～0.1	0.1～0.2	>0.2
	河流切割密度（km/km²）	<0.05	0.05～0.1	0.1～0.2	>0.2
动力条件	多年平均降雨量（mm）	<600	600～700	700～800	>800
	道路网密度（km/km²）	<0.05	0.05～0.1	0.1～0.2	>0.2

表7-3中, 1~4工程地质岩组名称请见表7-4。

表7-4 工程地质岩组分组列表

序号	岩组	岩性
1	坚硬的侵入岩岩组	花岗岩、辉橄岩、辉绿岩、辉长岩、闪长岩
2	坚硬的喷出岩岩组	玄武岩、安长岩
3	坚硬的砂岩、砾岩岩组	砂岩、砾岩
4	较坚硬、软弱的砂砾岩夹黏土岩岩组	砂岩、砾岩、泥岩
5	较坚硬、软弱的砂砾岩、黏土岩互层岩组	砂砾岩、泥岩、页岩
6	较坚硬、软弱的黏土岩夹砂砾岩岩组	泥岩、页岩、砂砾岩
7	软弱的黏土岩岩组	粉砂质泥岩、灰质粉砂岩、页岩
8	坚硬–软弱的碎屑岩夹碳酸盐岩岩组	砂岩、页岩、泥岩夹灰岩、白云岩
9	坚硬的石灰岩、白云岩岩组	石灰岩、白云岩
10	坚硬、较坚硬的碳酸盐岩夹碎屑岩岩组	灰岩、白云岩夹砂岩、页岩、泥岩
11	坚硬、较坚硬的火山碎屑岩、火山角砾岩岩组	火山碎屑岩、火山角砾岩
12	坚硬、较坚硬的片岩、片麻岩、混合岩、变粒岩岩组	片岩、片麻岩、混合岩、片岩、石英岩、大理岩
13	较坚硬、软弱的千枚岩、板岩夹砂砾岩、黏土岩岩组	千枚岩、板岩夹砂砾岩、石英岩
14	冲积扇、沉积物、湖泊等	

7.6.2.2 泥石流危险性分析

（1）基础数据处理

a. 地形条件

地形条件包括地形坡度因子和坡向因子2个评价指标，地形坡度和坡向指标可以通过ArcGIS空间分析功能，从DEM数据模型中提取，根据量级划分标准（表7-3）对其进行重分类处理，使其划分为四个等级，分别赋值为1、2、3、4，得到地形坡度因子分级图（图7-40）和坡向因子分级图（图7-41）。

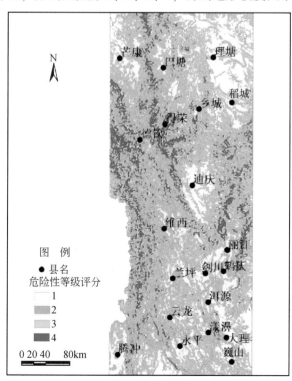

图7-40 地形坡度因子分级图

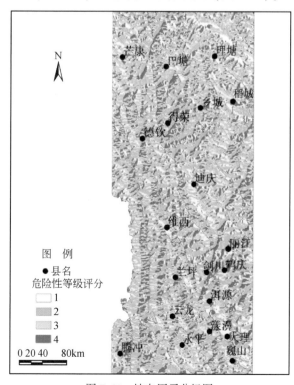

图7-41 坡向因子分级图

b. 物源条件

物源条件的评价指标包括植被、地层岩性、断层带密度和河流切割密度，其中植被因子需根据各区域植被属性进行分类，在将分类结果的数据格式由矢量数据转换为栅格数据，得到植被因子分级图（图7-42）；地层岩性分级处理过程与植被因子相似，根据地层岩性属性信息进行四级分类后，将数据格式由矢量数据转换为栅格数据，得到岩性因子分级图（图7-43）；断裂带密度和河流切割密度则由 ArcGIS 软件的密度制图功能获取，再根据量级划分标准进行数据重分类处理。获取的因子分级图分别见图7-44和图7-45。

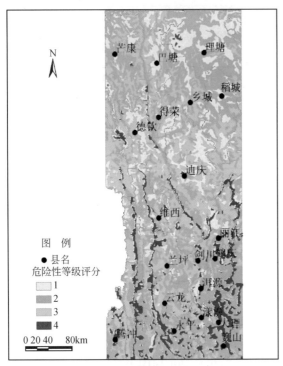

图 7-42　植被因子分级图

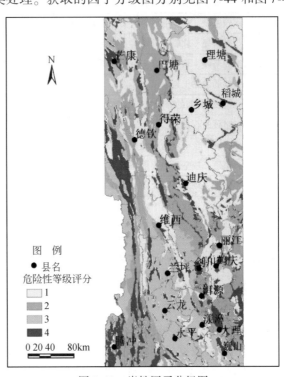

图 7-43　岩性因子分级图

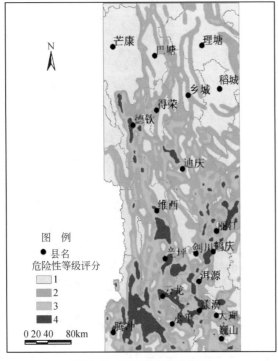

图 7-44　断裂带密度分级图

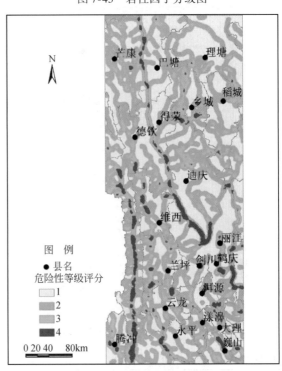

图 7-45　河流切割密度分级图

c. 动力条件

由于影响泥石流启动的条件因子比较复杂，本章根据研究区实际状况和已掌握的数据资料情况，动力条件选择了两个因子：降雨量和道路网密度，其中降雨量因子的分级处理根据研究区周边分布雨量站所搜集的多年平均降雨量数据，在 ArcGIS 中进行空间插值后，根据量级划分标准进行重分类处理，得到降雨因子分级图（图 7-46）；道路网密度处理过程与断裂带密度和河流切割密度的处理相似，在获取道路分布网的基础上利用密度制图和重分类空间分析功能进行处理，得到道路网密度分级图（图 7-47）。

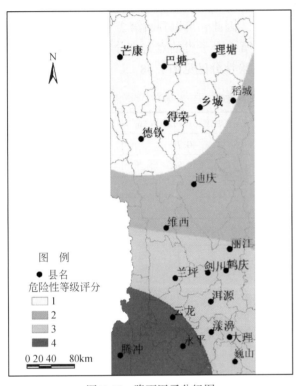

图 7-46 降雨因子分级图

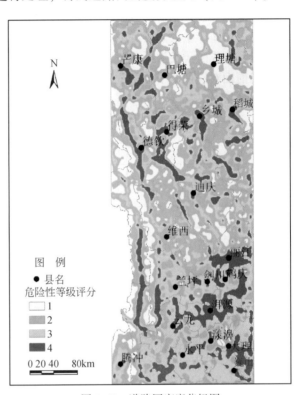

图 7-47 道路网密度分级图

（2）聚类分析

本研究所选择的 8 个泥石流危险性评价指标（地形坡度、坡向、植被、地层岩性、断裂带密度、河流切割密度、降雨量和道路网密度）进行统一化处理后，采用 k-means 聚类方法将栅格集划分为极低、低、中等、高四个子类，并输出每个子类的统计特征值（表 7-5）。聚类分析的样本集为 100×100 的子块中取一个单元，迭代到 100 次之后，四个子类的均值和方差都没有变化，然后，采用最大似然法估计这些子类的最终统计特征值来判断每个单元属于哪一个子类。所有操作包括数据转换、栅格计算和聚类计算都是在 ARCGIS 中实现的。

表 7-5 k-means 聚类法得到的 4 个子类的均值

子类序号	评价指标的均值							
	地形坡度	坡向	植被	地层岩性	断裂带密度	河流切割密度	降雨量	道路网密度
1	0.9347	0.8266	0.4956	0.8006	0.8532	0.9120	0.8623	0.8672
2	0.9591	0.8399	0.4532	0.8948	0.8104	0.8218	0.8142	0.7081
3	0.9197	0.5631	0.8101	0.6621	0.5389	0.7812	0.7496	0.6332
4	0.8537	0.6083	0.6421	0.4336	0.6358	0.6471	0.6822	0.6346

7.6.2.3 危险性评价结果与分析

采用聚类分析最终得到 4 种级别的危险性评价结果。但是，确定子类与危险性的对应关系还需要进一步做出判断。基于常识或专家经验，可判断出第 1 个子类为高危险区，第 4 子类为极低区。但是，不太容易判断第 2 和第 3 子类所属危险区。为此，用泥石流灾害的点密度（个/1000 km²）来判别这两个子类。一般来说，泥石流灾害的点密度值越大，泥石流危险性也就越高。泥石流灾害点密度的数值来自遥感图像和野外实地调查中获取的有限泥石流沟分布数据。这个分布数据包括 1352 条灾害性泥石流沟。计算的结果表明，第 2 个子类的密度为 10.86，而第 3 个子类为 5.11，因此，可以判断第 2 个子类的危险性为中等危险区，第 3 个子类为低危险区（表 7-6）。另外，第 1 和第 4 个子类的点密度分别为 40.71 和 2.58，这也说明前面对这两个子类的危险性分析是正确的，最终的危险性分区见图 7-48。

表 7-6　四个子类的面积和灾害密度

子类序号	面积/万 km²	灾害数量/个	灾害密度/（个/1000 km²）	危险性
1	1.68	684	40.71	高危险区
2	3.61	392	10.86	中危险区
3	3.99	204	5.11	低危险区
4	2.79	72	2.58	极低危险区

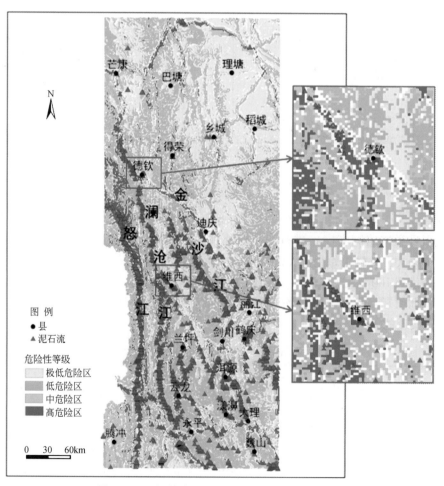

图 7-48　三江并流区泥石流分布和危险性评价图

从表7-6可以观察到，高危险子类的断裂带密度、河流切割密度、降水量和道路网密度值都是最大，而它的地形坡度、坡向、植被和地层岩性并不是最大；与此相反，极低子类具有最小的地层岩性、河流切割密度和降雨量值。从图7-48还可以发现，即使在极低危险区域，还可以看到有高危险区域的存在。因此，这一分区图可以用来寻找危险区中的防灾避灾安置点（即小块的低危险区）。从分区图中还可以发现，在高危险区和中等危险区以及高危险区与极低危险区分界线附近，地质灾害点分布比较密集。

第 8 章 综合基础设施支撑条件

澜沧江流域特别是上游位于青藏高原向云南高原和四川盆地过渡地带；中游多为高山深谷，水流湍急，流域面积狭小；下游河道变宽，且流经地区多为盆地和低山丘陵地区。千百年来，茫茫群山、峡谷和丘陵阻碍了当地人向外延伸的步伐。随着机场、公路、水路、道桥、索道、铁路等的修建，架构起了澜沧江流域人们与外界沟通的桥梁。澜沧江流域向外界揭开了其神秘的面纱，雄浑壮阔的高原景观、奔腾不息的澜沧江水、神奇瑰丽的自然风光以及独特的民俗风情等吸引着人流、物流、信息流的不断涌入；澜沧江丰富的人力和自然资源也借助不断完善的基础支撑条件向外流出。在这出入间，澜沧江流域人居环境也悄然发生着变化。

基础设施支撑体系是人居环境三大组成部分之一，是连接人类社会与地域空间的桥梁，良好的支撑体系有助于资源的额优化配置。有鉴于此，本章沿着澜沧江所流经的上游、中游和下游地区，立足于立体交通基础设施，分别从机场（玉树机场→邦达机场→香格里拉机场→保山机场→临沧机场→普洱机场→西双版纳机场）、公路（G214 国道）、茶马古道、水路（澜沧江-湄公河）、道桥、索道、边境口岸（磨憨口岸→景洪口岸→思茅口岸→打洛口岸→勐连口岸→勐定口岸→南伞口岸→沧源口岸→中老泰赶摆场）、泛亚铁路、昆曼公路综合阐述澜沧江流域人居环境基础设施支撑条件（图 8-1）。

8.1 机　　场

澜沧江流域山高谷深，交通较为不便。近年来，一些现代化的新机场不断拔地而起。从上游的玉树机场，一直到出境处的西双版纳机场，构成了流域内快速的进出口通道。澜沧江中下游与大香格里拉地区科学考察分三次进行，2009～2011 年每年各开展一次。2009 年和 2011 年科学考察队从北京出发，经停重庆江北机场，后直抵香格里拉机场，两次大规模科学考察由此开始。2011 年科学考察队到达玉树藏族自治州境内时，本次科学考察临近结束，部分科考队员在玉树机场乘机离开。该流域的机场为本次科学考察提供了诸多便利，对于铁路线路极不发达的西部地区来说，这些现代化的机场极大地促进了区域的开放性和可达性。

（1）玉树机场

玉树机场（照片 8-1），又称"玉树巴塘机场"，位于青海省玉树藏族自治州玉树县巴塘乡上巴塘村，南距结古镇（玉树县政府所在地）18km，海拔 3900m。该机场是青海省继西宁、格尔木之后的第三座民航机场，也我国海拔第四高的民用机场。

玉树机场于 2007 年 5 月开工建设，机场跑道已于 2008 年 8 月建设完工，2009 年 8 月 1 日实现通航。按满足 2015 年旅客吞吐量 8 万人次、高峰小时 285 人次、货邮吞吐量 375t 设计。机场等级为 4C 级，跑道长 3800m，宽 45m，可满足空客 319 等机型起降。

玉树机场历史上经历过"两建两废"。20 世纪 20 年代，"中华民国"政府派出时任交通部公路总管理处处长赵祖康技师到青海藏区进行实地调研后认为，玉树县所属"巴塘滩"为理想机场位置。1942 年 7 月玉树巴塘机场开工建设，机场竣工之后，蒋介石曾坐侦察机降落在巴塘机场。1952 年 10 月，根据西北军政委员会主席彭德怀要求军队和地方共建机场的命令，中共中央西北局、西北军区重修巴塘机场。1956 年和 1966 年，西藏当雄机场和拉萨贡嘎机场相继修建，玉树巴塘机场完成其历史使命，于 1970 年停止飞行，机场再次废弃。2010 年 4 月 14 日上午 7 时，玉树县发生里氏 7.1 级地震，该机场为地震抗震

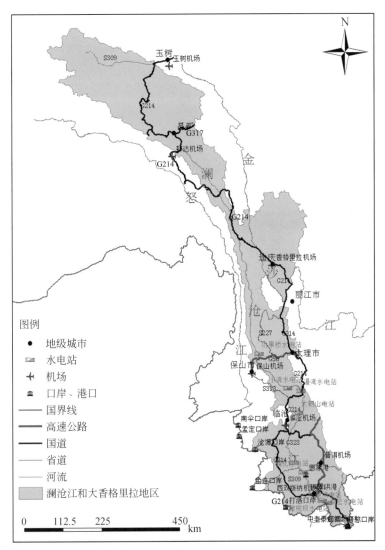

图 8-1 澜沧江流域主要基础设施分布图

救灾发挥了重要作用。目前的航线仍保持为玉树—西宁—西安的航线，每天一个班次，每天可提供旅客座位数 95~110 个。

（2）邦达机场

昌都邦达机场（照片 8-2）位于藏东昌都地区邦达大草原、玉曲河西岸狭长山谷中，海拔 4334m，跑道全长 5km，飞行区等级 4D，可供波音 757 型以下机型起降，是西藏自治区第一个支线机场，从机场到最近的西藏地区行署所在地昌都镇有 136km，被称为"世界上海拔最高"、"世界上离市区最远"、"世界上气候最恶劣"的民用机场，也是中国乃至世界上跑道最长、飞行难度最大的民用机场之一。

该机场于 1992 年 12 月动工修建，1994 年 10 月竣工并成功通航，创下了人类民用航空飞行史上的奇迹。机场所在地气候恶劣，冬天风速常达到 30m/s 以上，每年冬春气温常在 -30℃ 以下，机场上的空气密度只是海平面的 50%；机场的海拔高度比美国波音飞机的设计降落高度极限还高出近 60m。首飞前，中美两国组成了联合试飞组，用先进的波音 757 型 ~200 型飞机进行了严格的试验飞行，结果表明，波音 757 型 ~200 型飞机在邦达的起飞承载量和落地承载量分别为 75.9t 和 80t，远低于这种飞机常规设计的 108t 和 90t 的标准。2007 年邦达机场进行了改扩建，目前主要有飞往成都的 3 个航班和拉萨的 2 个航班，机票非常紧张。

照片 8-1 玉树机场
摄影：沈镭（照片号：QH-YS-YS-BT-05）时间：2011 年 9 月 23 日

照片 8-2 邦达机场高速公路
摄影：沈镭（照片号：XZ-CD-BS-BD-02）时间：2011 年 9 月 15 日

（3）香格里拉机场

香格里拉机场（照片 8-3）是滇西北地区最大的飞机场之一，位于迪庆州中甸县内，距中甸县城 5km，属于高原地区，自然风光优美。1997 年兴建迪庆机场，1999 年 4 月 30 日开航。机场标高 3280.83m，占地 225hm²，跑道标准 3600m×45m×0.29m 水泥道面，飞行区等级为 4D，可起降波音 737 型～波音 300 型飞机。2005 年 9 月，中国南方航空公司为了保障广州—迪庆—拉萨航线的安全运行，在原波音 737 型～波音 300 型飞机的基础上，增飞了另一种新机型 B6200 的空客 A319 飞机，由于香格里拉机场属于高原机场，对飞机机型要求特别苛刻，仅有少量的飞机机型适合此航线飞行，A319 型飞机是空客公司生产的当今世界上最先进、最安全、最舒适的客机之一，有 128 个座位，其中包括 8 个头等舱座位，此机型的氧气系统经过改装，适合高原飞行，又有"高原王子"的美称。

照片 8-3 香格里拉机场

摄影：沈镭（照片号：YN-XGLL-JT-08）时间：2009 年 9 月 2 日

目前，香格里拉机场年吞吐量突破 30 万人次。从 1999 年 4 月 30 日开航以来，旅客吞吐量增加了 10 倍，并完成了二期、三期扩建工程。机场已开通中甸至昆明、成都、拉萨的航班。昆明每天有班机飞往中甸，55 分钟可达。此外，中甸有飞往成都的航班，2.5 小时可到。还有往返拉萨贡嘎机场的航班，1 小时 40 分钟可到。

（4）保山机场

保山机场始建于 1929 年，属军用机场，是著名的"驼峰航线"的主要起降机场，为抗日战争的胜利做出过重大贡献。1958 年 4 月 1 日，中国民航保山站正式成立，这是中国民航总局在全国设立的第一个地州级地方民用航空站。1990 年 5 月，因机型淘汰，机场关闭并改、扩建。1994 年 6 月复航，机场飞行区等级为 4C 级，可起降波音 737 型～波音 300 型及以下飞机。机场占地 121hm²，飞行区等级为 4C，跑道长 2400m，可供波音 737 及以下机型起降。机坪面积 7200m²，停机位 2 个，航站楼面积 2845m²。目前，开辟了保山至昆明航线，航程 364km，还可通航广州。除保证正常的航班外，航站还承担了飞播造林、航空护林、航空摄影、航空测绘、飞行跳伞等飞行任务，迄今已安全飞行 46 年。

（5）临沧机场

临沧机场位于临沧县城南部博尚镇西侧，距县城 22.5km。于 2001 年 3 月建成通航。机场海拔近 1900m，跑道长 2400m，宽 45m，跑道中心海拔 1895.3m，飞行区等级为 4C 级。距昆明直线距离 350km，飞行时间约 40 分钟。可起降波音 737 以下机型，机坪可停放两架波音 737 飞机，机场配有国外先进的通信导航（Ⅰ类盲降）和气象、助航灯等配套设施。航站区建筑面积 9246m²，候机楼 3290m²，设计年旅客吞吐量 13.5 万人次。此前，云南省已有昆明、大理、丽江、西双版纳、保山、芒市、思茅、昭通、迪庆 9 个地方机场实现通航。临沧位于云南省西南部，临沧机场的建成通航，成为云南省建成的第 10 个民用机场。目前，只有直飞昆明的两趟航班。

临沧机场建设工程难度大。机场四周被高山环抱，场区所处的山脊斜坡为西高东低，地形极为复杂，自西向东通过场区有多条溪沟，将地形切割得支离破碎。其地质条件复杂，场区地形起伏大。该工程高填方施工在中国国内机场施工中尚属首例，是云南省的重点工程，属于临沧地区交通建设关键性项目，总投资 3.88 亿元，各项工程合格率达 100%。2001 年 2 月 20 日至 26 日校飞圆满完成，2001 年 3 月 23 日进行了最终验收。为建设该机场，建设者们共挖平了 23 座山头，填实了 9 条箐沟，从而创造了西南地区机场建设的两个第一，西南地区土石方量最大的机场和填土深度最深的机场。该机场修建过程中共挖方1500 万 m^3，填方近 1200 万 m^3，填土深度最深处达 52m。

（6）普洱机场

普洱机场（照片 8-4）也称思茅机场，地处滇西南无量山东南麓，澜沧江以东。普洱（思茅）机场飞行区等级为 4C，跑道长 2500m，拥有 ILS（仪表着陆系统）、VOR/DME（甚高频全向信标/测距机）等通信导航设施，可供波音 737 及以下机型起降。机坪面积 15 600 m^2，停机位 3 个，航站楼面积 5382 m^2。现有东航开通了前往昆明、西安、济南、烟台等地的航班，从这些城市可以搭乘直达飞机前往普洱，而其他城市的游客可以先前往昆明，然后转机飞往普洱。经改扩建现可全天候起降波音 737 客机，昆明至思茅每天往返航班已开通，航程 305km，只需半小时。根据发展需要，可适时开辟通往东南亚国家和周边地区的空中航线。2010 年旅客吞吐量 22 万人次，2010 年货邮吞吐量 508t，2010 年起降架次 2628 架次。

照片 8-4　普洱机场

摄影：沈镭（照片号：手机拍摄）时间：2010 年 6 月 23 日

思茅机场于 1929 年创建，从最初的思茅太平桥机场，到思茅曼连机场，20 世纪 50 年代移至现在的思茅西边位置，思茅市更名为普洱市后，思茅机场也随之改称为普洱机场。机场是普洱市茶马古道交通史上最现代的交通工具。普洱机场（原思茅机场）作为军民合用机场，在巩固边防，维护边疆稳定，促进民族地区经济建设，社会进步等方面发挥了重要作用。但随着普洱市经济社会发展，城市建设步伐加快，机场与城市发展之间的矛盾日益凸现。一方面，机场距离市区太近制约了城市的发展；另一方面，城市的发展影响了航空飞行安全。同时，搬迁普洱机场也是促进普洱市城市建设、经济社会发展和机场业发展壮大的迫切需要。为此，普洱市委、市政府决定启动普洱机场的迁建。

（7）西双版纳机场

西双版纳嘎洒国际机场（简称版纳机场，又称景洪机场）（照片 8-5）位于西双版纳傣族自治州州府所在地景洪市西南部嘎洒坝，距市区约5km，机场经过几次扩建，现占地面积为108hm²，机场海拔高度553m，地理坐标为21°58′25″N，100°45′44″E，1990年建成通航，属国家一类口岸，是西南地区"文明机场"。机场飞行区等级为4C，跑道长2400m，可供波音737、空客A320及以下机型起降。机坪面积20 400m²，停机位6个，航站楼面积7859m²。开通国内航线18条，国际航线3条。通航城市有昆明、丽江、大理、成都、重庆、天津、上海、郑州、广州、珠海、北京、贵阳、乌鲁木齐、武汉、长沙、芒市、香格里拉、泰国的曼谷和清迈、老挝的万象和琅勃拉邦等。

照片8-5　西双版纳机场
摄影：沈镭（手机拍摄）时间：2011年6月23日

西双版纳机场于1987年12月1日动工兴建，1990年4月7日通航。机场规划目标到2010年航班量625架次，年旅客吞吐量15万人，货邮吞吐量8000t。自正式投入使用以来，由于地区经济尤其是旅游业的发展，航班量及旅客吞吐量迅猛增加，特别是1999年昆明"世博会"的召开，客流量达135.5万人次，客座率达87.8%，货邮吞吐量达8031t，载运率达75.1%，飞行量突破万架次，实际为11 168架次。机场每周约有90个左右的航班。机场同时建有国际联检厅，1997年1月1日经国务院办公厅口岸办公室审批为口岸机场，2000年2月2日开通直飞泰国曼谷国际航班，2001年10月17日曼谷航空公司开飞西双版纳航线，标志着机场正式对外国籍飞机开放。

8.2　公　　路

澜沧江流域的高等级公路主要是G214国道公路，贯穿流域上下游。沿线呈现出非常难得的生物多样性、地质多样性、景观多样性，丰富的自然与历史文化，独特的宗教和少数民族风情，同时拥有非常特殊的热带、亚热带、高山温带、高山寒带垂直气候带谱，在世界上也不多见。澜沧江中下游与大香格里拉地区科学考察基本沿G214国道展开，由云南省最南端的勐腊县一直延伸到青海省的杂多县，所经县（市）大致如下：勐腊县—景洪市—勐海县—澜沧县—普洱—临沧—云县—凤庆县—保山市—永平县—云龙县—兰坪—维西县—香格里拉县—德钦县—得荣县—乡城县—稻城县—芒康县—左贡县—察雅县—昌都县—类乌齐县—丁青县—囊谦县—玉树县—杂多县。G214国道是整个科学考察的支撑依托，澜沧江流域尤其是西藏片区高山峡谷与崎岖山路并行，若没有路况较好的 G214 国道，科学考察根本无法开展。沿 G214 国道前行，多层次、丰富的自然和人文景观令人记忆犹新。G214 国道部分路段背倚高山，面向令人心生骇意的大峡谷，也有吸引人们眼球的云雾缭绕的雪山、裸山、奇山怪石、长满松树的碧翠山峰、金黄草甸、长满野花的五彩缤纷的山坡、星星点点的牦牛群和羊群、漫步在国道上的迁徙牧群、青稞田、油菜田。沿途的人文景观也独具特色，有散落的村庄，站在路边向来往车辆要糖果的小孩儿，追赶车辆的藏獒，匍匐前进的虔诚藏民，无数的经幡、转经塔、佛寺。一些连续急转弯路段在修建架桥，因为施工修路课题组队员在车辆长龙中长时间的煎熬等待。

G214 国道线（"G214 线"）全程 3256km，起点为青海西宁，终点为云南景洪，纵跨青海、西藏、云南，紧邻四川。其中的青海段是 1954 年兴建的西宁至玉树公路，历史上称之为"唐藩古道"路线；西藏至云南段是沿历史上的"茶马古道"路线，于 1976 年竣工成为滇藏公路，1988 年国家正式命名为 214 国道。它起于青海省西宁市柴达木路与小桥大街交叉点，跨越共和、玛多、玉树和囊谦后，进入西藏类乌齐、昌都、芒康，再连接云南省香格里拉、丽江、大理、临沧、普洱、景洪（图 8-2）。

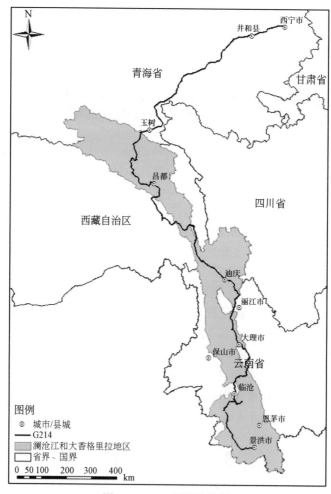

图 8-2　G214 国道路线图

G214 国道自南到北全程大致有 4 个阶梯式垂直地理气候分布带。在南端的云南省西双版纳，最低海拔仅 485m，是一片典型的热带雨林景观；邻近的临沧、普洱属于热带亚热带过渡风光；大理、丽江海拔在 1500～2500m，又受印度洋热带气流影响，呈现出四季宜人的亚热带景象；云南的香格里拉和西藏芒康、昌都一带平均海拔在 3500m 左右，是高山温带地理特点；进入青海后平均海拔在 4000m 以上，又是一片高原景观。

G214 国道与我国的五大江河源头相连，连接着长江、黄河、澜沧江、怒江、红河的发源地。在青海省果洛州玛多县和玉树地区玉树、曲麻莱、治多县，可以进入长江、黄河主要发源区和黄河源头；在青海玉树州囊谦县，西藏昌都地区昌都、类乌齐、丁青、洛隆县，可以进入澜沧江、怒江源头；在大理魏山县便是红河的源头。

G214 国道沿线还发育了丰富多样、地质结构复杂的各种地质地貌景观，包括湖成地貌、黄土地貌、喀斯特地貌、冰川地貌、冰缘地貌等，穿越巴颜喀拉山、他念他翁山、伯舒拉岭、芒康山、横断山等崇山峻岭的山脉，这些自然景观还集中出露在昌都和云南大理、丽江、香格里拉、怒江的"三江并流"自然保护区，2003 年被联合国教科文组织评选为世界自然遗产，是我国目前面积最大的国家级风景名胜区和世界自然遗产地。"三江并流"地区包含了丰富独特的地质地貌多样性、生物物种和生态系统多样性、风景景观资源和人文文化资源多样性，具有典型代表意义。

G214 国道沿线还保留了大量的自然遗产和独特人居景观。比较著名的有：西宁虎台、卡约文化遗址，海晏三角城遗址，前七里岸战国—汉代古文化、诺木洪遗址；玉树格萨尔王登基台；昌都卡若遗址，芒康古盐井；"西南敦煌"剑川石宝山石窟文化遗产，世界建筑遗产剑川寺街；世界文化遗产丽江古城，中国历史文化名城大理古城，大理太和城遗址、唐朝天宝战争万人冢、云南驿古镇、易武古镇等。在建筑景观上，G214 国道还是一道亮丽的风景线。在热带地区既有吊脚楼风格傣族民居，又有茅屋风格的佤族民居；在亚热带地区既有江南风格的大理民居，又有云南独特的土木结构民居；在高山寒区既有木楞房，又有碉房、帐房、垒石与夯土藏族民居。

G214 国道沿线有我国六大自然保护区，生物多样性十分奇特。这些保护区包括：西双版纳勐养、勐仑、勐腊、尚勇、曼搞的国家热带雨林自然保护区；位于普洱与大理交界的国家无量山自然风景保护区；位于大理、丽江、香格里拉、怒江的"三江并流"世界自然保护区；位于昌都芒康的国家红拉山自然保护区；位于玉树的长江、黄河、澜沧江国家"三江源保护区"；位于青海省刚察、海晏、共和青海湖的国家自然保护区。多样的气候，也使这里动植物种类繁杂多样，构成高山寒带植物和热带植物生成并存的自然奇观，有藏羚羊、滇金丝猴、野象等各种珍禽异兽。从皑皑白雪到蕉叶摇曳的热带风光，强烈反差与对比鲜明的气候带，造就和组成了一道完整无缺的植物垂直分布带谱，使 G214 国道沿线成为名副其实的巨大植物园和动物园。

近年来，我国积极修建西南公路出海大通道。在云南省，经过改建的昆明至景洪高等级干线公路，将成为未来云南通边、出省、入海高速公路大通道的雏形。中国 2006 年援助老挝建成其境内 247km 公路。该线还可与马来西亚—新加坡的陆上通道连成一体。从战略意义上说，该线是我国前往印度洋的捷径。为适应与东南亚经贸联系以及中国—东盟自由贸易区的需要，我国已经参与了大湄公河次区域国际公路通道建设。昆（明）—曼（谷）公路 1800 多千米，其中由昆明经元江至磨憨口岸（688km）以高速公路为主，泰国境内曼谷至泰老边境（813km）也已建成高速公路；昆明—大理—保山高速公路建成后，正向西延伸，经瑞丽至缅甸北部，将成为沟通大湄公河次区域北部的经济走廊，并将极大地促进中、老、泰、缅之间的经济发展与商贸往来。

课题组的队员们沿着 G214 国道前行，一路上有惊喜、有刺激、也有感动。长途跋涉和奔波使得大家都有些疲惫，因此 2011 年 9 月 15 日上午 9 点课题组才出发离开左贡县，比往日推迟 1h。当日的行程安排是上午去东坝乡，争取在中午时分赶到察雅。从左贡县出发首先路过一处泥石流灾害片区，自旁边驱车驶过时看到中国科学院成都山地所的人员已经在攀岩那块儿山体进行考察。接下来经过乌雅村、列达村、西岭通村、田妥镇、阿四村、斜库村、登达村、田妥村，其中田妥镇有一座类似布达拉宫的小型建筑，藏民陆陆续续往上爬。没过多久来到一个岔路口，1、2、3、9 号车向左行前往东坝乡，其余的车则径直前行往察雅县赶去。探秘东坝乡的旅程充满惊险、刺激，先沿着唯一的盘山公路上行，然后一路下坡直到谷底，路面非常狭窄，只能容下一台车通过，走完 3/4 的路程时部分队员心生退意。一方面因为时间紧张；另一方面大家对于前面的路况一点都不清楚，继续前行困难重重。但东坝乡被冠上澜沧江科学考察中最值一游的地方之名，部分老师和学生认为既然都已经走过了那么多路程，没到达东坝乡就原路返回很是遗憾，因此车队继续前行。前进途中不时遇到大大小小的石块横在路中，队员多次下车搬走石块，没走多久不幸还是发生了，路面变得更窄，虽然铺满石子但还是很容易打滑，这时队长终于决定不能再往前走了，路面太窄想掉头却没那么容易。勘察了路况司机决定冒着危险把车开到前面一个大拐弯儿处掉头。打滑导致汽车前进的动力不足，大家一起推车，经过一番努力3台车终于返回到能够正常行驶的路面，而我们也不得不爬一段山路。期间，一位同学的晕倒让大家都十分紧张，经过一番周折，大家终于安全驶回前往察雅的 G214 国道。

8.3 茶 马 古 道

G214 国道沿线上还有著名的"茶马古道"，穿延于澜沧江两岸的高山峡谷和滇、川、藏"大三角"地带的丛林草莽之中，是世界上地势最高的文明文化传播古道之一。"茶马古道"是一个有着特定含义的历史概念，它是指唐宋以来至民国时期汉、藏之间以进行茶马交换而形成的一条交通要道。历史上的茶马古道并不止一条，而是一个庞大的交通网络。它是以川藏道、滇藏道与青藏道（甘青道）3 条大道为主线，辅以众多的支线、附线构成的道路系统。地跨川、滇、青、藏，向外延伸至南亚、西亚、中亚和东南亚，远达欧洲。3 条大道中，以川藏道开通最早，运输量最大，历史作用较大。本书仅就滇藏茶马古道论述，其他道则非本书所及。滇藏路线上的茶马古道路线是：西双版纳—普洱—大理—丽江-香格里拉—德钦—察隅—邦达—林芝—拉萨。到达拉萨的茶叶，还经喜马拉雅山口运往印度加尔各答，大量行销欧亚，使得它逐渐成为一条国际大通道。这条国际大通道，在中华民族面临抗日战争的生死存亡之际，发挥了重要的作用。如今在丽江古城的拉市海附近、大理州剑川县的沙溪古镇、祥云县的云南驿、普洱市的那柯里，都保存较完好的茶马古道遗址。自西双版纳至邦达，澜沧江中下游与大香格里拉地区科学考察的线路与滇藏线路上的"茶马古道"多段重合，从邦达开始考察路线继续北上，滇藏线"茶马古道"向西延伸。普洱市曾是"茶马古道"上的重要的驿站，是普洱茶的重要产地之一，也是中国最大的产茶区之一。课题组走访了普洱市的原始"茶马古道"，看到大片大片的茶田，并与身着当地民族服装的茶农进行了简单交流，他们对"茶马古道"的感情和种植普洱茶的自豪感溢于言表，期间还欣赏到具有当地特色的民族歌舞。马帮是大西南地区特有的一种交通运输方式，它也是茶马古道的主要运载手段，随着现代化交通手段日益发达，传统的"茶马古道"已被国道 G214、G317 和 G318 所代替，但依然有马帮活跃在"茶马古道"上，这条可以与丝绸之路相媲美的亚洲大陆历史上最为庞大和复杂的古代商路依然活在人们的心中。

茶马古道起源于唐宋时期的"茶马互市"。因康藏属高寒地区，海拔都在 3000m 或 4000m 以上，糌粑、奶类、酥油、牛羊肉是藏民的主食。在高寒地区，需要摄入含热量高的脂肪，但没有蔬菜，糌粑又燥热，过多的脂肪在人体内不易分解，而茶叶既能够分解脂肪，又防止燥热，故藏民在长期的生活中，创造了喝酥油茶的高原生活习惯，但藏区不产茶。在内陆，民间役使和军队征战都需要大量的骡马，但供不应求，而藏区和川、滇边地则产良马。于是，具有互补性的茶和马的交易即"茶马互市"便应运而生。在藏区和川、滇交界出产的骡马、毛皮、药材等与川滇及内陆出产的茶叶、布匹、盐和日用器皿等，在横断山区的高山深谷间南来北往，流动不息，并随着社会经济的发展而日趋繁荣，形成一条延续至今的"茶马古道"。以茶易马，是我国历代统治阶段长期推行的一种政策。即在西南（四川、云南）茶叶产地和靠近边境少数民族聚居区的交通要道上设立关卡，制订"茶马法"，专司以茶易马的职能，即边区少数民族用马匹换取他们日常生活必需品——茶叶。

需要指出的是，"茶马古道"与"唐蕃古道"这两个概念的同时存在，说明两者在历史上的功能与作用各不相同。上述只是茶马古道的主要干线，也是长期以来人们对茶马古道的一种约定俗成的理解与认识。除以上主干线外，茶马古道还包括了若干支线，如由雅安通向松潘乃至连通甘南的支线；由川藏道北部支线经原邓柯县（今四川德格县境）通向青海玉树、西宁乃至旁通洮州（临潭）的支线；由昌都向北经类乌齐、丁青通往藏北地区的支线，等等。正因如此，有的学者认为历史上的"唐蕃古道"（即今青藏线）也应包括在茶马古道范围内。也有的学者认为，虽然甘、青藏区同样是由茶马古道向藏区输茶的重要地区，茶马古道与"唐蕃古道"确有交叉，但"唐蕃古道"毕竟是另一个特定概念，其内涵与"茶马古道"是有所区别的，而且甘、青藏区历史上并不处于茶马古道的主干线上，它仅是茶叶输藏的地区之一。

8.4 水　路

澜沧江-湄公河-江连六国，是通往东南亚最便捷的水运通道，被誉为"东方多瑙河"，是我国连接下游东南亚各国友谊、文化、经贸等往来的纽带。澜沧江-湄公河自北向南流经中国、老挝、缅甸、泰国、柬埔寨、越南6国，全长4880km，长度属世界第六大河。开发澜沧江-湄公河水运，建设澜沧江-湄公河经济走廊，加快流域经济发展，是沿岸国家的共同愿望。澜沧江在1970年以前，江上只有局部水域的小木船、排筏承担江上各族人民运输、摆渡等，存在较大的安全隐患。进入20世纪70年代后，国家重视澜沧江的航道建设和水运的发展，对澜沧江下游思茅港至中缅243号界碑158km河道进行了整治，大大改善了澜沧江的通航条件。80年代末至90年代，国家实施西部大开发战略，加大对澜沧江水运事业的开发建设，对国家对外开放一类口岸思茅港上游至南得坝码头104km航道、4个停靠点码头进行整治建设，达到六级航道标准，同时还投资建设了国家一类口岸——思茅港。

进入20世纪90年代后，澜沧江水运掀开了新的发展篇章，1990年10月由云南省政府组织了"澜沧江-湄公河载货试航"考察船队，从景洪港出发，沿江考察了湄公河流经缅甸、老挝、泰国的情况，直到目的地——老挝首都万象，行程1177km，此后，澜沧江-湄公河国际航运于1991年正式开始，随后中老、中缅双方先后签订了商船通航协议，1991~1992年，中、老、缅、泰四国的港航专家对上湄公河301km原始河道进行了测量。1992~1999年，交通部投资对景洪港——中缅243号界碑71km航道开展续建工程，提高了通航能力，至2000年，船舶载重达到150t，经营国际航线的船舶由原来的几艘发展到七八十艘，进出口货运量由原来的几千吨到12万t/a。

随着中国与东盟各国合作的加强，建立大湄公河次区域经济区，推进了澜沧江-湄公河国际航运的快速发展。中、老（照片8-6）、缅、泰四国经过艰苦努力，于2000年4月在缅甸大其力签订"四国商船通航协定"，拉开了澜沧江-湄公河国际航运正式开展的序幕。2002~2004年中国出资500万美元对上湄公河301km原始河道进行了整治，基本达到国内六级航道标准。2005~2007年，交通部和云南省政府高度重视澜沧江国际水运事业的发展，投资1亿多元对澜沧江现有262km六级航道进行整治，升级为五级航道标准，现已完成71km的整治。至2007年，全年完成进出口货运量近60万t/a，经营国际运输的船舶达到100余艘，单船载重达到300t左右，船舶总吨达到14万t以上，船舶主机功率达到2.36万kW。

据西双版纳海事局和思茅海事局介绍，目前澜沧江-湄公河水运还存在诸多困难和问题，一是澜沧江-湄公河国际航运已进入快速发展并呈现运力结构多元化，运输形式多样化的趋势，高速客船、大吨位船舶、大件运输船、观光游船、集装箱运输、成品油运输陆续投入营运，水上交通组成更为复杂；水上交通安全管理难度加大。二是安全形势依然严峻，少数企业和作业人员的安全意识不强，认识不足，安全责任和制度不健全，安全生产链尚未真正形成。三是目前澜沧江水运法规体系有待健全完善，建立起与国际航运实际相适应的法规体系。四是澜沧江水电建设、水上水下施工项目点多线长，施工的机械化程度高，与船舶航运间的干涉因素不断增长，日常监督管理难以全面覆盖到位。五是水运市场还不成熟，整个水路运输市场没有形成稳定大宗货物链，物流业发展滞后。六是水运基础设施建设有待加大投入、加快建设，如港口的装卸工艺设备，航道的养护，上湄公河航运的整治，助航设施的建设，通信导航系统等。此外，还需要加大对《四国通航协定》和《中华人民共和国防治船舶污染内河水域环境管理规定》的宣传执行力度，杜绝或减少涉外安全和污染水域事件的发生。

当前澜沧江已完成水电梯级开发，不同梯级水电站已完全相接，自然河段几乎已经没有。考察途中课题组发现水电站建设在创造巨大社会经济效益的同时，对生态环境也造成了巨大的影响，并极有可能

│ 澜沧江流域与大香格里拉地区人居环境与山地灾害研究 │

导致国际河流纠纷。例如，思茅港口是中国西南边境的重要河道港口，先前通航高峰期，这一港口年吞吐量可达 10 万 t 左右，但 2004 年景洪水电站的建设导致思茅港口的吞吐能力大大下降。

照片 8-6　老挝琅勃拉邦的湄公河水运
摄影：沈镭（照片号：IMG_0831）时间：2011 年 6 月 20 日

8.5　道　桥

澜沧江流域穿越许多高山峡谷，一座座现代化的公路桥梁拔地而起。坐落于云南省凤庆县境内澜沧江河谷上的漭街渡大桥，可以称得上是亚洲第一高桥。随着小湾水电站下闸蓄水，澜沧江上的漭街渡大桥将沉入水中，漭街渡大桥是小湾水电站规划的库区跨越澜沧江的重要通道。为此，大桥复建工程于2007 年 3 月 18 日开工，2008 年 12 月 30 日下午 3 时正式通车。取而代之的是一座新的超高墩漭街渡大桥，该桥惠及云南省凤庆县新华、鲁史、诗礼 3 乡 1 镇近 10 万人，桥梁全长 812.97m，桥梁宽度 9m，桥主墩高 168m，可淹没 166m，在同类桥梁中属于世界之最。

澜沧江流域的道桥（照片 8-7）在当地农牧民心中留下了许多深深的记忆。据贡秋扎西回忆，随着 20世纪 70 年代滇藏公路的通车，从香格里拉到盐井，原本 20 天的行程缩短至 3 天。马帮来要用 9 天时间，而公路通车后，只需要走 6 天。"路变宽了，马匹并排着走反而不适应了。"如今，这段 310km 的路程开车仅需七八个小时。而让贡秋扎西感受最深的是，原来马队依靠索道横渡澜沧江要花 1 天时间，自从1983 年大桥通车，过桥只要 2 分钟。如今，澜沧江流域的公路通车总里程已达数十万千米，神秘的茶马古道已然成为历史。山间此起彼伏的马铃声已经成为绝响，取而代之的是摩托车的轰鸣声。

芒康县盐井地处横断山脉腹地、澜沧江南北向的红拉山山腰。要抵达那里，必须取道云南，从海拔3000m 以上的香格里拉县沿滇藏线北进，越过金沙江，伴随澜沧江，再翻过海拔近 5000m 的白茫雪山，还要盘过无数的大山。沿途山高、路窄、坡陡、弯多、谷深，而且经常发生泥石流。如今，在国道 G214线上建成了号称"西藏第一跨"的角笼坝大桥，是目前西藏地区单跨最大、科技含量最高、技术最复杂、造型最新的桥梁。该桥是"十五"期间交通运输部 9 个重点援藏项目之一。大桥工程历时两年多，2005年 8 月 3 日正式通车。该桥北距芒康县城 104km，南距盐井乡 15km，距云南省德钦县城 128km，大桥所在地海拔为 2900m，工程全长 2.287 5km，其中大桥长 357.2m，主跨 345m，大桥采用单跨、双塔，钢衍

· 262 ·

照片 8-7　芒玉大峡谷中的道桥
摄影：沈镭（照片号：IMG_0315）时间：2010 年 11 月 16 日

架加劲、隧道锚式梁悬索桥，工程总投资 1.1 亿元。

国道 G214 线是连接西藏和云南省的一条主要干道，同时也是旅游黄金线，是茶马古道的重要组成部分和"大香格里拉"生态旅游圈内的重要干线，在西藏"三纵、三横、六个通道"主骨架公路网中占有主要地位；角笼坝大桥位于滇藏（国道 G214）公路 K1845+500m 处，地处西藏昌都地区芒康县曲孜卡乡，是昌都地区通往云南咽喉要冲，地理位置险要，政治、经济意义重大。当疲惫的课题组成员在苍凉、崎岖的古道上蓦然遭遇如此现代化、造型独特的角笼坝大桥时，大家都猛得眼前一亮，难怪会有人称她为"茶马古道上的明珠"。

除了日渐增多的钢筋水泥大桥，澜沧江流域穿梭于碧水青山之间的吊桥也极为引人注目。西双版纳地区的吊桥数量众多，且与绿水青山浑然一体，美哉妙哉。2010 年 11 月 5 日下午课题组奔往勐腊县城的途中，经过了望天树和空中走廊景区。距该景区 1km 左右处，美丽的吊桥风光深深地吸引住了大家。第三天自金风电站返回途中，也在路旁的吊桥边稍作停留，吊桥架在风景秀丽的群山之间，站在吊桥上感受山风拂面的惬意和一片壮丽景观。但停在路旁的一辆装满橡胶的拖拉机却大煞风景，拖拉机上散发着一种浓重难闻的橡胶味。真没有想到，洁白的橡胶居然会发出这么难闻的气味。

8.6　索　　道

索道又称吊车、缆车、流笼（缆车又可以指缆索铁路），是交通工具的一种，通常在崎岖的山坡上运载乘客或货物上下山。现代化的索道，在世界各地到处可见。2001 年西藏开工建成了第一条空中索道——樟木口岸索道。这条索道连接樟木口岸和友谊大桥，全长 2208m，仅比中国最长的三清山风景区索道短 220m。索道设计速度为 0.41m/s，预计客运量为 400 人/h，货运量为 30t/h。樟木口岸地处中国西南边陲，是西藏唯一的国家一类陆路通商口岸，也是中国与尼泊尔王国之间经贸往来的重要通道。索道建成后，将原本一个多小时的路程缩短到 10 分钟，将极大地促进口岸的贸易发展。

然而，在澜沧江上下游还偶尔见到一种原始渡河工具——溜索，中国古代称为撞，明曹学佺撰《蜀中广记》中所记"度索寻撞之桥"，大抵即指溜索。用两条或一条绳索，分别系于河流两岸的树木或其他固定物上。一头高，一头低，形成高低倾斜。在国外秘鲁安第斯山的印第安人也运用溜索作为渡河工具，溜索不仅可以溜渡人，而且还可以溜渡货物、牲畜等。

溜索是澜沧江大峡谷各少数民族的主要交通工具，是他们改造和战胜自然的象征，是他们不畏艰险，勇猛顽强、性格的写照。近几年，溜索已经从单纯的交通工具，发展为表现各民族顽强意志的民族传统体育项目。过溜有单人、双人、男女混双、人与物、人与畜等多种项目，成为澜沧江流域的一大惊险景观。绳索有牦牛毛绳、藤编绳及钢丝绳等多种。过渡者将竹、木制作的溜板或特制座位，吊在绳索上，借助于绳索的倾斜度，溜向彼岸。过去生活在金沙江、怒江、澜沧江一带的藏、傈僳、怒、独龙等民族，多使用溜索过渡。新中国成立后，随着少数民族地区交通事业的发展，大部分溜索已为桥梁所取代，只有极少数边远地区仍在使用溜索。

据说最早发明和建造溜索是从看见蜘蛛在树间织网、来回爬行而受到启示的。随着社会的发展，如今澜沧江上已建起了多座现代化的桥梁，但溜索这种传统交通工具仍然横亘于澜沧江之上，不过危险易断的篾索已被坚固而且带有滑轮的铁索所取代了。澜沧江大峡谷及其两岸层峦叠嶂、危岩耸立、悬崖陡峭，谷中水流湍急、汹涌澎湃。自古以来，这里的交通就十分不便，正所谓"岩羊无路走，猴子也发愁"。在澜沧江水势稍缓的地方可以用木船摆渡，但在很多地方既无法架桥，又不能涉渡，两岸的人民只有依靠溜索这种古老的渡江工具往来飞渡，保持着彼此间的交往与联系。

8.7　边境口岸

澜沧江流域的云南与缅甸、越南、老挝三国接壤，东西跨度864.9km，南北纵距990km，国境线长达4060km，其中中缅边界1997km，中老边界710km，中越边界1353km。有8个边境地州市共26个边境县市，与3个邻国的6个省（邦）32个县（市、镇）接壤，其中11个县（市）与邻国城镇隔江（界）相望。全省25种少数民族中，有15种民族与境外居民同属于一个民族，跨境而居，与邻国语言相通，往来方便，与边境邻国交往历史悠久。

云南口岸历史悠久，早在2000多年前，云南省就是中国从陆上通向南亚、中东和东南亚的门户，史称之为"南方丝绸之路"。第二次世界大战期间，云南省的口岸在抗日战争中发挥了重要作用，著名的史迪威公路成为抗日战争通往大后方的运输线和中国取得国际援助的重要通道。目前，云南省有11个国家一类口岸，9个二类口岸，90个边民互市通道和103个边贸互市点，形成了陆、水、空齐全，全方位开放的口岸格局，是全国口岸大省和对东南亚开放的前沿。在全国省（自治区、直辖市）中，拥有的国家级一类口岸数量排位在广东、黑龙江、广西、新疆之后，居第5位。边境口岸在建立中国—东盟自由贸易区中，成为促进对外交往、与周边国家进行友好合作的重要窗口。

在云南省11个一类口岸中，以陆运口岸为主，共7个，其中允许第三国人员出入境的有瑞丽、磨憨、河口陆运（铁路）口岸；空运口岸2个，允许外籍飞机进出的昆明国际机场空运口岸、西双版纳国际机场空运口岸；水运口岸2个，允许外国船舶入出境的景洪港、思茅港水运口岸。一类口岸中，昆明国际机场空运口岸是我国对外开放较早的五大航空口岸之一。瑞丽口岸是通往缅甸最繁忙的陆运口岸。河口陆运（铁路）口岸近年来成为云南省周边贸易、旅游增长亮点。磨憨陆运口岸是中老边境唯一的国家级口岸，昆明—曼谷国际大通道从该口岸通过。景洪港、思茅港水运口岸是澜沧江-湄公河一江连六国，通往东南亚最便捷的水运通道。天保口岸正申报对第三国人员开放。云南一类口岸陆、水、空齐全、形成全方位开放立体格局。

（1）磨憨口岸

磨憨口岸（照片8-8）是中老两国唯一的国家一类口岸，是我国通往东南亚各国重要的国际大通道，位于勐腊县南端，地处101°41′E，21°13′N，距县城52km，与老挝磨丁口岸对接。磨憨口岸距老挝南塔省城62km，距泰国清孔县247km（昆曼公路走向），距老挝乌多姆赛省城100km，距琅勃拉邦300km，距万象市700km。亚洲公路网，昆明—曼谷公路将由该口岸出境，经老挝南塔、波乔两省至泰国清莱府与泰国公路相连，直达曼谷。

照片 8-8　磨憨口岸

摄影：沈镭（照片号：IMG_9187）时间：2010 年 11 月 6 日

1992 年 3 月 3 日国务院国函［1992］19 号文批准磨憨口岸为国家一类口岸。1993 年 12 月 22 日中老两国磨憨—磨丁国际口岸正式开通，允许第三国人员出入境。2000 年 6 月云南省人民政府确定了磨憨口岸为边境贸易区，并给予优惠政策。2011 年旅客出入境吞吐量为 19.5 万人次，货物流量 10.9 万 t，机动车辆流量 4.4 万多辆次。

（2）景洪口岸

景洪港水运口岸（照片 8-9）是澜沧江–湄公河国际航道上重要的港口口岸，位于西双版纳州政府所在地景洪市区澜沧江北岸，101°04′E，21°52′N。景洪港区距中老缅三国交界处 101km，距老缅泰三国交界处金三角 334.6km，距老挝会晒（泰国清孔）402.1km，距琅勃拉邦 701.6km。1993 年 7 月 24 日经国务院批准为国家一类口岸，其中包括景洪港区、橄榄坝、关累 3 个码头。2001 年 6 月交通运输部批准对外国籍船舶开放。景洪港区占地面积 146.67 亩，建设规模 6 个泊位（2 个客运泊位，4 个货运泊位）。近期（3 ~ 5 年内）设计规模为货运量 10 万 t、客运量 20 万人次，远期（≥20 年）按年货运量 40 万 t，客运量 150 万人次规模设计。关累码头是景洪港重要的货运码头，距离景洪港区码头水路 81km，陆路 157km，该码头设计规模年货物吞吐量 20 万 t，客运吞吐量 10 万人次。景洪港联检楼建筑面积 3248m²，联检现场内设有出入境旅检通道 4 条。年旅客出入境吞吐量为 7312 人次，进出口货物吞吐量 17.2 万 t，出入境船只 6918 艘次。

（3）思茅口岸

思茅港水运口岸（照片 8-10）位于澜沧江–湄公河中段思茅市与澜沧县交界处，地处 110°22′E，22°42′N。距思茅市 87km，距澜沧县 110km，距景洪 85km（水路），距泰国清莱、金三角 420km，距老挝会晒（对岸泰国清孔）478km，距老挝琅勃拉邦 787km，距老挝万象 1260km。澜沧江全长 4880km，贯穿中、老、缅、泰、柬、越 6 个国家。思茅港是云南省乃至大西南通往东南亚最便捷的黄金水道。思茅港 1993 年 7 月 24 日经国务院批准为国家一类口岸。2001 年 4 月交通运输部批准对外国籍船舶开放。思茅港水运口岸总面积为 6km²，已开发 0.5km²，按年货运能力 30 万 t，客运能力 10 万人次规模建设。口岸现有泊位 4 个，有大小船舶 43 艘，载货能力 3540t，客位 449 个，其中国际航运船只 31 艘，载货能力 3000t。有云南省思茅地区澜沧江航运公司、西盟县云岭商行、思茅景美轮船运输经贸有限公司等 7 个航运企业。

照片 8-9　景洪港

摄影：沈镭（照片号：IMG_9624）时间：2010 年 11 月 9 日

港口设立保税仓库。思茅港口岸机构健全，联检设施配套完善。建有 1825m² 的联检大楼，口岸实行联合办公，一条龙服务。年旅客出入境吞吐量为 986 人次，货物吞吐量为 4.4 万 t，出入境船只 551 艘次。

照片 8-10　思茅港

摄影：沈镭（照片号：IMG_9925）时间：2010 年 11 月 12 日

（4）打洛口岸

打洛口岸（照片 8-11）位于勐海县西部，打洛镇境内，地处 99°58′E ~ 100°17′E，21°41′N ~ 24°50′N，与缅甸掸邦东部第四特区小勐拉接壤。距缅甸景栋 80km，距泰国米赛 239km，距泰国清迈 550km，是中路

照片 8-11　打洛口岸

摄影：沈镭（照片号：IMG_9690）时间：2010 年 11 月 10 日

大通道的重要口岸之一。1991 年 8 月 10 日云南省人民政府云政发（1991）140 号文批准打洛为二类口岸，属边境陆路口岸。2010 年 11 月 10 日课题组参观了打洛镇打洛口岸。1994～2004 年该口岸曾十分红火，2004 年《跨境禁赌条例》出台后，中缅一日游被取消，口岸过货量急剧下降。2007 年从打洛开始整治，但由于缅甸局势不稳，边贸互市何时开放还是未知数。目前打洛口岸成为旅游热点，出入境旅游人员逐年递增。

（5）孟连口岸

孟连口岸于 1991 年 8 月经云南省人民政府云政发［1991］140 号批准为国家二类口岸，属边境陆路口岸，口岸位于孟连县人民政府所在地，与邻国缅甸掸邦第二特区接壤，国境线长 133.4km，距思茅 225km。该口岸有经云南省人民政府批准的 6 条陆路通道通往缅甸，其中有出境公路两条，即勐啊和芒信。孟连县城经芒信通道至缅甸大其力 360km，到泰国清莱府 415km，或由景栋西行至仰光 1347km，县城经勐啊通道至缅甸曼德勒 586km。

孟连口岸具有通往泰国及东南亚各国的独特优势。近几年来，以孟连县城为中心的口岸基础设施得到了很大改善，联检机构已健全，口岸功能的发挥，取得了明显的经济效益和社会效益。为适应对外开放的需要，孟连口岸又有新举措，制定出台了《中共孟连县委、县人民政府关于进一步扩大对外开放的决定》，开展了城市创建文明卫生口岸活动，城市功能有了很大改善，交通主干道澜沧县城—孟连县城的二级公路和西盟县城—孟连县城二级公路已建成通车。

（6）孟定口岸

孟定口岸位于耿马傣族佤族自治县孟定镇人民政府所在地，与缅甸掸邦第一特区接壤，边境线长 47.35km。距耿马县城 83km，地处 23°33′N、99°04′E，平均海拔 510m，年均降雨量 1500mm，年均气温 21.5℃，属亚热带季风气候类型。孟定口岸是我国西南地区通往缅甸和东南亚的重要陆路通道，面积 350km²。1957 年孟定口岸正式对外开展小额贸易进出口业务，1991 年 8 月被云南省人民政府批准为二类口岸。口岸得天独厚的地理位置优势、热带的自然风光、古朴文雅的民俗风情、丰富的旅游资源和热带经济作物使孟定口岸有"黄金口岸"之称。孟定口岸边境贸易辐射面广，公路通往国内外，交通十分便利。从清水河到缅甸重镇户板、滚弄分别为 15km 和 24km，到缅北重要商品集散地腊戍 161km，到缅甸首都仰光 1136.9km；从盘姑公路到昆明 750km。

孟定口岸自建成投入使用以来，一直是国内外经济贸易活动的窗口，对缅甸边境贸易的辐射面主要是第一特区（果敢同盟军）、第二特区（佤邦地区）、清水市、滚弄镇区、户板镇区、腊戍、佤城、仰光等 5 省 1 市 10 个镇区，经营方式也由以物易物小额贸易发展为边境贸易、转口贸易、大贸。近几年年平均贸易达 5 万 t、客流量 10 万余人次。

（7）南伞口岸

南伞口岸位于镇康县南伞镇，地处 23°46′N、98°49′E，平均海拔 1100m，气候温和，属热带气候类型，口岸总面积 272.5km²。南伞口岸与缅甸掸邦第一特区接壤，国境线长 47km。距缅甸果敢县 12km，距缅甸腊戍 197km，距佤城 484km，距仰光 1177km。南伞口岸 1991 年 8 月被云南省人民政府批准为二类口岸，1996 年列为边境经济开发实验区，批准为省级口岸以来，逐步加快口岸建设，先后投资修建了 10km 的口岸柏油路面，架设 29km 的高压电线路，安装了 6km 路灯及 5000 余门程控电话，修建了 6000m 长、30m 宽的口岸 5 条主要通道，进行街道绿化工程，建设了 1 万 m² 的粮贸商场和一个占地面积为 0.6hm² 的口岸综合商场。

（8）沧源口岸

沧源口岸位于临沧地区西南部，地处 23°04′N～23°30′N、98°52′E～99°43′E。境内南北宽 47km，东西长 86km。沧源口岸于 1996 年 9 月 27 日经云南省人民政府批准为二类口岸，含芒卡和永和贸易区。与缅甸掸邦第二特区接壤，国境线长达 147.083km。芒卡贸易区位于沧源县南腊乡人民政府所在地，中缅边界 146 号界碑处，距县城 110km，距缅甸佤邦南登特区 4.07km。永和贸易区距县城 14km，距缅甸佤邦绍帕区 3km。两个贸易区都有公路通往国内外，交通十分便利，是西南地区通往东南亚的一个重要通道。口岸有进出口货场 1 个，边贸互市点 6 个，经营方式由过去的以物易物的小额贸易发展为转口贸易，贸易辐射面由原来的佤邦南登特区、绍帕特区辐射到缅政府户板、滚弄、腊戍、曼德勒，佤邦的勐冒县、龙潭特区、完冷区等地。口岸进出口贸易额逐年上升。

（9）中老泰赶摆场

在磨憨经济开发区还有一个著名的"中老泰国际赶摆场"活动（照片 8-12），从 2007 年第一次国际赶摆场活动开始每月举行，已经成功举办了 18 届，累计参加人数达到了 10 万余人，累计摊位达到了

照片 8-12　中老泰国际赶摆场

摄影：沈镭（照片号：IMG_9226）时间：2010 年 11 月 6 日

2500 个，成交金额接近 3000 万元。目前已成为中国、老挝和泰国三国边民文化交流和经贸往来的一个重要平台。参加国际赶摆活动的三国有关方面的人士，都对这项活动的前景充满了信心。据磨憨经济开发区常务副主任吴彬介绍，从 2011 年 1 月 1 日开始，中国—东盟自由贸易区正式建成，作为中国通向东南亚最便捷的陆路通道，中老唯一一个国家级口岸磨憨具有很大的发展机遇。2010 年磨憨的对外贸易达到 5 亿美元。2011 年 1 ~ 2 月，已经达到了 1 亿美元，比上年同期翻了 3.6 倍。

老挝北部四省对这项活动表现出了浓厚兴趣和强烈关注，每次活动都要组团参加。对进一步加强中老双方的传统友谊、扩大双方的经济合作与交流，起到了积极的作用。目前，老挝对南塔省的经济发展做出了长远规划，鼓励老挝企业到西双版纳发展。未来随着昆曼大通道的建设，将使中老泰三国的合作与交流得到进一步加强，合作领域不断拓宽，合作水平也得到较大提升，双方贸易额逐渐上升。国际赶摆活动，使中老泰交流更加广泛、经济更加繁荣昌盛。

在赶摆场上，从生活用品到各种小吃，从服装药材到家具工艺品等，可以说是琳琅满目，丰富多彩，不同口音的语言，身着中外各民族艳丽服装的边民，丰富多彩的文艺交流节目，流露着笑容的人流以及各个生意不错的摊位，勾勒出了一幅睦邻友好、边境繁荣的景象。中老泰三国的客商和边民纷纷摆摊设点，展销自己的商品。日用品、服装、家用电器、名贵木材家具、泰国小食品、老挝民族工艺品、旅游纪念品等各种商品出现在赶摆场上，深受广大顾客的欢迎。赶摆活动在提高双方边民经济收入、改善生活水平的同时，也促进了中老泰三国文化艺术的交流。

2010 年 11 月 6 日上午课题组从勐腊县锦绣酒店出发，在高速公路附近参观了石斛种植。随后，前往尚勇镇座谈。在座谈后，前往西双版纳磨憨口岸经济开发区管委会调研，并参观了口岸大厦。作为中国、老挝和泰国三国边民文化交流和经贸往来的一个重要平台，中老泰赶摆场在每月 7 日、8 日开放。赶摆场内有各种商品，其中尤以山上野味最为吸引人。

2010 年 11 月 7 日课题组继续在勐腊县开展调研，当天考察的最后一站是关累口岸。关累口岸是中南半岛腹地和东南亚各国经湄公河进入我国的第一港，全年可通航 300t 级船舶。它是目前云南省与缅、老、泰直接进行经贸交往的重要水路通道，也是勐腊县对外开放的重要窗口和门户。该口岸货物多是本国出口，从国外进口较少，年过货量达 60 万 t 左右。

8.8 昆曼公路

昆曼国际公路全长 1800 余千米，东起昆（明）玉（溪）高速公路入口处的昆明收费站，止于泰国曼谷。全线由中国境内段、老挝段和泰国境内段组成。中国境内云南段由昆明起至磨憨口岸止为 827km；出中国境后由老挝磨丁至会晒止，老挝段全长 247km；由老挝会晒跨过湄公河进入泰国边境城市清孔后，由清孔至曼谷全长 813km，为泰国段（图 8-3）。

自 2008 年昆曼国际公路通车以来，由于老挝会晒和泰国清孔的跨湄公河大桥尚未建成，过往客货车辆都必须等待不定期运行的摆渡船通过。2008 ~ 2013 年，昆曼国际公路一直饱受"通而不畅"的困扰。2013 年 12 月 11 日清孔—会晒大桥（即老—泰第四友谊大桥）正式建成通车，标志着昆曼国际公路真正实现了全线贯通。

昆曼国际公路横跨中老泰三国，沿途风光绮丽，异国风情浓郁，备受自驾爱好者的推崇。沿着这条国际大通道开展自驾游的人们将日益增加，将成为国际自驾游黄金旅游线。此外，随着清孔—会晒大桥建成通车使昆曼国际公路实现了无缝连接，极大地改善了中、老、泰贸易往来条件，对于加强昆曼经济走廊建设，改善昆曼国际公路沿线人民的人居环境，推动大湄公河次区域各国开展多领域的务实合作，实现经济共同繁荣具有重要的现实意义。

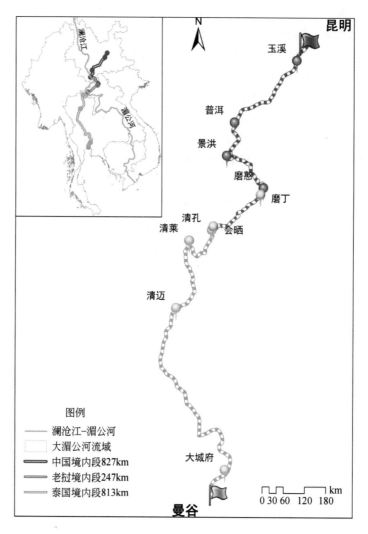

图 8-3　昆曼国际公路路线图

8.9　泛亚铁路

目前，澜沧江流域沿线还没有铁路，但早在 1960 年就有泛亚铁路的构想。当时几个亚洲国家对修建从新加坡到土耳其的贯通铁路进行了可行性研究，计划的铁路长度为 1.4 万 km。2006 年 4 月，联合国亚洲及太平洋经济社会委员会（亚太经社会）在印尼雅加达通过了《泛亚铁路网政府间协议》，一张连接从亚洲到欧洲 28 个国家、线路总长 8.1 万 km 的庞大铁路网开始进入人们的视野，并将欧洲、中亚、东亚的铁路连成一个整体。目前，东线铁路已经基本成形，大致路线是：中国昆明—越南河内—胡志明市—柬埔寨金边—泰国曼谷—马来西亚吉隆坡—新加坡，整条线只需新修 433km，即可连通昆明至新加坡。泛亚铁路东线全长 5000 多千米，该铁路线将把中国与东盟 10 个成员国中的 5 个国家连为一体。

泛亚铁路中国境内段称为"云南国际铁路通道"，它的建设分为中越、中缅、中老泰国际铁路通道，同时将成为中国与东盟实现经济对接的重要物流通道，实现中、越、柬、泰、马、新之间的国际铁路联运，有利于中国加强东南亚各国的物资交流，加快澜沧江-湄公河流域的开发，并可加强中国西南部各省（直辖市）与东南亚的联系，促进双方产业结构的调整和优化，使这一经济繁荣地区拥有一条便捷的"黄金走廊"。单从运输成本看，中国内陆地区西下印度洋和西进中东、北非、西欧等地，可因此缩短 3000 ~ 5000km 的运输距离。

第9章 流域人居环境时空演进

上述 8 章依次从澜沧江流域社会经济、自然景观、少数民族、自然资源、重大自然灾害以及综合基础设施支撑条件六大要素对中国境内澜沧江流域人居环境进行系统剖析，本章将实地考察与室内分析相结合，基于人地关系的人居环境分析框架，系统地构建了人居环境评价指标体系，选取澜沧江流域 56 个县（市、区），借助因子分析法和 ArcGIS 空间分析，对 2000～2009 年澜沧江流域人居环境时空演进展开实证分析。基于人地关系理论，分析 2000～2009 年来澜沧江流域人居环境时空演进趋势，对于从宏观上综合把握澜沧江流域人居环境时空格局具有重要的现实意义。

9.1 引　言

自 20 世纪 90 年代大湄公河次区域（the greater Mekong sub-region，GMS）经济合作的全面启动以来，澜沧江流域（即湄公河上游）成为世界关注的焦点。本章以澜沧江流域作为研究区，以人居环境作为研究内容，在明晰人居环境概念，建立基于人地关系的人居环境分析框架的基础上，系统地构建了人居环境评价指标体系，选取澜沧江流域 56 个县（市、区），借助因子分析法和 ArcGIS 空间分析，对 2000～2009 年澜沧江流域人居环境时空演进展开实证分析。基于"中国知网（CNKI）"中国期刊全文数据库、中国优秀硕士学位论文全文数据库、中国博士学位论文全文数据库，检索篇名中含有"澜沧江"的核心期刊，硕博士论文（检索年限为 1980～2011 年），共获取 360 篇文献，其中核心期刊 300 篇，硕士论文 53 篇，博士论文 7 篇。1992～2011 年中国澜沧江相关研究文献数量变化趋势如图 9-1 所示。

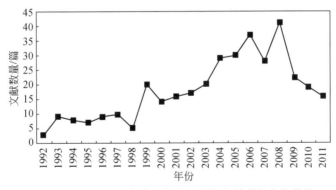

图 9-1　1992～2011 年中国澜沧江研究文献数量变化趋势

中国澜沧江研究主要围绕澜沧江流域区域经济合作展开，概括而言，集中在区域经济合作战略、资源开发及其生态环境影响、地质、灾害及其他 5 个研究领域和内容的研究。

（1）区域经济合作战略综合分析

揭示区域经济合作必要性（谭果林和苏文江，1992）、现状、特点、问题、前景（陈丽晖和何大明，1999），并对流域经济合作模式和途径进行了探索（林兆驹和何大明，1992；马刚，2003）。

（2）资源开发及其生态环境影响研究

资源开发主要包括水资源（尤卫红等，2005；曾红伟和李丽娟，2011）、土地资源（甘淑，2001）、生物资源（何友均等，2004；康斌和何大明，2007）、旅游资源的开发利用（陈俊，2002）；生态环境影响指伴随着上述资源开发对生态环境所造成的影响（陈丽晖和何大明，2000；温敏霞等，2008）。

1）水资源开发。涉及水量、水分配、交通、水电4个方面内容。水量研究重点关注流域径流变化、规律及其影响；水分配侧重全流域水资源的分配模式分析及国际法律法规探讨；交通立足航运，侧重国际河流通航现状与问题、发展战略规划、航道整治、桥梁设计等的研究；水电主要关注水电开发现状、潜力与问题，水电规划、融资和管理研究。

2）土地资源利用。重点关注土地利用和覆盖时空格局、动态变化特征及土地覆盖遥感监测方法研究。

3）生物资源研究。植物资源侧重于种子植物区系研究；动物资源重点关注鱼类、鸟类等资源现状、变化、生物多样性；微生物资源主要对虫媒病毒流行情况进行了分析。

4）旅游资源开发。立足于澜沧江流域丰富的人文、自然旅游资源，围绕子区域旅游资源开发与合作展开分析，预测了旅游前景、对澜沧江-湄公河旅游圈构建、国际区域旅游一体化理论与实践展开研究。

5）生态环境影响。伴随着澜沧江流域资源开发程度的不断提升，资源开发所造成的生态环境影响逐步显现。概括而言，学者关注的重点在于水电开发、道路兴建、土地利用与其他经济活动造成的生态环境影响。水电梯级开发对生态环境、生态服务功能、下游水沙、跨境水温、径流、水质等影响明显。澜沧江流域道路网络的快速发展促使生境破碎化程度加深，引发了一系列生态效应，对区域景观的生态格局、过程及生态承载力产生较大影响。土地利用格局的变化引发了流域水土流失、土壤肥力下降、生物多样性降低、景观破碎化等一系列环境问题。此外，其他经济活动，如采矿、生产、生活污水排放等造成澜沧江流域水质不容乐观，澜沧江-湄公河流域水环境特征、时空分异、水域污染防治机制、跨界环境影响评价等成为关注热点之一。

（3）地质研究

地质研究主要包括三个方面的内容：第一，地质构造运动、地质地球化学特征、形成年代与构造环境（刘登忠等，2000；彭头平，2006；王硕，2011）；第二，矿床地球化学与地质特征、成矿原理与找矿远景（王国芝等，2001；谢力华，2000；张彩华，2007）；第三，工程地质（郑光等，2010）与水电工程地质系统研究（赵小平等，2008）。

（4）灾害研究

洪灾、旱灾、泥石流、滑坡和地震成为澜沧江流域灾害研究的重点。主要关注汛期洪灾分析与预报，干旱、泥石流分布、变化时空特征（唐川和朱静，1999；闫满存等，2001），泥石流、滑坡暴发危险性评价（闫满存等，2001；闫满存和王光谦，2007），地震地质灾害机理、地震地质环境（安晓文等，2003）等。

（5）其他研究

综合来看（图9-2），现阶段对澜沧江资源开发及其环境影响、地质研究、区域合作战略等研究较为丰富，而对于澜沧江流域人地关系与人地系统现状、人居环境等方面的研究较为有限。鉴于此，本书从

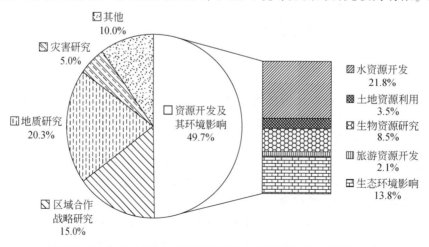

图9-2 1992～2011年中国澜沧江研究文献关注的研究领域和内容

人地关系与人地系统出发，构建基于人地关系的澜沧江中上游地区人居环境分析框架，从地域空间尺度上刻画澜沧江中上游地区人居环境空间格局，从时间尺度上归纳其演进特征，并揭示当前影响澜沧江中上游地区人居环境的关键影响因素。

9.2 数据与方法

9.2.1 数据来源

本书数据源包括统计数据、地理空间数据和气象数据。其中统计数据主要包括《中国县（市）社会经济统计年鉴》（2001～2010），《云南统计年鉴 2001～2010》、《四川统计年鉴 2001～2010》、《西藏统计年鉴 2001～2010》、《青海统计年鉴 2001～2010》；地理空间数据包括澜沧江流域县级行政区划图，1∶25万公路图层，90m×90m 澜沧江流域 DEM 图层；气象数据包括澜沧江流域月平均温度、相对湿度数据。气象原始数据来源于澜沧江流域 36 个基准台站，时间范围为 2000～2009 年月均值资料。在对温室指数分析中，采用反距离权重法（inverse distance weighted，IDW）法对温度、运用普通克里格法（ordinary Kriging，OK）对相对湿度进行空间内插，获得了澜沧江流域气象要素的栅格图层。

9.2.2 评价方法

因子分析（factor analysis，FA）由 Charles Spearman 于 1904 年首次提出（Spearman，1904），它将具有错综复杂关系的变量（或样品）综合为数量较少的几个因子，以再现原始变量与因子之间的相互关系，探讨多个能够直接测量，并且具有一定相关性的实测指标是如何受少数几个内在的独立因子所支配的，同时根据不同因子还可以对变量进行分类，属于多元分析中处理降维的一种统计方法（张文彤，2004）。

因子分析法最主要的特点是在具有复杂关系的多因素变量中，通过数据的标准化处理和数学变换，浓缩析取出公因素，并以之来描述和代替原始变量，以反映和解释原始变量之间的复杂关系（蔡建琼等，2006）。

（1）因子分析数学模型

设有 N 个样本，P 个指标，$X = (X_z, X_z, \cdots, X_p)^T$，为随机向量，要寻找的公因子为 $F = (F_1, F_2, \cdots, F_m)^T$，则因子模型可以表述为（Malinowski，1986）

$$\begin{cases} X_1 = a_{11}F_1 + a_{12}F_2 + \cdots + a_{1m}F_m + \varepsilon_1 \\ X_2 = a_{21}F_2 + a_{22}F_2 + \cdots + a_{2m}F_m + \varepsilon_2 \\ X_p = a_{p1}F_1 + a_{p2}F_2 + \cdots + a_{pm}F_2 + \varepsilon_p \end{cases} \tag{9-1}$$

式中，矩阵 $A = (a_{ij})$ 称为因子载荷矩阵；a_{ij} 为因子载荷（loading，L）即公因子 F_i 和变量 X_j 的相关系数；ε 为随机误差项即公因子无法解释的部分，由于此部分影响甚微，一般地，在实际分析中往往忽略不计。

（2）因子分析主要步骤

首先，对原始数据进行标准化处理；其次，在因子分析前采用 KMO（kaiser-Meyer-Olkin）和球形 Bartlett 检验进行因子分析的适用性检验；第三，通过检验之后，正式进行因子分析，获取指标的相关系数矩阵，通常根据方差解释表中公因素特征值大于 1 累计贡献率大于等于 80% 来确定公共因素数量；用方差最大进行正交因素旋转之后，获得正交因子载荷矩阵；最后，根据因子得分函数系数矩阵，可以直接写出各公因子的表达式，最后根据各公因子对总方差的贡献度加权获得最后的综合得分。

（3）原始数据处理

在采用因子分析法正式对澜沧江中上游地区人居环境进行定量评价之前，首先需对指标原始数据进行标准化处理，使得其与人居环境呈正向关系。本书采用最大值归一法。鉴于公路密度、电话普及率、医疗卫生指数、人均 GDP 和城镇化率与人居环境正相关，我们采用式（9-2）对上述指标进行标准化；海拔、土地承载力与人居环境负相关，我们采用式（9-3）对上述指标进行标准化。鉴于温湿指数在 60~65 为最适宜，采用式（9-4）对温湿指数进行标准化处理。最大值归一法计算公式如下：

$$X_{ij} = \frac{x_{ij}}{\max(x_{ij})} \tag{9-2}$$

$$X_{ij} = 1 - \frac{x_{ij}}{\max(x_{ij})} \tag{9-3}$$

$$X_{ij} = 1 - \frac{|x_{if} - N|}{\max(x_{if})} \text{st} \begin{cases} 若\ X_{ij} < 60，则\ N = 60 \\ 若\ X_{ij} > 65，则\ N = 65 \\ 若\ 60 < X_{ij} < 65，则\ N = X_{ij} \end{cases} \tag{9-4}$$

式中，X_{ij} 为 i 年份人居环境 j 指标的标准化值；X_{ij} 为 i 年人居环境 j 指标的原始数据值。经过标准化处理之后，上述指标均与人居环境呈正相关关系，指标值分布在 0~1。

（4）因子分析适宜性判断

KMO 检验用于检查变量间的偏相关性，取值在 0~1。KMO 统计量越接近 1，变量间的偏相关性越强，因子分析的效果越好。Bartlett 球形检验时判断相关矩阵是否是单位矩阵。实际分析中，KMO 统计量在 0.7 以上时，效果比较好；而当 KMO 统计量在 0.5 以下时，此时不适合应用因子分析法。本书采用 SPSS16.0 进行因子分析，2009 年澜沧江中上游地区人居环境 KMO 和球形 Bartlett 检验结果见表 9-1。

表 9-1 2009 年澜沧江中上游地区人居环境 KMO 和 Bartlett 检验结果

KMO 统计量		0.659
Bartlett 球形检验	卡方检验值	335.058
	自由度	55
	显著程度	0.000

根据 Bartlett 检验可以看出，应拒绝各变量独立的假设，即变量间具有较强的相关性。此外 KMO 统计量为 0.659，小于 0.7，大于 0.5，说明各变量间信息的重叠程度较高，较适合建立因子分析模型开展分析。

9.3 结果与启示

9.3.1 结果分析

9.3.1.1 地域空间适宜性分析

（1）海拔适宜性分析

鉴于人类对氧气的需求，3000m 以上的地区不适于居住，3000~1000m 的地区不适于高密度居住。根据海拔适宜性，将澜沧江中游地区划分为以下 6 个等级（表 9-2）。具体而言，海拔 ≤1000m 为低海拔，适宜高密度居住；1000~2000m 为中低海拔，较适宜高密度居住；2000~3000m 为中海拔，较不适宜高密度居住；3000~4000m 为中高海拔，不适宜高密度居住；4000~4500m 为高海拔，强不适宜居住；≥4500m 为超高海拔，最不适宜居住。据此，适宜高密度居住的县域仅占 1.8%，较适宜高密度居住的占 33.9%，较不适宜高密度居住的占 21.4%，不适宜高密度居住的占 10.7%，21.4% 的县域强不适宜居住；10.7% 的县域最不适宜居住（图 9-3）。

表9-2　澜沧江中上游地区海拔适宜性等级分布

适宜性等级	海拔等级	范围/m	区域
适宜	低海拔	≤1000	勐腊
较适宜	中低海拔	1000~2000	景洪、江城、孟连、思茅、勐海、景谷、普洱、澜沧、西盟、耿马、沧源、双江、镇沅、景东、云县、南涧、昌宁、凤庆、巍山
较不适宜	中海拔	2000~3000	永平、漾濞、永德、大理、云龙、洱源、弥渡、宾川、剑川、兰坪、维西、祥云
不适宜	中高海拔	3000~4000	鹤庆、泸水、香格里拉、得荣、德钦、福贡
强不适宜	高海拔	4000~4500	乡城、芒康、贡山、稻城、昌都、察雅、贡觉、囊谦、江达、玉树、类乌齐、左贡
最不适宜	超高海拔	≥4500	察隅、杂多、八宿、巴青、丁青、洛隆

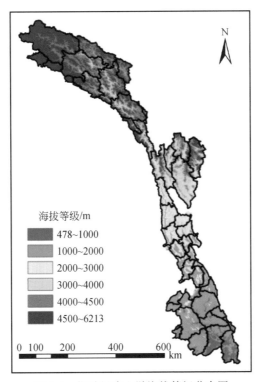

图9-3　澜沧江中上游海拔等级分布图

(2) 气象适宜性分析

根据式（8-1），借助 ArcGIS 空间分析，以 90m×90m 为基本单元，计算了澜沧江中下游地区 56 个县（市）12 个月份的温湿指数（图9-4），并根据生理气候分级标准（刘清春等，2007），确定了澜沧江中上游 90m×90m 栅格尺度逐月气候的舒适性。

本书以 1 月与 7 月为例，对澜沧江中下游地区温湿指数的空间分布规律及其气候适宜性进行了分析与判断（表9-3）。1 月，凉—非常舒适的县（市、区）为勐腊、景洪和勐海，仅占研究县（市、区）总数的 5.36%，清—舒适的占 19.64%，偏冷—较不舒适的占 35.71%，寒冷—不舒适的占 14.29%，极冷—极不舒适的县（市、区）包括杂多、巴青、丁青、囊谦、玉树、类乌齐、得荣、稻城、乡城、德钦、香格里拉、江达、昌都、八宿占 25%。7 月，凉—非常舒适的县（市、区）数占总数比重为 25%，属于清—舒适和暖—舒适的分别占 19.64%，偏热—较舒适的占 30.36%，闷热—不舒适的县（市、区）包括勐腊、景洪和勐海，占研究县（市、区）总数的 5.36%。

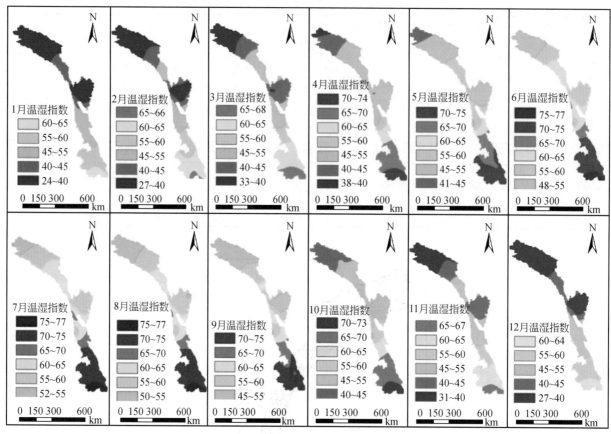

图 9-4　澜沧江中上游温湿指数月均值等级分布图

表 9-3　澜沧江中上游温湿指数等级分布

范围	感官适宜度	1月	7月
40	极冷—极不舒适	杂多、巴青、丁青、囊谦、玉树、类乌齐、得荣、稻城、乡城、德钦、香格里拉、江达、昌都、八宿	—
40～45	寒冷—不舒适	察雅、芒康、左贡、察隅、贡山、维西、贡觉、洛隆	—
45～55	偏冷—较不舒适	福贡、兰坪、剑川、泸水、云龙、鹤庆、洱源、漾濞、宾川、大理、祥云、弥渡、永平、巍山、昌宁、南涧、凤庆、云县、永德、景东	—
55～60	清—舒适	镇沅、耿马、双江、景谷、沧源、普洱、江城、思茅、澜沧、西盟、孟连	杂多、巴青、丁青、稻城、囊谦、玉树、得荣、乡城、香格里拉、类乌齐、洛隆
60～65	凉—非常舒适	勐腊、景洪、勐海	江达、德钦、福贡、兰坪、泸水、云龙、昌都、八宿、剑川、察雅、芒康、贡觉、左贡、洱源
65～70	暖—舒适	—	鹤庆、察隅、贡山、维西、漾濞、永平、宾川、大理、祥云、弥渡、巍山

续表

范围	感官适宜度	1月	7月
70～75	偏热—较舒适	—	昌宁、南涧、凤庆、永德、云县、双江、景东、景谷、思茅、普洱、镇沅、江城、耿马、沧源、澜沧、西盟、孟连
75～80	闷热—不舒适	—	景洪、勐腊、勐海
80	极闷热—极不舒适	—	—

（3）地形起伏度分析

根据地形起伏度指数计算方法，得到澜沧江中上游地区平均地形起伏度等级分布图（图9-5）。以澜沧江中上游县级行政区划图作为计算边界，借助 ArcGIS 空间分析 Zonal 模块得到各县平均地形起伏度。根据国内外相关研究成果，将地形起伏度划分为 7 个等级，见表9-4。其中，小起伏山地区域数仅占1.79%，中起伏山地占69.64%，大起伏山地占28.57%。综上，澜沧江中上游地区以山地为主，其中，中起伏山地占主导，大起伏山地其次。

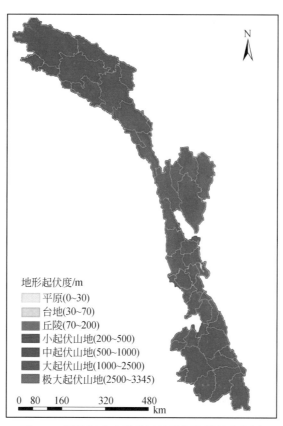

图9-5 澜沧江中上游地区地形起伏等级分布图

（4）土地承载力分析

2000～2009 年，澜沧江中上游地区土地承载力出现显著提升（表9-5）。从土地承载力等级划分标准及各县（市、区）时序变化特征来看，2000 年粮食盈余的县（市、区）占研究区总数的3.57%，2009 年这一比例上升至 7.14%；人粮平衡区 2000 年占33.93%，2009 年这比例上升至44.64%；人口超载区2000 年为62.5%，2009 年这一指标出现较大幅度下降至48.21%。

表 9-4　澜沧江中上游地区地形起伏度等级分布

地形	范围/m	区域
平原	<30	—
台地	30~70	—
丘陵	70~200	—
小起伏山地	200~500	贡觉
中起伏山地	500~1000	巴青、洛隆、景洪、孟连、弥渡、普洱、勐腊、鹤庆、思茅、杂多、勐海、宾川、西盟、江达、江城、丁青、大理、八宿、玉树、景谷、澜沧、镇沅、泸水、耿马、剑川、沧源、祥云、囊谦、永平、洱源、永德、昌宁、巍山、双江、类乌齐、云县、漾濞、昌都、稻城
大起伏山地	1000~2500	凤庆、察雅、南涧、景东、乡城、云龙、福贡、香格里拉、兰坪、贡山、左贡、芒康、维西、察隅、得荣、德钦
极大起伏山地	2500	—

表 9-5　澜沧江中上游地区土地承载力适宜性等级分布

范围	LCC 级别	2000 年	2009 年
LCCI<0.5	粮食盈余，富富有余	—	—
0.5<LCCI<0.75	粮食盈余，富裕	察隅	察隅
0.75<LCCI<0.875	粮食盈余，盈余	洱源	洱源、漾濞、勐海
0.875<LCCI<1	人粮平衡，平衡有余	云龙、漾濞、宾州、香格里拉、勐海、永平	云龙、香格里拉、昌宁、宾川、弥渡、巍山、鹤庆、永平、南涧
1<LCCI<1.125	人粮平衡，临界超载	昌宁、弥渡、剑川、洛隆、景东、普洱、巍山、永德、鹤庆、勐腊、孟连、德钦、双江	景谷、剑川、镇沅、洛隆、永德、维西、云县、西盟、景东、普洱、孟连、澜沧、兰坪、德钦、祥云、勐腊
1.125<LCCI<1.25	人口超载，超载	南涧、景谷、镇沅、祥云、西盟、凤庆、维西、沧源、兰坪、景洪、云县	丁青、双江、芒康、泸水、凤庆、左贡、江城
1.25<LCCI<1.5	人口超载，过载	泸水、耿马、贡觉、乡城、左贡、澜沧、江城、稻城、福贡、丁青、贡山、芒康	耿马、沧源、稻城、福贡、景洪、乡城、得荣
LCCI>1.5	人口超载，严重超载	得荣、八宿、大理、思茅、察雅、杂多、类乌齐、江达、昌都、囊谦、玉树、巴青	贡山、大理、思茅、八宿、察雅、类乌齐、江达、昌都、杂多、贡觉、囊谦、玉树、巴青

9.3.1.2　支撑体系完备性分析

以公路密度为例阐释澜沧江流域支撑体系完备性。借助 ArcGIS9.3 空间分析中的线性密度分析模块，获得澜沧江中上游流域公路密度等级分布图（图9-6）。澜沧江中上游地区 56 个县（市、区）公路密度均值为 0.33。公路密度最大的县为双江，其次为澜沧和西盟，最小的县为永德县。具体而言，公路密度在 0~0.2 的县占研究区比例为 16.1%，0.2~0.3 的占 26.8%，0.3~0.4 的占 26.8%，0.4~0.5 的占 25%，而其余的县占 5.4%。从空间分布上看，公路密度由南至北等级递减，呈现出南高北低的特征（表9-6）。

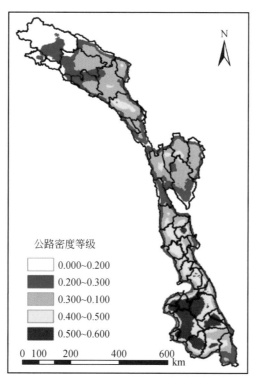

图 9-6　澜沧江中上游公路密度等级分布图

表 9-6　澜沧江中上游地区公路密度等级分布表

范围	区域
0～0.2	永德、宾川、贡山、杂多、巴青、丁青、察隅、贡觉、泸水
0.2～0.3	弥渡、维西、八宿、芒康、鹤庆、玉树、大理、祥云、江城、福贡、襄谦、香格里拉、左贡、类乌齐、洛隆
0.3～0.4	稻城、勐腊、德钦、江达、乡城、兰坪、昌都、察雅、得荣、巍山、南涧、云龙、剑川、昌宁、景东
0.4～0.5	镇沅、漾濞、景洪、永平、耿马、孟连、凤庆、洱源、云县、普洱、勐海、沧源、景谷、思茅
>0.5	西盟、澜沧、双江

9.3.1.3　社会经济发展时空分异

在澜沧江中上游地区人居环境评价指标体系中，人类社会相关情况主要由人均 GDP（GDPPC）、第三产业比重、城镇化率及人口密度 4 个指标表征。以下以人均 GDP① 为代表，刻画澜沧江流域人均 GDP 空间分异及其在时序上的演进特征。

根据国家贫困县划分标准：人均低收入以 1300 元为标准，老区、少数民族边疆地区为 1500 元；人均GDP 以 2700 元为标准；人均财政收入以 120 元为标准。从绝对值上看，2000～2009 年，澜沧江流域人均GDP 稳步增长，澜沧江流域贫困县数据迅速减少。澜沧江流域贫困县由 2000 年的 39 个下降至 2005 年的2 个，2009 年澜沧江全流域实现了脱贫。

此外，由于澜沧江主要流经川滇藏青 4 省（自治区），2000 年、2005 年、2009 年上述 4 省（自治区）人均 GDP 分别为 4737 元、8968 元和 16 352 元，均低于全国同期人均 GDP 8045 元、16 134 元和 28 569

---

① 人均 GDP ＝ 当年 GDP（现价）/年末总人口。

元，且4省（自治区）与全国人均 GDP 之间的差异不断扩大。在参照上述数值的基础上，依据人均 GDP 对澜沧江流域进行等级划分，2000～2009 年澜沧江流域人均 GDP 时序演进及等级分布如表 9-7 和图 9-7 所示。

表 9-7　2000～2009 年澜沧江流域人均 GDP 时序演进

人均 GDP	2000 年	2005 年	2009 年
≤2 700	囊谦、西盟、澜沧、福贡、玉树、八宿、永德、镇沅、拉祜、孟连、巴青、凤庆、得荣、双江、察雅、德钦、维西、左贡、江达、洛隆、稻城、剑川、弥渡、昌都、鹤庆、云龙、兰坪、沧源、乡城、江城、漾濞、泸水、南涧、景东、贡山、杂多、贡觉、巍山、昌宁、景谷	西盟、澜沧	—
2 700≤GDPPC≤3 500	勐海县、察隅、香格里拉、祥云、丁青、耿马、普洱、云县、类乌齐、芒康、思茅	囊谦、玉树、永德、凤庆、镇沅、察雅、福贡、弥渡	—
3 500≤GDPPC≤3 000	永平、洱源、宾川	得荣、双江、南涧、景东、鹤庆、巍山、类乌齐、云龙、沧源、贡山、剑川、八宿、洛隆、孟连、江达、漾濞、乡城、昌都、洱源、稻城、昌宁、芒康、维西、丁青、巴青、贡觉	囊谦、西盟、玉树、巴青、澜沧、福贡
5 000≤GDPPC≤6 500	勐腊、景洪	勐海、永平、察隅、耿马、兰坪、景谷、普洱、祥云、泸水、德钦、江城、云县、左贡	察雅、永德、贡觉、昌都、丁青、弥渡、剑川、巍山、凤庆、左贡
6 500≤GDPPC≤8 000	—	宾川、杂多	南涧、沧源、孟连、镇沅、景东、八宿、双江、鹤庆、洱源、云龙、江达、类乌齐、贡山
8 000≤GDPPC≤15 921	大理	勐腊、思茅、景洪、香格里拉、大理	洛隆、永平、昌宁、得荣、察隅、稻城、漾濞、泸水、维西、耿马、杂多、云县兰坪、普洱、江城、芒康、景谷、勐海、祥云、宾川、乡城
15 921≤GDPPC≤20 000	—	—	勐腊、德钦、景洪
20 000≤GDPPC≤30 155	—	—	思茅、大理、香格里拉

9.3.1.4　人居环境时空演进综合分析

采用因子分析法对 2000～2009 年澜沧江流域人居环境时空格局进行综合评估，结果如图 9-8 所示。基于因子评价结果，借助 ArcGIS 空间聚类法，考虑到区域差异性，将澜沧江流域人居环境适宜性划分为 6 个等级，即强不适宜区（<-0.50）、不适宜区（-0.50～0.00）、较不适宜区（0.00～0.10）、较适宜区（0.10～0.25）、适宜区（0.25～0.50）和强适宜区（>0.50）。

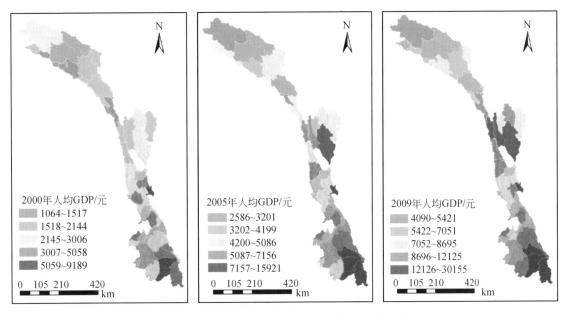

图 9-7　2000～2009 年澜沧江流域人均 GDP 等级分布

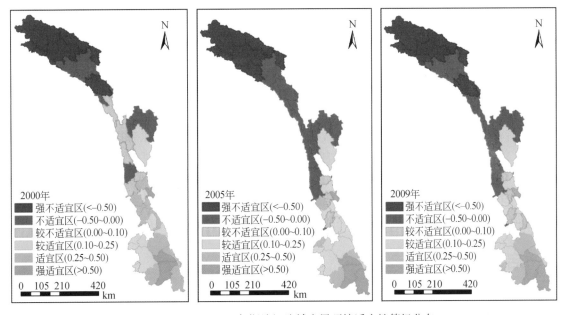

图 9-8　2000～2009 年澜沧江流域人居环境适宜性等级分布

从空间格局上看，适宜性由南至北等级递减。人居环境适宜性分布从南至北依次为强适宜区、适宜区、较适宜区、较不适宜区、不适宜区和强不适宜区。具体而言，2000 年强适宜区主要包括思茅、景洪、大理；强不适宜区包括玉树、囊谦、巴青、杂多、江达、洛隆、八宿、察雅、丁青。2009 年，强适宜区包括勐腊、景洪、大力、思茅，强不适宜区包括玉树、囊谦、杂多、丁青、巴青、察雅、江达。

从时序演进上看，2000～2009 年澜沧江流域人居环境总体呈恶化趋势。强不适宜、不适宜和较不适宜区数目从 2000 年的 28 个增加至 2009 年的 30 个；且出现降级的县多达 17 个，出现升级的则仅为 6 个。

9.3.1.5　人居环境影响因素分析

澜沧江流域人居环境因子分析总体方差结果显示，所提取的前 4 个公因子（F1，F2，F3，F4）解释了 80% 以上的总体方差，成为当前影响澜沧江流域人居环境的重要因素。2000～2009 年澜沧江流域人居环境因子分析旋转后的载荷矩阵如图 9-9 所示。

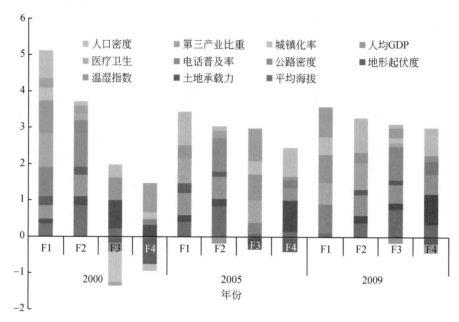

图 9-9　2000～2009 年澜沧江流域人居环境旋转后的因子负荷矩阵

由于公因子 F1 对总体方差的解释力度往往远大于其余 3 个公因子，因此 F1 成为公因子中最重要的因子，其次为 F2，F3 第三，F4 第四。2000 年，电话普及率、医疗卫生、人均 GDP 在 F1 上的载荷最大；平均海拔、公路密度在在 F2 上的载荷最大；城镇化率和土地承载力在 F3 上的载荷较大。2009 年，电话普及率、人均 GDP 和第三产业比重在 F1 上的载荷较大；医疗卫生和人口密度在 F2 上的载荷较大；公路密度在 F3 上载荷较大；土地承载力在 F4 上的载荷较大。综上，自然因素（如海拔、土地承载力、温湿条件及地形起伏）虽然对人居环境存在一定影响，但不是人居环境的决定性要素，基础设施和经济发展成为当前影响澜沧江流域人居环境的关键因素。

2000～2009 年，随着澜沧江流域基础设施的不断完善，基础设施在人居环境中的重要性逐步被经济发展因素（如人均 GDP、第三产业比重）所超越。

9.3.2　启示

1）大力发展经济，提升第三产业比重是改善人居环境的关键所在。当前，人均 GDP 和第三产业比重在人居环境中的重要性日益凸显，大力发展经济，提升第三产业在地区生产总值中的比重成为澜沧江流域改善人居环境的必由之路。围绕澜沧江流域丰富多彩的民族文化资源及各具特色的自然景观，推动以旅游业为主导，交通流通、邮电通信、商业饮食、物资供销、房地产业、教育等为支撑的第三产业快速增长，并借此带动澜沧江流域整体经济的发展。

2）进一步完善基础设施，是提升人居环境适宜性的重要一环。医疗卫生、通信及交通与人们的生产生活息息相关。进一步完善基础设施，首先，加大对澜沧江流域医疗卫生、通信和交通的投入力度，提升硬件设施整体水平；其次，借助西部大开发政策，从外地引进大量医疗卫生、通信和交通方面的专业技术人员和管理人员，以弥补当地专业技术人员和管理人员的缺乏，提升软件设施整体水平。

第 10 章 | 湄公河流域国家人居环境

湄公河在中国境内河段称为澜沧江,境外河段称为湄公河。通过前面9章内容,已对中国境内澜沧江流域社会经济、自然景观、少数民族、自然资源、重大自然灾害以及综合基础设施支撑条件六大要素,2000～2009年澜沧江流域人居环境时空演进展开了系统考察和研究。

为了增进对湄公河全流域人居环境的整体认识,本章在现有工作的基础上,将视角转移到澜沧江境外部分即湄公河流域,从自然资源、社会经济两方面入手,分别对湄公河流域缅甸、老挝、泰国、柬埔寨和越南五国基本国情进行了阐述。此外,借助2013年2月至3月的实地考察,加深了对于湄公河流域缅甸、老挝、泰国、柬埔寨和越南五国人居环境的认识,为未来进一步开展湄公河流域人居环境尤其是中国与湄公河流域国家之间资源互补性研究奠定了基础。

10.1 缅甸人居环境

缅甸位于亚洲东南部、中南半岛西部,其北部和东北部同中国西藏和云南省交界,东部与老挝和泰国毗邻,西部与印度、孟加拉国相连。南临安达曼海,西南濒孟加拉湾,海岸线总长2655km(图10-1)。缅甸形似一颗钻石,南北长约2090km,东西最宽处约925km。缅甸位于10°N～28°N,92°E～101°E。由于地理位置的关系,缅甸大部分地区属热带季风气候,年平均温度27℃。年降雨量因地而异,内陆干燥区500～1000mm,山地和沿海多雨区3000～5000mm。一年四季气候宜人,自然景色质朴秀丽。

图 10-1 缅甸地理位置及地形特征

缅甸地势北高南低。北、西、东三面山脉环绕。北部为高山区，西部有那加丘陵和若开山脉，东部为掸邦高原。西部山地和东部高原间为伊洛瓦底江冲积平原。伊洛瓦底江全长 2150km，流贯南北，有灌溉、航运之利。东北部的萨尔温江境内长 1660km。

澜沧江流出中国过境后即为"湄公河"，也成为缅甸与老挝的天然分界线。湄公河在缅甸段只涉及缅甸的掸邦。掸邦地处掸邦高原，很大一部分被云贵高原所包围。掸邦高原在一定意义上属于云贵高原的外延，北部为崇山峻岭，平均海拔 1200m，最高为 2552m。

10.1.1 自然资源

缅甸陆地表面积为 67.66 万 km²，土地面积为 65.33 万 km²。其中，林地面积为 31.46 万 km²，占土地面积比例为 48.16%；农业用地 19.22%，耕地 16.51%，永久农田 2.2%，陆地保护区面积 6.33%[①]。

同期，缅甸国内水资源总量为 $10030 \times 10^5 m^3$，其中淡水资源 $3323 \times 10^5 m^3$，占 3.31%。淡水资源在国民经济各产业的分布为：农业占 89%，工业占 1%，其他占 10%。缅甸人均淡水资源量为 20 750.25 m³。

缅甸自然条件优越，资源丰富。缅甸的矿产资源丰富，锡、钨、锌、铝、锑、锰、金、银、宝石和玉石等在世界上享有盛誉。石油和天然气在内陆及沿海均有较大蕴藏量。据缅甸能源部统计，缅甸共有 49 个陆上石油区块和 26 个近海石油区块，原油储量 32 亿桶、天然气储量 89 万亿 ft³[②]。森林、水利资源丰富，伊洛瓦底江、钦敦江、萨尔温江三大水系纵贯南北，但由于缺少水利设施，尚未得到充分利用。缅甸的森林覆盖率为 50% 左右，全国拥有林地 3412hm²，盛产柚木、铁力木、藤、竹等，是世界柚木产量第一大国。粮食作物以大米为主，素有"稻米之国"的美称，还盛产小麦、玉米、棉花、甘蔗、花生等。

10.1.2 社会经济

2011 年，缅甸总人口为 4833.68 万人，人口年均增速为 0.78%。从地域分布而言，1578.31 万人集中在城市，城市化率为 32.65%。从性别比例来看，女性占 50.72%，略高于男性。从劳动参与率[③]来看，15~64 岁从事劳动的人口占人口总数的比例达到 81.9%，其中女性劳动参与率略低于男性，为 79%，男性为 84.8%。从就业率来看，15~24 岁就业率为 52.5%，其中女性就业率略低于男性，为 51.9%，男性为 53.1%。缅甸人口密度为 74 人/km²。

缅甸自 1948 年独立至 1962 年实行市场经济，1962~1988 年实行计划经济，1988 年至今实行市场经济。2011 年新政府上台后，大力开展经济领域改革，积极引进外资，确立了包括加强农业、工业发展、省邦平衡发展、提高人民生活水平 4 项经济发展援助。缅甸新政府确定了土瓦（缅泰）、蒂洛瓦（缅日）和皎漂（缅中）三大经济特区的建设目标。2011 年 1 月 27 日颁布《经济特区法》，2012 年 11 月颁布《外国投资法》，2013 年 1 月颁布缅甸外国投资实施条例。2013 年 3 月起，逐步向中国、泰国、新加坡、日本、印度、韩国、马来西亚、越南、德国、巴西十国派驻经商参赞。

国际货币基金组织数据显示，2011 年 GDP 总额为 500.2 亿美元，同比增长 5.5%。工业产值约占国民生产的 26%，主要工业有石油和天然气开采，小型机械制造、纺织、印染、碾米、木材加工、制糖、造纸、化肥和制药等；农业产值约占 25%。主要农作物为水稻、小麦、玉米、花生、芝麻、棉花、豆类、甘蔗、油棕、烟草和黄麻等。2011 年缅甸出口大米 84.4 万 t，其中 80% 销往中国。缅甸风景优美，名胜

---

① 资料来源：世界银行数据，2011 年。

② $1 ft^3 = 2.831 685 \times 10^{-2} m^3$。

③ 劳动参与率（labor force participation rate）是经济活动人口（包括就业者和失业者）占劳动年龄人口的比率，是用来衡量人们参与经济活动状况的指标。根据经济学理论，该指标反映了潜在劳动者个人对于工作收入与闲暇的选择偏好，个人和社会的多方面因素共同影响着个人的劳动力供给选择，并最终影响了社会整体的劳动参与率。

古迹众多，旅游业是缅甸的主导产业。缅甸水系发达，交通以水运为主，铁路则多为窄轨。近年来，政府大力修筑公路和铁路，陆路运输有了较大发展。

中国是缅甸第一大贸易伙伴。2012年中缅贸易总额为69.7亿美元，同比增长7.2%。其中，中方出口56.7亿美元，进口13.0亿美元。缅甸主要进口商品包括燃油、工业原料、化工产品、机械设备、零配件、五金产品和消费品；主要出口商品包括天然气、大米、玉米、各种豆类、水产品、橡胶、皮革、矿产品、木材、珍珠、宝石等。2013年，中国（含香港）在缅甸投资位列第一，达到205.6亿美元。国际对缅主要投资领域为：电力、石油、天然气、矿产业、制造业和饭店旅游业。

10.2　老挝人居环境

老挝人民民主共和国，简称老挝，其以老挝民族命名，意为"人"或"人类"。位于中南半岛北部，是中南半岛上唯一的一个内陆国家，北邻中国，南接柬埔寨，东界越南，西北达缅甸，西南毗连泰国（图10-1）。老挝位于13°N～23°N，100°E～108°E。老挝属于热带、亚热带季风气候，分为雨季和旱季。其中5～10月为雨季，而11月～次年4月则为旱季。最凉爽的时间是从11月～次年1月，而最炎热的时间则是3～5月。年均气温约26℃，年均降水量1250～3750mm。

老挝地势北高南低，境内80%为山地和高原，且多被森林覆盖。老挝北部与中国云南的滇西高原接壤，东部老、越边境为长山山脉构成的高原，西部是湄公河谷地和湄公河及其支流沿岸的盆地和小块平原。全国自北向南分为上寮、中寮和下寮，上寮地势最高，川圹高原海拔2000～2800m。最高峰比亚山峰海拔2820m。发源于中国的湄公河是老挝最大的河流，流经西部1900km。

公元1353年建立澜沧王国，为老挝历史鼎盛时期。1893年沦为法国保护国。1940年9月被日本占领。1945年10月12日宣布独立。1946年法国再次入侵，1954年7月签署关于恢复中南半岛和平的日内瓦协议，法国从老挝撤军，不久美国取而代之。1962年签订关于老挝问题的日内瓦协议。老挝成立以富马亲王为首相、苏发努冯亲王为副首相的联合政府。1964年，美国支持亲美势力破坏联合政府，进攻解放区。1973年2月，老挝各方签署了关于在老挝恢复和平与民族和睦的协定。1974年4月成立了以富马为首相的新联合政府和以苏发努冯为主席的政治联合委员会。1975年12月宣布废除君主制，成立老挝人民民主共和国。

10.2.1　自然资源

2011年，老挝陆地表面积为23.68万km²，土地面积为23.08万km²。其中，林地面积为15.67万km²，占土地面积比例为67.91%；农业用地10.30%，耕地6.07%，永久农田0.43%，陆地保护区面积16.62%。

同期，老挝国内水资源总量为1904×10⁵m³，其中淡水资源42.6×10⁵m³，占2.23%。淡水资源在国民经济各产业的分布为：农业占92.96%，工业占3.99%，其他占3.05%。老挝人均淡水资源量为30 279.72 m³。以2000年不变价计，老挝水资源利用效率为0.87美元/m³淡水。

老挝能矿资源丰富，有锡、铅、钾、铜、铁、金、石膏、煤、盐等矿藏。迄今仅少量开采的有锡、石膏、钾、盐、煤等。水力资源丰富。此外，老挝森林面积约900万hm²，森林覆盖率约42%，盛产柚木、紫檀等名贵木材。

10.2.2　社会经济

2011年，老挝人口总数达到628.80万人，人口年均增速为1.40%。有60多个部族，大致划分为老龙族（约占60%）、老听族和老松族三大民族。从地域分布而言，215.19万人集中在城市，城市化率为34.22%。从性别比例来看，女性占50.08%，略高于男性。从劳动参与率来看，15~64岁的比例达到80.8%，其中女性劳动参与率略低于男性，为80.2%，男性为81.5%。从就业率来看，15~24岁就业率为61.4%，其中女性就业率高于男性，为66.7%，男性为56.2%。缅甸人口密度为28人/km²。

随着投资比例的提高，2011年工业、服务业就业呈上升趋势。而农业方面，由于科技进步，就业率有所下降。农业就业率从2010年的75.1%下降至74.1%；工业就业率从5.5%上升至6.3%，达到195 973人；服务行业就业率上升至19.5%，约60万人。

2011年，老挝GDP达到77.4亿美元，人均约1203美元，同比增长8.3%。其中，农林业占27.7%，同比增长2.8%；工业占27.6%，增长18%；服务业占38.7%，增长6.3%。稻米生产321万t，接待外国旅游者295万人次，同比增长45%（赵文宇，2012）。

2011年6月，老挝七届国会一次会议通过了第七个五年（2011~2015年）经济社会发展规划。七五期间，GDP年增幅8%以上，其中农林业增长3.5%，占总量的23%；工业增长15%，占总量的39%；服务业增长6.5%，占总量的38%，到2015年人均GDP将达到1700美元，基本解决贫困问题；到2020年摆脱最不发达国家状况。特别地，在农业方面，保证104万hm²农田生产，年均大米产量420万t，每公顷产量4t，年出口大米60万t；玉米种植面积15.4万hm²，生产玉米84万t；畜牧业年均增长4%~5%，肉类年均产量为22.2万t，水产为15.7万t，咖啡在4.4万t以上，橡胶4000t，甘蔗种植面积达5万hm²，甘蔗年产215万t，安息香年产约50万t。

2015年，全国水利灌溉面积达30万hm²，其中旱季水利灌溉面积增加8万hm²；完成8个电站建设，共装机286.5万kW，推动10个水电站建设，共装机501.5万kW，计划投资113.0亿美元；使全国80%的家庭用上电；完成北、中、南部3个电网115kV线路联接；争取完成与泰国、越南500kV线路建设；建设230kV输变电线路1581km，115kV线路3437.7km，22kV线路5500km；森林覆盖面积达65%；

此外，七五期间，年产铜板8.6万t，铜精矿29.8万t，金6t，煤炭100万~200万t，石膏60万t；电信网络及服务将覆盖农村90%的区域，人均电话占人口覆盖率达80%，建设光缆全长17 200km；年中运输量2300万t，年增长7%，其中空中运输增长8%~10%，陆路运输增长9%。建设完成老挝中部至越南永昂港出海口运输系统；新建连接周边国家及省与省间国道920km，尤其是1号公路；完成万象瓦岱机场改造项目；年吸引外国旅游者280万人，年创汇3.5亿美元，新建、改造宾馆300家；贫困人口率低于全国人口19%，贫困家庭率低于全国家庭11%。

总体而言，老挝工业基础薄弱，从重工业品至轻工业品均需从国外进口。2011财年老挝前五大贸易伙伴分别是泰国、中国、越南、日本、瑞士，双边贸易额分别为18.32亿、3.17亿、2.99亿、0.87亿、0.65亿美元。老挝对中国主要出口的商品有木材和木材产品、矿产。自中国进口商品由投资项目、一般商品和无偿援助组成。自1988年老挝革新开放以来，中资企业在老挝投资33亿美元，投资项目共742个，其中551个为中方独资项目，投资领域包括矿产、工业、手工业、农业、教育、公共卫生、酒店、咨询、通信、建筑等。截至2011年，外国在老挝投资总额达163亿美元，投资项目共4469个，在50个在老挝投资国家中，中国投资总额位于泰国、越南之后排名第三位，且中国在老挝的投资大多来自与老挝北部接壤的云南省。

2012年，中老双边贸易迅速发展，中国与老挝双边贸易总额达17.28亿美元，同比增长32.8%。其中，中国对老挝出口9.37亿美元，同比增长96.8%；中国自老挝进口7.91亿美元，同比下降4.1%。中国与老挝双边贸易总额、中国对老挝出口额增速居东盟首位。

10.3 泰国人居环境

泰国在世界上素有"佛教之国"、"大象之国"、"微笑之国"等称誉。全称泰王国，位于亚洲中南半岛中南部，与柬埔寨、老挝、缅甸、马来西亚接壤，东南临泰国湾（太平洋），西南濒安达曼海（印度洋）。西和西北与缅甸接壤，北部和东北部与老挝交界，东南与柬埔寨为邻，疆域沿克拉地峡向南延伸至马来半岛，与马来西亚相接，其狭窄部分居印度洋与太平洋之间（图 10-1）。泰国位于 $5°N \sim 20°N$，$97°E \sim 105°E$，绝大部分地区属热带季风气候，仅南部沿海地区属热带雨林气候。全年可分为旱季和雨季，11 月～次年 4 月为旱季，5～10 月为雨季，泰国月平均气温 $22 \sim 28℃$，以 4 月最热，年均降水量为 $1000 \sim 2000mm$。

泰国地势北高南低，北部与西部为山地，主要山脉为泰缅边界的他念他翁山脉，其向南可延至马来半岛，其中以清迈府的因他暖山为全国最高峰，海拔 2595m；东北部为呵叻高原，地势平坦；中部昭披耶河（湄南河）流域为平原，河网密集，以南北向为主，流入泰国湾。泰国南部是西部山脉的延续，山脉再向南形成马来半岛，最狭窄处称为克拉地峡（吴良士，2011）。

10.3.1　自然资源

2011 年，泰国陆地表面积为 51.31 万 km^2，土地面积为 51.10 km^2。其中，林地面积为 18.99 km^2，占土地面积比例为 37.16%；农业用地 41.22%，耕地 30.85%，永久农田 8.81%。

同期，泰国国内水资源总量为 $2245 \times 10^5 m^3$，其中淡水资源 $573.1 \times 10^5 m^3$，占 2.23%。淡水资源在国民经济各产业的分布为：农业占 90.37%，工业占 4.85%，其他占 4.78%。泰国人均淡水资源量为 $3229.35 \ m^3$。以 2000 年不变价计，泰国水资源利用效率为 3.27 美元/m^3淡水。

泰国能源资源丰富。20 世纪 80 年代以来，在泰国湾和内陆先后发现了 15 个油气田。煤炭总储量约 15 亿吨，主要是褐煤和烟煤，约 80% 分布在北部的清迈、南奔、达、帕和程逸府一带。此外，在达、碧差汶、夜丰颂、清迈、南邦和甲米府还有含油量达 5% 的油页岩。油页岩储量达 $187 \times 10^4 t$，天然气储量约 $4644 \times 10^5 m^3$，石油储量 $1500 \times 10^4 t$。泰国的矿产资源主要有钾盐、锡、锌、铅、钨、铁、锑、铬、铜等。其中锡储量约 $150 \times 10^4 t$，占世界总储量的 12%，居世界首位。钾盐储量约 4367 万 t，居世界首位。其他矿产还有重晶石、红宝石、蓝宝石、石膏等。森林总面积为 1440 万 km^2，覆盖率为 25%。

10.3.2　社会经济

2011 年，泰国人口总数达到 6951.86 万人，人口年均增速为 0.57%。泰国共有 30 多个民族，以泰族为主占人口总数的 40%，其次为老挝族、华族、马来族、高棉族、苗、瑶、桂、汶、克伦、掸、塞芒、沙盖等山地民族。94% 的居民信仰佛教，马来族信奉伊斯兰教，还有少数信仰基督教、天主教、印度教和锡克教。泰国 2371.31 万人集中在城市，城市化率为 34.11%。女性占 50.87%，略高于男性。从劳动参与率来看，15～64 岁的比例达到 77.2%，其中女性劳动参与率低于男性，为 69.9%，男性为 84.7%。从就业率来看，15～24 岁就业率为 46.3%，其中女性 38.3% 低于男性，为 54%。缅甸人口密度为 137 人/km^2。

历史上泰国是一个以农业为主的国家，19 世纪中叶，西方国家打开泰国市场后，对大米、橡胶、锡等原料的需求刺激了泰国经济发展。第二次世界大战前，泰国除小规模和低技术的碾米、锯木和采矿业外，几乎没有什么工业。第二次世界大战后，在美国投资的推动下，泰国经济得到了恢复和发展；20 世纪 50 年代，以工业为中心的经济定位带动了泰国国民经济的快速发展；1963 年起实施国家经济和社会发展五年计划；80 年代，制造业特别是电子工业等制造业的快速发展，推动了泰国经济持续高速增长，使其成为亚洲"四小虎"之一。90 年代，政府加强农业基础投入，促进制造业和服务业发展；1996 年，泰国人均 GDP 达到 3035 美元，位列中等收入国家；1997 年，亚洲金融危机使泰国经济陷入衰退，进入 21 世纪，恢复和振兴经济成为泰国政府的首要任务；2006 年 10 月，泰国开始实施第十个社会经济发展五年计划，制定了发展"绿色与幸福社会"的目标，以"适度经济"为指导原则，在全国创建和谐及持续增长的环境，提高泰国抵御风险的能力；2010 年，泰国经济全面复苏，2011 年，虽然经历自然灾害等负面因素影响，但仍实现了微弱增长。

泰国是中等收入的发展中国家，实行自由经济政策，属外向型经济。泰国是世界著名的大米生产国和出口国，木薯年产量居世界首位。1980～2011年由于矿业的开发，石油、天然气的发现以及旅游业的振兴带动了其他产业部门的发展，使泰国成为"东盟"中经济较发达的国家之一。

2011年，泰国 GDP 为3456.7亿美元（现价），比2010年增长0.1%。其中，农业产值为427.3亿美元，占 GDP 的12.3%；工业产值为1422.6亿美元，占 GDP 的41.2%；服务业产值为1606.8亿美元，占 GDP 的46.5%，服务业成为泰国的最大产业。农产品是泰国外贸出口的主要商品之一，主要农产品包括稻米、橡胶、木薯、玉米、甘蔗、热带水果等。泰国工业主要门类包括采矿、纺织、电子、塑料、食品加工、玩具、汽车装配、建材、石油化工等。泰国旅游资源丰富，有500多个景点，旅游业保持稳定发展的势头，是外汇收入的重要来源之一。主要旅游点：曼谷、普吉、帕塔亚、清迈、华欣、苏梅岛等。

2010年，泰国外贸总额为3777亿美元，同比增长32%，其中出口1953亿美元，同比增长28%，进口1824亿美元，同比增长36%。外贸依存度超过120%，出口依存度为62%。出口产品主要包括自动数据处理设备、机动车及其零配件、珠宝、电子集成电路、橡胶及橡胶制品、成品油和化工产品等。其总工业制成品占77%，农业产品及其加工品占近18%。泰国十大出口市场为中国、日本、美国、马来西亚、澳大利亚、新加坡、印尼、越南、菲律宾。进口产品主要包括原油、机械设备及其零部件、化学物品、电器设备、钢铁产品、电子集成电路等产品。十大进口来源地为日本、中国、马来西亚、美国、阿联酋、韩国、中国台湾、新加坡、澳大利亚、印度尼西亚。

2011年中泰双边贸易额达647.3亿美元，同比增长22.3%。其中，中国出口257.0亿美元，进口390.4亿美元，同比分别增长30.2%和17.6%。中国目前是泰国第二大贸易伙伴，仅次于日本，是泰第一大出口市场和第二大进口来源地；泰国是中国第十五大贸易伙伴。中国出口泰国的产品主要包括电脑及零配件、机械设备及零配件、家用电器、化工产品、纺织品、金属制品、钢铁产品、化肥农药等；主要进口自动数据处理设备、天然橡胶、化工产品、木薯、塑胶粒、电子集成电路、成品油、木材等。

10.4　柬埔寨人居环境

柬埔寨位于东南亚中南半岛，西部及西北部与泰国接壤，东北部与老挝交界，东部及东南部与越南毗邻，南部则面向暹罗湾，海岸线长约460km。柬埔寨位于10°N～14°N，102°E～107°E（图10-1）。柬埔寨大部分属热带季风性气候，全年高温多雨，年均气温29～30℃。5～10月为雨季，年均降水量为1000～1500mm；11月～次年4月为旱季。受地形和季风影响，各地降水量差异较大，象山南端可达5400mm，金边以东约1000mm（杨立杰，2002）。

柬埔寨地势起伏，大部分为平原低地，由高到低可以分为西南、西北、东北、中部四大区域。中部是洞里萨湖盆地和湄公河低地，东南部属于湄公河三角洲，西南部的豆蔻山脉东部的奥拉山海拔1810m，是全国最高点。源自豆蔻山脉的象山，向南与东南延伸，高度介于500～1000m，多为500～700m。新娜的豆蔻山脉和北方的扁担山脉之间，是洞里萨湖的延伸区域。东北部一角为偏僻的山区，一直延伸到越南中部和老挝，西南部濒临泰国湾，有435km长的海岸线（维基百科，2013）。

湄公河由北向南，从老挝占巴塞省老柬边界的孔（Khone）瀑布奔腾而下，流入柬埔寨的上丁（Stoeng Treng）省，然后经桔井（Kratie）省、磅湛（Kampong Cham）省至金边与洞里萨（Tonle Sap）河交汇后，分成湄公河和巴塞河两支，大体并行转向东南，经过干丹（Kandal）、波罗勉（Prey Veng）省进入越南的湄公河三角洲。湄公河在柬埔寨全境长501.7km，是柬埔寨人们生活和农业灌溉的基本来源。

10.4.1　自然资源

柬埔寨自然条件优越，土地资源丰富，全国可耕地面积约6.7万 km^2，目前实际耕种面积约3.55万 km^2，尚有近半可耕地闲置。2011 年，柬埔寨陆地面积为 18.10 万 km²，土地面积为 17.65 万 km²。其中，林地面积为 9.97km²，占土地面积比例为 56.46%；农业用地 32.04%，耕地 22.66%，永久农田 0.88%。

柬埔寨已探明蕴藏石油、金、铁、铝土等多种矿产资源，但均未进入实质开采阶段。水力和旅游资源丰富，但有效利用不足，未来发展空间巨大。柬埔寨有海上和陆地石油。其中，海上石油开采分为 A、B、C、D、E、F 6 个区块，陆上具备石油地质构造特征的地区主要集中在洞里萨湖盆地。美国雪佛龙公司承包的 A 区块已证实有石油和天然气，但因与柬埔寨政府就石油税收等问题尚未达成一致，迟迟未进入开采阶段。据世界银行预测，柬埔寨海上石油储量约 20 亿桶。目前，柬埔寨石油产品全部依赖进口，约占进口总额的 1/5。

柬埔寨地质板块构造奇特，平原为河流冲积平原，地下流沙埋层较深；东北和西北是山脉地带，蕴藏着丰富的矿产资源。由于缺少资金和技术，柬埔寨政府无力对全国矿产资源进行普查和勘探，自身家底无从掌握。目前，约有 70 多家企业（大多为外国公司）在柬埔寨进行勘探开发。据了解，金、铜、铁、铝土等矿产资源品位较高，但实际储量不得而知。由于柬埔寨政府规定原矿不能出口，而投资加工冶炼的交通、物流、电力成本很高，上述企业均未进入实际开采阶段。

柬埔寨河流众多，水电资源丰富。柬埔寨拥有约 1 万 MW 的发电水力资源，2011 年已开发利用的水力资源仅占 3%。水资源总量为 1206 亿 m³，其中淡水资源 21.84 亿 m³，占 1.81%。淡水资源在国民经济各产业的分布为：农业占 94.00%，工业占 1.51%，其他占 4.49%。柬埔寨人均淡水资源量为 8430.5m³。以 2000 年不变价计，柬埔寨淡水资源利用效率为 3.87 美元/ m³。

柬埔寨旅游资源丰富，全国旅游景点有 1300 余处，其中包括 100 余处自然景观，1161 个历史文化景点和约 40 个休闲胜地。其中，世界七大奇观之一的吴哥窟和以热带自然风光闻名的西哈努克港，是柬埔寨最著名的旅游胜地。由于交通、酒店、餐饮等基础设施不完善，配套服务缺乏，大多数旅游资源目前只能以原始面貌展现在游客面前，旅游业的创收能力有待提高。

此外，柬埔寨林业、渔业、果木资源丰富，盛产贵重的柚木、铁木、紫檀、黑檀、白卯等热带林木，并有多种竹类。森林覆盖率 61.4%，主要分布在东、北和西部山区，木材储量约 11 亿 m³。洞里萨湖是东南亚最大的天然淡水渔场，素有"鱼湖"之称。西南沿海也是重要渔场，多产鱼虾。现代由于生态环境失衡和过度捕捞，水产资源减少。

10.4.2 社会经济

2011 年，柬埔寨人口总数达到 1430.5 万人，人口年均增速为 1.2%，人口密度为 82 人/km²。柬埔寨有 20 多个民族，其中，高棉族为主体民族，占总人口的 80%，此外，还有占族、普农族、老族、泰族和斯丁族等少数民族。93% 以上的居民信奉佛教，佛教为国教。从地域分布而言，286.15 万人集中在城市，城市化率为 20.00%。从性别比例来看，女性占 51.1%，略高于男性。从劳动参与率来看，15～64 岁从事劳动的人口占人口总数的比例达到 84.5%，其中女性劳动参与率为 81.7%，低于男性的 87.5%。从就业率来看，15～24 岁就业率为 69.6%，其中女性就业率为 70.1%，略高于男性的 69.1%。高棉语为通用语言，与英语、法语同为官方语言。

柬埔寨是传统农业国家，工业基础十分薄弱，属世界上最不发达的国家之一。1999 年，柬埔寨第二届国会通过宪法修正案，新宪法规定，柬埔寨实行自由市场经济。近年来，政府通过推行经济私有化和贸易自由化，把发展经济、消除贫困作为首要任务，把农业、加工业、旅游业、基础设施建设及人才培训作为优先发展领域，推进行政、财经、军队和司法等改革，提高政府工作效率，改善投资环境等，取得一定成效。

2011 年柬埔寨 GDP 为 128.3 亿美元（现价），同比增长 7.1%，人均 GDP 增至 896.8 美元。其中，农业产值为 44.3 亿美元，占 GDP 的 36.7%，同比增长 3.3%（种植业和水产业分别增长 3.9% 和 4.8%）；

工业产值为 28.4 亿美元,占 GDP 的 23.5%,同比增长 14.3%(制衣业和橡胶业分别增长 20.2% 和 10.1%);服务业产值为 48.1 亿美元,占 GDP 的 39.8%,同比增长 5%(酒店业和交通运输业分别增长 5.6% 和 6.9%),服务业是柬埔寨第一大产业。

当前,农业、以纺织和建筑为主导的工业、旅游业和外国直接投资是拉动柬埔寨经济稳步增长的 "四架马车"。2011 年,柬埔寨政府共批准了 164 个投资项目,投资总额达 70.1 亿美元,同比大幅增长 170%。中国位列柬埔寨第二大外资来源国,涉及投资项目包括房地产、矿产开发、加工业、摩托车组装、碾米和制衣厂等。

进出口持续增长,贸易连年逆差。2011 年,柬埔寨贸易总额达 114.7 亿美元,同比增长 38%,其中出口 48.7 亿美元,同比增长 37.2%。主要出口商品为成衣(42.4 亿美元)、橡胶(4.6 万 t,2 亿美元)和大米(17.3 万 t,1 亿美元);进口 66 亿美元,同比增长 37.8%,主要进口商品为成衣原辅料(26 亿美元)、燃油(13.8 亿美元)、建材(5.5 亿美元)和交通工具(3.6 亿美元)。贸易逆差 17.3 亿美元,与 2010 年基本持平。服装和农产品是柬埔寨出口的主要动力,分别占出口总额的 87.1% 和 6.1%。

中柬两国经贸关系发展较快,合作领域不断拓宽。中方主要出口产品为电器、纺织品、机电产品、五金和建材等,从柬埔寨主要进口橡胶、木材制品和水产品等。近年来,中柬在各个领域的交流与合作不断扩大。两国先后签署了文化、旅游、农业等合作文件,两国议会、军队、警务、新闻、卫生、文教、信息、水利、气象、建设、农业、文物保护等部门领导人先后实现了互访。此外,为帮助柬埔寨战后恢复重建,中国向柬埔寨提供了一定数量的经济援助。

大米将成为中柬两国经贸合作新的增长点。柬埔寨将大米比喻为 "白金",绿色天然,品质丝毫不逊泰国、越南大米,但受制于生产技术、加工水平和能力,目前仅少量出口欧洲。柬埔寨政府充分认识到大米出口对于增加财政收入、改善人民生活水平、削减贫困的重要性,已把大米列为农业发展的龙头产业,从政策、资金等多方面予以扶植。2010 年,中柬两国签署了关于柬埔寨大米输送中国的检验检疫议定书,扫清了柬埔寨大米直接出口中国的最大障碍。目前,已有多家中国企业来柬埔寨考察,探讨大米贸易和投资机会。

水电站开发是柬埔寨电力发展的重点。2011 年底,在建或已完成的水电站项目共 6 个,均为中国企业以 BOT(build-operate-transfer,建设–经营–转让)方式投资建设,总投资 18.21 亿美元,总装机 92.72 万 kW,2015 年前陆续建成投产,全部投产后年平均发电量共 39.98 亿 kW·h。

10.5　越南人居环境

越南,位于东南亚中南半岛东端,北与中国接壤,西与老挝、柬埔寨交界,东面和南面临南海,海岸线长 3260 多千米(图 10-1)。国土介于 8°N ~ 23°N,102°E ~ 109°E。越南国土面积为 33.12 万 km²,地形狭长,南北长 1600km,东西最窄处为 50km。地处北回归线以南,属热带季风气候,高温多雨。年平均气温为 24℃ 左右,年平均降雨量为 1500 ~ 2000mm。北方四季分明,南方分雨旱两季,大部分地区 5 ~ 10 月为雨季,11 月 ~ 次年 4 月为旱季。湿度常年平均为 84% 左右。

越南地势西高东低,境内 3/4 为高原和山地。包括丘陵和茂密的森林,平地面积不超过 20%,山地面积占 40%,丘陵占 40%。北部和西北部为高原和高山。中部长山山脉纵贯南北。东部分割成沿海低地、长山山脉及高地,以及湄公河三角洲。主要河流有北部的红河,南部的湄公河。红河和湄公河三角洲地区为平原。

湄公河自柬埔寨首都金边之后,分两支进入越南南部,称为前江和后江,形成湄公河南部三角洲,越南称为九龙江平原,是越南重要的米仓、水果产地和养殖基地。湄公河越南境内的湄公河三角洲境内干流为 229.8km,三角洲面积约 5.0 万 km²,土地肥沃。湄公河越南境内流域面积为 6.5 万 km²,多年平均流量为 1660m³/s。除向国际航运输送货源外,湄公河越南段更多地发挥着内河运输的功能。

10.5.1 自然资源

2011 年，越南陆地表面积为 33.10 万 km^2，土地面积为 31.01 万 km^2。其中，林地面积为 13.94 万 km^2，占土地面积比例为 44.96%；农业用地 34.97%，耕地 20.96%，永久农田 11.93%。

同期，越南国内水资源总量为 $3594×10^5 m^3$，其中淡水资源 $820.3×10^5 m^3$，占 22.82%。淡水资源在国民经济各产业的分布为：农业占 94.78%，工业占 3.75%，其他占 1.47%。越南人均淡水资源量为 $4091.53 m^3$。以 2000 年不变价计，越南淡水资源利用效率为 0.81 美元/ m^3。

越南矿产资源丰富，种类多样。主要有油气、煤、铁、钛、锰、铬、铝、锡、磷等，其中煤、铁、铝储量较大。煤炭已探明 65 亿 t 储藏于 1000m 以下，35 亿 t 储藏于地下 300～400m。1989～2009 年，越南已经发现和勘探到石油和天然气，石油主要分布在南部沿海地区，在太平省前海地区发现有天然气。越南已发现 3 个主要铁矿区，位于红河沿岸西北地区的宝河、贵砂、娘媚、兴庆等地已发现铁矿，其中贵砂的矿床尤为重要，其储量为 1.25 亿 t；东北地区太原省的寨沟、光中，高平省的那若、本岭等地的铁矿储藏量为 5000 万 t；河江省的丛霸已勘查到 1.4 亿 t 铁矿；越南中北部地区的清化、义安、河静等地已发现多种类型的铁矿，地下 300m 深的地方，铁矿的储藏量为 2.8 亿 t，600m 以下则有 4.8 亿 t。在越南北部的谅山、高平等多个省发现了铝土矿床，估计总储量为 1000 万 t[①]。此外，有 6845 种海洋生物，其中鱼类 2000 余种、蟹类 300 余种、贝类 300 余种、虾类 70 余种。森林面积约 1000 万 hm^2。旅游资源丰富，五处风景名胜被联合国教科文组织列为世界文化和自然遗产。

10.5.2 社会经济

2011 年，越南人口总数达到 8784.00 万人，人口年均增速为 1.04%。越南是一个多民族国家，共有 54 个民族，其中，京族人口最多，约占总人口的 89%，其余有岱依、芒、侬、傣、赫蒙（苗）、瑶、占、高棉等民族。主要宗教有佛教、天主教、和好教和高台教。有华人 100 多万人。从地域分布而言，2726.17 万人集中在城市，城市化率为 50.50%。从性别比例来看，女性占 50.55%，略高于男性。从劳动参与率来看，15～64 岁的比例达到 81.4%，其中女性劳动参与率为 78.2%，低于男性的 84.6%。从就业率来看，15～24 岁就业率为 58.2%，其中女性就业率为 55.8%，低于男性的 60.5%。越南人口密度为 284 人/ km^2。

1986 年越南开始施行革新开放，1996 年越南共产党第八次全国代表大会提出要大力推进国家工业化、现代化，2001 年越南共产党第九次全国代表大会确定建立社会主义市场经济体制。2011 年初，越南政府出台了包含"遏制通货膨胀、稳定宏观经济、保障民生"等 6 项措施的《11 号决议》。为了逐步调整经济结构，转变经济增长方式，越南政府对工业、服务业以及农业三大领域布局进行了调整。工业朝高质量、高竞争力方向发展，提高高附加值产品生产与出口，减少采矿业，推动高科技设备的生产；服务业优先发展有潜力、知识含量高以及附加值高的服务业；农业在继续发展传统农业的基础上，注重发展高科技农业，扩大绿色农产品生产规模，大力鼓励种植经济作物，加强科技的运用（驻胡志明市总领事馆经商室，2010；邓应文，2012）。

2011 年，越南 GDP 为 1236.0 亿美元（现价），同比增长 5.9%，人均 GDP 增至 1407.1 美元。其中，农业产值为 272.2 亿美元，占 GDP 的 22.0%，同比增长 4.0%；工业产值为 504.2 亿美元，占 GDP 的 40.8%，同比增长 6.7%；服务业产值为 459.6 亿美元，占 GDP 的 37.2%，同比增长 5.8%，工业是越南的第一大产业。

---

① 越南矿产资源分布介绍. http://www.chinabaike.com/z/keji/ck/767887.html.

2011 年，越南进出口贸易取得了比较理想的成绩，贸易逆差大幅度降低至 95 亿美元。进出口总额达到 2021 亿美元，其中出口贸易额为 962.6 亿美元，同比增长 33.3%；进口贸易额为 1058 亿美元，同比增长 24.7%。其中，纺织服装、原油、手机及零部件、鞋类制品、水产品、电子产品及计算机等商品位居出口前列，2011 年占出口比例分别为 14.6%、7.5%、7.1%、6.8%、6.4% 和 4.4%。

越南成为仅次于中国的亚洲第二大服装纺织出口国，纺织服装是越南的重要支柱产业。纺织服装出口四大市场依次为美国、欧盟、日本和韩国。越南已成为世界第四大鞋类生产国，三大出口市场依次为欧盟、美国和中国。此外，电子制造业是越南的重要支柱产业，2011 年，越南电子制造业主要产品（手机及零部件、电子产品及计算机）出口额为 110.6 亿美元，占出口总额的 11.5%，仅次于纺织服装业（董瑞青，2012）。

10.6 湄公河流域人居环境考察

10.6.1 考察方案

2013 年课题组一行 11 人，历时 23 天，完成了对湄公河流域人居环境的考察。此次考察的目的是增进对湄公河流域国家——老挝、越南、柬埔寨与泰国人居环境的整体认识，在此基础上辨析中国澜沧江流域与湄公河流域的异同，以求为未来发展流域经济和开展流域合作提供科技支撑。

此次考察对象是湄公河流域土地利用（水稻、橡胶林种植及其他作物种植结构、交通用地等）、水资源与水环境（水能资源，如水电站、水质情况等）、基础支撑体系（道路、桥梁、口岸等）、文化遗产及民风民俗、住房建筑、社会经济发展等。

10.6.2 考察路线

考察路线：磨憨口岸→琅勃拉邦→万象→他曲→沙湾拿吉→巴色→上丁→桔井→胡志明市→金边→暹粒→波贝→呵叻→孔敬→彭世洛→南邦→清迈→清莱→金三角清孔→会晒→南塔→磨憨→勐腊。全程近 5000km。

去程详细考察路线为：走曼昆高速公路途经勐腊、孟赛，过磨憨口岸后沿着 13 号公路向东南 298km 抵达老挝古都琅勃拉邦；从琅勃拉邦沿着 13 号公路南行 382km 到达老挝首都万象，随后继续沿着 13 号公路前行约 337km 抵达他曲；过他曲后沿着 13 号公路前行约 129km 到达沙湾拿吉。从沙湾拿吉出发沿着 13 号公路前行约 270km 抵达巴色。过巴色后继续沿着 13 号公路前行，经老柬边境东罗劳口岸（Dong kalor）上 7 号公路约 215km 抵达上丁；过上丁继续沿着 7 号公路向南约 140km 到达桔井；从桔井出发上 7 号公路沿东南方向前行约 77km 后上 74 号公路，过柬埔寨巴域口岸（Bavet）—越南木牌口岸（Mocbai）后进入越南，南行约 180km 抵达胡志明市。在越南期间从胡志明出发踏访美荻→芹苴→溯庄→湄公河口，考察湄公河三角洲人居环境。

返程详细路线为：从胡志明市出发经柴桢抵达金边，全程 250km；过金边上 6 号公路沿西北方向前行约 320km 到达暹粒；过暹粒，经波贝（Poipet）抵达呵叻全程约 386km；从呵叻出发上 11 号公路西北方向，经孔敬约 400km 抵达彭世洛；过彭世洛向西进入 12 号公路，经南邦抵达清迈全程约 420km；过清迈进入 118 号公路，经清莱、金三角约 350km 抵达清孔；从清孔沿东北方向进入 3 号公路，经会晒→南塔→磨憨→勐腊，全程约 280km。

10.6.3　主要考察点

　　湄公河流域人居环境实地考察范围涉及老挝、越南、柬埔寨和泰国四国。具体而言，主要考察点包括老挝的万象、万荣、南俄河水电站，越南的西贡河、湄公河三角洲入海口、湄公河三角洲红树林，柬埔寨的国际口岸、道路桥梁、文化遗产、洞里萨河与洞里萨湖，泰国的宗教信仰、文化遗产、高等教育和国际口岸（图10-2）。

图10-2　湄公河流域人居环境主要考察点分布

10.6.3.1　老挝人居环境

（1）宗教信仰

　　老挝居民85%以上信奉佛教，万象市区到处都可以见到庙宇和宝塔，据说在老挝佛教鼎盛时期，市内有149座佛寺，如今保留下来的有34座。这些古老的佛寺、精美的佛塔以及精湛的浮雕都是老挝古代文化的宝贵遗产，而最著名的是市区北面5km的塔銮（Wat That Luang）（照片10-1）。凡是到万象的外国游客，总要游览塔銮，因塔銮被视为老挝众多名胜古迹中的奇观，是澜沧时代文化的杰作。

　　塔銮是一组群塔建筑，在建筑艺术上享有盛誉。塔呈方形，灰砖结构，建筑风格独特。主塔底部由3层巨大的方座构成，四边正中均有膜拜亭；第二层有30座配塔；第三层矗立主塔，顶端贴以金箔，塔体金光闪烁。塔高45m，宽54m。四周几十米宽的草地外是方形围廊，构成塔銮。据传公元前3世纪塔銮的下面埋了佛祖的头发和佛骨。14世纪法昂征服了境内各地领主，首创了统一封建王国澜沧王国。建都琅

照片 10-1 老挝万象塔銮

摄影: 沈镭 (照片号: IMG_6895) 时间: 2013 年 3 月 1 日

勃拉邦, 为了维护琅勃拉邦国都的核心作用, 万象降低了地位, 塔銮也失去了光辉。直到 16 世纪赛塔提拉国王统治期, 改万象为国都, 于是又恢复了其重要地位。塔銮于 1566 年又得以重修, 直到 17 世纪确定了其在老挝的地位国家的象征, 但苏里亚冯萨国王去世后, 澜沧王国开始分裂, 塔銮遭到了暹罗军队和缅甸军队大肆劫掠及蹂躏, 塔内文物损失殆尽。1930 年由法国远东学院发掘, 现存塔銮为 1930~1935 年所重修。塔銮已成为老挝人民生活中不可缺少的一部分, 是老挝最著名最重要的佛塔, 无论从它的地理位置、社会地位、历史悠久及建筑艺术来说均是老挝人民值得骄傲的名胜古迹。在纪念佛教 2500 周年之际, 荷花状底座及顶端又以金铂修饰一新。每年公历 11 月中旬, 为老挝全国一年一度最盛大的塔銮节庙会。在此期间, 全国的僧侣和众佛教徒前来举行礼拜、布施等宗教活动。

(2) 历史事件

老挝凯旋门英文称是 Patuxay, 高 45m, 宽 24m, 位于万象市中心, 在总理府附近, 与主席府遥遥相望。1960 年开始修建, 1969 年基本完工, 是一座大型的纪念碑。原为纪念战争中的牺牲人员。1975 年解放时, 万象市群众庆祝胜利的游行从这里通过, 为纪念这一历史性事件而将其称为凯旋门。它的四面是拱形门与雕饰, 远看像法国巴黎的凯旋门, 但在它的拱门基座上, 是典型的老挝寺庙雕刻和装饰, 充满佛教色彩的精美雕刻, 展示了老挝传统的民族文化艺术。登上最高层, 万象市容尽收眼底。凯旋门周围由中国政府援建, 已建成音乐喷泉公园 (照片 10-2)。

(3) 万荣夜景

老挝的万荣市位于万象市北面去琅勃拉邦的路上 160km 处, 是一个依山傍水的美丽小山城 (照片 10-3)。这座小城是以她众多的岩洞而著名。有静谧的南松河 (Nam Song) 流过, 神奇的喀斯特地形是个攀岩的好地方, 千奇百怪的岩洞, 以及附近传统的老挝村庄。既可以在这里逍遥消闲度日, 又可访问附近村庄的老挝人家, 深入了解并体验当地不同民族纯朴的生活方式。这也是一处万象市民常来游览的胜地。他们来这里度周末, 享受着纯粹的大自然, 清风与白浪, 阳光与山峦, 使人的心灵在这里得到完全释放。在这里吃、住毫无困难。但最好找一当地居民当导游, 既便宜又理想。有的岩洞没开发, 没有向导进不去, 有的洞进去了又出不来, 像迷宫一样。在小城北面 2km 处有一个最负盛名的岩洞, 叫作塔木常 (Tham Chang) (照片 10-4), 矗立在悬崖峭壁的 13 号公路边。关于那些岩洞, 当地有数不清的传说。洞

照片 10-2　老挝万象凯旋门前中国建造的喷泉
摄影：沈镭（照片号：IMG_6918）时间：2013 年 3 月 1 日

下的 Thang Jang 泉清澈无比，泉水伸入到山脚下的岩洞中，可以在泉中游泳嬉戏，山前有一条小河可以游泳，从河旁的一棵大树上还可以见到小孩跳水玩乐，有巨大的拖拉机轮胎的内胎出租，供游客从南松河上游即万荣以北 3km 一个叫菲丁达有机农场（Phoudindaeng Organic Farm）的地方漂流至万荣镇，漂流一次 3 美元。

照片 10-3　老挝万荣夜景
摄影：沈镭（照片号：IMG_7123）时间：2013 年 3 月 2 日

（4）南俄河水电站

南俄河也译作"岩河"、"南娥河"、"南岸河"，是老挝的一条重要河流，源于川圹高原，自北而南

照片 10-4　老挝万荣溶洞

摄影：沈镭（照片号：IMG_6991）时间：2013 年 3 月 2 日

流，短距离内由山地泻入平原，下游多曲流，于万象东北汇入湄公河。长 260km，流域面积 16 000km²。沿岸平原是老挝北部地区面积最大的稻田区。在南俄河上建立的南俄河水库位于万象以北 70km，南利河汇流点上游附近。1971 年于此处建成了老挝第一座较大水库，坝高 66m，长 300m，水库面积 120 ~ 270km²，库容 38 亿 ~ 85 亿 m³（照片 10-5）。1978 年水电站第二期工程竣工，发电能力 11 万 kW，每年可发电 7 亿 kW·h。南俄河是老挝最早进行梯级水电开发的河流，目前一共规划了 5 个梯级水电站，分别为南俄 1 水电站、南俄 2 水电站、南俄Ⅲ号水电站、南俄 4 水电站和南俄 5 水电站。

照片 10-5　老挝南俄河水库大坝电站

摄影：沈镭（照片号：IMG_7179）时间：2013 年 3 月 3 日

10.6.3.2　越南人居环境

西贡河（Saigon River，越语作 Song Sai Gon）是越南南部的重要河流（照片 10-6）。源出柬埔寨东南部的当村附近，向南和东南流，绕胡志明市（旧称西贡）东缘后，注入争莱（Ganh Rai）湾，全长约 225km。在胡志明市东北 29km 处有中部高原主要河流同奈河（Dong Nai River）汇入，至该市北缘又有边葛（Ben Cat）河汇入。位处河口以上 72km 的胡志明市，是东南亚最重要的港口，可容纳吃水 9m 的船舶。胡志明市以下 16km 处有一油港。

照片 10-6　胡志明市西贡河
摄影：沈镭（照片号：IMG_7459）时间：2013 年 3 月 5 日

湄公河三角洲（九龙江三角洲）又称下高棉，位于越南的最南端、柬埔寨东南端，包括越南南部的一大部分和柬埔寨东南部，是东南亚中南半岛的一个平原地区，在湄公河附近和注入海洋的地区 9 条支流形成河网。湄公河三角洲地区面积 44 000km²，其中 39 000km² 属于越南，是东南亚地区最大的平原和鱼米之乡，是越南最富饶、人口最密集的地方，也是东南亚地区最大的平原（照片 10-7）。

在越南湄公河三角洲地区茶荣省，北与永隆省、薄寮省相邻，南接南海，西南邻蓄臻省。这里平均海拔不到 2m，多河流、沼泽，60%～70% 的农业人口集中于此，河网密布，沿海滩一线，长满了热带特有的红树林（照片 10-8），伴有一些稻田和热带丛林。乘一条小舟，徜徉在纵横交错的河渠，一望无际的稻田，四季飘香的果园，欣赏改良乐曲，品尝热带水果的香甜和南方民间美食，感受越南南部真挚的风土人情，您更加可以听到许多世代相传的民间故事，勾起翩翩联想。

10.6.3.3　柬埔寨人居环境

（1）基础支撑体系

A. 国际口岸

柬埔寨东南柴桢省巴域市国际口岸与越南西宁省木牌口岸是两国最大的国际口岸（照片 10-9），每天众多的旅游车、轿车和货柜车来往于两国之间。据巴域口岸柬方所披示的数据显示，2012 年进入柬埔寨的游客约 371 047 人，越南游客占首位，其次为中国、美国、韩国和澳大利亚等国游客。经常有大量的柬籍游客，过境到越南看病、经商或旅游。金边和越南有多家客运公司专营柬越两国旅客，如湄公客运、

照片 10-7　越南茶荣省境内的湄公河三角洲入海口

摄影：沈镭（照片号：IMG_7644）时间：2013 年 3 月 7 日

照片 10-8　越南茶荣省境内的湄公河三角洲红树林

摄影：沈镭（照片号：IMG_7701）时间：2013 年 3 月 7 日

苏利亚客运、CAPITO 客运等近 10 家公司，客运公司的收费由 9 美元至湄公客运的 13 美元，通过这些客运公司为旅客通关提供了许多方便，即使无护照的旅客也可过境，但必须缴纳比车费多数倍的钱。在柬越关卡，一般进入越境的行李都必须经过扫描，旅客在越境内也禁止拍照。而柬方关卡相对比较宽松，游客可拍照，行李一般也无须扫描，入关还可使用柬、英、中 3 种文字的电子签证。

在边境地区，每天都有无数的货柜车来往于两国边境，主要是把金边或巴域附近工厂的货柜（主要为成衣或其他出口物资运往胡志明港口后装上大船输往美国，欧盟或其他国家，也把工厂的所需原料运

照片 10-9　柬埔寨与越南边界的巴域口岸
摄影：沈镭（照片号：IMG_7772）时间：2013 年 3 月 8 日

进来，所以越南的木牌关口每天都非常繁忙。在柬方一侧的巴域口岸还开设了几家较大的赌场。

B. 道路桥梁

柬埔寨的交通主要是公路。全国公路总长 1.5 万 km，最主要的公路有 4 条，即 1 号公路（照片 10-10）从金边通往越南胡志明市，4 号公路从金边通往西哈努克港，5 号公路从金边经马德望通向泰国边境，6 号公路从金边经磅同、暹粒通向吴哥古迹。中国是帮助柬埔寨修建道路和桥梁最多的国家，中国对柬埔寨的援助不附加任何条件，受到当地的很高称赞。在 2001～2011 年，中国政府已经为柬埔寨修建了 1500 多千米的道路和 3 座总长 3100 多米的大桥。

照片 10-10　柬埔寨至越南边界的 1 号公路
摄影：沈镭（照片号：IMG_7792）时间：2013 年 3 月 8 日

（2）文化遗产

A. 金边王宫

柬埔寨金边王宫（Royal Palace of Phnom Penh）（照片10-11）是历代国王礼佛的圣地，也是柬埔寨王国曾经的权利象征和曾经的皇家住所。该王宫坐落于金边东面，面对湄公河、洞里萨河、巴沙河交汇而形成的四臂湾，属于典型的高棉式建筑，由一组金色屋顶、黄墙环绕组成，包括曾查雅殿、金殿、银殿、舞乐殿、宝物殿等大小宫殿20多座，回廊上是仿吴哥寺的浮雕。曾查雅殿雕梁画栋，琉璃瓦顶，同左侧金光闪烁的波列莫罗科特佛塔相呼应，景色壮观。金殿内有宝物殿，专门陈列珍宝。在王宫的所有建筑中，银宫最为华丽，地面用4700多块镂花银砖铺就。大殿内供奉着高约60cm、由整块翡翠雕成的佛像，晶莹剔透，是柬埔寨的国宝。

照片10-11　柬埔寨金边王宫
摄影：沈镭（照片号：IMG_7714）时间：2013年3月9日

B. 暹粒吴哥窟

塔布隆寺（照片10-12）是吴哥窟建筑群中最大的建筑之一，包括260座神像、39座尖塔、566座宫邸。考古学家解码寺中一块梵语石碑后得知，当年塔布隆寺覆盖了3140个村庄，维持寺庙运作须花费79365个人力，包括18名高级牧师、2740名官员、2202名助理和615名舞蹈家，内有一套重达500多千克的金碟、35块钻石、40 620颗珍珠、4540颗宝石。作为吴哥最具艺术气氛的遗迹，塔布隆寺的吸引力在于，跟其他寺庙不同，他几乎被丛林所吞噬。巨大的树木从建筑物上拔地而起，触目惊心！这些树在当地人看来，树干粗大但是中空，完全无用，名为思胖。几乎就像当初欧洲探险家首次发现吴哥寺庙一样，一看到它，立刻会想到记忆中的神话世界，简直是太不可思议了！据说照片10-13上的这个大树旁边的另外一棵大树下面有个小门，就是《古墓丽影》里朱丽追着一个小女孩而进入古墓的入口，阳光依稀照耀下来精美的浮雕，绿色的塔布隆寺又是一棵巨树，深入地下地根系足以粉碎坚硬的石头，多么完美地融合，出口是西殿。

吴哥窟（Angkor Wat 或 Angkor Vat）又称吴哥寺（照片10-14），位在柬埔寨西北方，是世界上最大的宗教建筑。原来的名字是 Vrah Vishnulok，意思为"毗湿奴的神殿"，中国古籍称为"桑香佛舍"。它是吴哥古迹中保存得最完好的庙宇，以建筑宏伟与浮雕细致闻名于世。12世纪时，吴哥王朝国王苏耶跋摩二世（Suryavarman II）希望在平地兴建一座规模宏伟的石窟寺庙，作为吴哥王朝的国都和国寺，因此举

照片 10-12　柬埔寨吴哥窟的塔布隆寺
摄影：沈镭（照片号：IMG_8836）时间：2013 年 3 月 11 日

照片 10-13　柬埔寨吴哥窟的塔布隆寺《古墓丽影》拍摄地
摄影：沈镭（照片号：IMG_8374）时间：2013 年 3 月 11 日

全国之力，并花了大约 35 年时间建造完成。

1992 年，联合国根据文化遗产遴选标准 C（Ⅰ）（Ⅲ）（Ⅳ）将吴哥古迹列入世界文化遗产，此后吴哥窟作为吴哥古迹的重中之重，成为了柬埔寨旅游胜地。从 1993 年不到 1 万人次，至 2012 年已超过 200 万人次，吴哥窟已成为旅游胜地。100 多年来，世界各国投入大量资金在吴哥窟的维护工程上，以保护这份世界文化遗产。吴哥窟的造型，已经成为柬埔寨国家的标志，展现在柬埔寨的国旗上。

照片 10-14　柬埔寨吴哥窟的吴哥寺全貌

摄影：沈镭（照片号：IMG_8474）时间：2013 年 3 月 11 日

（3）洞里萨河与洞里萨湖

洞里萨河是世界上唯一的一条因不同季节而逆转流向的河（照片 10-15）。每年在 6~9 月的雨季里，河水就从湄公河流入洞里萨河，使河的面积扩大 10 倍，成为东南亚最大的淡水河；而 10 月~次年 5 月，河水则倒流回湄公河。洞里萨河是柬埔寨南部河流，也是洞里萨湖与湄公河之间的天然通道。北起磅清扬，南达金边，长 120km，一般宽 700m，两岸多沼泽。雨季，湄公河涨水，河水经此河流入湖中。干季，湖水又经此河注入湄公河。

照片 10-15　柬埔寨洞里萨河渔民

摄影：沈镭（照片号：IMG_8818）时间：2013 年 3 月 10 日

洞里萨湖（照片10-16）是柬埔寨最大的淡水湖，也是东南亚地区最大的湖泊，其东面与湄公河相通。洞里萨湖由3部分组成：泥沼平原、小湖和大湖。泥沼平原是一块面积广大的沼泽地，其中有许多沙质小岛；小湖在泥沼平原北部，长35km，宽28km；大湖在小湖的北部，长75km，宽32km。它像一块碧绿而巨大的美玉，镶嵌在柬埔寨大地之上，为高棉民族和文化的发展与繁荣提供了有利的条件。洞里萨湖的面积与水量随季节发生很大变化。每年12月~次年6月为枯水期，湖水顺湄公河流出，湖面面积缩小，水位最低时仅有2700km²，水深不过2m；每年7~11月雨季，湄公河涨水，河水倒灌入湖，湖面可达1万多平方千米，水深也增加到约10m，最高年份湖面达24 605 km²，水深达15m以上。所以，人们又将它称为湄公河的天然蓄水池。这种季节性的变化使洞里萨湖在雨季时能大大减轻湄公河下游的洪水威胁，在旱季时又能使湄公河保持足够多的水量水位，保证航行与下游灌溉正常进行。

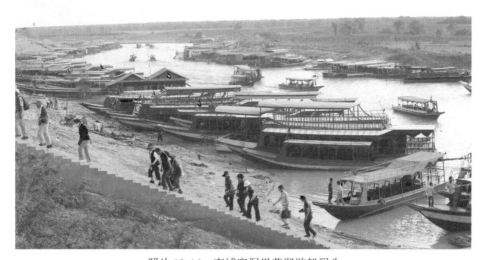

照片10-16　柬埔寨洞里萨湖游船码头
摄影：沈锡（照片号：IMG_8158）时间：2013年3月10日

洞里萨湖淡水资源丰富，是世界上最富饶的淡水鱼类产地之一。20世纪90年代中期，捕鱼量每天达500t以上。洞里萨湖还为周围平原地区成千上万亩良田提供了良好的灌溉条件，使柬埔寨中部地区成为闻名世界的谷仓。除洞里萨湖外，柬埔寨还有一些面积不大的湖泊。这些湖泊主要分布在金边附近的湄公河沿岸地区。它们大多与湄公河相连。

10.6.3.4　泰国人居环境

（1）宗教信仰

来到泰国第二大城市——清迈，就一定要到位于素贴山上的双龙寺一游。双龙寺（照片10-17）是泰国著名的佛教避暑胜地，位于泰国清迈，是一座由白象选址、皇室建造，充满传奇色彩的庙宇，传说有位锡兰高僧带了几颗佛舍利到泰国，高僧们为了怕让人抢走，便决定将舍利放在白象上，由白象选择一处可以建寺供奉舍利的福地，白象随意游荡，便在双龙寺的现址趴下，人们就建了舍利塔，又由于山路两旁有两只金龙守护，所以便叫作"双龙寺"。寺内有三宝：一是寺内供奉释迦牟尼佛的舍利子；二是九世皇所赠予的水晶莲花，四周用各界捐赠的宝石镶缀而成，置于塔的顶端；三是正殿的释迦摩尼佛像；寺内有一鸡的照片，系和尚化缘得来但未食之，大概感恩，每当游客裙长不及膝即啄之。

泰国各城市几乎都拥有自己的购物优势，清迈是全国手工艺品的中心；曼谷万商云集，价廉物美；芭堤雅则"青出于蓝而胜于蓝"，不少商品价格较曼谷低廉。纺织品价格只及欧美同级产品一半。清迈是泰国主要高质量手工艺品制作中心，游客只要前往市区商场或夜市就可以买到制作精美的古物、银饰品、高山部落族鸦片烟管及刺绣、泰丝、棉制品、织篮、青瓷、银器、家具、漆器、木雕及纸伞等。

照片 10-17　泰国清迈双龙寺

摄影：沈镭（照片号：IMG_9192）时间：2013 年 3 月 15 日

　　在清莱通往清迈的路边有一处热喷泉"Hot Spring Chiang Rai"（照片 10-18），喷泉由地底喷出具有硫黄的味道，犹如气贯长虹。据说可以治疗皮肤病，当地人把鸡蛋放在喷泉池里煮熟，蛋壳会变成黑色，吃起来却颇有滋味。在喷泉后有个小瀑布，地热泉由此流出，水温可达到 50℃ 以上，游客可以在这里小歇片刻，体验一下免费的温泉泡脚，喷泉广场四周是一些土特产商店，游客可以在此购买到一些清莱当地的土特产。

照片 10-18　泰国清莱地热

摄影：沈镭（照片号：IMG_9275）时间：2013 年 3 月 16 日

　　很早就从别人的口中知道，到清迈旅游不能错过的地方必有白庙。对于宗教不甚了解的我，却对寺庙这样的建筑钟爱有加。这种集宗教、美学、建筑学、人类各种智慧于一体的建筑自是拍摄的最佳主体。

　　清莱白庙（Whie Temple）（照片10-19）其实只是俗称，真正的英文名叫 Wat Rong Khun，汉语为龙昆寺、灵光寺或白龙寺。令人惊讶的是，这座惊世骇俗的宗教建筑居然是始建于1998年的现代建筑，泰国著名艺术家、建筑师、画家 Chaloemchai Khositphiphat 先生耗尽毕生心血创造了他人生中最伟大的作品，由他亲自设计和监督建造，是他送给诗吉丽皇后的礼物。白庙的出现让越来越多的人知道了泰北小城清莱，越来越多的游客来到泰国北部后，都愿意驱车百里一睹她的芳姿。白庙纯白的屋顶，纯白的墙壁，纯白的基座，镶嵌在墙面的玻璃时不时反射出耀眼的银光，仿佛是一座落入凡间的琼楼玉宇，让人瞬间产生敬仰之情。

照片10-19　泰国清莱的白庙

摄影：沈镭（照片号：IMG_9330）时间：2013年3月16日

（2）文化遗产

　　披迈石宫（Prasat Hin Phimai）（照片10-20）又叫披迈历史公园，是泰国东北部之呵叻府披迈县城里的佛教建筑群，建于公元968～1001年，被喻为"泰国的吴哥窟"。在法国政府的帮助下，在1979年4月才对外开放。2009年1月已被申报为世界遗产。整座建筑群成四方形的结构，占地约57 000 m²。东、西、南、北各边的墙壁代表山，它们都有一座石头城门楼。从每座石头城门楼往内看，都能见到中央的三座佛塔。四周环绕代表海的护城河，也散布着一个池塘，这些蓄水池塘供佛寺饮用，每逢举行佛教仪式，都从池塘取圣水来浴佛。目前，所有池塘均已干涸。中央簇拥在一起的三座佛塔，属石宫的主体建筑。从脚到顶全用砂岩石一块一块垒成，没有任何木料及泥灰。所用石块，有大有小，大的1000多千克，小的也超过100kg。石塔内外，石壁上雕刻的各种婆罗门教的神话故事及民族图像。石门框上残留着的古代高棉雕刻的艺术痕迹。旁边设有"披迈国家博物馆"，展出史前人类的骸骨、瓷器、石器及文物古董。

　　素可泰（Sukhothai）是泰国首个王朝素可泰王朝的首都，位于泰国中央平原，曼谷以北427km，意为"快乐的开始"，现为国家历史遗址（照片10-21）。这里不但是泰国的第一个首都，也是泰文化的摇篮，泰国的文字、艺术、文化与法规，很多都是由素可泰时代开始创立的。素可泰是昔日泰族称强时期的首都，1257～1436年，历史上称为"素可泰王朝"，之后再经历了所谓的"大城王朝"、"吞武里王朝"，然后至目前的"拉达那哥辛王朝"，因此在历史的演变过程中，这里扮演着一个非常重要的角色，同时也遗留着昔日的佛寺和宫殿灿烂的光华，在丰采中散发着一股古朴的气氛！素可泰历史文物保护区范围相当

照片 10-20　泰国披迈石宫
摄影：沈镭（照片号：IMG_8747）时间：2013 年 3 月 13 日

广阔，包括南北城垣各长 2000m，东西各长 1600m。保护区内重现出古代的历史君王宫殿和许多名刹，游客到此可以看到六七百年前泰民族伟大的遗迹。由于此地是一个极富有文化内涵的古都，所以观光景点也以古迹为主，尤其泰人在此时期的政治制度、建筑与艺术表现，都显现于寺庙与佛像的造型与线条上，颇具原创力。

照片 10-21　泰国素可泰国家历史遗址
摄影：沈镭（照片号：IMG_9069）时间：2013 年 3 月 15 日

由于当时流行信仰小乘佛教（THERAVADA），所以迄今城内仍然保有许多古寺，联合国教科文组织还提供专款为维护和研究此地的丰富文化与遗迹，鼓励专业人员进行致力保存遗产的工作。近年来，当地政府积极实施恢复素可泰旧观的计划，大力修缮所有的断壁倾墙，将境内的古迹寺庙修刷一新，重新建成国家历史文物保护区。

（3）高等教育

孔敬大学（Khon Kaen University）（照片 10-22）是泰国最著名的公立大学之一，成立于 1964 年，在全泰国排名前 5 位，同时孔敬大学还是泰国的第一大院校。孔敬大学拥有两个校区，主校区位于泰国孔敬市风景如画的大学城，校园占地面积 10 000 多亩，是泰国东北部最大、最权威的教育和科研领军机构，分校区设在廊开，是研究生院等科研机构的所在地。2014 年，在校学生超过 4 万人，大学拥有 21 个二级学院、300 多个专业学科，90% 的教师有欧美留学经历并拥有博士学位，可以向全世界的留学生提供从学士到博士学位的学习机会。孔敬大学在 2006～2007 年度被评为泰国最顶尖的大学；在 2008 年泰晤士高等教育增刊的世界大学排行榜上，孔敬大学名列第 528 位，是中国教育部向出国留学生推荐的泰国重点大学，学成归国学历得到国家认证。

照片 10-22　泰国孔敬大学
摄影：沈镭（照片号：IMG_8851）时间：2013 年 3 月 13 日

孔敬（Khon Kaen）是泰国依善地区的一个城市，也是孔敬府和孔敬郡（孔敬府的下辖地区）的首府。孔敬是泰国东北部的政治、商业、金融、交通、教育、医疗和稻米贸易中心，以及政府机构所在地，尤其是当地的丝绸贸易，使孔敬成为农业中心，与泰国内其他城市清迈、宋卡、那空和春武里同为联合国经济社会计划下的重点城市。当地浓郁的民族风情、秀丽的自然风光和便捷的交通，加上孔敬府境内发掘出土的恐龙化石，使得孔敬市及周边地区拥有丰富的旅游资源和很大的发展潜力（照片 10-23）。泰国友谊高速公路（Mithraphap Highway）穿越孔敬，这条公路连接曼谷东北区与老挝。另一条通往西部的现代化多线道公路避开市中心，连接机场，以及前往东部加拉信府与吗哈沙拉堪府、前往北部乌东他尼府的主要干道。

（4）国际口岸

"金三角"（Golden Triangle）是指位于东南亚泰国、缅甸和老挝三国边境地区的一个三角形地带，泰国政府在这三国交界点的清赛竖立了一座刻有"金三角"字样的牌坊，故这一带被称为"金三角"（照片 10-24）。因这一地区长期盛产鸦片等毒品，是世界上主要的毒品产地，而使"金三角"闻名于世。"金三角"的范围大致包括缅甸北部的掸邦、克钦邦，泰国的清莱府、清迈府北部，老挝的琅南塔省、丰沙里、

照片 10-23　泰国孔敬府的孔敬湖日落

摄影：沈镭（照片号：IMG_8860）时间：2013 年 3 月 13 日

乌多姆塞省及琅勃拉邦省西部，共有大小村镇 3000 多个。此处交通闭塞、山峦叠嶂，总面积为 15 万~20 万 km^2。高低起伏的山脉形成了立体性的气候，山脚的人酷热难当时山顶的人可能要围在火塘边才可以抵御寒冷，相对来说高海拔地区的自然条件比较差，人们的生活要更困难。

照片 10-24　泰国清赛金三角

摄影：沈镭（照片号：IMG_9427）时间：2013 年 3 月 16 日

该地区平均海拔高度为 1500~3000m，土地肥沃，气候温湿。亚热带长时间的日照、低纬度、高湿度的气候使这里有足够的阳光促使各类植物的生长，进而形成了当地特有的雨林性气候，而季风带的变化又使这里形成了干湿两季，夏季西南季风从海上带来大量湿热性水分形成充沛降雨湿季，受冬季北方干冷季风带影响时形成了旱季，这种周期性的变化调节着当地生物的节律，造成了丰富的生物多样性。

从地理学来看，湄公河是"金三角"形成的又一个重要原因，它从中国西北的青海省径直向南流去，穿过了中国、老挝、缅甸、泰国、越南及柬埔寨6个国家，漫长的河道将东南亚的崇山峻岭拦腰切断，加上山脉之间众多的深谷和湍急的支流，造成了无数的峡谷和绝壁，形成了大片的交通死角。由于以上特殊的地理原因，金三角地区在经济和文化方面与发达地区的联系较少，相关国家政府在很长时间内难以对金三角地区进行深入或有效控制。但农作物生产的良好气候条件，加上地形、地貌和地理气候的特殊性和复杂性，给这个区域众多民族的生存繁衍，还有各式各样的割据势力、区域力量或民族武装创造了极好的生存和回旋之地；更令人难以想象的是这个落后狭小的死角却源源不断地散发着腐蚀文明社会的能量，顽强地向世界宣布着它的存在。复杂的地理、纷繁的民族、畸形的力量，为在这里上演的种种神秘的故事搭造了一个极佳的舞台。特别是该地盛产的罂粟，通过当地军阀、毒枭等制造鸦片、海洛因等毒品，而闻名世界。金三角地区与阿富汗、伊朗、巴基斯坦边境的金新月地区，哥伦比亚、委内瑞拉交界的银三角地区并称为世界三大毒品源。

清孔县是泰国北部清莱府的一个县，与老挝会晒相邻，中间相隔湄公河，在河两岸分别建有泰国、老挝两国的边境口岸，对面是老挝的会晒口岸，是从泰国前往老挝的一个主要中转地。

美丽的老挝金三角经济特区位于老挝波乔省东鹏县境内，紧邻湄公河，与泰国的清盛、缅甸的大其力隔河相望，是名副其实的金三角（图10-3，照片10-25）。老挝金三角经济特区是经老挝政府批准，于2009年9月9日正式成立的，金三角经济特区是在除国防、外交、司法权外实行高度自治的特区，作为世界上首个"企业境外"特区，这里自然风光秀丽，具有独特的地理位置与区位优势，具有尘封古朴的人文生态环境。考察队员在泰国清孔口岸渡口的合影如照片10-26所示。

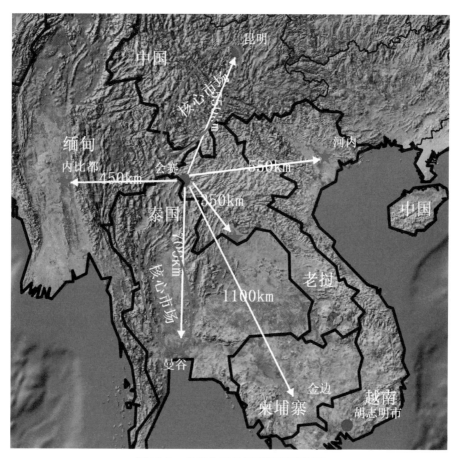

图10-3　老挝金三角经济特区区位图

照片 10-25　老挝金三角经济特区

摄影：沈镭（照片号：IMG_9426）时间：2013 年 3 月 16 日

照片 10-26　考察队员在泰国清孔口岸渡口的合影

摄影：沈镭（照片号：IMG_9586）时间：2013 年 3 月 17 日

2007 年 4 月 26 日，老挝金木棉国际（香港）有限公司与老挝人民民主共和国政府签订投资合同成立金三角经济开发区。作为该项目的开发商，老挝金木棉集团有限公司于 2007 年 8 月注册成立，注册资本 2598 万美元，法定代表人赵伟，项目规划建设 827hm²。

经与老挝政府协商，2008 年 7 月 1 日，老挝金木棉集团有限公司申请设立金三角经济特区，规划建设 3000 hm²（含 827 hm²）土地及 7000 hm² 国家自然森林保护区（金龙山），2010 年 2 月 4 日，老挝人民民主共和国总理波松·布帕万签署《关于在老挝人民民主共和国博乔省墩鹏县设立金三角经济特区的活动和管理的第 090 号总理政令》（简称《政令》），批准成立金三角经济特区。《政令》规定金三角经济特区的期限为 99 年（自 2007 年 4 月 27 日始），金三角经济特区的范围包括金三角天堂 827 hm²，苏万那空佛教文化发展区 2250 hm²，班磨工业区 150 hm²，金龙山原始森林保护区 7000 hm²，共 10 227 hm² 土地。老挝政府全面授权金三角经济特区行使特区的管理和开发权。

《政令》颁发后，考虑到发掘、抢救和开发苏万那空古代文化遗产，再现塞塔提腊国（古澜沧王朝）王朝时代文化艺术圣殿的需要，经与老挝政府协商，金三角经济特区放弃原划定的北部与缅甸隔河相望的部分土地，由老挝政府另行安排与泰国清盛码头隔河相望的苏万那空佛教文化发展区，金三角经济特区的面积由此扩大 3 倍。

为保证特区的水源和后续发展，老挝政府提议在南埂水库及水库以南地区设立国际生态农业示范区，委托金三角经济特区进行开发管理并在此区域建设特区国际机场。

截至 2010 年 3 月 30 日，老挝金木棉集团有限公司已投资 20 亿元建设金三角经济特区，已签约并正在实施的招商引资项目投资为 8 亿元。规划建设四大区域，包括第一期金三角天堂、第二期苏万那空佛教文化发展区、第三期国际生态示范区及 7000 hm² 国家自然森林保护区、南埂水库等。

参 考 文 献

安晓文，李世成，周瑞奇，等．2003．澜沧江流域地震地质灾害机理研究（以耿马县城为例）．地震研究，26（02）：176-182.

蔡建琼，于惠芳，朱志洪，等．2006.SPSS统计分析实例精选．北京：清华大学出版社．

陈俊．2002．澜沧江–湄公河次区域国家国际旅游发展前景的预测分析．经济问题探索，（04）：120-124.

陈丽晖，何大明．1999．澜沧江–湄公河流域整体开发的前景与问题研究．地理学报，54（S1）：55-64.

陈丽晖，何大明．2000．澜沧江–湄公河水电梯级开发的生态影响．地理学报，55（05）：577-586.

陈友华，赵民．2000．城市规划概论．上海：上海科学技术文献出版社．

邓应文．2012.2011年越南政治、经济与外交综述．东南亚研究，（2）：37-43.

董瑞青．2012.2009—2011年越南制造业发展概况．http：//www.istis.sh.cn/list/list.aspx？id=7670［2012-12-24］.

范娜，谢高地，张昌顺，等．2012.2001年至2010年澜沧江流域植被覆盖动态变化分析．资源科学，34（7）：1222-1231.

范业正，郭来喜．1998．中国海滨旅游地气候适宜性评价．自然资源学报，13（4）：304-311.

冯彦，何大明，包浩生．2000．澜沧江–湄公河水资源公平合理分配模式分析．自然资源学报，15（3）：241-245.

甘淑，何大明，袁建平．1999．澜沧江流域自然生态环境背景与土地资源．土壤侵蚀与水土保持学报，5（5）：20-24.

甘淑．2001．澜沧江流域云南段山区土地覆盖及其遥感监测技术研究．水土保持学报，15（01）：126-127.

耿雷华，杜霞，姜蓓蕾，等．2007．澜沧江流域水资源开发利用影响分析．水资源与水工程学报，18（4）：17-22.

韩汉白，崔明昆，闵庆文．2012．傈僳族垂直农业的生态人类学研究——以云南省迪庆州维西县同乐村为例．资源科学，34（7）：1207-1213.

何大明．1996．通过水资源整体多目标利用和管理推进澜沧江–湄公河流域的持续发展．云南地理环境研究，（1）：31-32.

何大明，汤奇成．2000．中国国际河流．北京：科学出版社．

何大明，吴绍洪，彭华，等．2005．纵向岭谷区生态系统变化及西南跨境生态安全研究．地球科学进展，20（3）：338-344.

何友均，杜华，邹大林，等．2004．三江源自然保护区澜沧江上游种子植物区系研究．北京林业大学学报，26（01）：21-29.

康斌，何大明．2007．澜沧江鱼类生物多样性研究进展．资源科学，29（05）：195-200.

兰坪县人民政府．2005．云南省兰坪白族普米族自治县工业发展规划（2000-2020）．http：//www.docin.com/p-573500227.html．［2005-04-20］.

李斌．2010．澜沧江流域关键水文要素时空演化规律研究．北京：中国科学院地理科学与资源研究所．

李王鸣，叶信岳，祁魏锋．2000．中外人居环境理论与实践发展述评．浙江大学学报（理学版），27（2）：205-211.

林兆驹，何大明．1992．澜沧江–湄公河流域联合开发的国际科技合作．国际技术经济研究学报，（03）：19-24.

刘登忠，王国芝，陶晓风，等．2000．澜沧江构造混杂带的初步研究．中国区域地质，19（03）：312-317.

刘清春，王铮，许世远．2007．中国城市旅游气候舒适性分析．资源科学，29（1）：133-141.

刘睿文，封志明，张伟科．2011．宁夏人口与资源、环境协调发展研究．北京：中国社会出版社．

马刚．2003．澜沧江–湄公河次区域开发现状的几点建议．经济问题探索，（01）：95-97.

彭头平．2006．澜沧江南带三叠纪碰撞后岩浆作用、岩石成因及其构造意义．广州：中国科学院广州地球化学研究所博士学位论文．

宋发荣．2007．香格里拉县松茸产业可持续发展对策．林业调查规划，32（5）：83-86.

苏鹏程，韦方强，徐爱淞，等．2011．四川省汶川地震灾区震后山地灾害综合风险评价．水土保持通报，31（1）：231-237.

谭果林，苏文江．1992．我国面向东南亚开放的一个突破口——开发澜沧江–湄公河流域．中国软科学，（05）：22-23.

唐川，朱静．1999．澜沧江中下游滑坡泥石流分布规律与危险区划．地理学报，54（S1）：84-92.

唐艳，封志明，杨艳昭．2008．基于栅格尺度的中国人居环境气候适宜性评价．资源科学，30（5）：648-653.

王国芝，胡瑞忠，方维萱，等．2001．澜沧江断裂带走滑变形及与临沧锗矿的关系．矿物学报，21（04）：695-698.

王健．2001．地震活动性图像处理的网格点密集值计算方法．地震学报，23（3）：262-267

王娟，崔保山，姚华荣．2007．云南澜沧江流域景观格局时空动态研究．水土保持学报，21（4）：85-90.

王硕．2011．澜沧江南带三叠纪火山岩岩石学、地球化学、年代学特征及其构造意义．北京：中国地质大学硕士学位论文．

温敏霞，刘世梁，崔保山，等．2008．澜沧江流域云南段道路网络对生态承载力的影响研究．环境科学学报，28（06）：1241-1248.

吴良士. 2011. 泰国地质构造基本特征与矿产资源. 矿床地质, 30（3）：571-574.

吴良镛. 2001. 人居环境科学导论. 北京：中国建筑工业出版社.

西南大学. 2008. 四川省甘孜州康南乡城县特色农产品加工集中发展园区产业链发展规划.

谢力华. 2000. 滇西澜沧江岩浆—变质—构造活动带铜（金）多金属找矿远景研究. 长沙：中南大学博士学位论文.

谢卓娟, 吕悦军, 张力方. 2012. 中小地震定量分析在地震区带划分中的应用——以龙门山地震带及邻区为例. 西北地震学报, 34（3）：277-283

徐建华. 2002. 现代地理学中的数学方法. 北京：高等教育出版社

闫满存, 王光谦. 2007. 基于 GIS 的澜沧江下游区滑坡灾害危险性分析. 地理科学, 27（03）：365-370.

闫满存, 王光谦, 刘家宏. 2001. GIS 支持的澜沧江下游区泥石流爆发危险性评价. 地理科学, 21（04）：334-338.

杨桂华. 1995. 澜沧江上游流域自然旅游资源开发与生态环境保护. 地域研究与开发, 14（3）：85-88.

杨婧, 李铎, 毕攀, 等. 2009. 澜沧江–湄公河流域水资源利用概况. 安徽农业科学, 37（16）：7569-7570.

杨立杰. 2002. 柬埔寨概况. http：//news. xinhuanet. com/ziliao/2002-06/18/content_445571. htm［2002-06-18］.

杨再兴. 2008. 依靠自主创新有效利用资源推动企业发展. http：//www. nfme. org/news_ show. asp？ id＝167［2012-06-06］.

尤卫红, 何大明, 索渺清. 2005. 澜沧江的跨境径流量变化及其对云南降水量场变化的响应. 自然资源学报, 20（03）：361-371.

曾红伟. 2012. 澜沧江流域 TMPA 降水数据精度检验及其在干旱检测与径流模拟中的应用. 北京：中国科学院地理科学与资源研究所博士学位论文.

曾红伟, 李丽娟. 2011. 澜沧江及周边流域 TRMM 3B43 数据精度检验. 地理学报, 66（07）：994-1004.

张彩华. 2007. 澜沧江火山弧云县段铜矿床地质特征、成矿模式与找矿预测. 长沙：中南大学博士学位论文.

张景华. 2013. 基于土地利用/土地覆被的澜沧江流域人为干扰研究. 北京：中国科学院大学博士学位论文.

张力方, 吕悦军, 彭艳菊, 等. 2009. 基于中小地震应变能密度的地震活动性图像分析. 中国地震, 24（4）：407-414

张文彤, 董伟. 2004. SPSS 统计分析高级教程. 北京：高等教育出版社.

张智, 魏忠庆. 2006. 城市人居环境评价体系的研究及应用. 生态环境, 15（1）：198-201.

赵文宇. 2012. 2011 年老挝政治经济形势. http：//la. mofcom. gov. cn/article/zwjingji/201203/20120308015888. shtml［2012-03-14］.

赵小平, 李渝生, 陈孝兵, 等. 2008. 澜沧江某水电站右坝肩工程边坡倾倒变形问题的数值模拟研究. 工程地质学报, 16（03）：298-303.

郑光, 杜宇本, 许强. 2010. 大瑞铁路澜沧江大桥工程边坡岩体结构特征研究. 工程地质学报, 18（04）：521-529.

中共叶枝镇委员会, 叶枝镇人民政府主办. 2011. 维西傈僳族自治县叶枝镇同乐行政村人文地理. http：//www. ynszxc. gov. cn/szxc/villagePage/vindex. aspxdepartmentid＝94903&classid＝986578［2012-04-13］.

驻胡志明市总领事馆经商室. 2010. 越南制定 2011 年经济发展计划. http：//www. mofcom. gov. cn/aarticle/i/jyjl/j/201006/20100606969652. html［2010-06-15］.

Carrara A, Cardinali M, Detti R, et al. 1999. GIS techniques and statistical models in evaluating landslide hazard. Earth Surface Processes and Landforms, 16：427-445.

Dai F C, Lee C F, Ngai Y Y. 2002. Landslide risk assessment and management：an overview. Engineering Geology, 64：65-87.

Doxiadis C A. 1968. Ekistics：An Introduction to the Science of Human Settlements. New York：Oxford University Press.

Doxiadis C A. 1970. Ekistics, the Science of Human Settlements. Science, 170（3956）：393-404.

Fausto Guzzetti, Alberto Carrara, Mauro Cardinali, et al. 1999. Landslide hazard evaluation：a review of current techniques and their application in a multi-scale study, Central Italy. Geomorphology, 31：181-216.

Geddes P. 1915. Cities in Evolution：An introduction to the Town Planning Movement and the Study of Civicism. New York：Howard Ferug.

Hall P. 1992. Urban and Regional Planning. London and New York：Routledge.

He D M, Zhao W J, Feng Y. 2004. Research progress of international rivers in China. Journal of Geographical Sciences, 14（1）：21-28.

Howard E. 1946. Garden Cities of Tomorrow. London：Faber and Faber.

Malinowski E R. 1991. Factor Analysis in Chemistry（2nd Ed）. New York：Wiley.

Meijerink A M J. 1988. Data Acquisition and Data Capture Through Terrain Mapping Unit. ITC Journal, 1：23-44.

Mumford L. 1961. The City in History: Its Origin, Its Transformation, and Its Prospects. Houghton Mifflin Harcourt.

Ruff M, Czurda K. 2008. Landslide susceptibility analysis with a heuristic approach in the Eastern Alps (Vorarlberg, Austria). Geomorphology, 94: 314-324.

Saaty T L, Vargas G L. 2001. Models, Methods, Concepts, and Applications of the Analytic Hierarchy Process. Boston: Kluwer Academic Publisher.

United Nations Human Settlements Program (UN-HABITAT). 2013. State of the World's Cities 2012/2013, Prosperity of Cities State of the World's Cities. http: //www. unhabitat. org/pmss/listItemDetails. aspx? publicationID=3387 [2012-06-18].

Wei F, Gao K, Hu K. 2008. Relationships between debris flows and earth surface factors in Southwest China. Environmental Geology, 55 (3): 619-627.

附　录
澜沧江流域人居环境基本统计数据

附表1　2000～2010年澜沧江流域各县行政区域土地面积　　　　　（单位：km²）

地区	2000年	2001年	2002年	2003年	2004年	2005年	2006年	2007年	2008年	2009年	2010年
杂多县	35 809	35 809	35 809	35 809	35 809	39 683	39 683	39 683	34 171	34 171	34 171
玉树县	15 671	15 671	15 671	15 671	15 671	14 533	14 533	15 715	17 596	17 596	17 596
囊谦县	12 230	12 230	12 230	12 230	12 230	10 506	10 506	12 337	12 695	12 695	12 741
巴青县	15 334	10 037	10 037	15 000	10 326	15 000	10 326	10 326	10 326	10 326	10 326
江达县	—	13 085	13 085	13 085	13 164	13 085	13 164	13 164	13 164	13 164	13 164
丁青县	11 365	12 955	12 955	12 955	12 408	11 547	12 408	12 408	12 408	12 408	12 408
昌都县	11 200	11 200	11 200	10 652	10 794	10 809	10 794	10 794	10 794	10 794	10 794
类乌齐县	—	—	5 876	6 147	6 356	6 147	6 355	6 355	6 355	6 355	6 355
贡觉县	6 200	6 268	6 268	6 368	6 323	6 244	6 323	6 323	6 323	6 323	6 323
洛隆县	8 098	8 098	8 098	8 078	8 048	8 098	8 048	8 048	8 048	8 048	8 048
察雅县	—	8 413	8 413	8 413	8 251	8 281	8 251	8 251	8 251	8 251	8 251
八宿县	—	—	—	12 564	12 336	1 251	12 336	12 336	12 336	12 336	12 336
左贡县	11 726	11 726	11 700	11 700	11 837	11 706	11 837	11 837	11 837	11 837	11 837
芒康县	11 143	11 143	11 143	11 635	11 576	1 163	11 576	11 576	11 576	11 576	11 576
察隅县	31 659	31 659	31 659	31 659	31 305	31 659	31 305	31 305	31 305	31 305	31 305
贡山县	4 506	4 506	4 506	4 506	4 506	4 506	4 506	4 506	4 506	4 506	4 506
维西县	4 661	4 661	4 661	4 661	4 661	4 661	4 661	4 661	4 661	4 661	4 661
丽江县	7 485	7 485	—	—	—	—	—	—	—	—	—
福贡县	2 725	2 725	2 756	2 756	2 756	2 756	2 756	2 756	2 756	2 756	2 756
兰坪县	4 387	4 386	4 386	4 386	4 387	4 387	4 387	4 387	4 387	4 372	4 372
鹤庆县	2 395	2 395	2 395	2 395	2 395	2 395	2 395	2 395	2 395	2 395	2 395
剑川县	2 270	2 270	2 270	2 270	2 270	2 270	2 270	2 270	2 270	2 270	2 270
泸水县	2 938	2 938	2 938	2 938	2 938	2 938	2 938	2 938	2 938	2 938	2 938
洱源县	2 867	2 867	2 867	2 867	2 533	2 614	2 614	2 614	2 614	2 614	2 614
云龙县	4 712	4 712	4 712	4 712	4 712	4 400	4 400	4 401	4 404	4 401	4 401
宾川县	2 627	2 627	2 627	2 627	2 627	2 627	2 627	2 627	2 627	2 627	2 627
大理市	1 468	1 468	1 468	1 468	1 815	1 815	1 815	1 815	1 815	1 815	1 815
漾濞县	1 957	1 957	1 957	1 957	1 957	1 957	1 957	1 957	1 957	1 957	1 957
祥云县	2 498	2 498	2 498	2 498	2 498	2 425	2 425	2 425	2 425	2 425	2 425

续表

地区	2000 年	2001 年	2002 年	2003 年	2004 年	2005 年	2006 年	2007 年	2008 年	2009 年	2010 年
永平县	2 884	2 884	2 884	2 884	2 884	2 884	2 884	2 884	2 884	2 884	2 884
保山市	—	—	—	—	—	—	—	—	—	—	—
巍山县	2 266	2 266	2 266	2 266	2 200	2 200	2 200	2 200	2 200	2 200	2 200
弥渡县	1 571	1 571	1 571	1 571	1 571	1 571	1 571	1 571	1 571	1 523	1 523
昌宁县	3 888	3 888	3 888	3 888	3 888	3 888	3 888	3 888	3 888	3 888	3 888
南涧县	1 802	1 802	1 802	1 802	1 802	1 802	1 802	1 802	1 739	1 732	1 732
凤庆县	3 451	3 451	3 451	3 451	3 451	3 451	3 451	3 451	3 451	3 451	3 451
景东县	4 466	4 466	4 466	4 466	4 532	4 532	4 532	4 532	4 532	4 532	4 532
云县	3 760	3 760	3 760	3 760	3 760	3 760	3 760	3 760	3 760	3 760	3 760
永德县	3 215	3 296	3 296	3 296	3 296	3 296	3 296	3 296	3 296	3 296	3 296
镇沅县	4 109	4 109	4 109	4 109	4 223	4 223	4 223	4 223	4 223	4 223	4 223
临沧县	2 652	2 652	2 652	2 652	2 652	2 652	2 652	2 652	2 652	2 652	2 652
耿马县	3 837	3 837	3 837	3 837	3 837	3 837	3 837	3 837	3 837	3 837	3 937
景谷县	7 550	7 550	7 550	7 550	7 777	7 777	7 777	7 777	7 777	7 777	7 777
双江县	2 160	2 292	2 292	2 292	2 292	2 292	2 292	2 292	2 292	2 292	2 292
普洱县	3 670	3 670	3 670	3 670	3 882	3 882	3 670	3 670	3 670	3 670	3 670
沧源县	2 447	2 539	2 539	2 539	2 539	2 539	2 539	2 539	2 539	2 539	2 539
澜沧县	8 807	8 807	8 807	8 807	8 807	8 807	8 807	8 807	8 807	8 807	8 807
思茅市	3 928	3 928	3 928	3 928	3 881	3 881	4 093	4 093	4 093	4 093	4 093
西盟县	1 354	1 352	1 352	1 352	1 391	1 391	1 391	1 391	1 391	1 391	1 391
江城县	3 460	3 544	3 544	3 544	3 476	3 476	3 476	3 476	3 476	3 476	3 476
景洪市	6 959	6 959	6 959	6 959	6 959	6 959	6 959	6 959	6 959	6 959	6 959
孟连县	1 893	1 983	1 983	1 983	1 957	1 957	1 957	1 957	1 957	1 957	1 957
勐海县	5 511	5 511	5 511	5 511	5 511	5 511	5 511	5 511	5 511	5 511	5 511
勐腊县	7 093	7 084	7 084	7 084	7 084	7 084	7 084	7 124	7 124	7 124	7 081
中甸县	11 613	11 613	11 613	11 613	11 613	11 613	11 613	11 613	11 613	11 613	11 613
稻城县	7 323	7 323	7 323	7 323	7 323	7 323	7 323	7 323	7 323	7 323	7 323
乡城县	5 016	5 016	5 016	5 016	5 016	5 016	5 016	5 016	5 016	5 016	5 016
得荣县	2 916	2 916	2 916	2 916	2 916	2 916	2 916	2 916	2 916	2 916	2 916
德钦县	7 272	7 272	7 272	7 272	7 272	7 272	7 272	7 272	7 272	7 272	7 272

附表 2　2000～2010 年澜沧江流域各县乡（镇）个数　　　　　（单位：个）

地区	2000 年	2001 年	2002 年	2003 年	2004 年	2005 年	2006 年	2007 年	2008 年	2009 年	2010 年
杂多县	8	8	8	8	8	8	8	8	8	8	8
玉树县	9	9	9	9	9	9	9	9	9	9	9
囊谦县	10	10	10	10	10	10	10	10	10	10	10
巴青县	12	12	12	10	10	10	10	10	10	10	10
江达县	13	13	13	13	13	13	13	13	13	13	13
丁青县	13	13	13	13	13	13	13	13	13	13	13
昌都县	15	15	15	15	15	15	15	15	15	15	15

续表

地区	2000年	2001年	2002年	2003年	2004年	2005年	2006年	2007年	2008年	2009年	2010年
类乌齐县	10	10	10	10	10	10	10	10	10	10	10
贡觉县	12	12	12	12	12	12	12	12	12	12	12
洛隆县	11	11	11	11	11	11	11	11	11	11	11
察雅县	12	12	13	13	13	13	13	13	13	13	13
八宿县	14	14	14	14	14	14	14	14	14	14	14
左贡县	15	15	10	10	10	10	10	10	10	10	10
芒康县	16	16	16	16	16	16	16	16	16	16	16
察隅县	6	6	6	6	6	6	6	6	6	6	6
贡山县	5	4	4	4	5	5	4	5	5	5	5
维西县	10	9	9	9	10	10	10	10	10	10	10
丽江县	24	23	—	—	—	—	—	—	—	—	—
福贡县	7	6	6	6	7	7	6	7	7	7	7
兰坪县	8	7	7	7	7	8	7	8	8	8	8
鹤庆县	10	9	9	9	10	9	9	9	9	9	9
剑川县	9	8	8	8	9	8	8	8	8	8	8
泸水县	9	8	8	8	8	9	8	9	9	9	9
洱源县	12	11	11	11	10	9	9	9	9	9	9
云龙县	12	10	11	11	12	11	11	11	11	11	11
宾川县	12	11	10	10	11	10	10	10	10	10	10
大理市	11	10	9	9	12	11	11	11	11	11	11
漾濞县	11	10	10	10	11	9	9	9	9	9	9
祥云县	13	12	11	11	12	10	10	10	10	10	10
永平县	9	8	8	8	9	7	7	7	7	7	7
保山市	—	—	—	—	—	—	—	—	—	—	—
巍山县	11	10	10	10	11	11	10	10	10	10	10
弥渡县	9	8	8	8	9	8	8	8	8	8	8
昌宁县	14	13	13	13	14	13	13	13	13	13	13
南涧县	10	9	8	8	9	8	8	8	8	8	8
凤庆县	15	14	14	14	15	13	13	13	13	13	13
景东县	15	14	14	14	15	15	13	13	13	13	13
云县	14	13	13	13	14	12	12	12	12	12	12
永德县	12	11	11	11	12	10	10	10	10	10	10
镇沅县	11	10	10	10	11	11	9	9	9	9	9
临沧县	11	10	10	10	11	10	9	8	8	8	8
耿马县	11	10	10	10	11	9	9	9	9	9	9
景谷县	12	11	11	11	12	12	10	10	10	10	10
双江县	7	6	6	6	7	6	6	6	6	6	6
普洱县	11	10	10	10	11	9	9	9	9	9	9
沧源县	11	10	10	10	11	10	10	10	10	10	10

地区	2000 年	2001 年	2002 年	2003 年	2004 年	2005 年	2006 年	2007 年	2008 年	2009 年	2010 年
澜沧县	23	22	22	22	23	23	20	20	20	20	20
思茅市	8	7	7	7	8	8	7	7	7	7	7
西盟县	8	7	7	8	8	8	7	7	7	7	7
江城县	8	7	7	7	8	8	7	7	7	7	7
景洪市	13	12	12	12	12	10	10	10	10	10	10
孟连县	7	6	6	6	7	7	6	6	6	6	6
勐海县	14	13	11	11	12	11	11	11	11	11	11
勐腊县	13	12	11	11	12	10	10	10	10	10	10
中甸县	11	10	10	10	11	11	11	11	11	11	11
稻城县	14	14	14	14	14	14	14	14	14	14	14
乡城县	12	12	12	12	12	12	12	12	12	12	12
得荣县	12	12	12	12	12	12	12	12	12	12	12
德钦县	8	7	7	7	8	8	8	8	8	8	8

附表 3　2000～2010 年澜沧江流域各县村民委员会个数　　　　（单位：个）

地区	2000 年	2001 年	2002 年	2003 年	2004 年	2005 年	2006 年	2007 年	2008 年	2009 年	2010 年
杂多县	31	31	31	31	31	31	31	31	31	31	31
玉树县	62	62	60	62	62	62	62	62	62	62	62
襄谦县	69	69	69	69	69	69	69	69	69	69	69
巴青县	162	162	162	162	163	162	162	162	158	156	153
江达县	94	94	94	94	94	94	94	94	95	95	94
丁青县	65	65	65	65	65	65	65	65	64	64	64
昌都县	208	208	208	208	208	208	208	208	167	167	167
类乌齐县	105	105	105	105	105	105	105	105	82	82	82
贡觉县	162	162	162	162	157	157	157	157	149	149	149
洛隆县	76	76	76	76	76	76	76	76	66	66	66
察雅县	153	153	153	153	153	153	153	153	138	138	138
八宿县	126	126	126	126	126	126	126	126	110	110	110
左贡县	161	161	161	161	161	161	161	161	128	128	128
芒康县	60	60	60	60	60	60	60	60	61	61	61
察隅县	113	113	114	114	114	96	96	96	96	96	96
贡山县	26	26	26	26	26	26	26	26	26	26	26
维西县	79	79	79	79	79	79	79	79	79	79	79
丽江县	145	145	—	—	—	—	—	—	—	—	—
福贡县	57	57	57	57	57	57	57	57	57	57	57
兰坪县	104	104	104	104	104	102	104	104	104	104	105
鹤庆县	113	113	114	114	114	112	112	112	113	113	113
剑川县	93	93	93	93	93	89	93	93	93	93	93
泸水县	73	73	73	71	71	71	71	71	71	71	71
洱源县	110	110	110	103	83	88	88	90	90	90	90

地区	2000 年	2001 年	2002 年	2003 年	2004 年	2005 年	2006 年	2007 年	2008 年	2009 年	2010 年
云龙县	86	87	86	86	86	85	86	86	86	86	86
宾川县	83	83	83	83	84	80	80	80	80	81	81
大理市	89	89	89	89	109	109	109	109	111	111	111
漾濞县	67	65	65	66	66	65	65	66	66	66	66
祥云县	136	136	136	136	136	132	132	136	136	136	136
永平县	73	73	73	73	73	72	73	73	73	73	73
保山市	—	—	—	—	—	—	—	—	—	—	—
巍山县	81	81	81	81	81	79	81	81	81	81	81
弥渡县	89	89	89	89	89	85	89	87	87	87	87
昌宁县	123	122	122	123	121	121	122	121	121	121	119
南涧县	80	80	80	80	80	79	80	80	80	80	80
凤庆县	185	185	185	185	183	183	183	183	183	183	183
景东县	167	167	167	167	166	166	166	166	166	166	166
云县	194	194	194	192	190	190	190	190	190	190	190
永德县	117	117	117	116	116	116	116	116	116	116	116
镇沅县	110	110	110	109	109	109	109	109	109	109	109
临沧县	103	103	103	94	94	94	94	93	93	93	93
耿马县	83	83	83	81	83	82	82	82	82	82	82
景谷县	132	132	132	132	132	132	132	132	132	132	132
双江县	73	73	73	72	72	72	72	72	72	72	72
普洱县	85	85	85	85	85	85	85	85	85	85	85
沧源县	93	93	93	93	93	90	90	90	90	90	90
澜沧县	157	157	157	157	158	155	158	155	155	155	157
思茅市	51	51	51	60	60	60	60	60	60	60	60
西盟县	36	36	36	36	36	36	36	36	36	36	36
江城县	46	46	46	45	45	45	48	48	48	48	48
景洪市	86	86	86	83	83	83	83	83	83	83	85
孟连县	40	40	40	39	39	39	39	39	39	39	39
勐海县	102	101	101	85	85	85	85	85	85	84	85
勐腊县	71	71	71	52	52	52	52	52	52	52	52
中甸县	63	63	63	64	64	55	135	64	64	64	63
稻城县	37	37	38	38	38	121	121	121	124	124	124
乡城县	52	51	51	51	51	51	51	89	89	89	89
得荣县	122	122	126	126	126	127	127	127	127	127	127
德钦县	41	41	41	41	41	40	41	41	41	41	41

附表 4　2000～2010 年澜沧江流域各县年末总户数　　　　　　　　（单位：户）

地区	2000 年	2001 年	2002 年	2003 年	2004 年	2005 年	2006 年	2007 年	2008 年	2009 年	2010 年
杂多县	6 909	6 747	7 118	7 479	8 262	9 536	9 927	10 294	11 943	15 431	13 466
玉树县	16 249	16 924	16 910	18 957	20 221	25 019	25 172	26 928	29 479	34 835	27 580

续表

地区	2000 年	2001 年	2002 年	2003 年	2004 年	2005 年	2006 年	2007 年	2008 年	2009 年	2010 年
囊谦县	9 574	9 636	10 053	10 469	11 194	12 643	13 150	17 466	17 785	23 165	21 685
巴青县	5 319	5 666	5 819	6 224	6 357	6 843	7 057	7 325	7 665	8 236	8 697
江达县	11 510	11 165	11 199	9 777	11 171	11 985	11 939	12 152	12 373	12 225	12 897
丁青县	8 864	7 854	8 669	8 804	8 849	9 362	9 620	9 843	10 117	10 436	11 484
昌都县	14 282	10 887	16 811	10 854	31 173	18 639	19 923	20 733	21 736	22 769	25 662
类乌齐县	6 018	7 172	6 808	6 841	7 206	7 360	7 505	7 633	7 897	8 861	9 239
贡觉县	6 128	6 526	6 861	5 932	7 221	5 951	7 341	7 328	7 334	7 344	7 370
洛隆县	6 858	7 494	7 115	6 290	6 578	6 521	6 960	7 128	7 869	8 240	8 178
察雅县	9 241	8 457	8 261	8 464	8 212	9 164	8 894	9 129	9 167	9 408	9 654
八宿县	6 013	6 021	6 021	6 022	6 143	6 275	6 372	6 570	6 859	6 996	7 217
左贡县	7 101	7 210	7 273	7 180	7 164	7 302	7 426	7 481	7 569	7 677	8 281
芒康县	10 881	10 063	11 070	10 071	10 896	11 394	11 469	11 662	11 795	11 897	11 957
察隅县	4 300	4 300	4 836	4 300	4 987	5 059	4 329	4 412	4 450	4 980	5 529
贡山县	8 445	8 657	8 746	8 635	8 703	9 617	10 222	10 624	11 435	11 953	12 129
维西县	32 950	33 892	33 981	34 363	35 012	35 705	37 045	38 279	39 650	41 473	42 146
丽江县	87 155	87 934	—	—	—	—	—	—	—	—	—
福贡县	20 818	21 013	21 082	21 684	23 121	23 642	24 844	26 182	27 511	28 412	29 038
兰坪县	45 168	45 843	46 563	47 047	49 820	51 180	52 735	56 992	59 408	60 983	61 826
鹤庆县	65 355	66 215	67 111	68 442	68 455	69 732	71 887	72 900	74 252	76 064	76 737
剑川县	39 424	39 755	40 125	41 026	41 455	41 712	42 083	42 738	44 532	47 420	49 556
泸水县	37 309	38 946	39 758	40 304	41 485	42 661	44 072	45 843	48 268	50 574	51 922
洱源县	79 048	79 540	80 714	80 943	66 699	67 849	68 203	69 188	70 187	73 058	79 343
云龙县	49 861	49 904	50 571	51 976	53 423	54 581	56 503	58 149	59 673	61 238	62 510
宾川县	83 622	84 706	85 684	88 214	102 340	102 399	102 978	102 980	92 112	96 157	98 525
大理市	138 332	146 975	150 402	153 374	170 161	173 016	176 907	180 872	186 120	187 549	191 480
漾濞县	23 755	24 617	24 733	25 480	25 578	26 574	27 756	28 993	30 044	31 179	32 049
祥云县	116 757	118 442	123 624	124 284	218 455	128 044	127 359	131 458	133 060	133 340	138 152
永平县	41 680	41 941	42 548	44 114	45 083	47 640	50 882	52 225	54 183	55 689	56 525
保山市	—	—	—	—	—	—	—	—	—	—	—
巍山县	73 422	74 299	75 198	76 480	77 846	79 218	80 753	83 229	84 345	84 740	87 833
弥渡县	80 331	81 764	82 459	84 149	88 303	87 379	89 829	91 232	91 508	92 610	94 980
昌宁县	81 187	82 176	83 040	84 221	85 395	86 393	88 518	90 592	91 579	93 095	94 124
南涧县	54 738	55 330	56 022	57 114	67 624	61 266	59 385	61 225	61 716	63 070	63 485
凤庆县	99 307	101 773	102 758	104 895	101 312	101 990	102 603	104 040	104 470	108 798	116 407
景东县	86 485	87 596	88 879	90 155	91 169	92 352	95 966	98 696	100 767	103 359	104 702
云县	94 645	96 087	97 167	101 162	100 352	101 835	103 566	106 811	111 324	114 449	124 141
永德县	71 930	72 647	73 836	75 231	76 139	77 129	77 831	79 141	80 406	82 847	91 998
镇沅县	49 508	50 584	51 397	52 522	53 400	55 657	57 285	59 041	60 712	62 502	63 761
临沧县	70 327	70 630	73 672	75 158	75 614	76 363	77 037	80 575	81 683	83 002	90 334

续表

地区	2000 年	2001 年	2002 年	2003 年	2004 年	2005 年	2006 年	2007 年	2008 年	2009 年	2010 年
耿马县	58 601	58 899	59 912	59 650	60 858	61 900	63 445	64 743	65 896	71 787	80 681
景谷县	69 981	73 184	74 292	75 641	76 915	78 387	79 765	83 019	85 705	87 861	88 654
双江县	36 425	36 721	36 899	37 344	38 460	38 890	39 494	40 407	41 397	42 121	44 956
普洱县	46 831	47 077	47 533	52 811	53 576	50 749	52 734	55 046	56 598	56 912	56 694
沧源县	36 471	37 287	37 643	38 149	38 553	41 287	42 593	42 706	44 461	46 463	48 931
澜沧县	106 698	108 736	110 266	110 809	111 277	112 170	115 453	124 085	129 987	133 970	136 317
思茅市	53 892	55 865	57 561	59 423	60 893	63 277	64 425	65 891	67 088	68 438	69 593
西盟县	21 309	21 316	21 695	22 626	23 166	23 649	25 501	27 427	28 840	29 836	30 453
江城县	25 925	28 927	26 504	24 152	24 365	26 209	24 310	28 836	30 025	31 111	32 175
景洪市	103 140	104 153	104 805	106 878	108 321	110 239	111 145	114 411	115 865	119 299	121 408
孟连县	28 438	29 224	29 978	30 183	30 725	31 899	32 897	34 351	35 407	35 905	36 477
勐海县	67 960	68 874	69 186	70 031	72 098	73 361	73 613	71 985	76 300	78 033	79 071
勐腊县	53 473	53 490	54 405	55 556	55 998	57 241	58 920	60 787	62 620	65 886	68 657
中甸县	32 868	32 235	32 618	33 288	33 794	34 997	36 094	37 015	37 952	38 885	39 593
稻城县	5 577	5 579	5 395	5 698	5 726	5 832	5 825	6 325	6 657	6 837	6 913
乡城县	4 450	4 496	4 543	4 567	4 663	4 667	4 737	4 767	4 861	4 876	4 905
得荣县	4 014	3 926	4 111	4 122	4 133	4 154	4 198	4 605	4 642	4 784	4 915
德钦县	11 891	12 265	11 942	12 479	12 673	12 654	12 986	13 314	13 447	13 661	13 758

附表5　2000～2010 年澜沧江流域各县年末乡村总户数　　　　（单位：户）

地区	2000 年	2001 年	2002 年	2003 年	2004 年	2005 年	2006 年	2007 年	2008 年	2009 年	2010 年
杂多县	5 957	5 880	5 966	6 194	6 829	7 845	8 417	9 217	9 548	11 106	11 603
玉树县	10 581	10 749	11 095	12 202	13 070	14 863	15 697	16 440	17 087	18 134	19 627
囊谦县	8 031	7 882	7 784	8 211	11 193	12 707	12 707	15 834	16 081	17 419	14 130
巴青县	5 319	5 631	5 631	5 917	6 141	6 343	6 537	6 805	7 236	7 696	8 145
江达县	9 840	9 785	9 763	9 777	9 791	9 861	9 912	10 135	10 316	10 421	11 091
丁青县	7 785	7 854	7 951	8 010	8 052	8 376	8 505	8 663	8 766	9 035	10 038
昌都县	10 864	10 887	10 850	10 854	10 830	10 871	11 130	11 361	11 641	12 108	14 971
类乌齐县	5 749	5 837	5 878	6 001	6 091	6 252	6 420	6 507	6 721	7 535	7 882
贡觉县	5 947	6 048	5 926	5 932	5 971	5 951	5 922	5 906	5 901	5 896	5 882
洛隆县	6 058	6 169	6 240	6 290	6 408	6 521	6 686	6 870	7 142	7 469	7 329
察雅县	8 157	8 261	8 156	8 164	7 912	8 196	7 896	7 972	7 980	8 212	8 430
八宿县	5 325	5 341	5 343	5 332	5 352	5 359	5 385	5 449	5 568	5 636	5 787
左贡县	6 293	6 337	6 427	6 437	6 419	6 503	6 606	6 639	6 705	6 783	7 344
芒康县	10 063	10 063	10 077	10 071	10 080	10 119	10 141	10 214	10 270	10 270	10 270
察隅县	3 769	3 817	3 874	3 860	3 907	3 948	4 053	4 140	4 179	4 380	4 569
贡山县	6 695	6 792	7 006	7 148	7 407	7 487	7 651	7 792	8 046	8 335	8 470
维西县	29 973	30 177	30 405	30 899	31 406	32 085	32 085	33 491	34 158	35 249	36 448
丽江县	66 563	66 802	—	—	—	—	—	—	—	—	—
福贡县	18 081	18 251	18 610	19 053	19 578	20 020	20 400	20 912	21 511	21 999	22 365

续表

地区	2000 年	2001 年	2002 年	2003 年	2004 年	2005 年	2006 年	2007 年	2008 年	2009 年	2010 年
兰坪县	38 183	38 551	39 081	39 536	40 568	41 310	41 943	42 356	42 855	43 640	44 935
鹤庆县	61 387	55 771	56 422	57 733	58 414	58 272	59 472	59 934	62 322	61 573	63 775
剑川县	35 096	35 827	36 227	36 727	37 166	37 294	37 913	38 242	38 759	40 518	41 771
泸水县	29 080	29 423	30 031	30 587	31 215	31 270	31 930	32 623	34 468	35 349	36 133
洱源县	70 889	71 176	72 038	68 322	59 917	60 656	61 284	61 514	61 568	63 858	65 002
云龙县	42 542	47 250	47 317	48 651	50 505	51 594	53 079	54 597	55 997	57 450	58 627
宾川县	71 845	72 306	72 868	74 948	75 166	75 771	78 864	76 577	76 736	79 482	82 722
大理市	76 508	76 665	79 054	79 062	92 401	95 018	93 838	94 539	101 954	103 220	105 819
漾濞县	21 357	21 726	21 800	21 392	21 422	22 590	22 613	24 050	24 375	22 939	23 007
祥云县	110 743	111 541	123 624	107 123	119 582	120 455	121 093	121 448	123 334	123 616	124 960
永平县	37 091	37 348	37 529	38 868	34 992	35 745	36 162	37 042	37 364	44 218	44 827
保山市	—	—	—	—	—	—	—	—	—	—	—
巍山县	66 038	66 500	67 039	68 195	69 221	69 640	70 389	71 485	72 221	72 620	76 516
弥渡县	74 436	75 326	75 842	77 155	77 188	78 494	77 469	77 966	78 415	79 163	80 264
昌宁县	73 897	74 551	74 415	74 852	75 441	75 883	76 388	77 193	77 792	78 758	79 055
南涧县	51 740	52 278	52 611	53 165	53 562	54 381	55 154	55 089	55 272	55 251	55 711
凤庆县	91 155	91 238	93 266	93 877	96 047	96 561	—	99 956	100 865	100 873	101 281
景东县	78 072	78 829	79 680	80 356	80 799	81 135	81 938	82 258	83 081	85 052	87 604
云县	85 995	87 112	88 913	90 260	92 208	92 495	93 010	94 088	95 818	96 123	97 365
永德县	65 933	66 527	67 316	70 219	69 073	71 441	70 528	71 188	72 440	76 455	74 555
镇沅县	42 574	42 904	43 028	43 410	43 514	43 857	44 574	46 248	46 075	52 887	54 942
临沧县	53 453	53 765	54 209	54 747	55 073	55 514	55 733	56 260	57 234	58 051	59 032
耿马县	42 752	43 434	44 070	44 391	45 134	47 204	47 557	48 491	49 266	50 351	51 324
景谷县	58 302	58 499	59 238	60 023	60 388	61 248	61 861	63 239	65 560	66 233	72 365
双江县	31 499	31 618	31 799	32 089	32 520	32 825	33 093	33 605	36 259	34 667	35 281
普洱县	35 875	34 985	34 969	35 476	36 022	36 246	36 496	37 426	37 729	38 393	38 507
沧源县	29 470	30 131	30 338	31 256	31 286	31 572	32 142	32 626	33 053	33 635	34 295
澜沧县	93 848	93 775	95 002	95 848	96 640	96 892	95 304	98 189	99 448	101 294	103 375
思茅市	26 543	26 248	26 592	27 883	28 599	29 968	30 194	31 141	31 853	32 651	33 701
西盟县	17 320	17 588	17 720	18 935	19 446	18 523	18 385	18 775	19 193	20 095	21 796
江城县	19 996	20 044	20 350	21 158	22 695	22 671	23 181	23 640	24 049	24 249	24 356
景洪市	45 478	45 906	48 813	47 893	48 038	48 723	50 047	51 634	53 104	53 382	54 072
孟连县	24 223	24 669	25 144	25 682	27 339	28 178	27 601	28 115	28 832	29 219	30 700
勐海县	51 975	52 847	53 425	59 833	53 441	53 890	54 511	55 467	60 679	56 477	63 229
勐腊县	23 493	24 016	24 354	24 736	25 341	25 843	27 486	28 797	30 285	31 801	32 677
中甸县	21 864	22 166	22 321	22 961	23 403	23 797	23 895	24 723	25 434	26 240	26 853
稻城县	4 288	4 349	4 455	4 484	4 566	4 619	4 614	4 722	4 817	4 926	4 938
乡城县	3 506	3 571	3 606	3 611	3 610	3 609	3 600	3 639	3 675	3 696	3 693
得荣县	3 372	3 379	3 468	3 468	3 472	3 507	3 458	3 488	3 549	3 564	3 564
德钦县	9 910	9 959	9 994	10 078	10 148	10 248	10 317	10 472	10 465	10 641	10 693

附表6 2000～2010年澜沧江流域各县年末总人口　　　　　　　　　　（单位：万人）

地区	2000年	2001年	2002年	2003年	2004年	2005年	2006年	2007年	2008年	2009年	2010年
杂多县	4	4	3.8	4	4	5	5	5	5	5	6
玉树县	8	8	7.7	8	9	9	9	9	9	10	10
囊谦县	6	6	6.1	6	7	7	7	7	8	9	10
巴青县	4	4	3.8	4	4	4	4	4	4	5	5
江达县	7	7	6.8	7	7	7	7	7	7	7	8
丁青县	6	6	6.2	6	6	6	6	7	7	7	7
昌都县	9	9	8.9	10	13	10	10	11	11	11	12
类乌齐县	4	4	4.2	4	4	4	4	4	4	5	5
贡觉县	4	4	4.2	4	4	4	4	4	4	4	4
洛隆县	4	4	4.2	4	4	4	4	4	5	5	5
察雅县	5	5	5.3	5	5	6	5	5	5	6	6
八宿县	4	4	3.7	4	4	4	4	4	4	4	4
左贡县	4	4	4.2	4	4	4	4	4	5	5	5
芒康县	8	7	7.6	8	8	8	8	8	8	8	8
察隅县	3	3	2.5	3	3	3	3	3	3	3	3
贡山县	3	3	3.4	3	4	4	4	4	4	4	4
维西县	14	14	14.4	15	15	15	15	15	15	16	15
丽江县	35	35	—	—	—	—	—	—	—	—	—
福贡县	9	9	8.9	9	9	9	10	10	10	10	10
兰坪县	19	19	18.9	19	20	20	20	20	21	21	21
鹤庆县	26	26	26	26	26	27	27	27	27	28	27
剑川县	17	17	16.8	17	17	17	17	17	17	18	18
泸水县	15	15	15.5	16	16	16	16	16	17	17	17
洱源县	32	33	32.8	33	27	28	28	28	28	29	29
云龙县	20	20	19.8	20	20	20	20	20	21	21	21
宾川县	32	33	32.6	33	33	33	33	34	34	35	35
大理市	50	51	51.9	53	59	60	60	61	61	62	61
漾濞县	10	10	9.9	10	10	10	10	10	10	10	11
祥云县	44	44	44.3	45	45	46	46	46	46	46	47
永平县	17	17	17.1	17	17	18	18	18	18	18	18
保山市	—	—	—	—	—	—	—	—	—	—	—
巍山县	30	30	30	30	30	30	31	31	31	31	32
弥渡县	30	31	30.9	31	31	32	32	32	32	32	33
昌宁县	33	34	33.8	34	34	34	34	34	34	35	35
南涧县	21	21	21.4	22	22	22	22	22	23	23	23
凤庆县	42	42	42.3	42	43	43	43	43	43	43	44
景东县	36	35	35	35	35	36	36	36	36	36	36
云县	40	40	40.3	41	41	41	41	42	43	43	44
永德县	32	32	32.4	33	33	33	33	33	34	34	35

地区	2000 年	2001 年	2002 年	2003 年	2004 年	2005 年	2006 年	2007 年	2008 年	2009 年	2010 年
镇沅县	22	20	20.3	20	21	21	21	21	21	21	21
临沧县	27	27	27.6	28	28	28	28	29	29	30	32
耿马县	25	25	25.3	26	26	26	26	26	27	27	28
景谷县	30	29	29	29	30	30	30	31	31	32	31
双江县	16	16	16.3	16	16	17	17	17	17	17	17
普洱县	20	18	18.4	19	19	19	19	19	19	19	19
沧源县	16	16	15.9	16	16	16	16	17	17	17	17
澜沧县	48	46	46.8	47	47	48	48	49	49	50	49
思茅市	23	19	19.3	20	20	21	21	21	22	22	22
西盟县	9	8	8.1	8	8	9	9	9	9	9	9
江城县	11	10	10.6	9	9	10	10	10	11	11	11
景洪市	37	37	37.1	37	38	38	38	38	39	40	40
孟连县	12	11	11.3	11	12	12	12	12	13	13	13
勐海县	29	29	29.5	30	30	30	30	31	31	32	32
勐腊县	20	20	19.6	20	20	20	21	21	22	22	22
中甸县	15	15	14.8	13	13	14	14	14	14	14	14
稻城县	3	3	2.8	3	3	3	3	3	3	3	3
乡城县	3	3	2.7	3	3	3	3	3	3	3	3
得荣县	2	2	2.4	2	3	3	3	3	3	3	3
德钦县	6	6	5.8	6	6	6	6	6	6	6	6

附表 7　2000～2010 年澜沧江流域各县年末乡村人口　　　　（单位：万人）

地区	2000 年	2001 年	2002 年	2003 年	2004 年	2005 年	2006 年	2007 年	2008 年	2009 年	2010 年
杂多县	3	3	3.4	4	4	4	4	5	5	5	5
玉树县	5	5	5.5	6	6	7	7	7	7	8	8
囊谦县	5	5	4.8	5	6	6	6	6	8	8	8
巴青县	3	4	3.6	4	4	4	4	4	4	4	4
江达县	7	7	6.7	7	7	7	7	7	7	7	7
丁青县	6	6	6	6	6	6	6	6	6	6	7
昌都县	6	6	6.5	7	7	7	7	7	7	7	7
类乌齐县	4	4	3.8	4	4	4	4	4	4	4	4
贡觉县	4	4	4.1	4	4	4	4	4	4	4	4
洛隆县	4	4	4	4	4	4	4	4	4	4	4
察雅县	5	5	5.1	5	5	5	5	5	5	5	5
八宿县	4	4	3.5	4	4	4	4	4	4	4	4
左贡县	4	4	4.1	4	4	4	4	4	4	4	5
芒康县	7	7	7.3	7	7	7	7	8	8	8	8
察隅县	2	2	2.3	2	2	2	2	2	2	2	2
贡山县	3	3	3	3	3	3	3	3	3	3	3
维西县	13	13	13	13	13	13	13	14	14	14	14

地区	2000年	2001年	2002年	2003年	2004年	2005年	2006年	2007年	2008年	2009年	2010年
丽江县	28	28	—	—	—	—	—	—	—	—	—
福贡县	8	8	8	8	8	8	8	8	9	9	9
兰坪县	17	17	17	17	17	17	18	18	18	18	18
鹤庆县	25	24	24	24	24	25	25	25	25	25	25
剑川县	15	15	15	16	16	16	16	16	16	16	17
泸水县	12	12	12	13	13	13	13	13	13	14	14
洱源县	30	31	31	29	25	26	26	26	26	26	27
云龙县	18	19	19	19	19	19	19	20	20	20	20
宾川县	30	30	30	30	30	30	30	30	31	31	32
大理市	32	32	32	32	38	38	44	45	40	40	41
漾濞县	9	9	9	9	9	9	9	9	9	9	9
祥云县	42	42	44	41	43	43	44	44	44	44	45
永平县	16	16	16	16	14	14	14	14	14	16	17
保山市	—	—	—	—	—	—	—	—	—	—	—
巍山县	28	28	28	28	28	28	28	28	28	29	29
弥渡县	29	29	29	29	29	30	30	30	30	30	30
昌宁县	31	31	31	31	31	31	31	31	31	31	32
南涧县	20	21	21	21	21	21	21	21	21	21	21
凤庆县	40	40	40	40	41	41	39	42	42	42	42
景东县	32	33	32	32	33	33	33	33	33	33	33
云县	37	37	37	38	38	38	38	38	39	39	39
永德县	30	30	30	31	31	31	31	31	31	31	31
镇沅县	18	18	18	18	18	18	18	18	18	19	20
临沧县	23	23	23	23	23	23	23	23	23	23	24
耿马县	20	21	21	21	21	21	22	22	22	22	23
景谷县	26	26	26	26	26	26	26	26	27	27	28
双江县	14	14	14	15	15	15	15	15	15	14	15
普洱县	15	15	15	15	15	15	15	15	15	15	16
沧源县	13	14	14	14	14	14	14	14	14	14	14
澜沧县	41	40	40	40	40	40	39	39	40	40	40
思茅市	11	11	11	11	12	12	12	12	12	13	13
西盟县	7	7	7	7	7	7	7	7	7	7	8
江城县	8	9	9	9	9	9	10	10	10	10	10
景洪市	21	22	22	22	22	22	22	23	23	23	24
孟连县	10	10	10	10	10	11	11	11	11	11	12
勐海县	25	25	25	27	25	25	25	26	26	26	26
勐腊县	12	12	12	12	12	12	12	13	14	14	14
中甸县	11	11	11	11	11	11	11	11	12	12	12
稻城县	3	3	2.5	3	3	3	3	3	3	3	3

地区	2000 年	2001 年	2002 年	2003 年	2004 年	2005 年	2006 年	2007 年	2008 年	2009 年	2010 年
乡城县	2	2	2. 3	2	2	2	2	2	2	2	2
得荣县	2	2	2. 1	2	2	2	2	2	2	2	2
德钦县	5	5	5	5	5	5	5	5	5	5	5

附表8　2000～2010 年澜沧江流域各县年末单位从业人员　　　　（单位：人）

地区	2000 年	2001 年	2002 年	2003 年	2004 年	2005 年	2006 年	2007 年	2008 年	2009 年	2010 年
杂多县	1 052	1 057	1 102	1 052	1 059	1 104	1 059	1 321	1 455	1 549	1 612
玉树县	6 598	6 762	6 701	6 675	6 504	6 577	6 606	6 764	7 024	6 682	6 682
囊谦县	1 196	1 290	1 235	1 296	1 407	1 277	1 313	1 462	1 546	2 206	2 631
巴青县	736	1 692	1 692	7 32	—	1 345	650	865	930	1 211	2 571
江达县	1 375	2 503	2 566	2 323	2 415	2 420	2 480	2 734	2 734	2 774	2 834
丁青县	1 278	1 211	1 130	1 327	1 387	1 495	1 480	1 566	1 667	1 738	1 761
昌都县	27 351	331	1 762	616	2 406	2 202	2 316	2 722	2 858	2 892	3 045
类乌齐县	1 278	654	926	—	1 292	1 289	1 023	982	1 360	1 380	1 495
贡觉县	1 275	969	1 755	979	1 100	2 175	893	892	1 050	1 044	1 044
洛隆县	1 125	881	1 058	881	1 637	1 141	1 176	1 025	1 492	1 344	1 161
察雅县	1 221	25 381	1 196	380	1 056	1 500	618	718	860	1 540	1 610
八宿县	1 212	985	1 014	943	1 041	1 353	987	987	1 311	1 705	1 183
左贡县	1 061	1 166	1 125	1 151	1 186	1 332	1 319	1 191	1 200	3 517	7 351
芒康县	1 716	4 266	1 454	1 197	1 197	1 317	1 389	2 800	2 882	2 984	3 307
察隅县	841	878	900	947	982	844	1 384	1 316	1 541	1 731	1 819
贡山县	2 299	2 196	2 257	2 199	2 152	2 199	2 262	2 493	2 572	2 639	2 815
维西县	6 182	6 009	5 714	5 661	5 550	5 654	5 580	5 554	5 822	6 007	6 237
丽江县	19 935	21 007	—	—	—	—	—	—	—	—	—
福贡县	6 591	4 540	4 577	4 406	52 004	4 222	4 083	4 114	4 180	4 220	4 286
兰坪县	9 921	10 093	10 190	10 044	9 414	10 717	12 058	14 017	13 266	12 444	12 936
鹤庆县	9 150	8 930	8 468	9 556	8 125	8 676	8 446	10 633	11 193	11 521	11 550
剑川县	7 028	7 090	6 920	6 804	6 770	7 339	7 089	9 062	7 378	7 058	7 734
泸水县	8 812	6 235	13 078	12 370	11 444	12 483	12 891	13 311	13 567	13 952	14 260
洱源县	8 638	8 711	8 618	10 100	9 241	8 269	8 565	9 973	9 686	10 238	10 478
云龙县	8 951	9 167	5 777	5 475	5 346	5 868	5 657	5 650	6 392	6 727	7 282
宾川县	11 727	10 272	10 306	10 620	9 423	9 513	9 542	11 853	13 248	13 797	13 275
大理市	74 528	74 222	66 142	64 927	86 404	86 194	82 148	93 290	111 463	110 016	112 366
漾濞县	4 923	4 999	4 765	4 833	4 568	4 349	4 063	4 506	4 341	4 352	4 412
祥云县	12 545	13 302	12 972	15 437	19 675	17 941	20 272	22 276	24 007	26 380	28 020
永平县	8 077	6 923	5 710	5 208	5 596	5 289	5 388	6 813	6 419	6 534	6 648
保山市	—	—	—	—	—	—	—	—	—	—	—
巍山县	8 709	8 590	8 499	8 437	8 981	8 982	9 406	12 794	16 155	16 188	16 224
弥渡县	8 460	8 193	7 754	7 557	7 510	7 288	7 196	10 154	10 551	11 458	11 301
昌宁县	12 929	12 101	11 628	12 191	12 798	10 801	11 393	13 071	13 548	13 727	15 414

续表

地区	2000 年	2001 年	2002 年	2003 年	2004 年	2005 年	2006 年	2007 年	2008 年	2009 年	2010 年
南涧县	7 249	6 801	6 583	6 475	6 167	6 095	6 335	6 160	6 495	6 371	6 372
凤庆县	14 005	14 385	11 868	11 327	11 839	12 170	11 607	12 066	11 383	10 781	11 017
景东县	13 352	12 901	12 855	12 136	11 438	11 034	10 600	10 825	10 437	14 442	12 395
云县	14 341	14 660	12 185	14 547	17 931	17 583	17 554	18 260	16 532	14 694	15 505
永德县	12 068	13 284	11 279	10 740	12 015	11 953	12 259	13 887	13 930	14 336	13 131
镇沅县	10 455	10 021	9 839	9 279	8 969	8 806	8 286	9 134	8 705	8 260	8 543
临沧县	26 397	24 683	19 364	18 564	23 237	24 036	24 383	26 717	25 162	22 381	23 582
耿马县	19 628	19 161	11 789	12 879	13 071	12 851	12 982	14 199	16 273	13 109	13 589
景谷县	16 262	15 563	15 607	14 816	14 311	13 855	13 300	14 438	13 829	14 688	14 969
双江县	8 730	8 165	6 964	6 132	7 741	7 667	7 642	7 766	6 411	6 057	6 069
普洱县	13 853	13 310	12 819	11 693	10 033	9 764	9 566	11 533	10 401	10 323	10 314
沧源县	10 707	10 474	8 163	7 547	7 442	8 462	8 721	8 961	9 009	8 237	9 674
澜沧县	16 991	15 842	15 112	14 481	13 436	12 867	12 454	13 734	13 699	13 540	13 428
思茅市	42 587	44 338	41 147	40 149	36 038	39 341	39 409	45 282	44 913	47 550	46 844
西盟县	5 811	5 994	6 051	6 404	6 991	7 155	7 469	7 544	7 470	7 925	7 942
江城县	8 971	6 839	6 598	6 496	6 140	5 928	5 948	6 087	6 252	6 138	6 132
景洪市	65 447	61 613	56 453	53 109	52 048	51 490	51 960	56 558	54 868	54 413	57 717
孟连县	7 302	11 427	11 137	6 904	7 299	7 324	7 883	8 516	9 539	9 211	9 028
勐海县	17 311	16 603	16 048	15 237	14 623	14 845	15 121	16 723	15 864	17 155	17 789
勐腊县	31 952	31 304	30 070	28 609	27 274	25 456	25 671	26 812	26 482	27 562	28 954
中甸县	11 712	8 357	8 327	9 030	8 955	9 279	9 385	9 427	9 543	10 782	11 346
稻城县	1 743	1 475	1 762	1 663	1 743	1 731	1 836	2 028	1 851	1 852	2 591
乡城县	2 058	1 971	1 917	1 959	2 012	2 051	2 035	2 534	2 149	2 770	2 497
得荣县	1 585	1 586	1 610	1 642	1 721	1 788	1 801	1 746	1 783	1 973	2 113
德钦县	3 295	3 173	3 039	3 081	2 878	2 736	2 878	3 642	3 962	4 094	4 442

附表9　2000～2010 年澜沧江流域各县年末乡村从业人员　　　　　　　　　　　　　（单位：人）

地区	2000 年	2001 年	2002 年	2003 年	2004 年	2005 年	2006 年	2007 年	2008 年	2009 年	2010 年
杂多县	10 022	9 915	13 523	14 940	15 428	18 903	19 871	22 721	22 766	23 379	25 379
玉树县	22 086	23 680	27 418	29 241	32 144	33 302	34 333	35 975	36 741	38 038	38 038
囊谦县	24 706	22 735	23 245	24 251	28 976	29 972	29 972	31 385	31 488	32 392	32 881
巴青县	16 206	2 313	17 328	15 827	17 048	17 420	17 540	20 014	20 213	20 556	20 782
江达县	33 078	34 088	42 716	42 100	38 196	41 852	42 169	41 448	42 020	42 663	43 319
丁青县	23 629	23 146	22 617	23 064	23 454	23 462	23 191	24 162	25 520	25 733	26 573
昌都县	21 247	20 757	20 803	21 111	21 559	23 716	24 212	24 212	24 783	28 840	29 270
类乌齐县	15 356	11 873	11 975	12 003	11 986	14 370	13 448	12 982	13 943	14 582	15 445
贡觉县	15 761	17 066	19 026	19 278	17 406	17 506	17 506	17 538	17 539	17 539	17 539
洛隆县	13 373	11 364	12 475	12 193	12 150	12 361	12 361	12 435	14 537	15 598	16 538
察雅县	21 669	25 381	26 320	26 849	21 969	22 911	23 056	23 232	23 498	23 873	24 173
八宿县	14 852	14 875	14 946	14 465	15 176	15 165	15 535	16 132	16 553	17 046	18 155

续表

地区	2000 年	2001 年	2002 年	2003 年	2004 年	2005 年	2006 年	2007 年	2008 年	2009 年	2010 年
左贡县	21 072	21 429	19 647	19 647	19 522	19 669	19 808	19 842	20 207	20 519	21 242
芒康县	36 155	35 964	42 008	42 495	43 164	43 203	43 270	44 744	46 504	47 089	49 638
察隅县	12 147	12 147	10 999	10 673	11 006	11 006	10 578	10 991	10 973	11 124	11 971
贡山县	14 251	14 675	14 697	14 679	14 821	15 123	15 221	15 620	16 257	16 151	16 319
维西县	72 802	73 593	73 036	75 675	78 938	79 459	70 454	79 943	81 027	83 609	87 521
丽江县	160 168	165 200	—	—	—	—	—	—	—	—	—
福贡县	44 998	46 000	46 480	47 133	46 837	47 374	47 892	47 887	48 336	48 374	48 868
兰坪县	95 591	97 897	99 806	100 900	102 238	103 062	104 338	104 421	104 823	106 517	109 232
鹤庆县	131 264	133 726	134 240	134 286	133 783	134 157	134 700	144 619	142 199	147 360	148 202
剑川县	78 932	78 857	79 710	80 738	81 791	82 360	84 139	85 491	85 100	85 738	87 405
泸水县	68 652	70 741	70 755	71 541	71 035	72 479	73 918	76 710	80 975	81 459	82 188
洱源县	167 027	168 389	168 926	160 616	140 638	141 312	141 312	145 450	147 398	143 994	151 463
云龙县	91 905	95 527	104 963	96 869	98 713	99 164	100 782	102 988	103 146	105 358	104 071
宾川县	175 698	177 746	183 365	183 857	185 870	185 322	186 348	188 604	189 607	192 701	197 299
大理市	183 081	185 314	183 283	187 175	217 249	219 420	219 400	222 983	231 036	234 730	237 455
漾濞县	47 691	48 931	49 000	49 375	49 888	49 444	49 508	51 300	51 448	50 930	51 082
祥云县	248 186	249 980	249 026	251 789	251 262	248 907	248 152	246 816	250 580	252 342	252 391
永平县	80 683	82 173	81 874	81 907	72 622	75 589	76 100	76 542	76 882	89 192	93 340
保山市	—	—	—	—	—	—	—	—	—	—	—
巍山县	159 368	161 447	161 993	164 425	167 876	170 393	172 233	172 637	173 379	172 897	174 926
弥渡县	169 212	174 385	173 234	173 810	175 883	178 071	180 306	176 569	183 826	186 754	187 043
昌宁县	177 480	178 202	179 305	180 233	181 361	183 478	185 585	188 223	191 040	195 930	197 387
南涧县	118 815	119 975	123 322	123 644	122 337	123 489	125 029	126 804	126 733	126 312	127 700
凤庆县	195 803	198 366	200 482	200 761	203 812	211 388	212 342	217 811	220 743	222 126	225 806
景东县	182 984	184 749	185 365	185 340	187 589	188 259	188 619	190 878	193 057	193 233	195 189
云县	204 366	206 508	205 322	209 423	212 289	214 710	218 154	224 042	225 098	225 854	230 746
永德县	163 670	165 373	167 763	170 127	172 943	174 634	178 917	183 642	186 549	188 097	190 382
镇沅县	97 587	99 022	102 418	102 617	103 926	104 628	104 255	106 053	106 164	112 222	113 064
临沧县	125 022	126 690	128 083	130 237	131 858	133 777	135 033	136 486	138 983	140 766	143 594
耿马县	113 528	105 771	108 075	109 079	111 958	115 268	118 775	120 953	129 313	129 476	130 641
景谷县	160 219	160 950	163 518	164 688	165 968	166 776	167 070	169 406	172 270	171 286	175 612
双江县	63 066	64 160	64 475	64 891	66 068	67 172	67 926	70 917	75 888	76 126	78 145
普洱县	84 629	86 797	86 405	85 829	85 589	87 968	87 776	89 779	90 036	90 856	90 884
沧源县	61 406	60 977	60 717	61 072	68 480	66 863	67 060	71 321	74 838	80 632	80 525
澜沧县	213 213	216 741	221 862	221 197	226 491	229 452	227 148	238 676	240 521	247 556	252 011
思茅市	64 303	64 029	65 162	66 530	68 420	72 944	73 855	75 559	77 432	78 311	79 991
西盟县	35 447	35 050	35 204	36 490	37 416	36 721	38 104	38 785	40 355	39 819	40 793
江城县	40 663	43 809	47 444	47 713	50 596	54 952	55 993	62 173	63 159	63 521	63 013
景洪市	117 069	119 873	124 992	126 114	133 874	136 550	136 815	142 229	142 847	149 344	150 503

续表

地区	2000 年	2001 年	2002 年	2003 年	2004 年	2005 年	2006 年	2007 年	2008 年	2009 年	2010 年
孟连县	51 900	52 832	52 742	53 921	55 590	57 995	58 351	64 137	63 367	64 688	68 476
勐海县	136 466	140 927	141 788	142 864	146 867	148 755	148 847	155 289	161 281	160 805	165 691
勐腊县	57 992	60 347	62 718	64 661	64 027	66 072	68 033	72 514	78 309	83 854	85 501
中甸县	59 156	59 027	58 729	59 675	62 454	62 958	62 960	64 342	63 596	65 624	69 469
稻城县	15 122	14 788	14 257	14 281	14 301	14 351	14 381	14 437	14 484	14 584	14 600
乡城县	13 947	13 661	13 117	13 393	13 413	13 428	13 491	13 559	13 609	13 672	13 723
得荣县	12 136	12 043	11 667	11 421	12 295	12 525	12 885	12 896	12 837	13 693	13 737
德钦县	28 748	28 327	27 755	28 556	29 845	29 002	31 038	29 721	29 810	30 709	31 100

附表 10　2000～2010 年澜沧江流域各县年末农林牧渔业从业人员 　　　　（单位：人）

地区	2000 年	2001 年	2002 年	2003 年	2004 年	2005 年	2006 年	2007 年	2008 年	2009 年	2010 年
杂多县	9 855	9 755	13 052	14 842	15 303	18 739	19 288	22 139	22 284	23 087	25 322
玉树县	21 954	23 433	27 119	28 904	31 792	32 864	33 618	34 979	35 418	35 805	35 805
囊谦县	24 324	22 332	22 878	23 884	28 590	29 577	29 687	31 112	31 198	32 104	32 532
巴青县	16 085	2 313	14 709	15 308	15 461	17 420	17 540	12 808	12 192	12 398	4 808
江达县	27 716	26 614	34 203	30 843	28 199	31 081	31 189	29 006	29 627	30 767	31 814
丁青县	22 471	22 620	22 001	22 364	22 628	22 300	21 914	22 302	23 352	23 565	24 388
昌都县	17 987	16 449	16 846	15 338	19 222	21 381	19 226	19 218	17 520	21 188	21 796
类乌齐县	13 770	11 672	11 461	11 284	11 042	12 971	12 023	11 419	12 234	12 949	12 980
贡觉县	11 828	15 213	18 001	16 437	14 411	14 045	14 033	15 087	15 088	15 088	15 088
洛隆县	13 000	10 483	11 596	10 875	10 508	11 280	11 280	10 712	13 639	14 560	15 087
察雅县	20 148	22 480	25 535	25 767	20 476	19 159	17 738	19 359	18 575	20 103	20 121
八宿县	13 956	14 003	13 902	13 990	14 124	14 160	14 504	14 837	14 939	15 220	15 845
左贡县	19 204	19 981	19 108	18 712	18 572	18 592	18 777	19 842	19 044	19 482	20 120
芒康县	33 570	31 698	38 175	37 937	38 881	38 926	38 732	39 679	41 059	41 162	43 509
察隅县	12 071	12 100	10 946	10 673	10 376	10 396	10 578	9 658	10 467	10 589	11 154
贡山县	13 029	13 475	13 531	13 144	13 312	13 474	13 520	13 951	14 209	14 192	13 880
维西县	68 451	67 960	66 703	68 555	70 023	69 568	69 570	67 438	67 790	69 175	72 724
丽江县	131 941	136 253	—	—	—	—	—	—	—	—	—
福贡县	43 009	44 270	43 947	44 557	43 776	43 680	44 128	42 980	42 974	42 672	40 678
兰坪县	88 347	89 799	92 036	92 452	92 345	92 329	92 250	92 736	92 970	93 881	96 480
鹤庆县	104 633	105 504	104 507	105 098	104 328	104 300	104 300	113 498	108 413	111 265	110 846
剑川县	60 595	60 019	60 923	62 055	61 750	61 102	59 407	59 562	58 959	59 001	59 215
泸水县	63 517	65 439	65 775	66 452	65 950	66 867	67 855	71 110	74 215	73 822	73 789
洱源县	137 272	138 015	137 195	131 195	115 085	113 880	113 880	116 847	115 422	112 446	115 452
云龙县	82 218	84 469	92 675	85 267	86 272	85 664	85 443	85 371	84 802	85 966	83 695
宾川县	152 757	154 174	156 397	156 342	154 810	154 463	15 527	155 333	153 967	155 623	157 760
大理市	99 337	103 970	99 776	103 053	125 304	125 383	122 600	120 490	122 566	122 817	120 372
漾濞县	42 571	43 617	43 416	43 538	43 288	42 634	42 607	43 716	43 562	42 895	42 066
祥云县	201 617	202 953	203 582	204 065	201 210	196 112	191 197	187 138	186 452	183 450	179 178

地区	2000 年	2001 年	2002 年	2003 年	2004 年	2005 年	2006 年	2007 年	2008 年	2009 年	2010 年
永平县	68 531	69 607	68 751	69 115	63 380	65 896	65 900	64 275	64 534	71 196	73 757
保山市	—	—	—	—	—	—	—	—	—	—	—
巍山县	139 468	141 534	141 171	141 875	144 369	145 221	143 841	140 383	139 021	135 009	132 324
弥渡县	138 956	143 197	139 491	139 963	139 981	139 857	136 650	132 266	133 258	135 622	131 183
昌宁县	155 310	155 647	155 536	155 898	156 503	156 950	157 680	159 819	161 426	165 190	162 833
南涧县	105 030	105 657	107 865	108 147	105 487	104 084	103 390	103 034	102 584	101 355	97 322
凤庆县	174 736	173 784	173 049	163 077	161 449	164 825	164 059	163 805	158 476	155 931	152 035
景东县	162 247	161 684	161 027	160 969	162 458	162 124	161 486	161 168	160 728	161 770	161 311
云县	189 027	188 636	185 335	176 271	176 276	179 486	179 484	185 150	185 284	183 589	174 553
永德县	153 508	154 752	157 426	158 730	160 600	159 905	162 001	166 807	167 686	167 570	167 643
镇沅县	87 111	89 626	91 491	92 105	95 072	93 325	92 320	93 284	92 635	92 215	91 878
临沧县	105 867	105 046	105 307	101 420	99 010	100 634	101 930	101 475	103 800	104 949	105 699
耿马县	106 477	98 025	100 744	100 623	102 109	105 173	108 114	109 363	115 633	114 723	115 645
景谷县	138 332	140 849	141 182	141 043	141 914	142 806	142 562	145 743	146 559	145 313	145 528
双江县	57 870	58 455	58 783	57 587	57 883	57 874	58 048	60 515	64 456	63 563	64 009
普洱县	72 137	72 613	72 232	71 299	71 404	72 522	72 188	74 122	71 565	72 403	72 704
沧源县	59 244	58 016	58 191	57 606	63 986	63 805	64 010	66 954	69 979	73 781	72 144
澜沧县	204 327	207 035	211 544	209 855	214 945	216 927	214 352	223 327	223 660	228 668	231 358
思茅市	56 703	56 471	56 989	57 505	59 164	63 018	62 597	63 192	63 175	63 881	64 077
西盟县	34 839	34 282	34 238	34 223	35 481	35 261	35 729	35 789	37 041	37 755	38 382
江城县	37 157	39 905	43 006	42 444	45 261	49 557	50 343	52 307	52 894	53 936	52 903
景洪市	110 523	113 111	117 017	119 426	127 428	129 615	129 340	134 519	134 703	138 477	136 999
孟连县	50 022	49 829	50 254	51 078	53 149	55 466	55 005	60 954	60 295	61 607	65 697
勐海县	126 467	130 479	130 197	130 619	135 283	136 323	135 807	140 927	146 181	144 058	148 133
勐腊县	57 186	59 396	61 779	63 529	62 753	64 615	66 730	71 015	76 944	82 009	83 097
中甸县	54 178	54 139	52 051	53 362	55 218	55 123	55 124	54 796	53 415	54 321	57 854
稻城县	14 785	14 338	13 928	13 631	13 651	13 691	13 701	13 751	13 778	13 818	13 820
乡城县	13 089	13 069	12 271	12 724	12 727	12 726	12 794	12 846	12 859	12 897	12 924
得荣县	11 897	11 778	11 417	11 011	11 865	12 023	12 320	12 075	11 980	12 857	12 869
德钦县	26 855	26 778	26 251	26 003	27 694	26 392	28 390	26 847	25 519	25 668	26 033

附表 11 2000～2010 年澜沧江流域各县农业机械总动力　　　　（单位：万 kW）

地区	2000 年	2001 年	2002 年	2003 年	2004 年	2005 年	2006 年	2007 年	2008 年	2009 年	2010 年
杂多县	—	—	0.2	1	2	0	0	0	0	1	—
玉树县	2	2	2.2	3	3	4	3	3	2	3	3
囊谦县	1	2	2.2	2	2	3	2	2	2	7	4
巴青县	1	7	7	—	3	4	4	4	5	6	6
江达县	1	1	0.4	—	—	0	1	2	2	3	4
丁青县	—	—	0.5	1	3	5	7	8	9	10	14
昌都县	—	1	0.5	2	2	2	2	2	2	3	3

续表

地区	2000 年	2001 年	2002 年	2003 年	2004 年	2005 年	2006 年	2007 年	2008 年	2009 年	2010 年
类乌齐县	—	—	1.4	4	1	1	3	3	7	9	10
贡觉县	1	1	1.1	—	—	1	2	2	2	3	2
洛隆县	1	1	0.8	1	—	1	1	2	2	3	3
察雅县	1	1	0.2	—	—	5	—	0	1	2	2
八宿县	1	1	0.5	1	—	1	1	2	2	2	4
左贡县	1	1	0.7	1	—	1	1	1	1	2	2
芒康县	2	2	3.7	3	3	4	5	7	7	7	7
察隅县	1	1	1.3	1	1	2	2	16	16	16	5
贡山县	—	—	0.5	1	1	1	1	1	1	2	2
维西县	1	5	4.7	6	6	6	6	2	7	9	11
丽江县	12	13	—	—	—	—	—	—	—	—	—
福贡县	1	1	0.8	1	1	1	1	1	1	1	2
兰坪县	6	6	6.1	6	7	8	9	11	6	5	7
鹤庆县	10	10	11.2	12	13	14	15	16	17	18	22
剑川县	5	6	6.8	7	6	7	7	7	8	8	11
泸水县	1	4	4.4	4	5	5	7	5	6	7	7
洱源县	12	12	13.1	15	11	9	12	12	13	14	15
云龙县	4	5	4.2	5	5	4	4	5	6	7	9
宾川县	14	15	17.5	17	19	17	18	19	32	33	36
大理市	18	22	22.2	23	29	29	29	29	31	33	36
漾濞县	3	3	3.3	3	3	4	5	5	5	6	6
祥云县	21	21	22.1	25	25	25	25	24	27	30	33
永平县	4	4	4.4	4	4	5	5	5	6	8	8
保山市	—	—	—	—	—	—	—	—	—	—	—
巍山县	8	7	7.3	8	8	8	9	9	10	12	13
弥渡县	8	8	7.6	8	8	8	8	8	9	11	12
昌宁县	10	11	12	14	15	16	17	19	25	25	30
南涧县	5	5	5	5	6	6	6	6	6	7	7
凤庆县	7	6	6.9	8	8	8	9	11	15	16	17
景东县	11	12	12.3	13	14	14	14	17	17	23	19
云县	8	8	8.4	10	10	11	12	11	13	15	16
永德县	7	8	8.3	10	11	12	13	17	18	20	24
镇沅县	7	10	11.9	12	13	11	12	15	16	19	17
临沧县	7	7	7.1	7	8	8	8	9	9	10	11
耿马县	8	8	8.5	9	10	11	13	15	17	18	20
景谷县	10	10	10.7	11	12	13	14	16	16	19	21
双江县	4	5	4.9	5	5	6	6	7	9	10	12
普洱县	10	11	11.1	12	12	12	14	13	15	18	19
沧源县	2	2	2.2	2	2	2	2	3	5	6	5

续表

地区	2000 年	2001 年	2002 年	2003 年	2004 年	2005 年	2006 年	2007 年	2008 年	2009 年	2010 年
澜沧县	9	10	10.6	11	12	13	13	16	17	22	23
思茅市	6	7	7.1	8	9	9	9	10	12	13	13
西盟县	1	1	1.2	1	2	3	2	2	3	4	4
江城县	3	3	3.5	4	4	4	5	6	9	11	11
景洪市	31	23	23.7	25	25	25	26	28	30	33	34
孟连县	3	3	4.3	4	5	4	15	7	8	10	12
勐海县	22	23	25.9	28	27	29	17	18	38	33	38
勐腊县	16	11	12.3	13	14	16	32	36	19	20	24
中甸县	12	12	14.2	17	19	20	15	15	16	18	20
稻城县	2	2	2	2	2	3	3	—	4	5	5
乡城县	1	1	2	2	2	2	2	—	3	3	3
得荣县	1	1	1	1	1	1	1	—	1	2	2
德钦县	4	4	2.6	3	3	4	6	7	2	2	2

附表 12　2000~2010 年澜沧江流域各县本地电话用户　　　　　　　　（单位：户）

地区	2000 年	2001 年	2002 年	2003 年	2004 年	2005 年	2006 年	2007 年	2008 年	2009 年	2010 年
杂多县	550	812	842	860	1 284	2 041	2 110	2 153	2 285	2 000	2 060
玉树县	3 950	5 452	5 791	5 810	8 473	4 452	4 457	5 460	5 500	2 500	2 500
囊谦县	700	823	863	890	1 409	2 236	2 042	3 456	2 000	1 200	1 980
巴青县	20	81	81	671	780	1 563	750	870	3 200	—	—
江达县	—	900	966	786	610	1 316	1 346	1 015	2 454	2 463	2 531
丁青县	—	1 000	1 090	1 151	1 221	1 982	2 100	1 138	1 800	1 850	1 930
昌都县	—	—	820	838	850	—	—	—	—	—	2 270
类乌齐县	—	903	930	1 019	1 000	1 860	2 000	2 933	3 186	3 200	3 200
贡觉县	—	765	—	765	—	1 811	2 489	2 486	2 486	2 486	2 486
洛隆县	236	677	—	677	1 800	18 760	3 960	1 500	2 700	2 728	2 840
察雅县	—	606	—	1 232	404	2 290	2 898	2 797	891	899	899
八宿县	—	—	624	1 422	1 300	2 432	2 815	3 614	3 755	4 586	1 644
左贡县	—	635	930	1 092	745	90	100	1 600	1 820	4 790	5 748
芒康县	—	1 344	—	1 814	1 814	2 125	2 986	5 527	5 532	6 200	6 300
察隅县	560	920	1 020	1 397	1 358	1 306	2 432	5 232	5 700	5 000	5 300
贡山县	2 012	2 591	2 846	2 586	2 348	3 096	2 810	3 481	2 698	2 812	2 820
维西县	3 658	4 369	5 978	6 471	7 421	7 501	10 068	7 228	7 300	5 807	8 040
丽江县	41 724	52 502	—	—	—	—	—	—	—	—	—
福贡县	2 648	3 166	3 457	3 106	3 560	3 272	3 272	4 749	4 750	4 000	5 000
兰坪县	7 253	10 416	12 553	10 250	12 565	10 070	14 101	14 265	8 906	11 188	13 524
鹤庆县	10 663	14 512	18 169	21 829	26 488	26 394	28 431	28 979	28 270	16 580	15 435
剑川县	8 284	10 690	13 123	15 523	19 092	19 404	21 966	22 947	15 217	21 570	19 931
泸水县	2 937	12 579	16 862	19 959	39 301	17 756	18 897	19 721	16 630	22 337	41 349
洱源县	11 339	15 495	18 561	21 848	22 319	22 674	23 093	28 315	29 846	29 920	33 152

地区	2000 年	2001 年	2002 年	2003 年	2004 年	2005 年	2006 年	2007 年	2008 年	2009 年	2010 年
云龙县	7 034	8 392	9 310	9 964	15 551	15 152	19 652	20 625	26 344	26 348	26 289
宾川县	15 925	34 152	39 213	50 870	56 646	67 546	67 560	35 489	39 025	34 575	31 457
大理市	99 454	99 853	139 974	160 959	135 678	140 066	140 000	212 287	143 285	142 565	162 010
漾濞县	5 452	6 684	8 301	10 121	11 466	8 936	11 280	12 533	13 038	11 335	10 500
祥云县	19 829	27 489	34 976	40 649	51 699	50 502	59 320	65 163	79 837	93 993	77 317
永平县	8 172	10 552	12 804	15 257	12 800	16 989	20 369	22 495	24 729	26 218	26 258
保山市	—	—	—	—	—	—	—	—	—	—	—
巍山县	11 671	16 637	20 742	24 131	26 241	22 231	24 205	23 782	27 238	22 177	18 000
弥渡县	13 131	18 431	22 457	27 250	26 529	30 297	33 470	33 537	35 661	32 049	29 412
昌宁县	12 021	14 751	17 990	20 283	26 000	27 765	31 594	35 117	42 000	28 133	48 240
南涧县	7 688	10 531	14 376	16 890	19 148	18 718	10 824	25 612	25 400	32 915	110 949
凤庆县	10 641	14 685	17 260	18 493	24 102	24 608	29 198	32 448	34 096	31 819	31 761
景东县	15 516	19 482	21 380	23 284	23 839	22 900	27 452	31 420	40 026	34 543	30 743
云县	13 240	16 337	19 200	20 544	25 102	24 147	28 435	32 218	33 854	31 593	31 535
永德县	9 582	10 956	12 876	13 777	15 241	19 754	21 961	22 463	23 604	22 028	21 988
镇沅县	8 334	10 124	14 682	13 970	15 761	14 000	17 048	19 661	26 130	22 458	19 442
临沧县	23 764	34 156	40 144	43 011	51 412	57 396	62 133	59 225	62 232	58 076	57 970
耿马县	12 839	15 187	17 850	19 218	23 309	25 488	28 871	27 247	28 631	26 719	26 670
景谷县	14 914	19 066	20 000	20 095	30 191	29 900	34 707	37 953	47 717	43 029	39 024
双江县	8 362	9 373	11 016	11 787	13 842	15 604	18 454	19 141	20 113	18 770	18 736
普洱县	14 171	20 320	25 490	26 857	27 046	25 400	29 865	32 050	41 098	35 837	31 050
沧源县	7 518	9 624	11 312	12 104	14 100	13 345	15 243	15 162	15 932	14 868	14 841
澜沧县	16 264	20 757	19 818	25 723	27 196	26 100	28 824	34 278	44 333	41 235	38 315
思茅市	34 241	47 846	53 245	58 124	70 997	76 300	86 853	84 529	116 980	97 958	94 965
西盟县	3 343	4 686	4 325	4 299	7 628	7 850	9 230	9 632	12 347	10 770	10 558
江城县	6 246	9 382	12 199	10 091	15 025	15 300	16 799	18 323	23 960	20 144	16 340
景洪市	52 811	73 161	94 902	110 000	140 000	160 000	161 000	163 150	163 232	120 699	114 883
孟连县	7 487	11 212	15 587	15 200	18 388	17 700	20 792	21 703	25 758	25 124	22 840
勐海县	21 123	28 983	37 733	44 829	51 775	61 094	63 596	24 157	25 000	27 800	32 600
勐腊县	20 859	29 935	42 646	49 839	51 775	51 800	53 812	53 791	63 414	63 414	59 026
中甸县	11 412	16 426	24 109	21 531	21 605	23 671	23 262	25 635	25 840	25 810	25 810
稻城县	713	1 039	1 109	1 211	1 346	1 350	1 484	1 501	2 449	2 636	2 231
乡城县	952	1 164	1 356	1 575	2 662	2 858	—	—	2 569	2 914	2 511
得荣县	706	929	1 040	1 123	1 151	1 070	964	1 428	2 087	2 157	1 871
德钦县	2 561	2 560	4 290	3 208	3 651	3 751	5 163	3 182	4 320	4 350	4 200

附表 13　2000～2010 年澜沧江流域各县第一产业增加值　　　　　（单位：万元）

地区	2000 年	2001 年	2002 年	2003 年	2004 年	2005 年	2006 年	2007 年	2008 年	2009 年	2010 年
杂多县	9 844	17 292	18 771	14 400	15 869	31 598	34 112	38 079	48 537	38 111	43 257
玉树县	8 408	9 108	9 157	10 027	10 348	20 006	14 589	18 596	30 149	31 045	36 753

续表

地区	2000 年	2001 年	2002 年	2003 年	2004 年	2005 年	2006 年	2007 年	2008 年	2009 年	2010 年
囊谦县	6 941	8 516	9 682	11 409	13 994	14 725	15 260	16 481	26 288	25 932	30 260
巴青县	4 530	4 240	4 240	6 788	8 248	9 535	3 048	8 311	8 601	9 835	10 376
江达县	10 568	5 593	13 649	6 603	13 941	18 529	4 763	22 845	15 726	29 157	17 822
丁青县	10 639	10 901	12 710	13 485	15 928	21 018	3 710	23 122	14 400	29 655	19 299
昌都县	11 578	12 633	13 331	13 938	15 639	15 779	13 828	17 767	17 192	27 125	20 934
类乌齐县	7 363	4 546	8 534	9 096	8 153	8 150	6 404	13 203	10 434	16 683	11 963
贡觉县	6 480	191	7 322	6 824	6 913	12 463	1 565	14 752	9 407	11 417	7 110
洛隆县	7 517	8 182	8 818	8 155	8 294	12 426	4 785	15 648	9 945	17 026	12 478
察雅县	8 585	8 224	7 490	7 908	9 666	9 992	4 267	13 402	10 195	14 730	11 247
八宿县	4 338	5 307	5 365	5 491	5 945	6 690	3 399	8 247	7 885	9 200	8 735
左贡县	7 154	13 002	7 688	7 719	7 995	10 481	5 038	10 885	12 775	14 566	12 497
芒康县	13 184	11 896	12 846	17 944	15 518	15 283	10 712	19 448	15 436	26 767	18 099
察隅县	3 487	3 844	4 120	3 967	4 039	4 815	3 766	5 008	6 210	6 718	7 400
贡山县	4 123	4 300	4 408	4 434	4 510	4 959	5 369	6 484	6 778	7 763	8 351
维西县	13 750	14 580	15 391	17 298	19 363	21 888	21 269	26 436	29 478	31 402	31 489
丽江县	32 925	34 408	—	—	—	—	—	—	—	—	—
福贡县	6 948	6 825	7 120	7 535	7 480	8 325	11 177	8 958	9 226	9 642	10 167
兰坪县	11 222	11 561	11 900	12 310	15 460	16 756	212 300	18 145	20 143	21 320	23 274
鹤庆县	18 669	20 210	21 289	25 216	28 406	34 655	46 245	44 412	51 889	57 191	63 583
剑川县	15 630	16 072	16 721	18 227	20 649	21 714	37 600	24 853	26 473	30 052	33 057
泸水县	10 049	10 210	10 377	11 249	13 302	15 227	24 984	17 500	18 935	20 506	23 310
洱源县	51 471	53 561	58 094	64 026	47 795	54 207	35 484	68 845	75 652	79 695	93 124
云龙县	24 070	26 336	27 655	28 760	30 555	32 786	27 604	44 416	49 970	53 854	58 496
宾川县	90 881	95 254	97 372	102 690	110 827	125 038	47 084	158 238	174 645	192 778	213 436
大理市	53 222	71 700	63 084	75 050	82 028	92 785	505 754	117 856	116 723	126 236	133 523
漾濞县	11 199	11 927	12 753	14 682	15 720	18 710	20 410	22 194	23 749	26 250	29 641
祥云县	67 992	69 869	75 338	78 669	84 326	93 950	123 968	114 527	136 132	149 532	171 989
永平县	30 486	34 802	36 598	38 219	40 126	42 700	19 500	49 560	55 750	61 232	70 294
保山市	—	—	—	—	—	—	—	—	—	—	—
巍山县	39 631	40 046	41 981	43 300	45 012	53 156	29 247	64 368	70 750	76 058	88 902
弥渡县	29 119	30 493	32 139	35 083	37 047	42 330	34 182	55 503	60 359	64 048	71 325
昌宁县	48 377	50 302	52 958	55 273	58 671	69 973	44 423	95 749	103 000	116 240	158 715
南涧县	29 815	30 046	30 805	33 099	31 101	36 870	10 583	48 060	55 050	60 580	67 010
凤庆县	41 566	41 852	42 478	45 486	48 509	56 459	35 674	81 820	101 400	116 200	130 731
景东县	43 923	43 348	43 618	45 362	50 046	58 813	36 788	88 301	102 315	116 177	128 085
云县	52 469	54 350	56 070	57 876	63 664	71 730	132 647	104 917	125 894	137 227	156 588
永德县	29 144	29 132	29 422	31 226	36 211	40 377	30 937	58 999	68 413	75 462	85 349
镇沅县	16 508	16 756	16 924	18 060	21 526	27 013	15 400	42 576	53 395	59 550	68 830
临沧县	31 342	32 193	33 370	34 177	35 887	39 803	44 877	56 581	65 543	68 336	78 386

地区	2000 年	2001 年	2002 年	2003 年	2004 年	2005 年	2006 年	2007 年	2008 年	2009 年	2010 年
耿马县	42 423	43 281	45 010	47 895	53 412	60 837	40 749	85 536	104 525	118 444	139 588
景谷县	24 674	25 472	26 448	30 991	38 093	54 723	70 520	87 673	109 302	131 530	166 997
双江县	18 753	18 948	19 628	21 407	24 554	27 388	18 029	36 047	38 481	45 549	53 723
普洱县	18 381	19 529	20 128	24 417	27 652	35 041	31 483	51 030	54 673	59 964	60 383
沧源县	18 442	18 702	19 213	20 491	23 802	23 811	20 852	30 452	33 393	37 108	37 728
澜沧县	28 869	29 596	29 749	32 829	42 947	51 741	50 051	65 283	72 377	80 108	87 113
思茅市	17 746	18 105	18 385	21 472	25 315	30 643	33 949	40 510	51 248	56 120	58 972
西盟县	3 038	3 053	3 173	3 565	5 822	6 602	4 799	9 304	10 852	12 016	13 460
江城县	12 530	13 959	14 656	16 721	18 668	24 537	17 667	36 317	34 542	34 921	36 171
景洪市	78 107	75 194	86 326	108 278	111 501	130 747	126 310	157 629	165 917	175 944	220 456
孟连县	9 266	9 386	9 942	11 292	15 482	21 137	15 900	29 245	31 703	35 039	40 046
勐海县	39 472	39 734	44 351	42 378	40 827	47 593	60 185	60 419	71 008	77 186	89 088
勐腊县	55 974	53 946	57 531	74 879	79 108	93 422	56 789	126 690	130 400	143 207	158 705
中甸县	13 529	13 881	14 098	19 070	22 211	24 531	96 960	29 055	30 590	30 984	30 955
稻城县	2 873	3 273	3 708	4 178	4 705	5 108	2 715	7 251	8 219	9 263	10 799
乡城县	2 049	2 099	2 247	2 645	2 985	3 137	3 839	7 151	9 702	9 306	1 1913
得荣县	1 508	1 520	2 074	2 499	3 011	3 274	2 918	6 064	7 212	7 865	9 757
德钦县	5 036	5 156	5 204	5 545	6 399	6 998	17 253	8 731	9 315	9 555	10 130

附表 14　2000～2010 年澜沧江流域各县第二产业增加值　　　　　　　　　　　　　（单位：万元）

地区	2000 年	2001 年	2002 年	2003 年	2004 年	2005 年	2006 年	2007 年	2008 年	2009 年	2010 年
杂多县	626	714	1 360	1 562	1 721	1 773	2 110	2 203	2 334	6 066	6 478
玉树县	2 774	3 348	3 376	5 456	4 244	4 795	10 026	5 841	6 600	7 658	7 658
囊谦县	946	1 011	1 241	1 571	1 744	2 083	2 271	2 725	3 175	5 501	6 610
巴青县	1 411	339	339	2 958	4 392	4 990	276	5 636	7 373	7 905	8 371
江达县	1 108	628	1 984	1 872	3 612	4 746	82	4 972	5 861	11 342	46 153
丁青县	3 026	392	1 803.3	2 980	296	3 015	591	7 587	6 020	7 844	10 393
昌都县	1 351	813	2 714.5	10 275	2 634	13 520	1 617	17 367	19 771	17 830	93 734
类乌齐县	2 957	533	2 175	4 174	3 500	2 463	1 200	8 083	3 352	8 257	10 410
贡觉县	1 326	143	599	560	2 546	1 188	434	2 098	2 614	3 660	7 789
洛隆县	894	—	1 766	—	3 191	401	400	6 579	9 111	12 473	15 867
察雅县	472	675	2 051	2 719	3 454	3 963	440	4 825	5 544	7 902	21 641
八宿县	524	—	1 735.5	—	10 113	3 847	526	4 899	6 184	7 724	7 965
左贡县	867	—	2 179	4 416	7 722	—	565	5 945	6 953	8 151	9 211
芒康县	1 415	459	3 239.4	8 324	8 324	8 252	890	15 075	19 425	23 600	31 537
察隅县	894	2 472	2 720	2 982	3 418	—	769	4 042	4 080	6 440	7 902
贡山县	2 129	1 594	1 486	1 388	2 388	3 306	1 170	7 021	9 271	11 277	15 726
维西县	4 289	4 806	5 879	7 687	12 042	19 186	1 744	29 336	44 300	58 724	57 482
丽江县	36 197	37 219	—	—	—	—	—	—	—	—	—
福贡县	2 911	1 931	2 047	2 569	3 581	8 651	1 222	14 183	17 411	18 163	21 210

地区	2000 年	2001 年	2002 年	2003 年	2004 年	2005 年	2006 年	2007 年	2008 年	2009 年	2010 年
兰坪县	23 913	24 050	27 898	32 682	36 472	56 983	18 268	228 446	142 786	117 930	134 840
鹤庆县	19 950	21 216	21 566	22 542	29 598	36 459	7 945	57 150	77 118	93 304	115 939
剑川县	10 817	11 941	13 244	15 270	17 127	25 856	5 018	50 423	57 763	47 649	61 761
泸水县	9 982	9 720	16 270	16 272	18 531	20 233	6 267	33 683	44 219	59 308	61 983
洱源县	13 371	12 798	17 184	22 846	20 356	28 933	7 298	46 507	56 189	61 775	77 909
云龙县	8 734	9 782	10 847	13 292	17 496	23 003	4 397	38 072	50 974	59 660	79 247
宾川县	22 486	23 571	25 086	30 644	36 392	38 306	9 124	57 226	76 082	86 473	113 062
大理市	301 873	317 000	355 410	382 923	354 907	427 384	74 625	601 129	695 727	797 524	890 473
漾濞县	5 520	6 110	7 626	8 951	11 280	14 713	4 335	29 000	37 912	45 475	54 332
祥云县	30 923	36 799	42 696	56 319	67 929	95 157	16 342	173 320	206 421	235 887	333 498
永平县	9926	9551	10 402	11 588	7993	14 896	4 864	23 890	29 540	34 490	46 000
保山市	—	—	—	—	—	—	—	—	—	—	—
巍山县	11 706	13 143	16 559	19 477	20 669	21 489	5 847	37 454	42 207	45 446	55 111
弥渡县	13 808	15 600	18 192	20 199	22 042	26 286	5 438	42 226	50 650	54 629	65 517
昌宁县	17 548	20 268	22 925	25 367	29 386	37 025	8 021	54 052	64 652	72 874	89 801
南涧县	4 767	5 223	5 788	6 839	6 214	8 740	8 189	14 582	18 230	20 813	30 309
凤庆县	10 020	12 782	15 450	19 906	25 341	29 258	6 765	44 099	54 176	65 530	78 981
景东县	15 674	18 507	20 169	22 014	25 546	31 134	11 008	41 079	47 216	51 044	64 620
云县	66 357	65 460	75 588	78 921	95 679	117 705	14 080	150 055	166 808	183 724	166 678
永德县	8 664	9 606	11 327	13 143	21 769	25 580	3 640	37 192	44 115	52 987	66 855
镇沅县	5 742	6 121	6 770	8 607	12 260	13 816	3 382	19 623	24 168	31 552	40 044
临沧县	19 579	20 500	29 391	38 166	29 981	30 549	38 543	47 601	61 520	70 627	87 975
耿马县	22 698	25 214	25 470	28 385	33 659	33 904	4 802	49 943	54 140	66 479	82 334
景谷县	31 962	37 712	39 319	43 581	51 931	64 479	10 198	89 097	101 693	121 950	144 585
双江县	3 434	4 540	7 236	8 958	12 108	13 763	2 474	24 179	29 185	32 134	46 715
普洱县	22 452	21 957	22 567	25 266	23 089	25 143	5 929	36 427	39 261	44 903	77 379
沧源县	7 826	6 991	7 543	10 090	13 608	15 562	2 437	24 717	26 858	28 189	41 384
澜沧县	6 857	9 212	11 406	17 583	32 263	34 927	5 868	50 202	67 963	74 977	82 787
思茅市	24 740	30 918	39 653	46 632	66 776	71 334	92 839	128 448	160 803	180 302	220 790
西盟县	1 915	1 266	1 180	3 014	5 001	4 215	919	5 161	6 895	7 223	8 939
江城县	4 053	5 011	5 400	6 544	14 187	13 558	2 906	20 956	33 536	46 624	58 265
景洪市	39 488	39 030	43 286	61 928	107 140	108 163	18 521	135 674	169 422	247 607	284 274
孟连县	5 586	6 587	6 910	8 033	12 072	12 374	3 060	16 778	17 880	19 167	23 579
勐海县	12 412	18 198	17 073	20 697	35 085	30 774	4426	125 958	120 357	131 074	149 773
勐腊县	16 651	17 423	16 884	17 694	24 485	32 926	5 989	60 143	64 809	73 555	80 902
中甸县	8 078	7 059	8 112	9 777	16 963	75 856	7 668	131 354	171 400	180 387	194 128
稻城县	1 210	1 677	1 913	2 162	2 127	2 078	651	2 560	3 755	3 976	5 321
乡城县	1 695	1 835	2 760	3 065	3 851	3 130	378	5 413	9 214	11 714	14 383
得荣县	1 330	2 085	2 109	2 001	2 579	2 318	541	3 638	5 440	6 203	7 780
德钦县	600	629	583	1 172	5 350	12 014	1 529	26 201	39 969	51 351	62 211

附表15　2000～2010年澜沧江流域各县地方财政预算内收入　　　　（单位：万元）

地区	2000年	2001年	2002年	2003年	2004年	2005年	2006年	2007年	2008年	2009年	2010年
杂多县	352	316	430	433	134	151	185	209	667	313	511
玉树县	1 300	1 243	1 532	1 571	1 000	1 555	1 944	1 747	2 117	2 747	3 137
囊谦县	396	341	481	454	117	137	166	315	410	535	687
巴青县	94	85	85	—	798	238	4 859	309	349	406	456
江达县	148	—	—	13	397	59	6 860	850	1 100	1 368	1 576
丁青县	—	—	—	—	—	701	7 378	1 382	1 810	2 281	2 623
昌都县	—	254	1 090	1 153	—	1 352	10 344	2 252	3 843	3 503	3 934
类乌齐县	18	411	463	437	479	1 006	6 625	1 644	1 006	1 130	1 358
贡觉县	117	197	—	421	—	361	5 603	600	600	945	1 075
洛隆县	153	185	—	185	—	331	5 512	533	730	820	1 002
察雅县	128	172	—	—	52	366	6 827	611	769	963	1 147
八宿县	64	147	174	265	336	435	5 816	730	1 008	1 166	1 314
左贡县	176	112	204	344	380	507	5 841	797	1 000	1 260	1 430
芒康县	—	333	—	487	487	680	8 675	1 252	1 601	2 068	1 550
察隅县	155	312	—	218	451	639	5 843	919	919	1 345	1 641
贡山县	582	300	414	805	954	1 146	11 815	1 309	1 582	2 302	2 630
维西县	840	1 007	1 060	1 239	1 229	1 440	2 9016	2 126	3 612	5 820	10 147
丽江县	9 115	10 550	—	—	—	—	—	—	—	—	—
福贡县	516	418	361	463	579	866	19 947	1 470	2 023	2 321	2 658
兰坪县	5 079	5 514	4 748	5 367	7 209	8 518	43 849	29 599	29 002	21 018	28 018
鹤庆县	3 680	3 733	3 835	4 299	5 060	6 053	31 527	9 857	13 875	14 988	18 748
剑川县	2 626	3 085	2 921	3 159	3 379	3 609	24 847	6 202	7 611	9 362	9 763
泸水县	2 968	3 728	3 987	4 397	5 037	5 600	33 528	7 189	8 927	10 827	12 737
洱源县	4 148	5 081	4 427	4 916	5 012	6 166	30 882	8 556	10 408	10 068	12 027
云龙县	2 459	2 583	2 504	2 782	2 788	3 121	28 213	5 778	8 247	8 923	10 930
宾川县	7 592	7 637	6 816	7 703	7 303	7 787	38 047	11 682	14 594	16 058	18 992
大理市	34 300	39 222	38 862	43 178	45 885	55 978	82 163	90 122	103 995	122 855	142 149
漾濞县	2 305	2 426	2 447	2 729	2 871	3 551	18 214	5 042	5 722	6 826	7 764
祥云县	9 109	9 010	9 061	10 101	10 961	13 362	40 034	20 379	24 693	28 503	33 392
永平县	3 018	3 128	3 258	3 527	3 534	3 627	22 397	6 133	8 002	9 596	13 789
保山市	—	—	—	—	—	—	—	—	—	—	—
巍山县	3 716	4 116	4 466	4 826	4 249	4 866	27 332	6 681	7 680	9 692	13 432
弥渡县	4 251	3 905	4 264	4 311	4 344	4 438	27 886	6 688	8 796	10 855	13 039
昌宁县	5 353	5 995	6 367	7 031	5 834	6 679	34 340	9 195	10 496	14 516	33 539
南涧县	4 316	4 326	4 798	5 197	6 109	7 607	24 458	9 916	11 129	12 119	16 339
凤庆县	4 545	5 159	5 596	6 587	5 871	6 280	36 500	8 300	10 845	14 338	26 222
景东县	5 681	6 620	6 489	7 738	7 947	9 468	37 949	11 438	15 800	18 000	22 868
云县	7 987	8 593	8 642	10 620	10 955	13 044	37 022	15 596	18 158	19 505	21 709
永德县	2 977	3 073	3 244	3 883	3 224	3 171	30 248	4 649	5 900	7 312	10 708

地区	2000 年	2001 年	2002 年	2003 年	2004 年	2005 年	2006 年	2007 年	2008 年	2009 年	2010 年
镇沅县	3 187	3 365	3 007	3 524	2 503	2 594	26 846	4 301	5 530	7 203	11 008
临沧县	8 666	9 553	8 928	9 865	11 847	14 119	17 910	9 660	11 983	14 298	19 458
耿马县	5 650	6 506	6 291	6 294	4 378	3 578	30 789	6 084	7 309	8 507	12 340
景谷县	8 861	9 882	10 866	9 666	7 358	8 610	32 434	12 516	15 868	18 406	29 668
双江县	2 000	2 326	2 184	2 646	1 853	1 968	22 107	2 840	3 347	4 078	6 271
普洱县	4 282	4 800	4 577	5 072	3 770	4 324	28 486	9 322	10 828	11 926	16 066
沧源县	2 047	2 334	2 282	2 301	1 762	1 622	23 588	3 490	4 680	4 359	7 980
澜沧县	3 267	3 871	3 825	4 442	3 801	4 526	47 620	8 449	10 556	12 359	22 158
思茅市	8 077	9 216	10 259	12 025	11 161	15 136	18 606	23 866	28 775	33 100	40 556
西盟县	623	716	828	789	553	629	16 885	1 278	1 629	2 119	2 699
江城县	1 131	1 301	1 590	1 794	1 915	2 424	18 331	3 428	4 216	5 108	6 008
景洪市	15 547	17 498	16 447	16 218	13 630	17 428	39 542	23 457	32 243	36 206	47 675
孟连县	2 236	2 924	2 830	3 000	2 261	2 536	19 131	3 551	3 598	4 062	5 191
勐海县	6 237	7 832	6 632	6 142	4 146	4 315	29 513	5 627	8 776	11 292	13 802
勐腊县	6 397	6 702	7 243	7 964	3 474	5 868	27 320	12 168	12 798	15 704	22 709
中甸县	2 902	3 705	3 573	4 152	4 613	5 732	36 984	10 188	13 248	16 606	20 988
稻城县	297	356	363	351	362	406	13 900	2 690	1 029	1 394	2 222
乡城县	224	268	314	283	306	350	11 713	875	2 523	3 490	4 508
得荣县	168	200	218	229	288	264	10 972	775	1 179	1 601	2 009
德钦县	486	594	578	812	918	1 178	22 620	2 008	2 788	4 470	7 078

附表 16　2000～2010 年澜沧江流域各县地方财政支出　　　　（单位：万元）

地区	2000 年	2001 年	2002 年	2003 年	2004 年	2005 年	2006 年	2007 年	2008 年	2009 年	2010 年
杂多县	1 644	2 893	3 208	3 143	4 425	5 848	7 818	11 749	17 487	—	33 745
玉树县	4 060	5 929	6 079	6 642	8 985	12 953	16 688	24 062	29 217	36 264	96 925
襄谦县	2 432	4 403	4 771	4 872	7 115	10 477	12 087	17 351	25 070	535	59 601
巴青县	1 398	1 821	1 821	3 003	798	128	1 893	7 781	9 865	15 252	15 071
江达县	1 007	3 554	4 128	3 963	5 113	6 760	3 783	12 186	14 910	19 218	18 983
丁青县	1 356	2 439	3 468	4 305	4 681	5 988	—	11 838	15 253	17 842	19 598
昌都县	—	5 146	6 762	6 964	8 115	9 383	5 273	17 128	20 707	24 801	25 872
类乌齐县	—	2 357	3 358	3 726	4 364	6 174	3 679	11 320	11 924	13 615	15 111
贡觉县	1 765	2 386	—	2 357	2 376	512	3 016	8 943	11 396	14 198	14 741
洛隆县		2 477	—	2 477	4 280	1 710	2 318	8 983	11 621	14 009	16 291
察雅县	—	1 406	—	—	5 204	6 089	2 925	11 115	13 851	18 824	18 042
八宿县	978	2 012	2 076	3 109	4 011	5 262	2 583	9 442	12 240	15 105	15 986
左贡县	—	532	3 394	3 482	2 078	5 234	2 171	9 264	11 447	14 923	15 523
芒康县	—	4 522	—	5 405	5 405	7 306	5 845	14 156	18 606	21 870	24 683
察隅县	16 816	2 475	3 000	1 500	4 918	5 769	5 430	9 710	11 169	14 912	16 650
贡山县	5 856	8 293	6 954	7 565	8 883	10 656	9 459	18 788	25 571	27 936	52 494
维西县	12 533	21 225	15 984	19 403	21 737	24 994	28 631	35 804	50 817	66 215	106 652

续表

地区	2000 年	2001 年	2002 年	2003 年	2004 年	2005 年	2006 年	2007 年	2008 年	2009 年	2010 年
丽江县	21 587	30 991	—	—	—	—	—	—	—	—	—
福贡县	7 871	10 375	12 573	10 583	12 849	14 490	14 311	24 191	32 619	47 222	58 011
兰坪县	13 577	20 263	20 399	20 915	25 275	29 002	90 907	58 620	63 542	77 742	93 336
鹤庆县	11 067	16 730	15 402	17 896	20 681	23 633	110 001	38 121	56 542	72 868	90 009
剑川县	11 290	14 454	13 706	14 587	16 677	19 543	54 450	31 809	37 548	49 828	65 044
泸水县	11 283	16 625	15 450	17 610	25 914	28 780	90 344	37 151	46 680	68 823	84 657
洱源县	13 014	18 526	22 171	24 598	21 895	26 364	76 416	37 784	46 519	64 028	85 022
云龙县	11 142	14 950	13 136	15 182	17 226	20 288	40 490	34 408	42 232	59 225	79 730
宾川县	15 592	23 904	23 782	27 126	24 350	30 106	94 507	52 635	62 478	91 867	99 520
大理市	37 315	51 674	54 377	56 713	69 192	73 126	855 929	123 929	143 945	194 215	210 488
漾濞县	8 761	11 929	11 029	11 138	12 516	16 185	34 723	24 822	29 901	35 226	50 907
祥云县	16 552	18 409	19 226	23 210	26 974	30 801	164 652	52 676	67 986	99 683	113 780
永平县	10 614	14 920	14 318	14 526	15 772	17 810	42 371	29 716	35 432	52 173	61 479
保山市	—	—	—	—	—	—	—	—	—	—	—
巍山县	13 797	17 228	20 057	18 945	19 988	22 715	83 626	37 874	46 087	61 044	82 463
弥渡县	11 717	15 511	14 500	15 754	17 581	21 813	89 153	35 041	48 120	68 647	85 624
昌宁县	13 036	17 368	18 618	20 067	23 868	28 296	73 618	42 732	57 008	80 816	117 331
南涧县	11 624	13 717	14 575	16 640	18 037	21 868	47 281	31 822	36 916	50 541	69 255
凤庆县	14 096	18 658	18 676	21 990	18 179	25 079	77 853	49 888	67 777	102 524	124 277
景东县	15 668	19 943	18 925	23 186	26 918	30 219	79 791	47 392	59 005	92 890	114 932
云县	15 605	19 043	20 395	24 450	26 126	29 593	86 497	49 783	59 124	88 765	105 247
永德县	10 872	13 451	15 833	16 563	19 361	24 220	48 970	42 822	54 618	74 430	111 706
镇沅县	10 973	15 387	12 574	14 676	17 045	21 647	64 260	34 834	42 088	63 284	80 642
临沧县	31 957	49 178	18 557	19 338	23 145	24 109	32 778	45 218	56 818	80 524	97 700
耿马县	11 544	16 036	17 055	19 323	22 274	22 618	83 348	40 667	53 479	79 654	116 927
景谷县	14 384	22 142	20 686	21 445	23 049	26 835	93 851	45 755	52 755	75 277	104 671
双江县	8 346	11 275	11 804	13 104	14 041	17 105	31 315	29 832	44 079	58 208	67 328
普洱县	11 271	13 673	15 397	16 746	19 131	21 182	85 197	82 631	44 218	60 750	76 383
沧源县	9 159	13 396	14 709	14 106	16 832	18 080	34 735	34 288	45 998	69 012	84 271
澜沧县	19 139	23 973	23 487	25 312	28 523	37 669	73 696	69 281	91 152	130 367	175 160
思茅市	13 614	27 732	18 084	24 427	24 105	30 409	38 790	59 815	60 157	77 274	95 665
西盟县	6 628	8 830	9 081	9 945	11 071	13 917	15 064	22 409	28 813	45 789	50 871
江城县	7 832	9 210	9 988	11 018	12 025	14 169	33 840	27 501	26 983	43 936	53 558
景洪市	19 415	22 915	24 777	30 879	33 053	38 608	462 918	50 763	90 559	122 393	142 749
孟连县	7 692	11 160	11 797	12 236	13 065	14 688	71 157	25 884	31 811	43 632	56 168
勐海县	13 378	17 236	18 393	19 456	21 810	28 707	89 356	37 292	60 102	77 557	102 058
勐腊县	12 071	14 645	15 558	19 704	19 713	26 390	147 823	40 600	50 792	72 453	89 329
中甸县	16 505	23 495	21 712	23 835	28 309	32 023	103 238	49 936	63 819	76 150	112 471
稻城县	3 559	5 297	5 931	6 042	10 193	11 155	5 788	20 720	25 262	40 458	42 707

地区	2000 年	2001 年	2002 年	2003 年	2004 年	2005 年	2006 年	2007 年	2008 年	2009 年	2010 年
乡城县	3 745	7 428	7 196	7 063	12 259	11 637	5 221	20 080	27 376	36 167	48 023
得荣县	3 718	9 469	5 300	5 235	10 348	10 681	1 001	17 047	21 010	34 855	36 599
德钦县	9 804	12 510	11 357	13 526	13 127	16 185	17 653	32 728	44 575	63 781	76 266

附表 17　2000～2010 年澜沧江流域各县城乡居民储蓄存款余额　　　　（单位：万元）

地区	2000 年	2001 年	2002 年	2003 年	2004 年	2005 年	2006 年	2007 年	2008 年	2009 年	2010 年
杂多县	1 008	1 193	1 392	1 754	795	1 955	6 974	7 973	300	—	—
玉树县	11 781	13 879	16 872	20 016	13 887	19 333	10 450	34 349	31 200	—	—
囊谦县	1 120	1 224	1 408	904	986	1 897	6 934	10 455	10 400	5 877	10 547
巴青县	392	35	35	1 059	1 059	1 922	14 215	1 792	1 893	4 697	13 750
江达县	1 165	1 269	1 503	763	1 918	2 787	4 480	—	3 208	4 058	4 609
丁青县	1 328	690	1 460	—	—	3 157	10 212	—	—	7 108	7 108
昌都县	236	—	—	3 981	4 258	4 868	6 206	5 283	5 942	6 684	7 184
类乌齐县	—	716	1 041	4 428	3 600	2 538	4 734	6 012	7 400	7 620	10 620
贡觉县	437	577	—	716	—	—	8 700	3 500	3 500	—	868
洛隆县	552	921	—	921	2 387	2 255	5 573	2 912	9 892	12 483	4 214
察雅县	—	—	—	—	1 821	2 344	5 068	2 940	2 951	5 049	6 928
八宿县	578	—	1 320	1 967	2 393	2 736	6 130	3 323	3 101	3 951	4 369
左贡县	101	861	1 430	1 953	2 339	656	5 083	3 265	1 018	1 599	2 168
芒康县	—	2 086	—	2 091	2 091	4 600	9 656	2 300	4 910	7 264	8 619
察隅县	2 376	2 748	2 973	3 645	3 445	4 500	3 051	7 058	8 348	9 604	11 902
贡山县	3 935	3 844	4 472	5 331	6 882	7 351	14 791	11 991	13 106	15 900	19 616
维西县	14 120	14 120	19 369	20 916	22 598	24 165	39 556	36 118	47 240	59 100	80 000
丽江县	95 492	145 738	—	—	—	—	—	—	—	—	—
福贡县	5 603	7 363	6 634	7 752	9 267	12 483	15 171	14 907	18 409	22 900	29 475
兰坪县	28 463	31 108	33 476	41 614	48 812	63 228	101 284	105 640	108 110	119 800	145 391
鹤庆县	40 412	42 734	51 707	64 334	76 054	84 893	109 216	122 716	150 013	187 700	226 500
剑川县	22 344	25 964	24 447	33 560	38 257	43 668	52 725	33 310	40 587	88 900	113 300
泸水县	29 916	36 900	43 694	51 847	60 655	76 072	115 790	80 872	96 633	116 000	144 035
洱源县	37 703	43 756	50 710	56 894	59 129	64 874	81 882	81 348	95 682	118 900	155 000
云龙县	19 980	21 149	23 082	24 651	27 206	32 462	45 030	50 782	61 633	77 200	104 000
宾川县	37 589	38 746	54 140	62 997	74 102	83 509	106 606	96 003	130 255	175 400	236 500
大理市	334 958	393 664	471 945	561 273	653 817	736 165	997 342	855 107	1 025 599	1 217 500	1 469 400
漾濞县	20 013	21 915	23 162	24 776	26 018	29 057	40 403	35 447	41 891	51 500	63 900
祥云县	45 057	68 827	81 599	95 332	115 325	137 700	12 076	181 672	221 638	271 430	334 700
永平县	20 978	25 154	26 353	28 570	29 843	35 314	33 807	48 675	60 860	76 800	94 000
保山市	—	—	—	—	—	—	—	—	—	—	—
巍山县	44 608	43 909	46 241	49 171	55 199	66 793	54 139	89 899	105 872	126 300	153 000
弥渡县	10 712	43 227	47 535	53 154	62 231	74 868	58 414	102 776	128 834	153 500	180 300
昌宁县	37 430	43 130	48 187	52 348	57 926	64 434	107 454	96 399	108 199	133 300	161 100

续表

地区	2000 年	2001 年	2002 年	2003 年	2004 年	2005 年	2006 年	2007 年	2008 年	2009 年	2010 年
南涧县	19 990	23 542	26 708	29 815	34 099	41 049	118 369	50 031	64 461	79 500	91 300
凤庆县	30 027	36 571	43 217	51 205	57 509	65 417	134 834	93 805	106 840	129 400	159 800
景东县	34 717	38 103	43 856	49 171	54 916	63 175	77 369	88 147	103 770	129 800	173 900
云县	41 899	47 368	56 035	65 717	74 017	75 596	116 330	95 910	113 217	139 300	173 700
永德县	19 693	24 744	27 321	28 980	33 546	39 171	67 082	57 901	66 487	82 800	115 700
镇沅县	22 755	25 483	27 422	35 757	43 966	51 622	61 007	73 036	87 843	105 300	133 300
临沧县	71 329	82 086	94 225	113 736	127 294	143 591	159 320	159 834	196 133	244 700	314 400
耿马县	37 924	41 522	49 377	52 512	61 009	71 453	73 688	91 055	110 368	127 400	164 700
景谷县	34 683	41 081	47 305	56 862	66 753	80 900	141 110	103 359	119 083	134 000	182 400
双江县	12 224	14 032	16 766	18 747	23 024	25 178	49 183	37 495	43 267	54 300	74 500
普洱县	40 791	44 298	48 281	57 522	63 096	71 414	83 491	110 072	119 748	132 800	161 500
沧源县	13 867	15 740	17 056	20 400	23 416	28 914	42 217	41 372	45 709	68 100	86 200
澜沧县	30 787	34 976	40 959	46 504	55 967	59 709	82 613	85 352	99 501	129 400	161 100
思茅市	115 539	131 803	153 632	185 983	211 348	250 046	285 756	314 790	359 632	491 200	593 100
西盟县	7 455	7 989	8 538	9 585	10 805	11 991	20 428	16 508	19 064	24 100	31 700
江城县	12 165	13 609	15 890	18 136	21 672	26 776	35 689	38 988	44 771	51 400	64 200
景洪市	187 236	210 164	229 620	282 559	284 144	401 917	35 652	473 078	475 232	732 919	903 000
孟连县	29 940	32 374	36 329	41 853	52 591	58 722	52 086	83 085	96 729	140 400	164 000
勐海县	48 640	57 657	66 810	72 109	80 592	88 343	58 156	114 012	135 993	184 520	348 500
勐腊县	58 539	63 634	72 388	90 448	105 198	143 192	53 416	188 435	223 647	259 179	245 100
中甸县	38 416	45 197	55 793	65 088	74 999	87 920	337 002	129 043	163 957	125 600	240 000
稻城县	1 590	1 878	2 595	2 595	3 487	4 889	3 901	4 672	7 921	11 327	16 566
乡城县	2 043	3 155	4 565	4 748	4 891	4 993	9 634	6 665	9 102	12 806	17 313
得荣县	1 249	892	1 023	1 036	1 035	988	7 886	8 101	8 413	11 758	16 138
德钦县	8 438	9 382	11 314	13 035	14 128	14 855	18 078	23 602	25 717	32 800	40 000

附表 18　2000～2010 年澜沧江流域各县年末金融机构各项贷款余额　　　　（单位：万元）

地区	2000 年	2001 年	2002 年	2003 年	2004 年	2005 年	2006 年	2007 年	2008 年	2009 年	2010 年
杂多县	7 644	7 906	8 739	9 321	6 288	7 968	10 017	20 300	19 312	—	—
玉树县	26 683	28 151	31 167	32 945	25 804	30 487	13 144	29 320	20 230	—	—
囊谦县	10 138	11 025	12 589	11 878	11 565	11 095	10 023	53 000	52 000	441	1 705
巴青县	2 646	328	328	4 736	4 736	4 440	—	15 325	15 320	17 505	16 250
江达县	2 135	2 199	2 394	3 057	4 837	4 460	—	8 530	7 195	10 484	9 630
丁青县	671	3 426	4 477	6 477	7 203	8 236	—	6 637	13 219	11 726	14 900
昌都县	553	—	—	3 299	3 759	4 749	—	6 911	6 159	9 585	11 449
类乌齐县	—	1 312	1 954	3 019	4 178	4 150	—	5 209	7 200	7 800	7 800
贡觉县	1 276	1 894	—	1 312	—	—	—	6 500	6 500	14 434	14 434
洛隆县	533	1 009	—	1 009	4 133	5 000	—	6 714	7 261	7 302	8 466
察雅县	—	—	—	—	3 953	4 425	—	5 162	3 722	6 128	7 259
八宿县	289	—	1 759	2 559	3 775	4 872	—	7 273	8 510	7 501	6 558

地区	2000 年	2001 年	2002 年	2003 年	2004 年	2005 年	2006 年	2007 年	2008 年	2009 年	2010 年
左贡县	786	980	1 254	2 213	3 795	4 451	—	6 255	5 852	8 632	8 573
芒康县	—	1 682		6 434	6 434	8 540	—	9 610	7 926	9 417	9 904
察隅县	1 077	588	573	1 176	2 075	2 323		3 355	3 572	5 656	5 115
贡山县	8 639	9 475	9 862	10 387	9 538	15 575	—	16 026	18 222	15 300	19 331
维西县	20 395	21 009	22 842	26 416	26 910	28 800		38 985	32 200	50 700	60 000
丽江县	187 256	218 574	—	—	—	—		—	—	—	—
福贡县	8 376	9 570	10 770	12 040	11 134	15 542		23 475	22 133	29 000	38 736
兰坪县	44 141	50 467	55 351	53 221	60 850	104 183	—	123 551	139 338	151 100	170 128
鹤庆县	37 644	41 778	48 564	63 734	79 244	92 389	—	111 327	115 825	210 000	256 400
剑川县	31 016	33 089	29 536	34 792	34 916	48 770	—	30 346	32 217	77 300	83 700
泸水县	45 172	49 698	56 272	68 711	69 904	86 662	—	153 500	186 195	239 400	286 258
洱源县	42 580	47 961	57 973	69 812	70 370	76 163	—	76 595	72 703	102 800	149 600
云龙县	23 925	27 960	30 374	37 564	39 040	39 003	—	53 150	83 366	102 700	153 400
宾川县	51 495	58 538	70 824	89 335	91 335	98 013	—	124 476	146 531	176 700	216 500
大理市	402 539	473 889	551 575	639 373	843 255	865 008	—	1 247 371	1 460 060	1 763 800	2 169 000
漾濞县	27 989	31 050	34 794	41 135	40 949	41 720	—	43 010	36 281	41 800	47 100
祥云县	83 301	95 171	91 831	114 874	106 970	102 490	—	126 043	155 557	217 600	260 300
永平县	24 736	29 259	31 895	31 205	31 478	31 003	—	36 933	51 067	79 500	94 700
保山市	—	—	—	—	—	—	—	—	—	—	—
巍山县	32 677	36 563	41 941	52 584	52 898	54 009	—	58 274	61 858	85 700	102 200
弥渡县	34 409	36 504	42 679	49 183	55 586	58 682	—	61 763	66 777	116 200	136 200
昌宁县	67 989	73 741	81 945	93 740	99 930	100 533	—	119 987	116 672	147 500	179 500
南涧县	27 992	32 646	38 287	55 998	66 906	80 089	—	184 697	185 117	202 200	227 300
凤庆县	41 417	56 602	70 989	86 856	102 184	120 836	—	184 381	195 028	222 700	248 800
景东县	38 172	50 111	57 768	58 023	57 784	71 647	—	87 802	80 346	123 000	164 400
云县	63 946	73 037	75 694	86 004	103 301	111 494	—	128 880	123 522	144 400	185 600
永德县	30 602	47 348	51 360	56 352	59 201	63 479	—	78 446	81 237	92 700	120 500
镇沅县	35 660	36 737	35 132	43 637	47 618	49 956	—	71 817	73 440	90 100	109 100
临沧县	148 528	155 480	226 875	273 896	314 918	344 380	375 879	345 462	367 345	694 200	808 900
耿马县	72 987	74 365	81 009	81 924	78 961	82 282	—	71 256	68 509	77 700	101 600
景谷县	81 953	83 925	87 176	101 430	109 312	109 869	—	146 828	148 504	170 500	183 000
双江县	29 380	30 146	33 376	38 615	44 259	49 832	—	58 649	53 308	57 600	63 100
普洱县	50 055	53 359	57 390	68 584	89 303	83 037	—	117 594	120 209	131 100	153 200
沧源县	38 738	33 573	36 726	40 839	40 443	42 798	—	43 983	36 412	36 000	51 300
澜沧县	54 549	55 154	58 529	68 083	65 977	67 366	—	85 888	76 069	109 500	149 800
思茅市	138 592	152 914	176 658	191 897	213 127	281 378	445 369	648 112	836 342	965 900	1 188 300
西盟县	19 772	21 071	22 361	23 294	19 862	18 204	—	19 643	12 394	14 500	20 400
江城县	25 056	28 064	29 504	34 523	28 800	33 440	—	36 158	54 608	88 700	101 700
景洪市	185 250	193 778	183 596	216 710	258 963	34 353	—	41 298	76 430	888 587	1 090 000

地区	2000 年	2001 年	2002 年	2003 年	2004 年	2005 年	2006 年	2007 年	2008 年	2009 年	2010 年
孟连县	30 232	33 131	36 180	42 311	37 466	41 780	—	57 456	57 498	89 300	97 000
勐海县	47 828	48 555	53 561	62 266	55 501	56 051	—	70 918	105 954	145 330	201 900
勐腊县	62 582	66 226	60 138	83 055	43 757	51 416	—	70 433	97 372	167 605	161 000
中甸县	92 761	103 611	121 412	153 708	183 586	238 101	—	409 903	472 745	390 300	760 000
稻城县	548	3 140	4 006	4 325	4 625	4 249	—	5 482	3 917	2 898	14 127
乡城县	1 443	11 610	7 696	9 053	8 548	9 282	—	10 195	23 545	31 071	51 134
得荣县	1 100	3 890	4 340	7 333	7 456	7 618	—	7 992	8 142	3 957	5 235
德钦县	11 161	12 965	14 083	16 077	17 967	20 217	—	19 148	19 384	30 500	50 000

附表 19　2000～2010 年澜沧江流域各县粮食总产量　　　　　　　　　　（单位：t）

地区	2000 年	2001 年	2002 年	2003 年	2004 年	2005 年	2006 年	2007 年	2008 年	2009 年	2010 年
杂多县	—	—	—	—	—	—	—	—	—	—	—
玉树县	6 524	6 773	5 529	5 602	5 440	5 317	1 443	4 458	4 813	6 196	4 291
囊谦县	9 915	10 347	9 423	4 444	9 981	10 119	6 187	8 656	10 016	9 728	9 782
巴青县	—	411	115	65	137	149	151	143	138	185	205
江达县	10 874	11 077	14 997	10 816	9 754	11 210	10 710	12 192	12 602	11 282	11 806
丁青县	20 442	21 253	24 439	23 430	20 621	23 256	23 355	24 006	24 781	23 999	24 183
昌都县	16 777	17 285	15 393	16 289	15 208	17 577	17 368	17 587	17 973	17 589	16 486
类乌齐县	7 887	7 544	9 667	7 052	6 560	7 366	7 008	7 441	7 442	8 164	7 247
贡觉县	12 600	12 790	10 969	13 100	11 442	13 836	12 940	13 300	13 613	6 015	10 365
洛隆县	19 140	20 280	19 414	20 050	17 328	19 531	20 032	20 540	21 871	19 081	20 976
察雅县	13 065	13 400	10 765	13 100	11 725	13 290	13 294	13 738	13 703	10 756	12 638
八宿县	10 250	10 137	9 914	10 927	9 782	10 639	10 877	10 791	10 892	7 970	10 202
左贡县	15 463	14 873	14 177	15 117	13 799	15 843	16 006	16 169	16 357	16 473	16 439
芒康县	22 364	22 260	21 414	23 820	21 302	24 792	23 959	25 345	27 246	26 890	25 102
察隅县	18 205	18 615	18 353	18 369	18 103	18 531	18 429	18 691	18 625	18 776	18 403
贡山县	11 220	11 630	11 050	10 284	9 194	9 249	9 470	9 610	9 758	10 065	10 069
维西县	54 527	55 925	52 747	55 064	54 562	52 632	54 524	55 866	58 010	59 684	59 986
丽江县	138 838	140 328	—	—	—	—	—	—	—	—	—
福贡县	29 250	29 844	27 866	28 647	27 215	28 848	29 741	30 197	30 499	30 965	31 431
兰坪县	69 469	70 520	71 353	72 669	73 639	73 396	74 669	74 781	75 740	76 593	77 824
鹤庆县	102 922	105 083	77 227	96 959	93 485	98 296	105 412	104 510	112 429	118 014	120 406
剑川县	69 287	70 359	60 520	62 608	63 100	65 327	66 634	68 174	69 551	71 323	72 750
泸水县	53 649	53 936	52 964	51 065	49 136	52 324	52 434	52 048	54 882	56 945	58 100
洱源县	143 425	145 449	142 623	145 886	125 711	128 540	132 331	138 399	141 765	149 368	152 788
云龙县	93 460	96 263	97 263	90 442	91 325	88 168	91 151	92 418	94 936	95 992	98 000
宾川县	152 413	141 535	119 218	115 753	120 946	126 003	133 430	139 781	146 118	152 613	127 384
大理市	151 831	147 492	142 836	131 483	146 330	136 379	147 827	147 204	146 397	146 743	154 551
漾濞县	43 564	44 244	45 084	43 386	44 200	45 560	46 598	47 567	48 640	50 040	46 037
祥云县	161 050	159 091	155 912	149 018	149 057	152 980	156 764	160 171	163 933	167 528	146 128

续表

地区	2000 年	2001 年	2002 年	2003 年	2004 年	2005 年	2006 年	2007 年	2008 年	2009 年	2010 年
永平县	76 146	72 925	73 655	69 635	67 292	68 451	69 851	70 619	72 121	75 021	72 735
保山市	—	—	—	—	—	—	—	—	—	—	—
巍山县	116 854	115 330	116 991	113 865	114 294	116 596	120 959	125 148	130 487	132 414	112 690
弥渡县	126 385	125 049	126 467	114 972	115 361	114 185	129 223	131 837	135 792	138 563	100 940
昌宁县	139 718	136 686	135 963	130 308	136 017	142 340	144 995	148 679	152 476	156 201	160 049
南涧县	81 637	74 118	78 806	79 417	81 317	73 278	78 672	82 823	88 820	94 205	64 576
凤庆县	147 806	147 854	143 539	135 306	135 847	136 212	138 901	136 653	140 100	142 051	143 238
景东县	137 228	134 072	130 907	126 517	129 218	128 714	130 113	126 470	128 954	132 653	136 782
云县	138 626	138 998	137 301	131 826	133 622	136 808	142 492	145 069	151 848	159 622	164 789
永德县	125 385	118 606	115 360	109 582	111 436	115 262	115 936	116 506	124 071	129 247	133 284
镇沅县	73 686	74 872	75 733	76 642	77 324	77 202	77 958	77 641	78 760	82 617	83 475
临沧县	92 660	91 078	87 253	81 195	81 301	80 485	80 550	77 690	80 347	79 940	79 547
耿马县	85 167	84 226	82 803	82 459	84 658	85 275	85 308	85 258	86 263	86 331	91 131
景谷县	113 120	114 350	113 428	111 426	111 780	112 361	114 924	115 738	119 538	127 531	135 311
双江县	60 450	58 684	56 589	56 384	57 050	57 737	57 621	56 334	56 643	57 180	57 545
普洱县	71 902	70 787	69 635	67 369	67 513	68 162	69 016	68 963	68 919	69 972	70 456
沧源县	57 164	53 765	51 590	47 459	47 968	51 312	52 545	51 261	53 300	53 398	57 639
澜沧县	152 441	153 511	153 588	156 016	158 570	160 604	163 220	168 005	171 063	182 831	186 556
思茅市	51 032	50 672	50 372	48 944	49 548	50 106	50 607	50 599	50 776	50 882	51 045
西盟县	31 027	30 568	31 043	31 387	31 625	31 781	32 207	32 420	32 639	33 304	34 308
江城县	33 030	33 395	33 405	33 387	33 890	34 209	33 899	33 860	34 625	35 861	37 228
景洪市	132 143	127 251	122 408	127 109	131 609	130 074	124 823	115 883	119 021	123 617	126 699
孟连县	46 736	46 732	45 551	45 649	45 556	46 410	46 336	47 064	47 709	47 721	48 744
勐海县	136 037	134 123	128 798	131 168	138 694	144 716	141 178	135 288	136 581	155 141	165 230
勐腊县	79 195	77 734	72 474	73 233	75 890	78 296	78 688	75 419	78 021	79 062	79 209
中甸县	60 465	60 871	54 833	54 516	55 481	53 907	56 794	57 038	59 713	63 279	64 233
稻城县	9 005	9 120	8 859	8 236	9 019	9 059	9 135	9 138	9 177	9 303	9 836
乡城县	9 342	9 256	8 854	8 163	8 645	8 804	8 531	8 892	9 061	8 442	9 112
得荣县	7 812	7 832	7 240	7 057	7 568	7 703	7 854	7 951	8 175	8 403	8 761
德钦县	21 461	21 663	20 687	18 050	18 699	18 417	19 527	20 574	21 794	21 859	22 482

附表 20 2000～2010 年澜沧江流域各县棉花产量　　　　　（单位：t）

地区	2000 年	2001 年	2002 年	2003 年	2004 年	2005 年	2006 年	2007 年	2008 年	2009 年	2010 年
杂多县	—	—	—	—	—	—	—	—	—	—	—
玉树县	—	—	—	—	—	—	—	—	—	—	—
囊谦县	—	—	—	—	—	—	—	—	—	—	—
巴青县	—	—	—	—	—	—	—	—	—	—	—
江达县	—	—	—	—	—	—	—	—	—	—	—
丁青县	—	—	—	—	—	—	—	—	—	—	—
昌都县	—	—	—	—	—	—	—	—	—	—	—

续表

地区	2000 年	2001 年	2002 年	2003 年	2004 年	2005 年	2006 年	2007 年	2008 年	2009 年	2010 年
类乌齐县	—	—	—	—	—	—	—	—	—	—	—
贡觉县	—	—	—	—	—	—	—	—	—	—	—
洛隆县	—	—	—	—	—	—	—	—	—	—	—
察雅县	—	—	—	—	—	—	—	—	—	—	—
八宿县	—	—	—	—	—	—	—	—	—	—	—
左贡县	—	—	—	—	—	—	—	—	—	—	—
芒康县	—	—	—	—	—	—	—	—	—	—	—
察隅县	—	—	—	—	—	—	—	—	—	—	—
贡山县	—	—	—	—	—	—	—	—	—	—	—
维西县		1	1	1	1	1		1	1	—	—
丽江县	—	—	—	—	—	—	—	—	—	—	—
福贡县	—	—	—	—	—	—	—	—	—	—	—
兰坪县	1	1	1	1	1	1		1	1		
鹤庆县	—	—	—	—	—	—	—	—	—	—	—
剑川县	—	—	—	—	—	—	—	—	—	—	—
泸水县	—	—	—	—	—	—	—	—	—	—	—
洱源县	—	—	—	—	—	—	—	—	—	—	—
云龙县	—	—	—	—	—	—	—	—	—	—	—
宾川县	159	113	81	50	15	16	—	11	—	—	—
大理市	—	—	—	—	—	—	—	—	—	—	—
漾濞县	—	—	—	—	—	—	—	—	—	—	—
祥云县	—	—	—	—	—	—	—	—	—	—	—
永平县	—	—	—	—	—	—	—	—	—	—	—
保山市	—	—	—	—	—	—	—	—	—	—	—
巍山县	—	—	—	—	—	—	—	—	—	—	—
弥渡县	—	—	—	—	—	—	—	—	—	—	—
昌宁县	—	—	—	—	—	—	—	—	—	—	—
南涧县	—	—	—	—	—	—	—	—	—	—	—
凤庆县	—	—	1	—	3	—	—	—	—	—	—
景东县	—	—	—	—	—	—	—	—	—	—	—
云县	—	—	—	—	—	—	—	—	—	—	—
永德县	2										
镇沅县	1	2	1	1	3	2		—	—	—	—
临沧县	—	—	—	—	—	—	—	—	—	—	—
耿马县	9	6	2	3	2	4	—	8	8	6	6
景谷县	1	2	2	—				—			
双江县	—	—	1	1	1	1		1	1	—	—
普洱县											
沧源县	—	—	—	—	—	—	—	—	—	—	—

续表

地区	2000 年	2001 年	2002 年	2003 年	2004 年	2005 年	2006 年	2007 年	2008 年	2009 年	2010 年
澜沧县	3	13	5	7	2	2	—	3	5	5	5
思茅市	—	—	—	—	—	—	—	—	—	—	—
西盟县	—	—	—	—	—	—	—	—	—	—	—
江城县	2	1	1	1	—	—	—	1	—	—	—
景洪市	26	29	25	21	19	7	—	7	4	3	2
孟连县	8	8	8	8	5	4	—	2	3	4	2
勐海县	62	31	40	34	11	18	—	10	6	11	2
勐腊县	21	26	18	21	16	6	—	5	6	1	—
中甸县	—	—	—	—	1	—	—	—	—	—	—
稻城县	—	—	—	—	—	—	—	—	—	—	—
乡城县	—	—	—	—	—	—	—	—	—	—	—
得荣县	—	—	—	—	—	—	—	—	—	—	—
德钦县	—	—	—	—	—	—	—	—	—	—	—

附表 21　2000~2010 年澜沧江流域各县油料产量　（单位：t）

地区	2000 年	2001 年	2002 年	2003 年	2004 年	2005 年	2006 年	2007 年	2008 年	2009 年	2010 年
杂多县	—	—	—	—	—	—	—	—	—	—	—
玉树县	799	554	583	585	437	204	45	54	46	62	55
囊谦县	909	793	452	220	412	393	155	171	154	344	326
巴青县	—	—	—	—	—	—	—	—	—	—	—
江达县	94	130	200	174	160	157	190	141	160	319	280
丁青县	145	228	346.9	355	383	501	480	508	680	820	847
昌都县	118	206	181.1	242	218	240	261	227	320	380	378
类乌齐县	—	—	—	—	—	—	—	—	—	—	—
贡觉县	232	257	373.4	414	416	449	473	480	340	221	181
洛隆县	230	330	338.7	363	500	554	589	621	820	509	955
察雅县	215	164	222.5	195	157	155	141	229	210	326	331
八宿县	96	—	155	143	145	166	156	144	200	226	231
左贡县	34	45	49.8	81	80	100	104	225	185	195	210
芒康县	100	165	171	246	245	297	294	307	480	572	622
察隅县	97	191	250	249	155	146	146	198	232	266	280
贡山县	51	54	70	71	82	62	80	97	98	96	96
维西县	26	184	212	214	231	298	632	660	792	1 382	1 390
丽江县	4 521	4 729	—	—	—	—	—	—	—	—	—
福贡县	391	409	326	404	523	252	496	530	628	1 134	621
兰坪县	216	222	215	187	195	194	215	223	230	249	306
鹤庆县	254	264	285	333	369	286	392	474	551	580	535
剑川县	1 379	1 288	1 375	899	852	1 252	1 185	1 122	1 161	1 401	1 561
泸水县	189	201	180	257	210	223	195	160	337	404	390
洱源县	3 014	3 490	3 801	3 907	3 808	3 484	4 119	2 968	3 700	3 519	2 952

续表

地区	2000 年	2001 年	2002 年	2003 年	2004 年	2005 年	2006 年	2007 年	2008 年	2009 年	2010 年
云龙县	875	1 093	1 057	1 506	1 631	1 604	1 565	1 742	1 776	1 838	1 327
宾川县	6 973	7 649	7 643	7 313	4 840	4 245	7 878	6 175	9 809	12 519	11 224
大理市	1 060	1 440	1 283	1 216	1 397	874	1 489	1 136	1 181	1 792	1 259
漾濞县	1 543	841	812	1 039	1 400	1 267	1 230	1 278	1 430	1 469	182
祥云县	3 065	5 167	4 244	3 214	3 653	2 081	3 169	3 286	4 092	5 317	1 838
永平县	1 503	1 669	2 159	2 755	2 704	2 139	2 128	2 190	2 288	2 415	1 901
保山市	—	—	—	—	—	—	—	—	—	—	—
巍山县	7 022	6 832	6 482	6 400	5 692	5 660	6 534	6 687	6 890	7 837	3 725
弥渡县	1 260	2 051	2 627	2 617	1 890	1 007	2 159	1 774	2 460	4 283	1 934
昌宁县	2 660	3 244	2 506	2 613	2 983	3 397	3 695	3 527	3 675	4 190	2 619
南涧县	175	202	661	991	846	2 199	2 517	2 248	2 668	2 279	423
凤庆县	1 458	1 248	1 082	1 073	1 089	1 139	1 246	1 175	1 802	2 309	1 564
景东县	565	542	806	1 340	1 284	1 405	1 437	1 336	1 325	1 535	988
云县	1 100	1 042	1 429	1 895	1 471	1 547	1 581	1 568	1 531	2 006	1 311
永德县	502	633	602	742	690	661	619	692	839	857	859
镇沅县	1 231	1 110	978	1 145	1 212	1 481	1 166	1 133	1 292	1 831	1 560
临沧县	7 623	7 752	8 116	8 293	6 616	8 899	9 012	2 936	9 265	9 970	7 891
耿马县	827	1 018	1 239	1 364	1 961	2 151	2 180	2 298	2 430	2 406	1 872
景谷县	1 693	1 849	1 559	1 651	1 769	1 949	1 811	1 862	2 030	2 567	2 875
双江县	750	1 003	876	995	1 199	1 470	1 453	1 054	1 036	1 263	1 223
普洱县	1 357	1 337	1 053	1 267	1 244	1 362	1 503	1 263	1 268	1 551	1 186
沧源县	615	485	190	293	488	799	1 047	754	1 029	874	1 031
澜沧县	1 127	1 214	1 103	1 178	1 365	1 195	1 291	1 401	1 559	1 851	2 482
思茅市	1 194	1 150	982	1 038	1 048	1 013	979	905	951	953	861
西盟县	157	170	47	113	95	164	364	229	191	183	169
江城县	279	221	246	291	349	328	357	336	705	708	459
景洪市	668	639	735	776	614	644	699	629	706	749	728
孟连县	726	866	830	906	784	764	705	719	786	844	833
勐海县	595	608	654	732	764	709	709	805	861	855	955
勐腊县	244	263	272	316	227	256	264	225	446	480	490
中甸县	1 130	1 108	871	1 011	1 183	1 230	1 289	1 493	2 767	2 851	2 881
稻城县	—	—	3	—	2	4	20	21	21	228	643
乡城县	—	—	4	7	24	12	12	24	150	559	918
得荣县	—	—	—	12	14	18	25	25	34	286	287
德钦县	8	9	11	13	16	18	25	14	18	24	22

附表 22　2000～2010 年澜沧江流域各县肉类总产量　　　　（单位：t）

地区	2000 年	2001 年	2002 年	2003 年	2004 年	2005 年	2006 年	2007 年	2008 年	2009 年	2010 年
杂多县	4 817	5 242	4 956	4 854	4 826	5 513	5 091	5 905	3 733	3 328	4 548
玉树县	5 120	6 053	5 455	5 811	6 874	8 280	8 856	8 879	5 860	6 712	8 117

续表

地区	2000 年	2001 年	2002 年	2003 年	2004 年	2005 年	2006 年	2007 年	2008 年	2009 年	2010 年
囊谦县	4 931	5 245	5 451	5 958	5 469	5 670	6 312	6 873	5 195	7 226	7 437
巴青县	2 100	2 554	3 420	4 690	4 700	4 441	5 439	5 872	9 383	9 515	5 248
江达县	6 708	7 520	7 774.3	9 291	9 019	6 821	8 574	9 798	12 655	12 586	13 509
丁青县	4 054	4 061	3 410.7	4 049	4 133	4 455	4 431	4 643	5 103	5 374	5 650
昌都县	5 948	6 178	6 083.4	5 595	9 364	10 241	10 037	7 908	7 466	10 187	10 165
类乌齐县	3 080	3 264	3 387.3	3 936	4 662	5 150	5 955	3 991	6 281	6 250	6 426
贡觉县	2 138	2 806	2 424	3 100	3 056	4 440	4 108	3 849	3 534	3 324	3 887
洛隆县	3 201	3 401	3 216.5	3 296	4 383	4 242	3 740	4 677	6 172	5 096	5 271
察雅县	4 169	3 401	3 680	4 716	5 051	4 801	5 293	6 348	6 026	7 254	8 006
八宿县	2 958	3 104	3 514	3 589	4 208	4 721	4 973	4 579	4 628	5 238	5 189
左贡县	2 975	3 857	3 932.3	3 762	4 378	4 409	4 627	5 299	5 096	5 210	6 339
芒康县	4 497	6 396	6 050.6	6 633	6 692	7 335	3 874	7 835	5 627	7 174	9 657
察隅县	596	619	678	743	746	849	970	1 073	1 257	1 331	1 313
贡山县	1 428	1 430	1 325	1 119	1 593	1 530	1 504	1 653	1 792	1 916	1 862
维西县	3 325	3 715	4 343	4 664	4 972	5 555	6 200	6 204	7 319	8 684	8 631
丽江县	25 584	24 550	—	—	—	—	—	—	—	—	—
福贡县	2 883	3 237	3 376	3 480	3 651	3 645	3 761	3 429	4 225	4 810	5 071
兰坪县	8 123	8 554	9 082	9 352	10 072	10 182	10 240	10 448	10 649	10 987	11 307
鹤庆县	19 571	19 835	21 318	23 754	26 980	31 300	32 165	34 661	41 156	41 280	44 510
剑川县	10 560	11 266	11 948	12 853	13 826	14 772	15 834	16 819	18 695	18 695	22 911
泸水县	6 916	7 426	7 952	8 441	8 760	8 796	9 287	9 684	12 066	13 634	14 905
洱源县	17 873	18 028	21 163	22 908	21 949	25 113	29 602	27 525	30 114	31 536	32 586
云龙县	19 428	20 413	21 559	22 713	24 601	27 195	28 892	31 593	34 120	36 819	37 584
宾川县	25 462	26 484	28 416	28 767	30 798	32 102	33 647	38 539	39 905	40 832	40 991
大理市	31 779	33 069	36 435	39 680	49 005	49 589	51 633	57 322	62 006	67 474	71 255
漾濞县	7 845	8 277	9 054	9 113	9 618	10 649	10 867	11 918	12 977	13 809	14 549
祥云县	21 478	22 377	24 037	24 415	26 770	27 297	29 764	31 253	33 464	35 006	38 930
永平县	15 260	15 036	16 473	17 266	17 798	18 018	18 346	19 016	19 570	20 037	21 392
保山市	—	—	—	—	—	—	—	—	—	—	—
巍山县	25 608	25 811	28 217	29 917	31 463	31 617	31 997	33 274	33 394	34 668	37 489
弥渡县	21 462	22 034	23 823	25 445	27 091	28 194	31 204	34 465	39 865	41 328	44 642
昌宁县	21 038	22 425	22 892	24 354	27 552	29 992	33 726	39 007	52 374	60 346	68 946
南涧县	19 139	20 397	22 545	24 261	26 047	27 566	28 206	29 053	30 285	32 253	32 503
凤庆县	13 236	12 909	14 696	15 829	17 677	18 637	18 579	19 753	27 671	35 231	47 174
景东县	13 845	14 238	13 002	13 436	15 610	18 213	20 147	21 291	22 783	24 102	25 555
云县	14 311	15 432	16 521	17 611	20 555	21 835	24 203	26 513	32 637	47 187	49 534
永德县	13 088	13 811	14 350	14 459	15 244	15 993	18 136	18 893	21 918	26 470	28 138
镇沅县	7 352	7 815	8 623	8 665	9 112	10 188	10 748	12 099	13 203	14 325	15 170
临沧县	9 572	9 634	9 485	10 133	10 846	10 798	10 783	11 223	13 033	14 140	13 963

地区	2000 年	2001 年	2002 年	2003 年	2004 年	2005 年	2006 年	2007 年	2008 年	2009 年	2010 年
耿马县	5 800	6 639	6 828	7 484	7 331	8 162	8 307	8 714	10 524	12 522	14 450
景谷县	10 717	10 905	10 974	11 084	11 492	11 348	11 820	12 420	14 306	14 624	15 464
双江县	3 541	3 818	3 872	4 488	5 619	6 912	6 922	7 283	10 286	11 185	11 380
普洱县	9 763	9 546	9 660	9 421	10 368	10 315	10 377	11 975	12 087	12 605	13 592
沧源县	3 559	3 233	3 543	3 739	3 971	4 267	4 564	5 082	7 523	8 220	8 490
澜沧县	9 328	9 536	10 944	12 175	14 443	14 696	15 479	17 427	18 821	19 996	21 385
思茅市	5 582	5 569	5 789	6 734	7 291	7 734	10 627	11 798	12 452	12 830	13 518
西盟县	989	1 090	1 068	1 077	1 363	1 572	1 673	1 907	2 266	2 410	2 729
江城县	2 448	3 382	3 491	3 809	3 967	4 262	4 364	4 499	4 624	4 959	5 259
景洪市	10 164	9 312	9 198	9 567	9 786	9 948	10 878	11 145	11 405	11 662	11 902
孟连县	2 174	2 430	2 450	2 662	2 883	3 285	3 392	3 935	4 394	4 607	5 349
勐海县	6 384	6 530	6 927	7 354	7 790	8 011	8 109	8 722	9 715	9 574	1 0504
勐腊县	6 488	6 040	6 083	6 121	6 190	6 391	6 654	7 157	7 021	7 298	9 000
中甸县	6 926	7 501	8 053	8 413	8 557	9 204	9 662	10 862	11 347	12 129	12 213
稻城县	1 799	1 912	2 066	2 328	2 372	2 412	2 303	2 469	2 329	2 492	2 514
乡城县	1 297	1 646	1 764	1 961	1 980	2 069	2 148	2 257	2 124	2 252	2 420
得荣县	1 191	1 239	1 567	1 728	1 822	2 355	2 004	2 057	1 922	2 057	2 304
德钦县	1 484	1 401	1 365	1 651	1 932	1 902	1 784	2 134	2 250	2 182	2 484

附表 23　2000～2010 年澜沧江流域各县规模以上工业企业个数　　　　（单位：个）

地区	2000 年	2001 年	2002 年	2003 年	2004 年	2005 年	2006 年	2007 年	2008 年	2009 年	2010 年
杂多县	4	3	—	—	—	—	5	5	1	—	—
玉树县	10	6	5	5	5	5	5	1	—	—	—
囊谦县	6	6	6	5	5	5	—	3	4	2	2
巴青县	1	1	1	1	1	1					
江达县	—	—	1	—	1	1	2	1	1	1	1
丁青县					4	4	4	2	2	2	
昌都县	—	—	—	—	2	10	10	9	42	29	5
类乌齐县				1	2	2	2	2	5	5	
贡觉县	—	—	—	1	2	1	1	2	1	1	
洛隆县	—	—	—	1	—	1	1	1	2	1	
察雅县	—	—	—	1	1	1	4	1	4	—	
八宿县	—	—	—	1	1	1	—	1	1	1	
左贡县	—	4	—	—	1	3	3	3	3	3	
芒康县	—	2	—	2	2	2	2	2	5	8	2
察隅县	—	—	2	—	—	3	3	3	4		
贡山县	8	4	3	2	—	—	1	1	1	1	1
维西县	4	4	4	4	6	4	4	—	4	4	4
丽江县	11	17	—	—	—	—	—	—	—	—	—
福贡县	4	2	2	1	—	—	2	2	5	5	5

地区	2000 年	2001 年	2002 年	2003 年	2004 年	2005 年	2006 年	2007 年	2008 年	2009 年	2010 年
兰坪县	15	11	13	13	6	6	5	5	4	4	5
鹤庆县	4	4	4	6	10	14	13	17	17	16	17
剑川县	2	4	3	4	7	6	9	8	8	6	7
泸水县	10	8	7	6	4	3	4	4	5	5	5
洱源县	5	5	5	3	6	8	10	10	10	9	14
云龙县	5	5	5	6	6	5	5	6	8	6	6
宾川县	3	2	2	2	2	2	4	4	7	11	14
大理市	37	42	42	46	58	56	59	59	65	69	67
漾濞县	2	3	3	3	3	4	8	8	10	10	13
祥云县	8	9	9	9	12	15	18	20	19	27	27
永平县	5	3	2	3	3	3	6	7	11	12	11
保山市	—	—	—	—	—	—	—	—	—	—	—
巍山县	4	4	4	5	4	4	5	6	8	9	14
弥渡县	5	4	3	3	4	4	4	7	5	8	7
昌宁县	8	5	5	5	8	7	8	8	12	20	21
南涧县	1	1	1	1	1	1	1	4	5	7	10
凤庆县	9	10	10	7	5	6	6	8	11	11	12
景东县	10	10	9	7	6	7	7	7	7	10	10
云县	9	9	9	8	9	10	11	11	11	12	15
永德县	10	10	6	5	6	7	8	8	8	9	8
镇沅县	14	14	14	11	9	8	9	8	10	11	10
临沧县	17	15	15	9	8	9	11	10	12	13	14
耿马县	13	8	8	7	7	6	7	9	9	9	9
景谷县	9	9	9	10	9	8	11	11	18	25	25
双江县	5	5	4	5	6	8	9	10	10	10	8
普洱县	14	15	17	18	17	15	18	16	16	15	15
沧源县	8	7	4	3	4	6	7	8	9	8	8
澜沧县	13	13	12	7	11	8	8	7	7	9	9
思茅市	24	26	25	23	22	19	22	24	22	23	25
西盟县	5	6	5	5	4	4	4	2	2	2	2
江城县	6	6	5	4	3	4	4	5	5	6	6
景洪市	19	21	16	16	21	22	22	23	26	24	22
孟连县	5	4	4	4	4	5	4	5	5	5	5
勐海县	12	13	12	10	12	23	15	25	29	29	31
勐腊县	12	12	13	10	12	8	8	7	9	9	7
中甸县	8	8	9	13	13	14	12	12	18	15	15
稻城县	1	2	2	4	2	2	1	—	—	—	1
乡城县	1	1	1	1	1	1	1	2	3	3	3
得荣县	2	2	2	3	2	2	2	2	—	—	—
德钦县	4	3	3	2	2	2	2	3	3	3	3

附表 24　2000～2010 年澜沧江流域各县规模以上工业总产值（现价）　　　（单位：万元）

地区	2000 年	2001 年	2002 年	2003 年	2004 年	2005 年	2006 年	2007 年	2008 年	2009 年	2010 年
杂多县	97	132	—	—	—	—	66	66	1 602	—	—
玉树县	4 149	460	3 967	3 099	3 350	3 240	3 211	910	—	—	—
襄谦县	291	345	242.6	260	339	344	—	371	1 950	325	325
巴青县	37	88	88	111	—	—	—	—	—	—	—
江达县	—	—	72	—	95	106	126	144	1 656	162	4 792
丁青县	—	—	—	—	268	325	435	299	5 565	790	—
昌都县	—	—	—	—	236	114	155	1 311	33 906	2 084	25 834
类乌齐县	—	—	—	533	564	1 056	955	5 017	6 764	1 135	—
贡觉县	—	—	—	63	260	189	195	860	337	408	
洛隆县	—	—	—	—	91	—	449	450	518	529	—
察雅县	—	—	—	—	68	10	52	455	315	500	—
八宿县	—	—	—	712	75	114	—	173	417	4170	—
左贡县	—	280	—	—	64	941	941	1 459	1 360	1 523	—
芒康县	—	142	—	204	205	2 008	3 246	2 500	3 491	3 600	1 397
察隅县	—	—	61	—	—	583	864	985	985	—	—
贡山县	637	246	170	32	—	—	3 786	3 601	3 616	2 968	3 582
维西县	607	691	685.9	711	1 079	252	272	—	12 728	11 472	11 477
丽江县	5 964	15 001	—	—	—	—	—	—	—	—	—
福贡县	482	429	307.8	12	—	—	1 707	2 447	6 451	4 367	5 853
兰坪县	39 423	36 963	56 036.1	65 055	58 755	103 972	355 697	362 820	225 987	179 700	188 446
鹤庆县	9 626	12 699	12 035.8	12 688	34 911	46 910	51 072	90 395	106 078	144 199	200 509
剑川县	3 609	5 652	7 873.8	13 317	28 120	34 752	79 190	108 075	97 814	56 264	98 393
泸水县	5 083	4 009	3 180.9	8 891	9 048	14 812	35 236	47 225	64 599	57 778	63 536
洱源县	10 651	12 400	28 040.1	90 893	73 026	100 907	119 718	155 653	184 083	205 705	250 783
云龙县	9 412	10 256	11 297.3	14 714	26 993	34 779	38 600	42 937	29 282	26 622	31 781
宾川县	4 878	3 769	3 638.8	3 355	3 362	4 677	8 583	10 672	33 793	48 833	82 055
大理市	308 153	337 247	389 628.7	391 548	522 494	660 642	784 831	945 999	1 121 364	1 322 600	1 567 654
漾濞县	6 239	7 198	6 431.2	6 982	7 638	8 296	32 970	43 245	68 587	72 508	83 965
祥云县	50 049	47 106	55 328.1	83 973	132 003	179 609	277 360	382 167	419 299	513 719	691 177
永平县	2 644	2 109	1 696.5	2 837	3 059	3 843	8 337	13 414	20 294	16 859	21 388
保山市	—	—	—	—	—	—	—	—	—	—	—
巍山县	4 348	4 331	5 178.9	6 223	6 207	7 707	10 601	22 973	28 310	28 970	55 287
弥渡县	6 751	6 755	7 556.3	6 976	10 932	9 615	9 394	19 866	23 072	24 597	32 659
昌宁县	19 309	22 870	19 091.8	16 304	26 227	31 626	33 931	47 396	60 237	72 844	100 683
南涧县	614	788	915.1	886	989	1 362	1 590	7 369	9 717	17 325	39 843
凤庆县	19 382	23 036	20 622.1	19 888	20 577	25 879	29 241	59 693	67 362	48 857	47 746
景东县	16 784	17 500	16 992.7	15 656	14 600	20 182	24 372	27 256	32 527	43 997	63 366
云县	90 096	85 690	87 216.9	97 389	112 949	137 887	148 602	174 553	91 803	109 719	302 754
永德县	12 204	15 367	15 177.2	16 724	23 004	24 821	30 277	42 099	68 415	65 853	61 977
镇沅县	11 028	9 827	9 492.8	8 860	13 470	14 807	21 552	23 430	24 256	30 422	42 358

续表

地区	2000 年	2001 年	2002 年	2003 年	2004 年	2005 年	2006 年	2007 年	2008 年	2009 年	2010 年
临沧县	15 525	15 804	12 062.1	13 151	18 693	26 036	43 637	51 223	63 580	71 429	84 132
耿马县	31 455	35 903	30 513.1	24 368	33 701	30 888	41 022	54 544	60 035	66 931	115 447
景谷县	42 505	53 319	57 913.8	61 442	83 660	90 880	79 183	119 563	146 458	168 458	208 011
双江县	8 503	11 665	9 581.4	9 252	15 671	23 934	37 017	55 417	75 353	72 365	67 166
普洱县	18 839	19 677	21 786.8	23 162	30 856	36 177	53 558	55 368	55 304	62 938	77 709
沧源县	14 473	11 589	11 117.3	9 899	10 109	13 326	37 087	50 101	44 548	26 775	49 016
澜沧县	28 066	28 676	24 740.3	20 378	33 141	43 091	53 902	67 844	103 883	94 397	105 739
思茅市	36 197	39 963	48 120.7	57 539	78 675	105 655	132 108	209 042	252 103	282 810	335 256
西盟县	3 109	2 077	1 537.6	2 357	4 005	3 587	4 643	4 350	5 645	6 070	7 782
江城县	6 467	4 686	5 342.9	5 752	6 310	7 427	10 430	12 695	11 440	13 068	20 254
景洪市	17 417	15 865	13 901.6	24 168	42 901	54 240	67 744	85 305	90 193	98 546	258 411
孟连县	10 339	9 803	7 430.3	7 675	13 399	14 227	18 151	16 997	17 324	19 027	24 888
勐海县	29 317	38 274	33 654.9	30 939	50 959	56 602	99 787	226 210	177 335	145 951	191 064
勐腊县	10 221	9 610	9 021.5	11 220	18 096	23 159	55 712	49 138	68 320	63 168	77 251
中甸县	11 795	18 199	22 201.4	34 722	56 193	70 845	83 416	110 129	141 269	125 103	192 661
稻城县	169	205	144	420	314	303	296	—	—	—	982
乡城县	97	83	93	107	195	260	313	1 862	2 230	4 350	6 910
得荣县	164	159	171	286	390	427	504	649	—	—	—
德钦县	249	479	525	747	802	1 279	873	35 121	40 991	55 912	70 829

附表 25　2000～2010 年澜沧江流域各县普通中学在校学生数　　　　　（单位：人）

地区	2000 年	2001 年	2002 年	2003 年	2004 年	2005 年	2006 年	2007 年	2008 年	2009 年	2010 年
杂多县	245	235	274	347	377	403	2 452	1 015	1 290	2 432	2 780
玉树县	2 466	2 583	2 543	2 877	3 893	3 294	3 350	4 794	4 829	3 159	3 159
囊谦县	487	422	547	631	758	892	445	846	870	2 673	4 757
巴青县	104	31	31	92	106	114	153	408	759	2 207	1 683
江达县	186	209	219	1 240	2 193	2 991	2 456	3 445	3 495	3 587	3 587
丁青县	286	242	260	312	1 844	1 850	1 160	3 437	3 437	3 450	3 437
昌都县	386	1 359	1 725	1 359	1 895	4 922	3 354	3 468	4 090	4 846	4 846
类乌齐县	175	175	457	1 852	2 033	2 800	2 247	1 380	1 390	1 390	2 537
贡觉县	139	139	—	534	1 567	321	350	2 083	2 083	2 015	2 015
洛隆县	455	1 127	—	1 127	2 305	2 396	2 401	2 311	2 552	2 374	2 362
察雅县	532	526	550	1 452	2 301	2 885	3 189	3 264	2 973	3 017	3 042
八宿县	159	279	—	733	1 424	2 053	1 892	2 324	2 383	2 327	2 315
左贡县	271	418	835	1 339	1 898	2 189	2 189	2 248	2 285	2 243	2 248
芒康县	316	619	—	2 031	2 031	3 695	3 901	3 983	4 160	4 054	4 039
察隅县	218	275	3 693	353	448	1 032	1 223	1 032	1 291	1 259	1 290
贡山县	919	1 009	1 299	1 558	1 329	1 394	1 517	1 721	1 893	1 774	1 497
维西县	3 541	3 712	3 427	6 177	6 265	6 922	7 683	8 209	8 524	9 172	7 608
丽江县	17 944	19 005	—	—	—	—	—	—	—	—	—
福贡县	1 819	1 914	2 067	2 378	2 983	3 349	3 601	4 528	5 033	5 104	5 421

地区	2000 年	2001 年	2002 年	2003 年	2004 年	2005 年	2006 年	2007 年	2008 年	2009 年	2010 年
兰坪县	7 977	8 180	9 372	11 192	11 115	11 683	11 772	11 396	10 925	11 633	11 477
鹤庆县	13 644	15 896	16 140	16 414	15 629	16 158	15 398	15 344	12 949	12 976	13 364
剑川县	8 692	9 320	9 897	10 929	10 795	10 810	11 639	9 173	9 938	9 531	9 862
泸水县	5 563	6 057	6 545	8 223	8 763	9 012	9 505	9 638	9 576	10 008	10 331
洱源县	20 657	20 610	21 415	21 101	17 976	17 156	16 113	16 482	14 464	14 094	15 925
云龙县	12 205	12 951	14 002	13 373	12 115	12 046	11 422	10 242	9 861	6 825	9 703
宾川县	14 457	18 368	19 529	20 430	19 546	18 682	21 395	20 597	19 226	18 210	17 391
大理市	27 931	28 860	24 220	31 087	35 845	36 886	37 974	38 517	38 810	38 644	38 578
漾濞县	6 965	7 462	7 180	7 410	6 653	6 091	6 055	5 614	3 672	4 630	3 070
祥云县	19 753	22 618	23 032	22 886	21 529	19 749	19 746	21 950	24 718	26 731	27 812
永平县	9 085	9 741	9 487	10 137	9 333	8 890	8 772	7 252	9 183	8 696	7 959
保山市	—	—	—	—	—	—	—	—	—	—	—
巍山县	16 070	14 947	16 257	15 324	16 029	16 882	16 457	15 886	16 012	16 621	17 461
弥渡县	13 541	14 404	15 177	16 093	13 304	12 383	13 759	14 103	14 984	15 895	19 091
昌宁县	17 073	16 790	16 550	16 156	16 677	16 525	17 182	17 721	20 714	22 301	20 897
南涧县	11 718	12 681	13 035	12 709	9 671	8 692	10 060	9 851	10 567	11 426	11 968
凤庆县	22 604	22 206	21 780	21 041	21 633	21 268	20 777	21 662	21 904	21 856	21 439
景东县	19 390	20 195	19 783	18 314	16 793	14 477	13 179	13 136	13 885	14 482	15 287
云县	12 278	14 269	16 450	20 727	20 712	20 337	19 666	19 663	20 196	20 273	20 058
永德县	8 157	9 397	10 898	12 653	15 319	15 964	16 365	15 886	16 596	17 023	17 643
镇沅县	11 107	10 979	10 714	10 483	9 635	9 522	9 516	9 708	9 103	8 905	8 898
临沧县	16 009	16 234	16 040	16 400	16 139	16 089	16 098	16 355	16 438	17 087	18 530
耿马县	6 890	7 023	7 215	7 837	8 908	11 012	12 381	13 494	13 429	14 160	15 068
景谷县	15 617	15 576	15 342	15 129	14 617	13 672	13 267	12 335	11 778	11 688	12 223
双江县	4 646	4 971	7 047	8 279	9 369	9 135	8 786	8 932	8 536	8 599	8 704
普洱县	8 919	9 156	8 951	9 015	9 077	9 254	9 789	9 874	10 009	9 559	9 134
沧源县	4 027	4 029	4 407	5 001	5 512	6 751	7 176	8 374	8 777	8 292	9 310
澜沧县	8 656	9 547	10 826	13 043	15 188	15 962	16 731	18 137	19 683	20 570	20 456
思茅市	9 574	10 442	11 305	12 366	13 329	14 523	16 229	17 557	18 627	18 537	18 824
西盟县	1 515	1 895	2 530	3 411	4 106	4 676	4 963	4 657	5 673	5 581	5 558
江城县	4 160	6 764	7 603	7 283	7 118	6 528	6 043	5 727	5 747	5 628	5 773
景洪市	20 339	22 225	24 112	24 449	24 130	18 934	18 836	23 721	23 987	23 974	25 246
孟连县	2 610	3 846	4 977	6 230	7 495	7 754	7 480	6 941	6 543	6 639	6 653
勐海县	6 230	8 028	9 924	12 217	14 783	16 030	15 968	16 182	14 190	14 071	13 942
勐腊县	8 233	9 056	10 594	11 127	13 137	10 927	10 863	11 534	11 996	12 165	12 534
中甸县	4 336	5 049	5 788	6 866	7 009	7 879	7 953	7 629	7 246	7 063	6 730
稻城县	140	165	260	352	473	488	1 309	1 409	1 410	1 189	1 293
乡城县	234	250	305	678	831	835	825	905	1 060	1 186	1 270
得荣县	193	340	395	391	880	897	842	855	893	914	938
德钦县	1 045	1 142	1 334	1 500	1 388	1 733	2 049	2 339	2 760	2 857	2 836

附表26　2000～2010年澜沧江流域各县小学在校学生数　　　　　（单位：人）

地区	2000年	2001年	2002年	2003年	2004年	2005年	2006年	2007年	2008年	2009年	2010年
杂多县	1 332	1 523	1 749	2 334	1 946	3 298	6 126	6 256	6 656	6 453	6 667
玉树县	7 561	7 676	9 331	9 293	13 834	12 378	12 568	14 346	16 736	16 622	16 622
囊谦县	5 144	5 602	5 963	6 540	6 929	7 419	5 572	9 513	9 418	9 724	10 758
巴青县	1 425	3 051	3 051	3 442	3 516	4 432	4 945	5 034	5 352	4 912	5 068
江达县	4 215	6 633	6 262	7 787	7 978	8 134	3 256	7 800	7 726	7 413	7 413
丁青县	4 328	6 593	6 903	7 862	8 112	8 451	7 384	7 981	7 981	7 565	7 981
昌都县	12 903	10 305	9 890	10 305	10 135	10 750	8 341	8 011	8 106	9 463	9 584
类乌齐县	1 327	1 327	4 719	5 731	5 775	5 200	1 424	5 361	5 765	5 786	5 195
贡觉县	4 686	960	—	—	4 800	987	1 000	4 631	4 631	4 134	4 134
洛隆县	5 428	5 667	—	6 557	2 859	5 471	5 336	5 253	5 228	5 034	4 840
察雅县	7 186	6 986	7 216	7 501	7 497	7 244	7 054	6 866	6 589	6 394	6 230
八宿县	3 758	4 981	—	5 470	5 580	5 538	5 497	5 294	5 076	4 882	4 802
左贡县	5 437	5 437	5 195	5 162	5 248	5 258	5 258	5 152	5 236	5 226	5 226
芒康县	8 386	8 710	—	8 992	8 992	8 897	8 769	8 566	8 345	8 072	7 889
察隅县	3 067	3 492	7 650	3 773	3 713	3 646	3 681	3 646	3 598	3 588	3 231
贡山县	3 971	3 911	3 847	3 737	3 606	3 449	3 356	3 408	3 369	3 322	3 237
维西县	18 348	17 156	16 795	16 598	16 175	16 045	15 646	15 182	14 600	13 764	13 274
丽江县	36 705	34 733	—	—	—	—	—	—	—	—	—
福贡县	11 626	10 826	10 771	10 707	10 591	10 627	10 781	10 978	11 562	11 516	11 335
兰坪县	24 611	23 386	22 006	20 254	19 654	19 548	19 348	18 857	18 850	19 631	19 507
鹤庆县	26 304	24 232	22 420	20 803	20 079	19 930	20 237	21 213	22 713	23 564	23 851
剑川县	20 225	19 353	18 383	17 234	16 453	16 040	15 970	16 023	16 145	16 113	15 735
泸水县	17 071	16 455	15 767	15 448	15 085	14 555	15 218	15 655	16 217	15 962	16 171
洱源县	39 263	36 339	33 545	30 943	23 482	23 482	22 881	23 559	24 477	24 894	24 763
云龙县	21 816	19 470	17 680	16 403	15 480	14 901	15 003	15 081	15 434	15 385	15 342
宾川县	40 286	39 860	39 936	30 962	29 000	27 068	26 293	26 135	26 177	27 173	27 298
大理市	49 344	40 931	45 535	43 442	44 803	46 603	46 492	47 087	47 770	48 100	47 605
漾濞县	11 659	10 634	9 206	9 246	7 266	6 828	6 740	6 715	7 133	7 476	7 569
祥云县	36 546	35 463	35 033	35 697	37 817	40 300	43 358	45 125	45 330	44 898	43 372
永平县	17 142	16 115	15 348	14 348	13 863	13 351	13 528	13 706	14 381	14 559	14 694
保山市	—	—	—	—	—	—	—	—	—	—	—
巍山县	30 232	28 717	28 258	27 771	27 329	27 451	28 647	29 626	29 752	29 262	28 469
弥渡县	26 569	25 806	25 417	24 866	25 677	27 132	28 587	29 002	28 990	28 515	27 394
昌宁县	30 362	28 454	30 884	31 686	32 319	32 912	32 845	32 575	31 728	30 978	29 874
南涧县	18 963	17 570	16 801	16 326	16 255	16 495	17 119	17 573	19 045	18 941	19 093
凤庆县	43 827	41 336	40 098	38 154	37 479	37 398	36 724	35 454	34 406	32 985	31 905
景东县	30 039	27 898	26 190	24 993	25 179	26 510	27 889	28 717	28 626	28 267	27 893
云县	40 966	37 927	36 608	36 584	36 306	37 185	38 030	37 843	37 106	36 457	35 983
永德县	37 821	35 584	33 382	31 439	30 758	31 232	32 981	33 168	33 364	32 885	32 268
镇沅县	18 628	16 550	15 191	14 263	13 743	13 291	13 102	13 237	13 172	13 018	12 864

地区	2000 年	2001 年	2002 年	2003 年	2004 年	2005 年	2006 年	2007 年	2008 年	2009 年	2010 年
临沧县	32 956	26 000	24 079	22 844	22 009	23 059	23 989	24 811	25 204	25 910	26 327
耿马县	35 425	33 664	32 878	32 575	32 274	31 985	31 486	31 269	31 085	30 745	30 374
景谷县	31 554	28 690	26 034	23 641	21 820	20 887	21 109	21 965	22 422	22 810	22 966
双江县	20 283	19 200	18 170	16 962	16 100	15 883	16 133	16 140	16 024	15 097	14 327
普洱县	18 511	17 805	17 161	15 847	15 017	14 152	13 921	13 901	13 304	12 672	12 232
沧源县	23 958	20 818	20 207	19 793	18 919	18 560	18 910	18 753	17 095	16 434	15 867
澜沧县	63 415	56 019	50 493	45 193	42 260	41 139	39 004	37 101	35 999	35 194	33 974
思茅市	21 429	21 349	21 219	21 170	21 001	21 424	22 563	23 768	24 349	24 269	23 944
西盟县	14 213	14 080	13 536	12 712	11 627	10 708	9 642	9 252	8 726	8 230	7 792
江城县	12 500	12 321	11 813	11 088	10 418	10 273	10 130	10 072	9 606	9 504	9 523
景洪市	44 544	42 162	40 988	41 380	41 012	39 880	39 620	39 741	40 036	38 924	38 181
孟连县	14 315	14 532	14 292	14 104	13 168	12 943	12 829	12 700	12 356	12 143	12 078
勐海县	38 543	36 685	34 927	32 783	30 835	29 852	29 126	28 937	26 669	25 843	25 060
勐腊县	26 570	25 826	25 419	24 884	24 708	24 610	24 521	25 860	25 572	25 128	25 030
中甸县	15 077	14 375	14 670	14 653	14 140	14 549	14 151	13 796	13 231	13 028	12 664
稻城县	3 028	3 005	2 865	3 067	3 171	3 027	3 352	3 322	3 308	3 300	3 238
乡城县	2 585	2 783	2 938	2 925	3 063	3 208	3 730	3 511	3 943	3 819	3 741
得荣县	2 583	2 731	2 894	2 925	2 695	2 786	2 742	2 819	2 947	3 102	3 152
德钦县	7 104	7 104	6 098	6 135	6 045	5 682	5 402	5 332	5 267	4 985	4 715

附表 27　2000～2010 年澜沧江流域各县医院、卫生院床位数　　　　　　（单位：床）

地区	2000 年	2001 年	2002 年	2003 年	2004 年	2005 年	2006 年	2007 年	2008 年	2009 年	2010 年
杂多县	87	25	29	35	26	20	77	51	65	65	125
玉树县	224	317	242	228	1 252	290	40	290	71	111	111
囊谦县	94	50	166	150	78	60	38	70	93	105	105
巴青县	24	61	61	30	40	167	89	105	132	104	108
江达县	25	36	68	78	80	80	85	83	83	84	84
丁青县	25	87	62	78	63	63	70	106	110	104	112
昌都县	153	20	20	20	25	175	167	186	164	174	174
类乌齐县	28	40	53	48	25	78	48	28	98	98	98
贡觉县	40	27	—	27	23	24	14	109	109	100	100
洛隆县	35	65	—	65	24	45	46	47	99	59	79
察雅县	50	50	—	42	79	55	56	72	82	95	142
八宿县	54	50	30	41	48	38	42	38	51	59	56
左贡县	76	64	20	35	72	70	70	92	92	84	84
芒康县	108	67	—	73	73	67	75	112	112	141	141
察隅县	86	86	86	86	65	83	83	95	95	95	90
贡山县	140	140	141	152	152	140	143	140	99	101	103
维西县	187	283	195	185	210	195	175	191	199	205	199
丽江县	542	548	—	—	—	—	—	—	—	—	—
福贡县	251	243	243	232	232	232	224	231	217	219	328

续表

地区	2000 年	2001 年	2002 年	2003 年	2004 年	2005 年	2006 年	2007 年	2008 年	2009 年	2010 年
兰坪县	335	389	340	399	344	344	348	364	443	447	616
鹤庆县	475	481	476	485	422	411	412	560	560	580	565
剑川县	304	383	395	432	308	288	307	297	317	327	205
泸水县	312	312	290	290	548	590	767	585	581	740	760
洱源县	429	482	525	505	457	511	511	519	544	546	566
云龙县	362	390	390	377	386	356	376	420	346	346	466
宾川县	622	716	749	657	647	660	843	854	831	1 006	1 012
大理市	3 020	3 020	3 037	2 863	3 221	3 146	3 250	3 258	3 289	3 815	3 958
漾濞县	222	224	258	255	255	238	221	227	234	301	317
祥云县	646	723	772	847	962	826	826	1 218	1 089	1 154	1 321
永平县	271	440	390	304	326	335	337	359	349	454	474
保山市	—	—	—	—	—	—	—	—	—	—	—
巍山县	461	459	456	454	454	512	532	538	759	727	727
弥渡县	293	323	348	335	391	360	370	369	439	573	592
昌宁县	570	578	542	579	575	575	603	638	467	655	878
南涧县	229	233	264	322	322	305	302	366	371	346	346
凤庆县	442	439	449	369	354	358	416	501	646	679	681
景东县	483	483	483	543	469	473	467	522	575	614	634
云县	566	566	427	419	433	479	444	516	524	566	591
永德县	455	497	455	359	391	350	340	352	452	452	470
镇沅县	190	190	200	190	191	194	199	262	282	289	299
临沧县	807	900	890	809	790	923	922	988	1 014	1 212	1 766
耿马县	620	674	674	610	576	556	485	593	587	597	669
景谷县	361	372	372	372	370	364	391	416	532	539	650
双江县	276	300	343	316	299	261	240	234	234	270	279
普洱县	371	357	377	382	338	357	305	349	357	397	417
沧源县	347	347	340	250	251	273	253	283	346	352	361
澜沧县	529	518	498	449	513	541	535	578	571	602	609
思茅市	981	995	968	972	844	1 067	1 054	1 055	1 296	1 936	2 049
西盟县	162	159	159	155	154	141	135	153	164	169	189
江城县	225	225	235	235	180	180	180	188	192	192	215
景洪市	2 224	2 194	2 049	2 050	2 078	2 201	2 218	2 312	2 368	2 638	2 687
孟连县	154	173	187	205	155	155	170	172	172	173	228
勐海县	694	536	626	654	654	569	568	641	728	759	812
勐腊县	657	527	589	554	663	685	686	824	903	1 151	1 209
中甸县	234	234	209	214	213	109	112	113	116	125	139
稻城县	53	38	70	68	68	80	80	87	73	74	179
乡城县	89	89	96	79	79	79	79	79	100	130	130
得荣县	55	63	63	72	72	72	72	82	82	108	108
德钦县	200	185	200	200	200	200	200	200	200	200	200

附表 28　2000～2010 年澜沧江流域各县社会福利院数　　　　　　　　　　（单位：个）

地区	2000 年	2001 年	2002 年	2003 年	2004 年	2005 年	2006 年	2007 年	2008 年	2009 年	2010 年
杂多县	9	9	9	9	3	—	3	8	8	—	11
玉树县	8	8	8	8	—	—	—	3	1	1	1
囊谦县	5	5	5	5	—	—	8	8	8	—	—
巴青县	—	—	—	—	—	—	10	10	1	1	1
江达县	—	—	200	—	1	1	2	2	—	—	—
丁青县	—	1	1	1	1	1	1	2	—	—	—
昌都县	1	1	1	1	—	—	—	—	—	—	—
类乌齐县	—	—	1	1	—	1	2	2	2	2	2
贡觉县	—	—	—	—	—	—	—	—	—	—	—
洛隆县	—	—	—	—	24	—	3	3	1	2	2
察雅县	—	17	—	—	—	—	1	3	4	4	4
八宿县	—	—	—	1	1	1	1	1	1	1	1
左贡县	1	—	—	—	—	—	—	—	—	2	2
芒康县	—	—	—	—	—	—	—	—	—	—	—
察隅县	—	—	—	—	1	—	—	—	—	1	1
贡山县	1	1	1	1	1	1	1	1	1	2	2
维西县	—	—	1	1	1	—	1	1	1	1	1
丽江县	1	1	—	—	—	—	—	—	—	—	—
福贡县	—	—	—	—	—	—	—	—	—	—	1
兰坪县	—	—	—	—	—	—	—	—	—	—	—
鹤庆县	2	3	3	4	4	4	4	4	4	4	4
剑川县	—	—	—	—	—	—	—	—	—	—	—
泸水县	1	1	1	1	1	1	1	1	1	1	1
洱源县	1	1	2	2	1	1	1	1	1	1	1
云龙县	—	—	—	—	6	7	7	6	5	5	7
宾川县	5	—	9	9	7	7	7	7	4	2	2
大理市	3	3	3	3	3	3	3	5	6	5	6
漾濞县	4	4	3	3	3	3	3	2	—	3	2
祥云县	6	—	—	1	1	1	1	5	5	2	4
永平县	—	—	—	—	—	—	—	—	—	1	1
保山市	—	—	—	—	—	—	—	—	—	—	—
巍山县	3	—	3	2	2	2	2	2	2	2	2
弥渡县	5	—	4	4	5	5	5	5	5	5	5
昌宁县	1	2	2	2	2	2	2	2	2	2	3
南涧县	—	—	—	—	—	—	—	—	—	—	1
凤庆县	2	2	2	2	2	2	2	2	1	1	1
景东县	5	5	5	5	5	5	5	3	4	4	4
云县	2	2	2	2	2	3	3	3	5	4	6
永德县	6	6	6	6	6	7	7	7	7	2	3
镇沅县	1	1	1	1	1	9	8	7	9	17	9

地区	2000 年	2001 年	2002 年	2003 年	2004 年	2005 年	2006 年	2007 年	2008 年	2009 年	2010 年
临沧县	4	4	4	5	5	5	5	4	5	5	5
耿马县	2	2	2	1	1	1	1	2	2	1	2
景谷县	9	10	8	8	10	10	6	6	6	6	6
双江县	3	3	3	3	3	3	3	3	2	2	2
普洱县	11	11	11	11	10	10	9	9	9	9	10
沧源县	1	—	—	—	—	—	0	1	2	1	2
澜沧县	12	14	14	14	14	14	14	2	2	14	14
思茅市	7	7	8	7	8	8	8	8	8	8	7
西盟县	—	—	—	—	—	1	1	1	1	1	1
江城县	1	1	1	1	1	1	1	3	1	1	1
景洪市	2	2	2	2	2	2	2	1	1	1	6
孟连县	—	—	—	—	—	—	—	—	—	—	—
勐海县	1	1	3	3	3	3	3	3	3	3	1
勐腊县	2	2	2	2	2	2	2	2	2	2	2
中甸县	1	1	1	1	1	1	1	1	1	1	2
稻城县	—	—	—	—	—	—	—	—	—	1	1
乡城县	—	—	—	—	—	—	—	—	—	—	—
得荣县	—	—	—	—	—	—	—	—	—	—	—
德钦县	1	1	1	1	1	1	1	1	1	1	1

附表 29　2000～2010 年澜沧江流域各县社会福利院床位数　　　　　（单位：床）

地区	2000 年	2001 年	2002 年	2003 年	2004 年	2005 年	2006 年	2007 年	2008 年	2009 年	2010 年
杂多县	58	58	58	58	37	—	92	107	107	—	214
玉树县	110	110	110	110	—	—	—	—	28	23	23
囊谦县	100	100	100	100	—	—	87	—	—	—	—
巴青县	—	—	—	—	—	—	—	—	—	18	18
江达县	—	—	—	—	7	7	8	8	—	—	—
丁青县	—	20	20	20	10	10	10	—	—	—	—
昌都县	50	31	31	31	—	—	—	—	—	—	—
类乌齐县	—	—	16	20	—	20	55	55	42	42	41
贡觉县	—	—	—	—	—	—	—	—	—	—	—
洛隆县	—	—	—	—	37	—	28	26	32	39	39
察雅县	—	—	—	10	—	—	10	33	78	69	69
八宿县	—	—	—	8	8	7	10	7	10	20	18
左贡县	20	—	—	—	—	—	—	—	—	13	13
芒康县	—	—	—	—	—	—	—	—	—	—	—
察隅县	—	—	—	—	168	—	—	—	—	8	8
贡山县	54	45	54	27	25	15	15	15	20	175	177
维西县	—	—	20	20	16	16	16	16	16	16	16
丽江县	35	48	—	—	—	—	—	—	—	—	—
福贡县	—	—	—	—	—	—	—	—	—	—	—

续表

地区	2000 年	2001 年	2002 年	2003 年	2004 年	2005 年	2006 年	2007 年	2008 年	2009 年	2010 年
兰坪县	—	—	—	—	—	—	—	—	—	—	—
鹤庆县	30	58	58	78	60	50	50	50	370	370	370
剑川县	—	—	—	—	—	—	—	—	—	—	—
泸水县	30	30	30	30	14	16	100	100	300	200	250
洱源县	40	40	42	48	54	54	54	54	54	54	54
云龙县	—	—	—	—	21	4	4	3	3	3	142
宾川县	157	7	187	187	67	67	67	67	47	25	25
大理市	80	80	90	122	122	122	122	121	214	126	180
漾濞县	80	100	76	76	76	84	84	85	—	255	160
祥云县	30	—	—	11	11	11	11	24	24	100	100
永平县	—	—	—	—	—	—	—	—	—	—	—
保山市	—	—	—	—	—	—	—	—	—	—	—
巍山县	50	3	50	50	62	62	62	62	62	100	100
弥渡县	70	4	89	92	75	85	85	85	91	360	420
昌宁县	19	20	20	20	15	30	20	20	30	28	97
南涧县	—	—	—	—	—	—	—	—	—	—	48
凤庆县	12	24	24	24	24	24	24	24	13	13	13
景东县	180	220	260	272	270	354	196	61	331	275	295
云县	20	65	65	65	65	70	70	70	140	220	300
永德县	43	107	105	107	107	119	119	194	198	68	128
镇沅县	43	37	37	37	60	225	225	145	200	410	315
临沧县	46	67	67	67	67	105	105	115	195	195	195
耿马县	16	15	15	15	15	3	3	4	45	150	250
景谷县	90	150	135	132	95	95	95	190	95	103	194
双江县	12	90	90	90	90	90	90	90	50	150	150
普洱县	126	126	126	126	238	238	238	238	238	272	272
沧源县	10	—	—	—	—	—	0	—	76	48	76
澜沧县	388	306	380	250	360	36	360	111	104	255	397
思茅市	152	156	128	163	131	166	166	202	119	155	119
西盟县	—	—	—	—	—	15	15	10	19	30	80
江城县	10	15	15	15	10	10	10	30	20	30	40
景洪市	20	20	20	20	20	24	24	20	18	22	145
孟连县	—	—	—	—	—	—	—	—	—	—	—
勐海县	30	30	32	56	65	60	60	62	62	117	117
勐腊县	26	26	26	26	26	26	26	26	26	26	26
中甸县	35	20	24	24	24	23	23	24	24	20	36
稻城县	—	—	—	—	—	—	—	—	—	80	80
乡城县	—	—	—	—	—	—	—	—	—	—	—
得荣县	—	—	—	—	—	—	—	—	—	—	—
德钦县	5	5	5	5	5	5	5	5	5	20	20